Adolf Bastian

Das Beständige in den Menschenrassen und die Spielweite ihrer Veränderlichkeit

Adolf Bastian

Das Beständige in den Menschenrassen und die Spielweite ihrer Veränderlichkeit

ISBN/EAN: 9783743413351

Hergestellt in Europa, USA, Kanada, Australien, Japan

Cover: Foto ©berggeist007 / pixelio.de

Adolf Bastian

Das Beständige in den Menschenrassen und die Spielweite ihrer Veränderlichkeit

Das

Beständige in den Menschenrassen

und die

Spielweite ihrer Veränderlichkeit.

Prolegomena zu einer Ethnologie der Culturvölker

von

Dr. A. Bastian.

Mit einer Karte von Prof. Kiepert.

BERLIN.
Verlag von Dietrich Reimer.
1868.

Vorwort.

Theoretische Behandlung eines Gegenstandes hat in keinem Zweige objectiver Wissenschaft das Recht, ohne die genügende Basis der Thatsachen zu erscheinen, auf welche sich die Behauptungen stützen. Wenn ich dennoch wage, dieses Pamphlet in schwacher und spärlicher Ausrüstung in die Welt gehen zu lassen, so giebt mir den Muth dazu nur der Hinblick auf drei feste Grundpfeiler, die den ganzen Waffenapparat enthalten, den ich hier nicht in Entlehnung wiedergeben wollte, da er dem Publikum schon zugänglich ist. Zwar haben auch manche andere Werke, vorzugsweise aus den letzten Jahren, werthvolle Stützen geboten, die reichsten Materialien aber sind durch drei besonders gefüllte Arsenale geliefert, die als de Candolle's *Geographie botanique*, Nathusius' *Rassen des Schweines* und Darwin's: *Variation of animals and plants*, sowie sein *Origin of Species* allbekannt sind. Die von diesen Autoren vertretenen Facta mache ich (von einzelnen Punkten abgesehen, die auf das Gesammtresultat keinen Einfluss üben können) der ganzen Weite ihrer Basis nach, auch zu der meinigen, soweit sie sich nämlich als experimentell bewiesene Verhältnisswerthe darstellen, denn in den weiter gezogenen Folgerungen weiche ich bald von dem Einen, bald von dem Anderen, bald von allen Dreien ab, wie sie ja auch weit entfernt bleiben, unter sich darin völlig übereinzustimmen. Je vielfacher die Gesichtspunkte sind, von denen ein Gegenstand betrachtet wird, desto eher muss sich bei gegenseitiger Controlle die Aussicht auf endgültige Entscheidung eröffnen. Die ethnologischen Erörterungen bringen nur vorläufige Andeutungen dessen, was in einem späteren Specialwerk seine weitere Ausführung und nähere Begründung erhalten soll, und auch die geschichtlichen Excurse, die sich bei dem Uebergang der Natur- in Culturvölker als nöthig erwiesen (ohne bei der Mannigfaltigkeit Berücksichtigung erheischender Punkte das Festhalten eines zusammenhängenden Fadens zu erlauben), nehmen freundliche Nachsicht in Anspruch, bis sie in einem umfassender angelegten Plan die nöthige Bestätigung der Einzelnheiten darzulegen vermögen werden. Die häufig in einander geschobenen Satzconstructionen finden vielleicht einige Entschuldigung in dem Wunsche, die Ergebnisse dieser den Boden ethnologischer Forschung erst sondirenden Ablothungen auf einen möglichst engen Raum zusammenzudrängen.

In ihrem Eintheilungsprincip hat die Ethnologie besonders den psychologischen Gesichtspunkt zu berücksichtigen, um aus der gleichartigen Grundlage organischer Wachsthumsprocesse die Gesetze der Gedankenbildung abzuleiten, und zwar werden sich die Forschungen der vergleichenden Mythologie im Kreise bestimmter Culturgebiete gerade durch diesen Reflex mit dem allgemein Menschlichen um so schärfer hervorheben, um die in ihrem jedesmaligen Bezirke stattgehabten und deutlich erkennbaren Uebertragungen zu beweisen.

Vor Allem kommt es darauf an, die Fundamente einer Gedankenstatistik zu legen, die primitiven Elemente zu sichten, die aus den makrokosmischen Reizen im Mikrokosmus zu folgen haben, die Abschattirungen zu bestimmen, unter denen sie nach der individuellen Eigenthümlichkeit variiren werden, und die Gesetze niederzulegen, welche in ihrem organischen Emporwachsen sich entfalten müssen. Das animalische Wesen ist schon das Product eines geographischen Areals, der Ausdruck seiner zoologischen Provinz, das Erzeugniss des Keimes, der aus vorweltlichen Bedingungen gebildet wurde, d. h. unter Bedingungen, die über unser Verstehen der jetzt in der Welt geltenden soweit noch hinausliegen. Wie die körperliche Gestaltung, ist bei dem directen Anschluss der Psychologie an die Physiologie, auch die geistige präformirt, aber diese nicht wie jene, im Cyclus einer unter unüberschreitbaren Schranken eingeschlossenen Ausbildung, sondern nur potentiell praeexistirend, als ein unendlichen Fortschrittes fähiger Keim, der sich zum selbstständigen Schöpfungsknoten neu im Gewebe des Organismus geschlungen hat, und der erst unter allen denjenigen Bedingungen, die wir von der Welt verstehen und untersuchen können, in die Bahn seiner

Entwickelung eintritt. Indem sich das unter physikalischen Vorgängen auf der Retina abgezeichnete Aussendung in die Nervenprocesse des lebendigen Organismus zwischenschiebt, so ist damit seine Perception eingeleitet, und die durch sprachliche Concentration der Begriffe erleichterten Rechnungsmethoden des Denkens lassen dann die idealen Geistesschöpfungen hervorspriessen, die zwar der die Materie durchsetzenden Wurzeln nicht entbehren können, aber ihre Blüthen auf der dem kosmischen Lichte zugewandten Hälfte entfalten.

Der Einblick in einen Naturgegenstand wird uns nicht durch seine mechanische Classification im Nebeneinander, sondern durch die organische Genesis des Nacheinander gewährt, denn „was da ist, verstehen wir, indem wir es als ein Gewordenes auffassen" (Droysen). Wenn wir die Pflanze nach den Staubgefässen in ihren zusammengehörigen Abtheilungen anordnen, so ist auch diese morphologische Auseinanderlegung nothwendig, um eine allgemeine Ueberschau des thatsächlich Gegebenen zu erhalten; die schaffende Gesetzlichkeit des Werdens erkennt sich aber erst aetiologisch in der Physiologie und Embryologie der Pflanze, im inneren Wirken der Wachsthumsprocesse, die die einfachen Zellbildungen im Fortschritt zu höheren Differenzirungen aufklären. Auch in der Ethnologie ist die anthropologische Eintheilung, auf Rassenmerkmale und dialectische Zusammengehörigkeit der Sprachen (wenn noch nicht im philologischen, doch im linguistischen Sinne) basirend, eine durchaus nothwendige Vorbedingung jeder weiteren Untersuchung, — auch in der Ethnologie jedoch, ist diese systematische Classification des thatsächlich Gegebenen*) nur das Mittel zum Zweck, denn der eigentliche Kern des Studiums liegt in dem Verständniss, wie sich nach psychologischen (aus den religiösen Anschauungen und den socialen Gebräuchen der Gesell-

---

*) „Wohin man auch den Blick wendet, sagt Castrén (bei Schiefner), sieht man die Männer der Wissenschaft damit beschäftigt, Facta und immer wieder neue Facta zu sammeln. Man kümmert sich nicht viel um Combinationen, man lässt es sich nicht angelegen sein, Resultate zu ziehen, es gelten jetzt nur Facta. So gut wie irgend wann sieht man auch jetzt ein, dass ein Aggregat isolirter Facta nicht hinreiche, um eine Wissenschaft in höherem Sinne zu begründen, aber das Mass der neuen Facta scheint noch nicht voll zu sein, um neue Systeme zu bilden." Die Naturwissenschaften haben nur Ein haltendes, wirklich einigendes Band: das ist ihre Methode. Zuerst die Beobachtung und der Versuch, dann das

schaftskreise abgeleiteten) Gesetzen die Naturvölker auf ihrer geographisch gebotenen und politisch mehr oder weniger begünstigten Grundlage, zur Blüthe der Culturentwickelung aufschwingen, wie aus Familie, Stamm, Volk, Nation die Spirale zur Humanität emporsteigt.

Die vergleichende Psychologie lässt sich von zwei Seiten auffassen, je nachdem man den Menschen in seinem unmittelbaren Zusammenhang mit den übrigen Thierklassen betrachtet, oder ob man aus demselben ein besonderes Reich bildet. So sagt Flourens (in seiner *Psychologie comparée*, die er auch *Psychologie des animaux* nennt, früher dagegen betitelt hatte: *De la raison, du génie et de la folie*): „La psychologie embrasse tous les êtres intelligentes", Carus dagegen definirt seine vergleichende Psychologie, als eine „Geschichte der Seele in der Reihenfolge der Thierwelt" und stellt die „Entwickelungsgeschichte der Thierseele, vom Infusorium an bis zum menschenähnlichsten Affen", der „Entwicklungsgeschichte der menschlichen Seele vom Embryo an bis zur Geistesreife des vollkommenen Menschen" gegenüber. Das Letztere würde die Entwicklungsgeschichte der Psychologie für das Individuum sein, der die Entwickelungsgeschichte des menschlichen Gedankens innerhalb der Gesellschaftskreise vorhergehen oder doch begleitend zur Seite stehen muss, und da, wenn wir von comparativen Wissenschaften reden, die Vergleichungen zwischen möglichst gleichwerthigen Objecten (erst später auch zwischen den nacheinander folgenden Entwicklungsphasen) anzustellen sind, so wird die vergleichende Psychologie zunächst am Besten, als Völkerpsychologie, auf die Ethnologie beschränkt bleiben. Für unser bewusstes Seelenleben ist die Sprache unumgängliche Vorbedingung, und ist ausser etwa im Reiche der Gliederthiere und für deren Auffassung (wie bei der wechselsweisen Berührung der Ameisen mit ihren Fühlern) durch keine Gesten zu ersetzen, noch weniger durch unarticulirte Gefühlslaute. Bei den Vögeln sind es nur die meteorologischen Verwandlungen des umgebenden Luftraumes oder Zustände einer Gesammtempfindung, die in Melodien wiederklingen ohne die Differenzirungen des selbstgeschaffenen Wortes. Die Sprache ist eine geistige Schöpfung,

---

Denken ohne Autorität, die Prüfung ohne Vorurtheil" (Virchow). Theorien sind uns unentbehrlich, aber zuweilen wirken sie wie ein Narcotium auf den Geist, bemerkt Tyndall. „Man gewöhnt sich daran, wie an den Gebrauch des Branntweins, und fühlt sich aufgereizt und missvergnügt, wenn der Phantasie das Reizmittel entzogen wird."

die aus dem Concreten abstrahirt, die das im Raum Verwirklichte oder in der Zeit sich Verwirklichende, als ideale Schöpfung wiedergiebt, und so inductiv als eine Wirkung der Welt aufzufassen ist, wie sie durch mythologische Deductionen als die Ursache derselben hingestellt wurde. Sie vermag zunächst nur die relativen Verhältnisse des Seienden, oder, mit geschärften Gläsern angeschaut, die successiven Folgen des Werdenden zu berechnen, aber diese Elementar-Operationen des Messens und Zählens tragen schon die Vorbedingungen der Analysis des Unendlichen in sich, durch welche der Mensch befähigt wird, sich seiner Einfügung im All bewusst zu werden.

Noch ein kurzes Wort über die Methode der Annäherungen, der Methode der Aehnlichkeitsreihen oder Analogienschlüsse, und ihre Verwendung in psychologischen Untersuchungen, besonders auf dem Felde der Mythologien. Gleich der analytischen Chemie (nach der Farbe der Niederschläge, nach dem Verhalten vor dem Löthrohr, nach den Reactionen auf Säuren, Basen u. s. w.) hat sie die Reagenzien tabellenweis anzuordnen, unter denen weiter hinzutretende Facta nach einander geprüft werden müssen, um sie in die richtige Stellung innerhalb des Systemes einzufügen. Wer nun diese analytische Chemie, ohne sie im Hinblick auf die Zwecke ihrer Aufgabe zu verstehen, mit der synthetischen Chemie vermengen würde, wer alle unlöslichen Niederschläge der Metalloxyde durch Schwefelwasserstoff, alle weissen des Baryt ob in sauren oder alkalischen Lösungen, die braunen oder grünen des Kaliumeisencyanür, die rothen des Chrom für zusammenfallend halten wollte, wer sich unfähig zeigte, eine Scheidung zwischen Datolith und Natrolith aufzufinden, weil sich beide in der Salzsäure zu steifer Gallerte auflösen, wer die Schmelzbarkeit des Fahlerzes und Eukairit's für ihre Identificirung genügend dächte, ohne den Knoblauchgeruch des Arsenik bei jenem, den Rettiggeruch des Selen bei diesem zu beachten, der bewiese nur, dass ihm der Sinn für naturwissenschaftliche Forschungen abgehe und dass er auf dem Gebiete derselben noch zu lernen habe. Aus solcher Confundirung zweier durchaus getrennter Arbeitszweige entstand der symbolische Mysticismus, der besonders seit Creuzer, oder doch der Zeit seiner Schüler, die vergleichende Mythologie in Verwirrung gebracht hat und noch jetzt durch die Schriften derjenigen dahin taumelt, „denen Phantasiren bequemer ist, als wissenschaftliche Arbeit," wie Helmholtz sagt. Von Lautähnlichkeit getroffen, ahnt man ein tiefsinniges Geheimniss darunter, und wagt es nun von diesem Symbol aus und auf andere ebenso unverständliche Symbole gestützt, eine subjective Theorie weiter zu spinnen, die auf dem Felde historischer Prüfungen untergeschoben werden soll. Wie gleichartige Physiognomie in mythologischen Anschauungen, ist auch Lautähnlichkeit ein Factum, das pflichtgemässe Beachtung verdient, das festgehalten und einregistrirt werden muss, wie der Chemiker alle Reactionen einer neu aufgefundenen Substanz vorläufig notiren wird, da sich später vielleicht (vielleicht auch nicht) weitere Erläuterungen daraus ergeben könnten. Betritt der Experimentator nun aber das Laboratorium der synthetischen Chemie, entschliesst er sich zu eigener Construction die Hand anzulegen, dann sind es einzig die in mathematischen Zahlen gesicherten Gewichtsverhältnisse der stöchiometrischen Gesetze, die ihm Schlussfolgerungen erlauben, die ihm zur Gewinnung practischer Resultate überhaupt allein dienlich sein können, und in derselben Weise darf ein geschichtlicher Aufbau, soweit er auf dem Gebiete der Linguistik ruht, nur der durch vergleichende Wurzelprüfungen gesicherten Grammatik seine philologischen Stützen entnehmen, denn nicht ein phantasievolles Schwärmen für Symbole und ihren dichterischen Schmuck, sondern einzig und allein das klar und scharf erkannte Verständniss der Thatsachen verbürgt den Fortschritt der Wissenschaft.

„C'est vainement, que l'on voudrait assigner pour cause á ces conformités des dispositions générales inhérentes à l'esprit humain", sagt Benjamin Constant über die gleichartige Wiederkehr identischer Mythen in allen Erdtheilen und will daraus auf die nothwendige Annahme eines Urvolkes schliessen, da die mit der Ausdehnung der geographischen und archäologischen Forschungen sich mehr und mehr anhäufenden Thatsachen eine fast unwiderstehliche Wahrscheinlichkeit gäben: „à l'hypothèse d'un peuple primitif, source commune, tige universelle, mais anéantie, de l'espèce humaine." Wo es sich um Wahrscheinlichkeitshypothesen letzter Gründe handelt, ist jede Hypothese zulässig, die dem Thatbestande entspricht und für die angeregten Fragen eine genügende Antwort bereit hält. Die Wissenschaft, die nur innerhalb der relativen Verhältnisse des deutlich Unterscheidbaren und im klaren Verstandeslichte Erkenntlichen forscht, hat mit jenen Nebelregionen eines in seiner optischen Täuschung unerreichbaren Horizontes nichts anderes zu thun, als dass sie ihren Protest einlegt, gegen die Aufstellung künstlicher Barrieren, die ihr bei späterer Ausdehnung des Untersuchungskreises nutzlose Hindernisse in den Weg werfen könnten. Ob wir demnach die allgemeine Gleichartigkeit der Mythen aus einem früheren Urvolke erklären wollen, oder aus dem organischen Entwicklungsgesetz des Menschengeistes, ist an sich völlig gleichgültig, so lange es sich nur um Hypothesen handelt, vorausgesetzt, dass beide gleich unschädlich seien. Es käme darauf an, welche die meisten Anhänger zu zählen erwarten dürfte. Nun kann kein Zweifel darüber herrschen, dass sich die Hypothese eines Urvolkes durch ihre Einfachheit und Bequemlichkeit empfiehlt, durch die Leichtigkeit, mit der sie jede Schwierigkeit lösen wird. Sobald wir ein solches Urvolk fingirt haben, brauchen wir nur auf dem Gebiete der Fictionen weiter zu arbeiten, und (gleich den Synergien in Panum's nativistischer Theorie) für jeden Mythencyclus einen Eponymus ins Leben zu rufen, der die Sache sogleich in Ordnung bringt und alles weitere Geistesmühen durch zuvorkommende Höflichkeit erspart. Diese Hypothese würde also völlig abgelöst neben der Arbeitsthätigkeit der Wissenschaft herlaufen, sie liesse sich stets auf momentanen Wink, wenn und wie oft man ihrer bedürfen sollte, herbeirufen, um jedesmal einem abgeschlossenen Systemganzen ihr bestätigendes Siegel aufzudrücken, und könnte dann wieder in unbestimmte Ferne entlassen werden, nach Belieben in theoretischen Luftgebilden umherzuschweigen. Es wäre kaum zu fürchten, dass sie sobald directen Schaden thäte, da wir zunächst noch genug mit der genauen Erforschung der wirklichen Völker zu thun haben, um uns schon jetzt viel um chimärische Urvölker zu kümmern, aber sie würde auf der andern Seite auch nie die mindeste Hoffnung geben, dem Aufbau der Wissenschaft je ein Tüttelchen directen Nutzen zuzufügen, ja die Wissenschaft hätte selbst vorsichtig jeden allzu genauen Anschluss zu meiden, da sie durch einen solchen in den letzten Consequenzen zum Setzen eines Anfanges gezwungen werden und damit ihr eigenes Werk harmonischer Proportionen selbst unterminiren würde. Was nun die andere Hypothese betrifft, die auf die psychologischen Wachsthumsprocesse zurückgeht, so ist sie eine Hypothese in dem naturwissenschaftlichen Sinne, die das Unbekannte des Früheren und Ferneren aus dem Bekannten des Nahen und Jetzigen zu erklären sucht, eine Hypothese, die sich auf dem mühevollen Wege der Induction bewegt, die das aus relativen Verhältnissen Erkennbare im Zusammenhange seines Gesetzes zu verstehen strebt, und die sich nicht eher bei einem Anfang beruhigen wird, als bis die angeregten Gedankenschwingungen im Schwerpunkt centraler Mitte ihr selbstständiges Gleichgewicht gefunden haben, als Ansatz zu neuer Knotenverschürzung, um, auf diese Unterlage gestützt, noch höhere Stufen der Erkenntniss zu erklimmen. Des Menschen Bestimmung auf Erden ist ein unausgesetztes Schöpfen und Schaffen, damit sich, aus immer neuen Differencirungen im Denken, ungeahnte Kräfte des Geistes entfalten, vollendetere Schönheiten hervorblühen. Nicht in trägem Hinträumen hat er seine Tage zu verbringen, nicht das Wandeln glatt gebahnter Wege giebt Verdienst, so lange noch so weite Strecken des Forschungsfeldes von unbekanntem Urwald bedeckt sind. Jeder ist berufen selbst Hand anzulegen, im Lichten neuer Pfade nach dem Masse seiner Fähigkeiten, Hülfe zu leisten; und je schwieriger, je verwickelter, je räthselvoller sich die Fragen stellen, desto freudiger und eifriger muss das Problem ergriffen werden, denn indem sich mit seiner Lösung ein neues Geheimniss des Weltgesetzes enthüllt, fügt sich zugleich der mikroskopischen Spiegelung desselben im menschlichen Bewusstsein ein gleicher Inhaltswerth hinzu.

Inhalt.

Seite
1 Stein, Pflanze, Thier u. Mensch.
2 Natürliches u. Uebernatürliches.
3 Das Individuum.
4 Anthropologische Stützen der Ethnologie.
5 Wachsthumsphasen der Rassen.
6 Entstehung.
7 Krystallbildung.
8 Complicationen der Wachsthumsprocesse.
9 Der Typus.
10 Veränderungsfähigkeit.
11 Schädelformen.
12 Varietät und Species.
13 Eintheilungen.
14 Abstammung.
15 Permanenz.
16 Geographisches Areal.
17 Oertlicher Schlag.
18 Relativer Werth der Aequivalente in ihren Ersetzungen.
19 Accumulation.
20 Der Mensch in der animalischen Wesensreihe.
21 Kreuzungen.
22 Einfluss des Psychischen im statu nascenti.
23 Craniologie und Philologie.
24 Physikalischer Ausdruck.
25 Das Sprachband.
26 Rassenschöpfungen.

Seite
27 Veränderungsfähigkeit innerhalb ihrer Grenzen.
28 Die Menschheit als Ganzes.
29 Supponirter Anfang.
30 Züchtung.
31 Einfluss des Bodens.
32 Hausthiere.
33 bis 38 } Vegetation.
39 Heimath und Fremde.
40 Gegenseitiger Einfluss.
41 42 43 } Fauna.
44 Urstock.
45 Haarige Varietäten.
46 Klimatische Umwandlung.
47 Der Neger.
48 Rassenmischungen.
49 Das Hypothetische in der Species.
50 Berücksichtigung des Standpunktes.
51 Affinitäten.
52 Verähnlichung.
53 Die Sphäre der Variabilität eines Typus.
54 Kraftwirkung kleinster Theilchen.
55 Individualitätsprincip.

56 Vollblutrassen.
57 Das englische Rennpferd.
58 Ethnologische Wurzeln der Vorgeschichte.
59 Heterogene Mischungen.
60 Reinheit der Rasse.
61 Der Normalmensch.
62 Sprachbildung.
63 Religionskreise.
64 Identität der Ideen.

65 Natur-Religion.
66 Mythologie.
67 Götterschöpfungen.
68 Die Frage nach dem Anfang.
69 Mythenbehandlung.
70 Psychologische Erklärung.
71 Basis der ethnologischen Facta.
72 Das Studium des Naturmenschen.
73 Die primitiven Gedanken.
74 Naturwissenschaftliche Forschungsmethode.
75 Sagensammlungen.
76 Induction.
77 Empirie.
78 Statistik.
79 Der Mensch und die Aussenwelt.

80 Der religiöse Glaube.
81 Religion und Wissenschaft.
82 Veränderlichkeit der Species.
83 Unerlaubte Erweiterungen.
84 Descendenztheorie.
85 Die Mitte.
86 Die Knotenverschlingungen des Werdens.
87 Organischer Zusammenhang.
88 Das Ineinanderfliessen der Wachsthumsstadien.
89 Psychologische Phänomenologie.
90
bis Beispiele.
95
96 Aehnliche Vorstellungen.

97 Mittelglieder.
98 Mythologische Namen.
99 Metamorphosen des Inhalts.
100 Benutzung der Sage.

101 Civilisationskerne.
102 Asien und Europa.
103 Gegliederter Continent.
104 Die Nomaden.
105 Asien und Afrika.
106 Ostafrika.
107 Der Negertypus.
108 Kopfentstellung.
109 Veränderungen des physikalischen Typus.
110 Aeltere Bewohner Europa's.
111 Ihre Schädel.
112 Umwandlung der Physiognomie.
113 Einfluss der Beschäftigung.
114 Abhängigkeit von der Geologie.
115 Inseln.
116 Systeme.

117 Amerika.
118 Die Atlantis.
119 Mexico.
120 Die Carthager.
121 Fortgetriebene Schiffe.
122 Bauwerke.
123 Entsprechende Namen.
124 Sentina fabularum.
125 Meeresströmungen.
126 Amerika und Nord-Europa.
127 Die Normannen.
128 Von Island nach Grönland.
129 Die Irländer.
130 Die Milesier.
131 Vinland.
132 Irische Sagen.
133 Japan und Californien.
134 Buddhistische Missionaire.
135 Die Lieu-kieu oder Oghii.
136 Fousang.
137 Kukusan und Kukulcan.

XV

Seite		Seite	
138	Viracocha und Viraghoaa.	175	Analogienreihen.
139	Afrikaner in Amerika.	176 bis 182	As, als Titel.
140	Die asiatischen Nomaden bei Herodot.	183	Armenische Traditionen.
141	Kimmerier.	184	Zervan, der Sererfürst.
142	Scythen.	185	Thyras.
143	Geten.	186	Die Kuschiten.
144	Thracien.	187	Gupta in Aegypten.
145	Scandinavien.	188	Haik und Haig.
146	Arier.		
147	Asiatische Steppen.	189	Modificationen der Namen.
148	Die Beduinen.	190	Umlautwandlungen.
149	Die Nomaden Sogdiana's.	191	Streitwagen.
150	Asen und Saken.	192	Asia.
151	Reitervölker und Culturstaaten.	193	König und Land.
		194 bis 199	Interpretationsweisen.
152	Saken und Geten neben Mongolen und Tataren.		
153	Das Gebiet der Arier.	200	Lappen im Norden.
154	Politische Conjuncturen.	201	Discussionen über Abstammung.
155	Iran und Turan.	202	Aestyer und Scandinavier.
156	Die Ausbreitung der Arier.	203	Land und Volk.
157	Geten und Yueitchi.		
158	Hiongnu.	204	Sprachwechsel.
159	Hunnen und Avaren.	205	Uebergänge.
160	Der Khakhan der Toba.	206	Der Ablaut.
161	Der Shanjui im Osten.	207	Die Grammatik.
		208	Schriftsprachen.
162	Die Usiun in Ili.		
163	Die blonden Völker.	209	Kleinasiatische Vorzeit.
164	Die Alanen.	210	Die hellenische Era.
165	Die Parther.	211	Neuer Gesichtskreis.
166	Die Sze oder Sacae.	212	Rücktritt des Ostens.
167	Indoskythen und bactrische Griechen.	213	Die Chinesen.
		214	Die Asen.
168	Die Parther in Armenien.	215	Die Wurzel As.
169	Ashkanier und Ashganier.		
170	Die Chinesen in Ost-Turkestan.	216	Europa im Osten und Westen.
171	Die Tufan.	217	Alte Culturen.
172	Nördliche und südliche Hiongnu.	218	Italien und der Westen.
173	Die Tukhiu.	219	Die Ligurer.
174	Die Uiguren.	220	Endpunkte d. Karavanenstrassen.
		221	Die Finnen.

XVI

Seite		Seite	
222	Die Ynglinger.	245	Barden.
223	Die Gaelen.	246	Mannus.
224	Die Gothen.	247	Alamanni und Alamanie.
225	Reste des Mutterrechtes.	248	Kirghisen.
226	Irland.	249	Sarten.
		250	Teutonen.
227	Geten und Gothen.	251	Titanen.
228	Mongolen und Mogulen.	252	Das Pan.
229	Die Sam.		
230	Kain und Abel.	253	Ugrien.
231	Die Beni Elohim und die Solimane.	254	Ungarn.
		255	Der obere Jenissei.
232	Die Jin und Chin.	256	Die Kurgane.
233		257	Die Heimath.
234	Sagen des Altai.		
235			
236	Die Turkomanen.	258	Theogonien.
237		259	Das Paradies und der Wilde.
bis	Tatarische Heldensagen.	260	Das Wunder.
241		261	Der Staat.
242	Die Insel Man.	262	Instincthandlungen.
243	Buri.	263	Erklärungsmaterial.
244	Boreaden.	264	Naturwissenschaft.

Bemerkungen zur Karte S. 269—284.

Vorwort.

Aus allgemeiner Grundlage hervorgetreten, erweist sich jedes Naturproduct als ein Mikrokosmos, der verwandtschaftsfähige Einflüsse makrokosmischer Umgebung zu einem neuen Mittelpunkt selbstständigen Bestehens verknüpft und in ihm für die zugemessene Zeit der Resistenzfähigkeit verharrt. Diese Bedingungen erfüllen sich am vollkommensten in den Mineralien, die zwar mit dem Erstarren der momentan lebendigen Kristallisation zersetzenden Einflüssen verfallen, aber denselben doch erst nach längerer fortgesetzter Accumulation allmählig zu unterliegen beginnen. Im organischen Reich zeigt die Pflanze in ihrem Jahre lang unverändert aufbewahrbaren Saamen, das Thier im Ei, das Bild eines aus abgeglichenen Naturpotenzen hervorgegangenen Individuums unabhängiger Existenz. Während der Dauer des Wachsthums dagegen, im schaffend fortfliessenden Lebensprocess, fehlt die richtige Compensation, indem die einfallenden Reize bei ungenügender Sättigung in Bewegung bleiben, und wir sehen daher in den Entwickelungsstadien der Pflanze zwar das Streben nach einer Individualität, aber noch kein abgeschlossenes Individuum. Dieselbe Continuität des Zeitlichen wiederholt sich bei den Klassen der räumlich in freier Bewegung losgelösten Thiere unter Zutritt höherer Agentien zu den terrestrischen, indem die kosmischen Ausstrahlungen nicht nur, wie bei der Pflanze, als reflectirte Wärme, sondern direct als Licht empfunden werden. Das Hineingreifen einer jenseitigen Welt in die irdische macht es von vornherein unmöglich, dass die hervorgerufenen Erzeugnisse innerhalb der letzteren ihre Bestimmung auszufüllen vermöchten, ihr Ziel überschreitet die Grenzen der Natur in das Uebernatürliche hinaus und weisst desshalb ihre vollendetste Schöpfung, den Menschen, in seinen Denkoperationen auf eine unendliche Reihe transcendentaler Fortentwickelung hin. Von der in der Kosmographie den geographischen Fehler des Indicopleustes wiederholenden Setzung ausserweltlicher Ursachen abgelöst, bietet die Beibehaltung der schon adoptirten Ausdrücke des Natürlichen und des Uebernatürlichen oder Metaphysischen manche Bequemlichkeiten dar, weil sie deutlich geschiedene Gebiete auch als solche zu definiren vermag. Wollen wir die Natur mit dem Gesetz allgemeiner Harmonie identificiren, das in jedem Sein wiederklingt, so würde Alles, von dem wir uns eine Vorstellung zu bilden vermögen, in das Gebiet der grossen Natur fallen, es dürfte aber rathsam sein, diese Ausdrücke auf die engere Sphäre des Planetaren zu beschränken, und von Natur nur dort zu reden, wo wir uns innerhalb eines Gebietes bewegen, dessen Agentien in ihrer Tragweite und ihrer Wirkungsweise schon bekannt sind, oder doch voraussichtlich im Gange der Studien hinlänglich bekannt werden müssen, um sie in die Formeln fest umschriebener Lehrsätze zu fassen. Auch über das Planetensystem hinaus vermögen wir in den Weltraum vorzudringen, wir erkennen auch dort unveränderliche Gesetze, die vervollkommnete Rechnungsmethoden uns zu verfolgen gestatten, aber es wird uns schwerlich je möglich sein, sie in Calculationen zu fesseln, die keinen Rest des Unbekannten lassen sollten, oder durch die Controlle der Experimente auf sie zu reagiren, und sollte uns je solch' eine Eroberung (gleich den Spectralanalysen) gelingen, so bliebe es dann noch Zeit, die neu unterworfenen Wissenszweige in die Naturfächer einzuordnen. Bis jetzt würde solch' ein Durcheinanderwerfen des bereits sicher Erkannten und des in dem Streben nach Erkenntniss erst Geahnten dem sich auf Thatsachen stützenden Fortschritte des Wissens nur hinderlich sein können.

Bei der nach den Endresultaten ihrer entwicklungsfähigen Keime über die Erde und die auf ihr bekannten Kräfte hinausliegenden Wesenheit des Menschen folgt von vornherein das Unthunliche des Versuches, den Menschen als fertig abgeschlossenes Naturproduct in die Reihe der übrigen einreihen zu wollen, obwohl uns schon Data hinlänglich vorliegen, und Anhalte gegeben sind, um dem Coëfficienten seiner incommensurablen Progressionen eine relative Werthbestimmung zu ertheilen. So wenig es in der Botanik erlaubt sein würde, eine Entwickelungsphase des in lebendiger Veränderung wechselnden Organismus aus dem Zusammenhang herauszureissen, und als Repräsentant der Pflanze hinzustellen, statt aus dem Gesammtüberblick der in ihrer rückläufigen Kreislinie abgeschlossenen Entwickelung das Bild des Individuums zu entwerfen, ebenso wenig darf die Ethnologie individuelle Abgeschlossenheit in den Volksstämmen suchen, da alle nur ephemere Zweige und Blätter an dem grossen Culturbaume bilden, der aus dunkel in der Tiefe geschlagenen Wurzeln zur Humanität emporblüht. Der Begriff des Individuum,[*] wie er im Pflanzen-

---

[*] Nicht die Einheit der sinnlichen Erscheinung, sondern die Einheit der Entwickelungsreihe charakterisirt das Individuum. Nach Virchow er-

und auch im Thierreich festzuhalten ist, fällt beim Menschen weg oder vielmehr erweitert sich bei ihm zur Species. Als Individuum darf nur diejenige Existenz aufgefasst werden, die im selbstständig unabhängigen Bestehen alle äusseren Agentien in sich abgleicht und durch Befriedigung ihrer Bedürfnisse oder durch Sättigung polarer Spannungen in sich das Centrum eines eigenen Schwerpunkts findet. So beim Kristall, so bei der Pflanze im Cirkel ihrer Generationswechsel; so auch beim Thiere, wenigstens innerhalb der den dualistischen Zwiespalt des Geschlechts ausgleichenden Gattung der Paarung. Nicht so beim Menschen; der Einzelne genügt weder sich selbst, noch auch nachdem er seine durch Zeus Blitzstrahl (wie Plato meint) abgetrennte Ehehälfte gefunden, denn obwohl er durch diese Einigung neben den körperlichen Sinnesregungen auch das Reich der Gefühle zum Schweigen bringen mag, so stehen doch über diesem noch die Probleme geistiger Zweifel, die ihre Lösung verlangen und sie nur in der Gesellschaft, im Austausch der Sprache zu finden vermögen, soweit sie sich überhaupt finden lassen. Beim Menschen ist deshalb das Individuum nicht der Einzelne, der, auf seine Einzelheit reducirt, ein verstümmeltes Unding darstellen würde, sondern der Gesellschaftskreis, in den Jeder als integrirender Theil eingeht, und dieser Gesellschaftskreis constituirt sich bald als Stamm, bald als Volk, bald in höchster Auffassung als Nation. Und zwar kann auch hier das individuelle Bestehen eigentlich nur in dem Sinne genommen werden, wie man es in der Pflanze manchmal hat an den Blättern finden wollen, indem das Band eines allgemeinen Zusammenhanges sich durch das Ganze hindurchschlingt. Jedes Volk steht in geistiger Wechselwirkung mit seinen Nachbarn und durch sie mit allen übrigen, jedes absorbirt geistiges Capital, das ihm zugetragen sein mag, das es von fernher entlehnt haben mag, das aber sein Quotum beiträgt, um das Characteristische des eigenthümlichen Racentypus zu brechen und der Norm des Idealmenschen näher zu führen, und mit Ausdehnung der geographischen Entdeckungen über den Erdball werden auch die entlegensten Berg- und Inselbewohner in den Wirbel der emporstrebenden Spirale hineingezogen, deren Ende sich freilich dem Auge entzieht, deren Windungen aber schon jetzt für unsere Instrumente messbar sind.

Wenn so die Aufgaben der Ethnologie vorzugsweise psychologischer Art sind, wenn sie im Sichten der Gedanken-Elemente die Gesetze ihrer

---

scheint das Individuum als eine einheitliche Gemeinschaft, an der alle Theile zu einem gleichartigen Zwecke zusammenwirken und nach einem bestimmten Plane thätig sind. Wie das Individuum als Glied der Species, so erscheint die Species als Glied der Gattung, die Gattung als Glied der Familie, der Ordnung, der Klasse, des Reichs (Braun).

Entwickelung zu durchforschen hat, so findet sie dabei die zuverlässigste
Stütze in der Anthropologie, die auf der Scheide des Körperlichen und
Geistigen, der Physiologie und Psychologie, in Umfassung beider die
körperlichen Formen studirt, die mit den geistigen Phänomenen in gegenseitiger Ergänzung stehen, gleichsam die Schriftzüge liesst, wodurch sich
das Psychische in seiner materiellen Umgebung am deutlichsten und fassbarsten ausgedrückt hat. Die mit der unumstösslichen Gewissheit einer
exacten Naturwissenschaft auftretende Anthropologie gewährt der Ethnologie eine Hülfe, die bisher der Geschichtsforschung entging, und derselben durch Vermittelung jener früher oder später zu Gute kommen
mag, und schon die Ausdehnung des historischen Horizonts, wie sie die
Ethnologie anbahnen muss, verspricht durch Mehrung der Vergleichungspunkte fruchtbringende Resultate. Sie hat die Menschheit im genetischen
Processe des Werdens, im zeitlichen Nacheinander, aufzufassen, denn eine
auf die räumliche Zertheilung der Völker beschränkte Betrachtung würde
ebenso verkehrt handeln, wie ein Botaniker, der in seinem Studium des
Pflanzenreiches das Nebeneinanderstellen von Knospen, Blüthen, Blumen
und Früchten zum bestimmenden Eintheilungsprincip machen wollte. Ein
im flüssigen Umwandlungsprocess des Werdens begriffenes Naturprodukt
trägt erst dann seinen charakteristischen Typus ausgeprägt, wenn seine
Umwandlungen unter der gesetzlich constant gewordenen Formel einer
stetigen Reihe verlaufen, es darf also erst, nachdem der Zustand vollkommener Ausbildung erlangt ist, als Repräsentant seiner Species*) in

---

*) Bei ihrer Emancipation von der Dogmatik fand die Wissenschaft, als
sie die lange getragenen Fesseln abfallen fühlte, ihre Freude daran, alle in
jener aufgestellten Axiome zu negiren und ihnen principiell zu opponiren,
und so wurde der Art-Einheit die Nicht-Einheit entgegengesetzt, der Monogenie die Polygenie, indem man die Abstammung von einem Urpaar bezweifelte und damit auch das darauf begründete Kriterium der Species in
Frage stellte. Bei der Schwierigkeit indess, constante Merkmale für die Permanenz der Art zu finden, kam man schon bald wieder auf gemeinsame Abstammung zurück, (auch bei Zertheilung des Menschengeschlechts in mehrere Species). Die meisten über Species gegebenen Definitionen schliessen die Voraussetzung gemeinsamer Abstammung ein. So in der Erklärung Cuvier's: La
réunion des individus descendus l'un de l'autre ou de parents communs et de
ceux, qui leur rassemblent autant, qu'ils se ressemblent entre eux. Latham
geht in seiner Erklärung weiter: A species is a class of individuals, each of
which is hypothetically considered to be the descendant of the same protoplast
or of the same pair of protoplasts. Prichard sagt: das Wort Species darf
nur gebraucht werden von einem Inbegriff von Individuen, bei denen Nichts im
Wege steht, sie als Abkömmlinge eines Stammes zu betrachten. Species tot

das System eingereiht werden. In der Botanik ist es häufig vorgekommen, dass Reisende, die in fremden Ländern auf ihrem Durchpassiren nur einzelne Entwicklungsstadien einer Pflanze zu beobachten Gelegenheit hatten, dieselben auf diesen Zwischenzuständen auch in verschiedene Rubriken einfügten und sie in ihren Altersgraden als selbstständige Species neben einander figuriren liessen, in der Zoologie hat erst die Entdeckung des Generationswechsels in vielen Klassen das Zusammengehörige aus weiten Zerstreuungen geeinigt, in der Ethnologie aber fehlt noch die richtige Diagnose, um die Reife einer Rasse, den Abschluss ihres Wachsthums mit Sicherheit zu erkennen, und wir finden deshalb in den ethnologischen Lehrbüchern Rassen in den verschiedensten Uebergangszuständen, Rassen aufschwellender Jugend, Rassen vollkräftiger Mannheit, Rassen des sinkenden Greisenalters als gleichwerthige Grössen neben einander aufgeführt, wir finden primäre, secundäre, ternäre oder quaternäre Rassen, (die nach dem Vorgange der Chemie ihrer Zusammensetzungsweise wegen so genannt werden mögen) auf eine Linie zusammengestellt, während es vielmehr darauf ankäme, die Gesetzesformel zu finden, unter welcher sie sich aus einander entwickelt haben. In dem periodischen Kreisleben der Pflanze, wo das Individuum abstirbt, um ein gleichartig neues aus seinem Saamen hervorgehen zu lassen, kann an die mehrfache Wiederholung eine vergleichende Controlle gelegt werden, um das Ideal der Normalpflanze abzuleiten, das Völkerleben dagegen strebt immer reicher verjüngter Entwickelung zu und ist als unendliche Reihe nur aus dem Gesetze des Fortganges zu berechnen. Das Leben der Individuen, das für andere Zwecke Gegenstand des anthropologischen Studium's bilden mag, zählt gleich Null (gleich atomistischen Monaden kleinster Theilchen, deren Werth verschwinden würde, wenn nicht hypothetisch fixirt) in der Ethnologie, für die der Mensch nur als aufgelösstes Component eines

---

sunt diversae, quot diversae formae ab initio sunt creatae (Linné). De Candolle vereinigt unter dem Namen von Species alle Individuen, die eine so grosse Aehnlichkeit mit einander zeigen, dass sie als ursprünglich von einem einzelnen Paare herstammend vermuthet werden können. Zu einer Art gehören alle Individuen, die, abgesehen von Ort und Zeit, unter völlig gleichen Verhältnissen auch völlig gleiche Merkmale zeigen (Schleiden). Succession constante d'individus semblables et qui se reproduisent, ist für Buffon die Art. Species are distinguished by differences in the proportion of the parts and in the absolute size of the whole animal, in the colour and general ornamentation of the surface of the body and in the relation of the individuals to one another and to the world around (Agasiz). Die Species oder organische Art ist die Gesammtheit aller Zeugungskreise, welche unter gleichen Existenzbedingungen gleiche Formen besitzen (Haeckel).

Gesellschaftskreises besteht und in welcher nur die culturhistorische Entwickelung der Geschichtsbewegung, ihrer psychologischen Grundlage nach, Beachtung findet. Die Ethnologie würde durch räumliche Trennungen des Nebeneinander das organisch in einander Gewebte zu bedeutungslosen Fetzen zerreissen, sie darf nur Unterscheidungen des Nacheinander*) kennen, je nachdem sich die Rassen zu Nationen entwickeln und diese in humanistischer Fruchtbildung ihre gemeinsame Vollendung erhalten. Das im sprachlichen Austausch gewonnene Gemeingut geistiger Schöpfungen überdauert die körperliche Existenz, und während Rassen und Völker untergehen mögen, verbleiben die Schätze ihrer Literatur, ihre Erwerbungen in Künsten und Wissenschaften als Erbtheil einer verwandten Culturrasse, die dasselbe weiter verzinst und nutzbar macht.

Sprechen wir von Entstehung innerhalb des Kreislaufes der Existenzen, so lässt sich zwischen ihrem Auftreten im anorganischen und im organischen Reich kaum ein radicaler Unterschied statuiren. Unsere Kenntniss von derselben im letztern mag eine unvollkommenere sein, aber die Differenz bewegt sich nur im Mehr oder Minder. Auch im organischen Reiche können wir sie durch Experimente controlliren, wir wissen mit einer durch Theorien über Generatio aequivoca unbeeinflussten Sicherheit praktischer Erfahrung, dass bei Fermentzusatz in zuckerhaltiger Flüssigkeit Pilze entstehen, wir sehen ihrem Hervortreten mit derselben Bestimmtheit entgegen, als wir aus einer Mutterlauge das Anschiessen der darin aufgelössten Kristalle erwarten, und die hier von Aussen her bei der Thätigkeit polarer Electricitätskräfte mitwirkenden Agentien mögen besser, als beim Gährungsprozess oder bei der Bildung von Infusorien in stehenden Gewässer bekannt sein, haben aber gleichfalls noch manche Lücken in ihrem Verständniss, wie die Unfähigkeit jeder beliebigen Neu-Production bei der Pflanze sich zwar häufiger aufdrängt, aber auch bei so manchen Felsmassen und Edelsteinen vorläufig anerkannt werden muss. Dass im Gegensatz zum ruhend verharrenden Stein die Pflanze lebendig fortwächst, ist ein Phänomen, das noch manche Vorarbeit und Untersuchung verlangt, ehe es nach den Anforderungen einer empirisch-exacten Naturwissenschaft als aufgeklärt betrachtet werden kann, aber das Hauptagens, das dabei mitwirkt, können wir in dem kosmischen Ursprung des für die Kristallbildung grösstentheils bedeutungslosen Lichtes oder der davon geschwängerten Atmosphäre supponiren, und wenn wir noch

---

*) Hombron lässt die Menschenrasse successive in drei Schöpfungsperioden nach einander hervortreten, aber die Revolutionen derselben sind, wie seit Lyell's Reform in der Geologie, aus der Erklärung noch heute wirksamer Ursachen in Uebergängen zu vermitteln.

weit davon entfernt sind, die Wirkungsweisen dieser Kraft in ihrer ganzen Tragweite zu kennen, so geht es uns doch mit einer Menge terrestrischer Kräfte vielleicht etwas, aber nicht um so sehr viel, besser. Auch hier handelt es sich um ein Plus-minus. Dagegen tritt in der organischen Wesensreihe die Fähigkeit der Arterhaltung auf, die bei der anorganischen fehlt, indem der Kristall im Augenblick der Geburt schon vom Tode überrascht wird, ehe die Zeugungskräfte sich zur Fortpflanzung neu condensiren können. Im anorganischen Reich sinkt die natura naturata beständig in die natura naturans zurück, das Individuum ist stets ein unmittelbares Product dieser, ohne selbstständigen Bestand, und wenn für die organische Natur ein solcher gewonnen wird, so geschieht es eben mit Hülfe jener aus kosmischer Quelle entströmten Potenzen. Da diese nur in Theilquotienten einregristirt werden können, scheint es nichts Auffälliges, wenn wir den Plan ihrer Schöpfungen weniger genau kennen, als die Vorgänge im anorganischen Reiche. Bei diesen wissen wir, unter welchen Verhältnissen nach elektrolytischer Wirkung und specifischer Wärme Kieselerde, Eisenoxyd, Natron, Manganoxyd, Kalkerde zusammentreten müssen, um die schiefe rhombische Säule des Achmit zu bilden, aus welchen Verhältnissen von Kieselerde, Thonerde, Kalkerde, Eisenoxydul, Eisenoxyd und Manganoxydul die gerade rhomboidische Säule des Epidot hervorgeht, und da wir diese Substanzen meist zur Hand und in unserer Gewalt haben, so ist es oft in unsere Macht gegeben, die eine oder die andere Kristallform künstlich aufzurufen. Je nach der Verbindung des Stickstoff und Wasserstoff im Ammoniak mit Chlor oder mit Kalium und Eisen bilden sich bald die Octaeder des Salmiak, bald die gelben Kristalle des Blutlaugensalzes, wie es in dem Willen des Experimentator liegt. Aber auch im anorganischen Reich tritt schon bei einzelnen Kristallbildungen das Mitwirken physikalischer Kräfte auf, die noch nicht völlig controllirbar sind, und deshalb nicht eine Wiederholung der Naturzeugungen im Laboratorium erlauben. Da nun im organischen Reich vorwiegend solche Kräfte thätig sind, die nicht durch Gesetze haben gefesselt werden können, da von den Proportionsmaassen, in denen sie mitwirken, die Mannigfaltigkeit der Erscheinungen abhängt und das hier auf vier Grundstoffe beschränkte Material den Versuchen nur eine geringe Zahl von Wechseln erlaubt, so steht die Schwierigkeit, auf die organische Natur einzuwirken, um ihren Zusammenhang zu verstehen, ganz im Einklang mit dem Stande unserer heutigen Naturwissenschaft, die aber durchaus nicht gesonnen scheint, auf der so glänzend begonnenen Erobererlaufbahn schon stehen bleiben zu wollen. Die irdische Natur redet zu uns aus den Kristallen, und ihre Schrift ist der Entzifferung nahe, im Kosmischen dagegen umhüllen die Hieroglyphen der Pflanzen und Thiere noch manches wunderbare Geheimniss, deren Sinn soweit kein Forscher erschloss.

Wenn uns der jetzige Standpunkt der Chemie eine Erklärung der anorganischen Processe in ihren relativen Verhältnissen möglich gemacht hat, so kann sie bei der Zellbildung nur secundäre Gültigkeit beanspruchen, da in ihre primäre Entstehung ein Unbekanntes eintritt, ein kosmisches Agens mitwirkt, das sich mittelst der Insolation auch unter der Erdrinde und Wasserfläche auf eine gewisse Strecke fühlbar macht. Wie aber das Organische in seinem primitiven Anfange, in den ersten Regungen des Lebendigen von einem Jenseitigen abhängig ist, so muss das Abhängigkeitsgefühl bei normalem Entwickelungsgange in das Bewusstsein zurücktreten, wenn es in der Blüthe des Psychischen zu seinem Zielpunkt gelangt ist und den Keim eines neuen Beginnes ansetzt.

Im vegetativen und animalischen Reiche kreist das Wachsthum der Hauptsache nach in der Cirkellinie, die von der aus dem Saamen entsprossenen Wurzel zum Saamen der Frucht, und von diesem zu jenem führt, indem die aus dem Weltraume des Sonnensystems hinzugetretenen, und die durch die Wurzeln aus dem Boden gezogenen Säfte verändernden Anregungen in der Mehrreproduction der Pflanzenkörner oder thierischen Keime verbraucht und absorbirt werden. Je complicirter bei höher gesteigerter Organisation die letzten Schöpfungsprocesse werden, desto leichter sind begleitende Nebenthätigkeiten angeregt, die bei den Pflanzen sowohl, wie bei den Thieren, als frei entstanden, die Geschlechtsfunctionen begleiten, als frei entstanden in die Region des Terrestrischen oder Solaren ausströmen und von den Banden jenes gleichmässig wiederholten Kreislaufes losgelöst sind. Als an der Grenze ihrer Entstehungsgrundlage mit dem Körperlichen verwachsen, müssen sie allerdings rückwirkend den Typus dieses tingiren, wesshalb bei den Duft erzeugenden Pflanzen schon die Blätter schwach davon durchdrungen sein können und das neugeborene Thier bereits instinctartiger Handlungen fähig ist, aber im Menschen, in dem der freie Wille zum Durchbruch gelangt, fällt der Abschluss des selbstständig bewussten Denkens in seiner klaren Scheidung mit der Pubertätsentwicklung zusammen. Von dem Momente an sind die Ideen im Gedankenleben von ganz anderen Gesetzen regiert, für welche uns die aus terrestrischen Verhältnissen bekannten durchaus keine Analogien oder Vergleichungen abgeben können. Jeder Gedanke ist dann eine That, die in die Ewigkeit eintritt, die aber zugleich, als in einem organisch ewigen Gebilde wurzelnd, in der persönlichen Erinnerung ein integrirender Theil des anzustrebenden Ganzen bleibt. Eine Werthabschätzung in den relativen Verhältnissen der Theile kann nicht aufgestellt werden, so lange nicht der Umfang des Ganzen bekannt ist, das die Theile zusammensetze, und was in einer Auffassung, als ein überflüssig Nebenherlaufendes, als ein Ueberschuss erscheint, könnte sich unter einem andern Gesichtspunkt als das eigentliche Endziel zeigen. Das eigentliche Studium der Menschheit ist der Mensch, lautet der identische Ausspruch jener in England und Deutschland hochgefeierten Koryphäen, eben derselbe klang schon aus dem Tempel des hellenischen Orakelsitzes und wird seine unveränderliche Wahrheit behalten, wenn der Mensch in dem von seinem Begriffe unabtrennlichen Character eines Gesellschaftswesens gefasst wird, der Mensch als integrirender Theil eines nationalen Kreises, in dem der sprachliche Austausch die Individuen vereinigt.

So lange wir mögliche Erdveränderungen*) unberücksichtigt lassen und innerhalb der Unmerklichkeit ihres Vorsichgehens die vorhandenen Klimate als constante annehmen, müssen wir jedem derselben auch den durch specifische Characterzüge markirten Typus einer Rasse zuschreiben. Da der Mensch nicht, wie manche Thierklassen, mit anderen Geschöpfen um das Dasein zu kämpfen hat, da er, an der Spitze der animalischen Wesenreiche stehend, über die Erde gebietet und existenzbedrohende Kämpfe nur mit Seinesgleichen führt, (wo also, im Falle des Unterliegens, der Mensch an die Stelle des Menschen tritt und das Facit für den Menschheitscharacter**) dasselbe bleibt), so können, vom körperlichen Standpunkt aus, keine Einflüsse gedacht werden, die diesen local gege-

---

*) Aus den botanischen Ergebnissen Martin's und aus den Studien Bourguignats über die Mollusken des nördlichen Afrika schliesst Duveyrier, dass am Beginn der gegenwärtigen Periode die Sahara mit Wasser bedeckt war und dass damals das mittelländische Meer mit dem Ocean durch einen See unterhalb der Sahara (par une mer sous-saharienne) communicirte. Dem Untersinken der Atlantis, dem sich (nach Wallace) ähnliche Katastrophen im indischen Archipelagus zur Seite stellen würden, schliesst sich das Verschwinden des nordischen Binnenmeeres an, der Durchbruch des Pontus u. s. w., und die Kirgisen sehen in den Rosenkranzseen zurückgebliebene Wasserteiche in Folge der fortgehenden Austrocknung des Aralsees.

**) Leiten wir aus den Mustern der als tiefststehend anerkannten Rassen eine ideelle Normalform ab, so wird diese einen allgemein durchgehenden Character ihres Entwicklungsstadiums tragen, und deshalb z. B. an dem bekannten Beispiel der Irländer in Ulster (1641) erkennbar sein, wie auch bei Wilke's Expedition ein Sohn derselben Insel (die in Europa ihrer eigenen Tradition entsprechend, ein archaistisches Residuum bildete) in Polynesien mit den dortigen Eingeborenen anfangs verwechselt wurde. Der Physiognomiker Zopyrus, wie Cicero erzählt, schloss bei Socrates auf Stumpfsinn und Weibersucht, und obwohl er sie überwunden habe, gestand jener doch, dass er sie früher besessen hätte. Rohe Völker haben (nach de Salles) dicke Lippen und grossen Mund.

benen Rassentypus umzugestalten vermöchten, denn auch eingewanderte, auch mit den Eingeborenen gemischte Rassen werden früher oder später den Umgebungsbedingungen unterliegen müssen und sich dem Localtypus gemäss umgestalten. Das mögliche Auftreten von Monstruositäten kann keinen wirksamen Effect haben, indem zum Fixiren derselben die ganze Vorsicht künstlicher Züchtung unerlässliche Vorbedingung wäre, und in der geringen Zahl excentrischer Fälle, wo sie eintrat, auch den zu erwartenden Effect gehabt hat, wie z. B. bei den Potsdamer Grenadiergarden. In Vererbung würden auch die Fälle gehören von den Stachelschweinmenschen, der haarigen Familie in Birma, den Blutern, den Sechsfingrigen u. s. w., doch liesse sich aus allen diesem für das Grosse und Ganze kein durchgreifendes Prinzip ableiten, und geringe Abweichungen, die auf der körperlichen Sphäre eingeleitet sein könnten, werden immer wieder früher oder später in dem dominirenden Grundtypus verschwimmen. Von geistiger Seite her können unter fremdem Ideenaustausch Agentien unbegrenzter Wirkungsfähigkeit in Angriff treten, werden aber nur schwer im Stande sein, die inerte Masse der Materie lebenskräftig und somit umgestaltend in Transmutationen zu durchzucken, wenn sich diese nicht schon in einem empfänglichen Zustande der Wandlungen befindet, wie derselbe am radicalsten durch kreuzende Wahlverwandtschaften hervorgerufen wird. Es gilt hier das von Vilmorin auf die Botanik angewandte Wort: Lorsque l'espèce a été ébranlée, affolée, elle devient plus maniable. Wir werden also die erfolgreichsten Artenbildungen sehen, wenn homogene Rassenkreuzungen in einem zusagenden Klima unter lebhaften Ideenverkehr Statt gefunden haben, und unter solchen Verhältnissen (Verhältnisse, wie sie bei der Geburt jedes Culturvolkes vorzuliegen pflegen) mag dann der ursprünglich, wie der kindliche,[*] unentwickelte Schädel[**] seine Dimensionen von Jahrhundert zu Jahrhundert ausdehnen, wie es Broca an dem auf den Friedhöfen von Paris Gefundenen gezeigt hat, und die geringere Schädelcapacität der alten Schotten (nach Wilson). Aus den Resultaten der Novara-Expedition würde sich dagegen (bei Weisbach) ergeben, dass im Vergleich zum Körper die Australier und Nikobaren (also die am

---

[*] Erst mit Beendigung des ersten Zahnens prägen sich (nach Pruner Bey) die auszeichnenden Charactere des Schädels deutlich aus und die wichtigste Umwälzung in den Formen und Verhältnissen des Skelettes findet in der Epoche der Mannbarkeit statt. Während der Affenschädel durch gleichmässige Breiten- und Höhenzunahme aus den tieferen Säugethierstufen hervorgeht, führt ihn eine plötzliche Ausweitung in der Median-Ebene zu derjenigen des Menschen, bemerkt Aeby. Umfang allein entscheidet nichts.

[**] Die in New-York ausgegrabenen Negerschädel waren dicker und verriethen geringere Geistesgaben, als die jetzigen, bemerkt (1851) Warren.

tiefsten stehenden Wilden) den grössten Kopf, den kleinsten dagegen (auch absolut genommen) die Javanen besässen, d. h. das höchste der dortigen Culturvölker, wenn diesen bei 4 Javanen und 2 Australiern vorgenommenen Messungen überhaupt ein statistischer Werth beigelegt werden könnte. „In der allgemeinen Formenreihe muss ein Schädel um so höher stehen, je mehr sein Gehirntheil den Gesichtstheil überragt." Aeby schliesst aus seinen letzten Messungen verschiedener Rassenschädel auf eine „Continuität aller Schädelformen", und bemerkt (im botanischen Sinne Kerner's von guten und schlechten Arten): „Reisst man die Endglieder aus dem Zusammenhange, so sind sie allerdings scharf geschieden, und wer den Europäer nur dem Neger gegenüberstellt, der kann leicht die schönsten Schulbilder für die verschiedenen Menschenrassen in klaren Zügen entwerfen, aber es sind eben Schulbilder, deren Umrisse in der Wirklichkeit schonungslos verwischt werden." Die Dolichocephalie als solche kann durchaus keinen maassgebenden Character besitzen, da, je nachdem sie auf frontaler oder occipitaler Vorwölbung beruht, ein ganz entgegengesetztes Gewicht in die Waagschale gelegt wird. Die allgemeine Maxime, dass im normalen Durchschnittmenschen die Stirne mit zunehmender Intelligenz vortritt, wird nicht im mindesten dadurch berührt, dass hochbegabte Intelligenzen manchmal eine flache oder zurücktretende Stirn haben, denn je selbstständiger das Genie emporstrebt, desto freier wird es von bindenden Gesetzen.

Das künstliche Balanciren in der Speciesfrage*) ist bekannt genug,

---

*) Wären Neger und Caucasier Schnecken, so würde man sie unbedingt für verschiedene Species erklärt haben, bemerkt Quenstedt. Nach Blumenbach lassen sich in den Thieren gleicher Species (wie zwischen dem Kopf des ungarischen und neapolitanischen Pferdes) grössere Unterschiede nachweisen, als im Menschen. Chimpanze und Gorilla sind nicht verschiedener von einander, als Manding- oder Guinea-Neger, oder nicht verschiedener vom Orang, als der Malaye vom Europäer, so dass, wie jene, auch diese für verschiedene Arten gelten müssten (nach Agassiz). Windhund und Pudel, obwohl nur Varietäten, sind unähnlicher, als Pferd und Esel, die für Arten gelten. Agassiz führt die asiatischen und afrikanischen Löwen, Vogt die Gemse der Pyrenäen und Alpen, die Mouflons in Sardinien und Kleinasien an als Beispiele, die trotz geringer Unterschiede doch nicht zu einem Stamm und also nicht zu einer Art gerechnet werden könnten, indem ähnliche Typen, die man als blosse Varietäten ansah, für verschiedene Arten erklärt werden, wenn sie entweder bestimmt gegen einander abgegrenzten räumlichen Gebieten angehören, oder sich ihren Wanderungen unübersteigliche Hindernisse entgegensetzen. Nach Pouchet bildet der Mensch eine einfache Familie der Ordnung Quadrumana. Wenn die gemischte Nachkommenschaft der Menschen nicht demselben Gesetze gehorcht, welche die Erzeu-

wie man erst sich darauf stützte, dass bei den Hunden die sie in weiteren
Entfernungen als die Menschen trennenden Verschiedenheiten doch nur als
Varietäten anzusehen seien, der fruchtbaren Kreuzung wegen, und dass
also auch beim Menschen nichts anderes, als Varietäten existirten, wie man
dann, die fruchtbare Kreuzung*) bei diesen läugnend, sie durch Species
getrennt sein liess und so auch die Hunde-Varietäten zu Species**)
machen wollte, das Kriterium fruchtbarer Kreuzung in Betreff gemeinsamer
Abstammung***) überhaupt in Frage stellend, wie man allmählig neben den
Maulthieren eine Reihe „Bastarden" zwischen Esel und Zebra, Steinbock
und Pferd und Zebra, Steinbock und Ziege, Ziegenbock und Schaf, Bison
und Kuh, Löwe und Tiger, den verschiedensten Arten der Finken-Gattung,
des Genus Phasianum, oder (bei den Pflanzen) von Salix, Verbascum, Cirsium
zulassen musste, bei den durch Roux gezüchteten Hasenkaninchen auch
die lebensfähige Entstehung einer Artenbildung (unter Aufgeben der Rück-
fälle im Atavismus), ebenso bei Halbblutbüffeln, Bockschafen, dann bei
den Weiden, die, wenn binäre Verbindungen eingehend, sich auch zu
complicirten Bastardformen vereinigen können und von Wichura bis zu
Zusammensetzungen aus sechs Species verfolgt sind. Man hat die wunder-

---

gung von Mischlingen überhaupt beherrschen, so sind die gemischten Men-
schenstämme keine wahren Blendlinge, und die Urstämme, von welchen sie
herkommen, müssen als Varietäten derselben Species angesehen werden
(Prichard). Die Mischlinge der verschiedenen Typen gleichen durch beschränkte Fruchtbarkeit oder durch steten Rückfall in die Stammestypen
mehr Bastarden oder Mischlingen verschiedener Rassen. Herder betrachtet
die Rassen nur als Schattirungen eines und desselben Gemäldes, die alle in
einander überliefen, und Zimmermann führt die Wirkungsweise der äussern
Agentien in ihrer Umgestaltungsfähigkeit aus, wie Hippocrates im Buch
περὶ ἀέρων, ὑδάτων, τόπων. Livius schliesst dagegen aus den nach Syrien,
Parthien und Egypten verpflanzten Macedoniern, dass in der Fremde nur
Degeneration folgen könne. Meinert wollte Alles aus der anerschaffenen
Mitgift (indoles naturae) der Völker erklären. Ipsa natura corpora organica
reticulatim potius, quam catenatim connectens (Brown).

*) Les hybrides simples, provenant de deux espèces incontestablement
distinctes, sont inféconds par eux-mêmes et ne deviennent fertiles que par
l'effet d'une seconde hybridation (Godron).

**) Morton, auch Nott und Glyddon, die dann im Menschen das zoolo-
gische Analogon der Caniden finden. Swainson erkennt fünf verschiedene
Species von Löwen. Nach Serres genügen die Abweichungen der Hunderassen nicht für Speciesscheidungen.

***) Aus erwiesener Stammeseinheit folgt die Einheit der Art, aber
gesonderte Abstammung, wo sie sich nachweisen lässt, ist noch kein aus-
reichender Beweis für Artverschiedenheit (Waitz).

lichsten Verrenkungen gemacht, um einen neuen Boden zu gewinnen, wenn der alte unter den Füssen weggezogen war, aber es wird schliesslich kaum etwas übrig bleiben, als einen guten Theil des wurmstichigen Gerümpels über Bord zu werfen. Immer freilich bleibt es rathsam, alles, was noch irgend wie brauchbar ist, bis auf Weiteres beizuhalten, da vorläufig nur wenig Besseres an die Stelle gesetzt werden kann. Nur ist es durchaus nöthig, sich über die Hauptgesichtspunkte klar zu werden, damit wir nicht durch einen subjectiven Gewaltstreich die Species dem noch allzu verschleierten Plan der Natur aufoctroyiren und das willkürlich in dieselbe Hineindemonstirte nachher wieder in fortlaufender Beweisführung als objectiv Gegebenes zu weiteren Argumenten verwenden. Die Species ist im Gegentheil das unbekannte X, dessen Werthgrösse sich erst im Gange der Untersuchungen aus den Acquationen ergeben kann, und die nicht zu früh auf bestimmte Zahlen reducirt werden darf, ehe diese fähig sind, die Gesammtsumme ihres Inhaltes auszudrücken. Schmarda empfiehlt das Aufstellen in Reihen, um auf synthetischem Wege zum Speciesbegriff zu gelangen, da auch in der Zoologie Cuvier's Begriff der Species (in Deutschland bald Art und bald Gattung genannt), nothwendig zu reformiren sei. Hooker mit andern Botanikern legt überhaupt der Berücksichtigung der Gattung einen höhern Werth bei, als denen der Species, und gehört schon etymologisch das Kennzeichen fruchtbarer Fortpflanzung dem Genus an, und ist erst durch Verschiebung der Verhältnisswerthe auf die Species übertragen.

Während die Botanik mit Jussieu's natürlichem System einen Fortschritt über das künstliche Linné's that, kann in der Ethnologie die Verdrängung Blumenbach's durch Retzius kaum als ein Gewinn betrachtet werden. Er gab zwar hübsch bestimmbare Gefässformen, nur wollte der Inhalt selten dauernd hineinpassen und mussten Basken sowohl, wie Etrusker sich erst der Brachycephalie, dann der Dolichocephalie anbequemen, von den abenteurlichen Schicksalen unserer europäischen Verwandten nicht zu reden. Im Hinblicke auf die historisch bekannten Beispiele der Sprachänderungen,*) bei Brotheutons, Changos, Zamboangas, Zenaghas, nubischen Bosniern u. s. w., kümmerten sich die Anatomen nicht viel um die von den Philologen beanspruchte Immunität der Sprache, und während Blumenbach Arier und Semiten unter seinen Kaukasiern zusammenfasste, schied umgekehrt Retzius die Slaven von ihren indo-

---

*) Accent and varying emphasis modify the meaning of words in the English Patois, spoken by the Indians (in America). The English is passing through the first transforming stage, of the monosyllabicc Chinese in the Pigeon-English of Hongkong and Canton.

europäischen Brüdern ab. Dagegen spottet Castrén über Middendorf, der cisuralische Samojeden zu Finnen, die transuralischen zu Mongolen mache, während beide doch Samojeden seien, oder über die allen philologischen*) Principien Hohn sprechende Zusammenfassung von Finnen, Afghanen, Persern und Türken aus physikalischen Gründen. Während die Haitier im Körperhabitus Neger geblieben sind, aber die africanische Sprache mit der französischen vertauscht haben, ist bei den Magyaren**) das Aussehen der Finnen verloren, ihre Sprache dagegen erhalten. Die romanischen Völker, bemerkt Waitz, mussten sich das Lateinische als Sprache unterschieben lassen, wobei nicht nur diese, sondern auch die Körperformen eine Umbildung erhielten. Bei Magyaren, Osmanlis, Finnen und Samojeden fand ein Austausch der Leiber (mit stammfremden Völkern) statt ohne Austausch der Seelen, (Pott), indem sie ihre Körperformen veränderten, aber ihre Sprache beibehielten. Der finnische Typus hat sich nur in den Gebirgsgegenden erhalten, dagegen regelmässig verschönert (nach Ray) besonders in Cumanien und Jazygien, und beide Uebergangsstufen neben einander in Szegedin. Bei Kroaten und Dalmatiern wird der slavische Typus geläugnet.

Zu den Fragen über Einheit der Species und über gemeinsame Abstammung trat innig verknüpft mit der letztern die nach der Urheimath des Menschengeschlechtes. Wurde dieselbe in ein Paradies versetzt, so ergab sich daraus leicht die Vorstellung eines allmähligen Sinkens des adamitischen Menschen, der, mit allen Vorzügen der Vollkommenheit geschmückt, aus der Hand des Schöpfers hervorgegangen war in dem Garten des Edens, in einem mythischen Lande des asiatischen Hochplateaus, das noch im Mittelalter fromme Pilger zum Ziel ihrer Wanderungen wählten. Diesem idealen Urmenschen (wie ihn auch A. W. Schlegel in vorhistorischen Zeiten zeichnet und v. Martius vor brasilischer Verkümmerung) gegenüber, steht der thierische, der sich mühsam vom

---

*) Ovalen Schädel besitzt der Karele, runden der Sawolax, viereckig gerundeten der Tawastländer, aber der finnisch redende Karele soll (nach Retzius) kein Finne sein, weil sein Kopf oval ist. Nach Castrén hat das mongolische Volk der Finnen durch Mischung mit Völkern weisser Rasse sich veredelt.

**) The Magyars of Hungary, the Europaean Turks, the Lombards of Northern Italy or the mingled race of the Anglo-Saxons were the results of the admixture of proximate, if not of cognate races, but the modern Hybrid, of the New-World (on the Red-River or in Hayti) have sprung from an extreme and abrupt union of some of the most diverse varieties and (not being able to develop a permanent variety) are destined to extinction by absorption into the predominant stock or from inherent elements of decay and sterility.

Affen zum Wilden emporarbeitet*) und aus den untersten Stufen allmählig die Höhen der Civilisation erklimmt. Einen solchen Localursprung der Rassen sucht Whewell in dem indischen Archipelagus, als demjenigen Areal der Zoologie, in dem die Affen die höchste Vollkommenheit erlangten. Die bei vielen Naturvölkern wiederkehrende Ansicht, dass der Mensch aus dem mütterlichen Boden seiner heimathlichen Erde hervorgewachsen, war auch den griechischen Mythologen nicht fremd, und findet sich dort schon in physikalischer Einkleidung. Nach Pausanias waren die Menschen aus der Einwirkung der Sonne auf den feuchten Boden entstanden, und desshalb zuerst in Indien. Nach Asius hätten sie ihren Ursprung auf Bergen genommen.

Von neuern Theoretikern lässt Virey die Rassen auf den Spitzen der Berge entstehen, Bory dagegen am Fusse der Gebirge und von dort auswandern. Bei Boué folgt auf die schwarze Rasse die rothe und dann die weisse. Auch Hombron spricht von drei Schöpfungsperioden sowie Frère von dem die Züge der gelben und schwarzen Rasse abschleifenden Einfluss der Civilisation.

Mit einer Permanenz oder wenigstens Stabilität der Rasse würde die Umwandlungsfähigkeit des nationalen Typus in keinem Widerspruch stehen, und kann überhaupt Darwin's System der Variabilität von dem Vorwurfe mangelnder Mittelformen**) kaum getroffen werden. Die selbstständige Fortdauer einer lebenskräftigen Existenz setzt ein neues Centrum des Gleichgewichtes voraus, zu dem die Correlation***) im Wachsthum in allen Theilen fortgeschritten sein muss, und wenn man, die existenzfähigen Typen neben einander legend, einen Sprung von einem zum andern zu sehen glaubt, so muss im Auge behalten werden, dass die bedingenden Ursachen ununterbrochen fortgewirkt haben, dass sie aber erst nach genügender Accumulation in der Constituirung eines neuen Individuums hervortreten können. Schwefelsäure und Natron mag als schwefelsaures Natron (na $\bar{S}$ + 10 $\dot{H}$) zusammentreten, ebenso als unter-

---

*) Linné stellt eine wilde Menschenrasse (homo sapiens ferus) auf, aus der die übrigen Varietäten (wie vom Hund Wolf und Schakal) sich entwickelt.

**) Uebrigens bewahrt Flouren's Einwurf seine treffende Schärfe: Les limites sont le grand fait, qui marque et par-là distingue les phénomènes. C'est parceque M. Darwin ne voit pas les limites de la variabilité, qu'il la confond avec la mutabilité, et qu'il dérive intrépidement toutes les espèces d'une seule espèce.

***) Correlation of growth oder (nach Wallace) die Sympathie der Theile, wie Geoffroy St. Hilaire in der Erklärung seines loi de banlencement bemerkt, dass die Entwicklung eines Theiles nicht ohne Rückwirkung auf die anderen bleibe.

schwefligtsaures Natron ($\dot{N}a\ \dot{S} + 5\ \ddot{H}$), oder als zweifach schwefelsaures Natron ($\dot{N}a\ \dot{S}^2 + 3\ \ddot{H} = \dot{N}a\ \dot{S} + \ddot{H}\ \dot{S} + 2\ \ddot{H}$) und auch als das saure Salz davon unter Zusatz von nur halb soviel Säure zum neutralen Salz (3 $\dot{N}a\ \dot{S} + \ddot{H}\ \dot{S} + 2\ \ddot{H}$), aber dazwischen liessen sich unendliche Reihen von ⅓, ¼, ⅕. ⅙ und anderen schwefligtsauren Natronsalzen denken, die, als nicht unter das Gesetz der Neutralitätsreihen fallend, keine dauernde Verbindung eingehen können, wie es in der Chemie von Proust in seiner Polemik mit Berthollet dargelegt wurde, und sich auch in der Rassenlehre als gültig erweisen mag. Bei der letztern tritt indess ein anderer Factor hinzu, der eine Vermittlung herstellen könnte, ähnlich dem von Theoretikern zwischen anorganischen und organischen Reihen, zwischen Kristall und Zelle Vermutheten, dem indess ein empirischer Nachweis fehlt. Man hat geglaubt, einen Uebergang vom Kristall zur Zelle herstellen zu können, wenn man jenen, der im Momente lebendiger Kraftäusserung, im Momente der Geburt, auch sogleich in Erstarrung zu mathematischer Form abstirbt, durch den Einfluss kosmischer Agentien in den Wirkungsweisen seiner kleinsten Theilchen abgelenkt und zum organischen Zellenwachsthum fortgezogen dächte. In der Pflanze verliert die Formenlehre die Beschränktheit terrestrischen Verharrens, die emporgeschnellten Spiralgefässe entziehen sich der scharfen Bestimmung kristallographischer Messungen (die schon in der anorganischen Morphologie bei den in seinen Kristallformen häufiger durch sphärische, als durch ebene Flächen begrenzten Kohlenstoff Schwierigkeit finden), und der ganze Individualitätsbegriff erscheint in der Botanik viel schwankender, als in der Mineralogie, da er nicht mit einer einfachen Sinnesauffassung ergriffen werden kann, sondern durch Gedankencombinationen zu einem Bilde zusammen zu construiren ist.

Als Product klimatischer und localer Bedingungen tritt in jedem geographischen Areal die für dasselbe specifische Flora oder Fauna hervor, deren örtlicher Character sich auch in der für dasselbe eigenthümlichen Menschenrasse wiederholt und, wie in allen Theilen des Körpers, ebenso in der Schädelform abprägen wird. Diese ist wegen mannigfacher Vortheile, die das Knochengerüst des Kopfes unter anderen Parthieen der Osteologie auszeichnen, vorzugsweise zum Eintheilungsprincip des Systemes gewählt worden, das bei der unlogischen Behandlung der Phrenologie und der Werthlosigkeit der von derselben angebotenen Hülfsmittel freilich soweit ein künstliches bleibt. Trotzdem wird die Schädelform auch fernerhin die anthropologische Basis ethnologischer Eintheilung bilden müssen, soweit sich diese mit den Naturvölkern befasst, oder in archaistischen Untersuchungen die scheidenden Grenzlinien innerhalb der aufsteigenden Stufenleiter zu ziehen hat. Wie sich im Reflex der in einer geographischen Provinz wirksamen Umgebungsverhältnisse*) („monde ambiant") als Naturproduct der Typus ihrer Pflanze, ihres Thieres spiegelt, so ist sie auch von einem Menschenstamm bewohnt, der unter nothwendigen Gesetzen als deckende Wirkungsfolge aus statthabenden Ursachen hervorgegangen ist. Dieser örtliche Schlag wird, wie in allen Erscheinungen seiner körperlichen Form, so in seiner Schädelform eine unveränderliche Permanenz besitzen, er ist stabil, als erdgeborener Autochthon, der an seine Localität gebunden ist und in derselben, so lange keine allgemeinen Erdveränderungen oder atmosphärische Revolutionen eintreten, immer und beständig in derselben Constanz zu Tage treten wird. Wie sich beim Zusammentreffen von einem Atom Kalkerde und einem Atom Schwefelsäure mit 2 Atomen Wasser der Gyps bildet, dem als Kernform die gerade rectanguläre Säule zu Grunde liegt mit dem specifischen Gewicht $2,_4$ (oder im wasserfreien Anhydril $2,_9$), wie der kohlensaure Kalk in Rhomboedern krystallisirt, wie man Australien an seinen Eucalypten, afrikanische Steppen an den Euphorbien, die amerikanischen Plateau's an den Cactus erkennt, wie der Ursus marinus in den polaren Zonen, der Usus arctus in der gemässigten, der Ursus malayensis in der heissen Zone auftritt, so wird in seinem heimathlichen Boden am weissen Nil der Schilluk hervorwachsen, in Sennaar der Nubier, der noch heutzutage die stereotype Physiognomie zur Schau trägt, mit der er schon auf tausendjährigen Monumenten**) abgebildet steht.

Bleiben wir zunächst bei der chemischen Verwandtschaft stehen, so liegt in der Thatsache, dass Schwefelsäure und Natron in den schiefen

---

*) Nach Lawrence erhalten sich die Typen der Menschenrassen in allen Klimaten gleichmässig und ändern sich nur durch Mischung. Nach Hamilton gehen fremde Rassen ohne Mischung mit den einheimischen zu Grunde, worauf fruchtbare Mitteltypen entstehen. Nach Knox können Einwanderer in ein fremdes Land nur durch stets neue Zufuhr aus der Heimath erhalten werden. Lüken lässt alle Länder durch Einwanderung bevölkern. Im Ursitz des Paradieses, wird gewöhnlich die iranische Rasse angenommen, doch zog Lund die Inca-Rasse, Link die Negerrasse vor. Die Entwicklung verschiedener Thierspecies aus einander, wie sie nach Lamark's Vorgange Geoffroy St. Hilaire ausführte, wird entweder auf die Zeiten geologischer Veränderungen beschränkt, oder im Laufe der Zeit durch Fortdauer der Accomodation an die äusseren Verhältnisse aufgefasst. Nach Holland können die von den Rassen eingegangenen Veränderungen nur ihren ursprünglichen Character verwischen. Das lockige, bei den Engländern oft seidenartige, Haar der Europäer wird in Amerika (nach Jarrold) steif und struppig, wie das der Indianer.

**) Auf den Basreliefs (des Darius) zu Behistan haben die Köpfe der Perser dieselben ovalen Gestalten, wie jetzt, ebenso die der Meder, während die Bewohner Margiana's den Typus der Ost-Eranier tragen. Auf den Bas-

rhombischen Säulen des Glaubersalzes krystallisirt, nicht die mindeste
Garantie ihrer Permanenz des Verharrens äusseren Einflüssen gegenüber, obwohl die Permanenz ihrer Entstehung in den Gesetzen chemischer Wahlverwandtschaft unauflösslich begründet ruht. Tritt ein Atom
schwefelsaures Natron mit 1½ Atom koblensaurer Kalkerde zusammen,
so bildet sich Soda und die Rhomben des Natron sulphuricum mögen erst
aus den Würfeln des Kochsalzes und ihrer zersetzenden Behandlung mit
Schwefelsäure erzeugt sein, wie überhaupt alle Radikale sich nach ihren
einfachen, doppelten oder disponirenden Affinitäten verbinden. Ebenso
würde die in allen Consequenzen zugegebene Permanenz der Naturrassen
in keiner Weise einen oppositionellen Widerspruch einschliessen, wenn man
die unbegrenzte Variabilität der Cultur-Völker annähme, und würde der
erste Anlass zu dieser Veränderlichkeit besonders unter zwei Gesichts-
punkten aufzufassen sein, einmal in Folge der Mischung verschiedener
Rassen durch fremde Einwanderungen in die Heimath der Eingebornen,
und zweitens durch die Versetzung einer Rasse von ihrem Mutterboden
auf einen ausländischen, dessen physikalischen Bedingungen sie sich acclimatisiren muss, wenn sie überhaupt ihre Lebensfähigkeit bewahren
will. Im erstern Fall, wenn z. B. der Sundanese gezwungen wird, einige
seiner einheimischen Elemente durch guzeratische, telinganische, malayische
Elemente zu ersetzen und sich dadurch auf dem östlichen Theil der
Insel in einen Javanen verwandelt, so liesse sich der Vorgang mit den
complicirten Processen vergleichen, die unter den Gesetzen der multiplen
Proportionen vor sich gehen, und der vorwiegende Einfluss, der aus
weiter abgeleiteten Gründen der Lufttrockenheit*) in Amerika auf Umwandlung des Britten in einen Yankee zugeschrieben wird, könnte in
der unter Erhitzung herbeigeführten Umwandlung der Hydrate oder (bei
gleichzeitiger Mitwirkung chemischer Ersetzungen) in der Ueberführung
des mit Schwefelsäure in Flammenöfen behandelten Chlornatrium in Glau-
bersalz sein Analogon finden.

Die über diese nur zur Illustration von den Grundgesetzen dienst-
baren Gleichnisse hinaus sogleich auftretenden Unterschiede ergeben sich
aus dem überhaupt zwischen dem organischen und anorganischen Reiche bestehenden. Im letztern fällt das fremde Element mit der festen Ziffer
seines Atomgewichts in die Cohäsionsmasse des Körpers ein, es wirkt

---

reliefs der Sassaniden besteht (nach Spiegel) schon dasselbe Verhältniss, wie
jetzt, zwischen semitischer und eranischer Kopfbildung.

*) Hippokrates meint die Körper-Constitution der Scythen in ihrem
Klima zu finden, das die Eingeweide nicht austrocknen liesse und Hydro-
pische hat man zur Heilung in Backöfen geschoben.

dort nach der Intensität seines chemischen Momentes und kehrt mit Herstellung des innern Gleichgewichtes in den Zustand der Ruhe zurück. In der organischen Natur dagegen wirkt der Reiz, einmal aufgenommen, als Reiz fort, er löst neue Kräfte im nisus formativus aus, die auf weitere fortwirken, die nicht mehr darauf beschränkt sind, in den Krystallen gleichwerthige Aequivalente zu ersetzen, sondern die in der Fermentation zur Zellsprossung aufspriessen. Wie weit sich in verständiger Benutzung der von der Natur niedergelegten Proportions-Maasse bei Züchtung von Schmuck- und Fruchtpflanzen neue Varietäten erzielen lassen, ist bekannt genug, und ist dieser Process lebendiger Aenderungen und Wandlungen im zeitlichen Nacheinander als ein unbegrenzter aufzufassen, nicht aber desshalb auch, dem räumlichen Bestehen nach, in seinen periodischen Manifestationen innerhalb der Körperwelt. Eine die Abgleichung makrokosmischer Einflüsse in einem neuen Centrum selbstständigen Gleichgewichtes als erste Grundbedingung voraussetzende Körper-Existenz darf nur innerhalb der Erlaubniss-Sphäre ihres eigenen Typus die Variations-Schwingungen ausdehnen und würde, sobald sie die Peripherie jener überschreitet, einem unvermeidlichen Untergang in ihrer materiellen Constitution verfallen, einem Untergang, der neue Wesenheit befruchten mag, aber solche, die wieder aus dem grossen Mutterschoosse der Natur emporsteigen ohne ein direct verknüpfendes Band mit jener vernichteten Individualität.

Hier wäre nun die Frage zu entscheiden, in wieweit allmählig accumulirte Einflüsse, die, anfangs unmerklich verlaufen, plötzlich mit der vollen Wucht einer fremden Gewalt auftretend, einen vorhandenen Typus methodisch in einen neuen umzugestalten vermöchten (wie es in den Paroxysmen kritischer Krankheitsverläufe mitunter von der Natur angestrebt scheint); es wäre zu untersuchen, wie diejenigen Naturprocesse sich im organischen Reich reflectiren, die im anorganischen als Isomorphie bekannt sind, wenn Arsenik und Antimon, Kobalt und Nickel für einander vicariiren, wenn in der Chlorvalerinsäure die Wasserstoff-Atome der Baldriansäure durch Chlor substituirt sind, es wäre die Isomerie in ihren metamerischen und polymerischen Verbindungen zu berücksichtigen, die Dimorphien mit dem jedesmaligen Atomvolum und alle die auf sicherem Mischungsgewichte basirenden Verhältnisse zwischen chemischer Zusammensetzung und krystallinischer Form, ohne dass so weit die Grundstoffe selbst anzutasten seien, oder ihr Bestehen in verschiedenen Aggregationsformen schon Verwendung finden könnte. Zunächst ist in einer entstandenen Varietät das Streben bemerklich, in die Grundtypen der Rasse zurückzusinken; durch Accumulation ununterbrochen fortwirkender Agentien kann aber schliesslich die Existenz des Typus bedroht und

derselbe gezwungen werden, in einen andern umzuschlagen, und dann
würde der spätere Rückweg zur Grundform abgeschnitten sein. Nach
einer Erhitzung abkühlend, kehrt der Schwefel in den früheren Zustand
zurück, verbleibt aber, wenn die Temperatur 108° überstieg, fortan in dem
Zustande einer allotropischen Dimorphie. Der dem Typus der Pflanze
gezogene Variationskreis umgrenzt auch das Thier und findet selbst innerhalb der ihm gebotenen Fläche noch eine weitere Grenze in der Er-
schöpfung durch zunehmende Abstumpfung jedes als weiteren Anstoss
wirkungsfähigen Reizes. Die durch künstliche Züchtung in den Hausthieren herbeigeführten Variationen wurzeln in den Geschlechtsfunctionen,
als durch deren Medium angebahnt, und müssen desshalb früher oder
später innerhalb des umschriebenen Organismus materieller Existenz in
den Indifferentismus reizlos abgeglichener Apathie*) verlaufen, ohne sich
ferner als zeugungskräftig, als treibender Stoss eines neuen Anpralls zu
erweisen. Die Kette der Veränderungsfähigkeiten ist geschlossen und
ihre Glieder hängen schlaff in einander, bewegungslos und unbewegt.

In diesem Punkt tritt der Mensch als eximirte Wesenklasse aus der
Reihe der animalischen hervor. Die Denkthätigkeit der Hirnsphäre, die
schon bei den übrigen Thieren seit erster Markirung der Falten im
Embryonalzustande in polarem Antagonismus zum Sexualapparate steht,
hat sich beim Menschen zu einer die Schranken des Terrestrischen über-
steigenden Function gesteigert, die durch das Zuströmen kosmischer
Einflüsse genährt wird, durch Agentien aus dem unendlichen Weltraum,
und die so an eine unendliche Reihe anknüpft, die, da sie anfangsloser
Ursache entquillt, das Setzen eines Endes auch in ihren Wirkungen un-
statthaft macht. Der Ausdehnungskreis der unter ihrer Vermittlung
möglichen Veränderungen ist also ein incommensurabler und muss in
doppelter Bedeutung so genannt werden, da die jenseitiger Causalität
entflossenen Potenzen nicht nur passiv auf die Sinne des Menschen fallen,
sondern zugleich als schöpferische Sprache in der Gesellschaft wiedertönen.

Die Ursächlichkeit der unter den Menschenrassen möglichen Variationen mag nun (von der rein klimatologischen**) abgesehen) unter drei

---

*) An sich selbst findet die Concentrirung der Lebensthätigkeit auf die
Bildung von Fleisch und Fett bei den Culturrassen des Schweins nur ihre
Grenze in den Rücksichten, welche die Geschlechtsfunctionen erfordern.

**) Oder sonst localen (wie die Goldammer nur, wenn Schnee liegt, auf
den Höfen der Dörfer gesehen wird, oder bei hohem Schnee selbst in die
Städte kommt, während in Italien beides wegfällt, oder wie die nach
Küsten versetzten Hunde Fische fressen lernen). Ein länger fortgesetztes
Leben in der Behäbigkeit des Wohlstandes ändert die mongolische Physiognomie
der Chinesen; bei den Bechuanen in Littaku sind die höheren Stände (nach

Hauptgesichtspunkte zusammengefasst werden. Einmal liesse sich bei tiefstehenden und desshalb durch die Hirnaction nur wenig beeinflussten Stämmen eine Mischung durch geschlechtliche Kreuzung verschiedener Rassen denken, die in Folge freundlicher oder feindlicher Beziehungen in ihren nachbarlichen Verhältnissen zusammengeführt seien. Dürfte ein so reines Ueberwiegen der Sinnlichkeit vorausgesetzt werden, um jede geistige Mitthätigkeit und jede Regung derselben in dem Gesellschaftsverhältnissen dieser Wilden auszuschliessen, so würden derartige Kreuzungen, wie die der Schaf- oder Rinderrassen unter einander, bald ihr natürliches Gleichgewicht in sich finden und neue Fortzeugungskraft verlieren. Zweitens finden wir häufig politische Conjuncturen einen engen und langdauernden Verkehr für commercielle Zwecke zwischen sonst räumlich getrennten Völker anbahnen, die mit den Waaren weittragende Ideen austauschten, ohne doch in einer numerisch durchgreifenden Weise sich durch Ehen zu verschwägern, vielleicht selbst durch Castenvorschriften ganz daran gehindert. Hier muss die neu zugeführte Idee[*] auch eine neue Wirkung äussern, so hoch oder so gering man nun diese anschlagen mag. Keine Wirkung ohne Ursache, aber auch keine Ursache ohne Wirkung. Wie das Athmen verdünnter Luft den Brustkasten des Quechuas erweitert, wie das Vorwiegen animalischer oder vegetabilischer Nahrung die Länge des Darmkanals bedingt, wie die Luft Syriens oder Egyptens

---

Philip) durch hellere Farbe und bedeutendere Körpergrösse kenntlich, wie die fetten Fürsten in Polynesien, und die groben, eckigen Züge des ackerbauenden Rajah fehlen dem Sipah (in Solamanijeh). In der Paumotu-Gruppe hat man oft zwei Rassen unterschieden, aber nach Beechey bewohnen die schön gewachsenen Stämme der Polynesier die vulkanischen Inseln, während die schwarze Neger-Varietät sich auf den Korallen-Inseln finde.

[*]) Chez l'homme seul, entre tous les animaux, le cerveau croit et se développe durant sa vie. Le travail s'opère par l'élasticité que donnent au crâne les membranes par lesquelles ces parois sont reliés. Ces membranes s'ossifient avec le temps, alors le crâne cesse de se développer sous l'action de l'expansion du cerveau. Chez quelques individus cette ossification n'a lieu que dans la vieillesse, mais chez le nègre, elle a lieu de très bonne heure. Chez les singes et les idiots les membranes disparaissent en peu de temps (Moreau de Jonnés). Le crâne de l'homme se relève par degrés de l'état de dépression de ses parties antero-supérieures, signe de son infériorité intellectuelle dans la vie sauvage, et s'avance avec la perpendiculaire faciale par l'exercice de plus en plus actif de ses facultés qui, grossissant le cerveau, redresse le front, surhausse la voûte crânienne et renfle ses parois latérales, à mesure que les parties postérieures, siège des appétits brutaux, perdent leur ampleur primitive (nach Frère). Der bis zum 50. Jahr wachsende Schädel nimmt mit dem 60. Jahr (nach Parchappe) ab.

die Hautfarbe*) des Europäers verschieden beeinflusst, wie das innere Selbstgefühl den kurdischen Assireta weit vom Guranen trennt, wie das Band eines gemeinsamen Religionsbekenntnisses die Sikhs zugleich physisch von ihrer Umgebung abtrennt, so muss auch jede einzelne Idee, die in die bildungsfähige Masse des Gehirnes aufgenommen ist, mit ihr in die Gesammtexistenz des Individuums verarbeitet werden und weitere Schwingungen anregen. In der grossen Mehrzahl der Fälle werden sie indess schon bald in der Renitenz der inerten Masse, die die Materie entgegensetzt, abgelaufen und tonlos verklungen sein, ehe es ihnen möglich war, einen hinlänglich starken Hebel anzusetzen, damit der Typus dadurch aus seinen Angeln gehoben und in einem neuen hätte transformirt werden können. Im Allgemeinen wird sich die Widerstandsfähigkeit desselben als weit überlegen beweisen und den Statusquo erhalten. Die Stirn mag sich mit Erweckung vorher ruhender Geisteskräfte durch die zugeführte Belehrung hervorwölben,**) das Gesicht des afrikanischen Schulkindes mag den Ausdruck der Intelligenz gewinnen, aber diese particellen Modificationen (die schon in Folge der malayischen Fischerbesuche unter den Australiern im Carpentaria-Golf zu bemerken sind) verharren doch völlig unter der dominirenden Herrschaft des bisherigen Typus, der rasch in die alte Art zurückschlagen wird, vielleicht schon in der nächsten Generation, wenn diese unter weniger günstigen Verhältnissen aufwächst. Drittens zeigt uns nun die Geschichte als Factoren ihrer Bewegung diejenigen Fälle, in denen aus ethnologischen Wurzeln primitiver Rassen ein historisches Culturvolk hervorwächst, und in diesem Ereigniss sind stets die beiden Ursachen, geschlechtlicher Kreuzung und geistigen Ideenaustausches, zusammengetreten, um in ihrem Durcheinandergreifen ein Product zu zeitigen, für das sie, jede isolirt für sich, unfähig gewesen sein würde. Wir haben hier einen jener Naturprocesse vor uns, wenn Reizkräfte im empfänglichsten Zustand des Status nascendi auf einander wirken, und durch beständig den entstehenden Producten in

---

*) Die rostrothen und rossbraunen Farben, welche die Vögel in kälteren Gegenden minder ausgebildet zeigen, verdunkeln sich unter wärmeren Himmelsstrichen (Gloger). Alle Säugethiere, welche rostgelbe, roströthliche oder rostbraune Färbung besitzen, werden im Sommer röther, als im Winter.

**) Nach Frère verbindet sich die Wölbung der Stirne bei zunehmender Civilisation mit Abplattung des Hinterkopfes. Missionäre in Hindostan wollen Kinder der Brahmanen bildungsfähiger und begabter gefunden haben, als die der andern Rassen. Wo man auch in Westindien einen Neger in einer übergeordneten Stellung zu einem andern finden mag, zeigt er immer mehr kaukasische Züge, lange gerade oder gebogene Nase und meist eine judenähnliche Physiognomie (nach Day), die schon in den Fungi liegt.

ihren kleinsten Theilchen mitgetheilte Ablenkungen und Erschütterungen über die Bannlinie des typischen Bestehens hinaus zu Neuschöpfungen weiter führen mögen. Ist die Bahn derselben einmal eingeleitet, so würde bei Vorgängen, in denen der Unendlichkeit des Alls angehörige Potenzen zwischenspielen, jede Vorausberechnung der Richtung oder gar des Endes durch relative Denkoperationen nutzlos sein, so lange bei der zur Ewigkeit fortschreitenden Reihe noch nicht einmal die Differentialien der einfachen Functionen bestimmt sind. Indem sich die Culturvölker auf der Bahn geistiger Entwicklung finden, die einem unmessbaren Ziele entgegenstrebt, müssen sich auch alle nur dem Körperlichen entnommene Eintheilungen unfruchtbar und widersprechend erweisen. Bei ihnen ist im vollem Schwall die Gesammtsumme der bei den Vorgängen accumulirten Momente zum Durchbruch gekommen, sie finden sich in dem flüssigen Auflösungsprocess steter und ununterbrochener Neubildung, das Psychische ist bei ihnen weit über dasjenige Maass hinausgeschritten, innerhalb welches es sich noch durch das Körperliche abprägen könnte und um ihre characteristische Eigenthümlichkeit aufzufassen, muss nicht das beinerne Gehäuse des geistigen Mikrokosmos betrachtet werden, sondern dessen culturhistorische Entfaltung in der Schöpfung des Makrokosmos. An die Stelle der (für die Naturvölker verwendbaren) Craniologie*) tritt jetzt die Philo-

---

*) Retzius erklärte die deutschen Schädel anfangs für Doliochocephale. Als Welcker sie kurzschädlig bewies, fand er, dass er selbst auch eigentliche Kurzschädel gemeint habe (indem die unbestimmten Maasse, dass die Länge des Langschädels die Breite um ungefähr $\frac{1}{4}$ überschreite, die des Kurzschädels um ungefähr $\frac{1}{5} - \frac{1}{6}$, keine genaue Scheidung gestatten, und suchte dann die Erklärung entweder in den Slaven Germaniens oder in den Rhätiern, die mit den Etruskern zu den Pelasgern (einem Theile des finnisch-tchudischen Hauptstamms) gehört hätten. Jedenfalls sollten Messungen am Schädel (der wie andere organische Körper nicht direct auf gerade Linien und Winkel reducirbar ist) vor Allen die Entwicklungsgeschichte berücksichtigen (wie auch Krause es fordert), die Körper des Hinterhaupt-, Mittelhaupt- und Vorderhaupt-Wirbels, und empfiehlt sich die von Huxley vorgeschlagene Linie als die rationellste, wenigstens nach der Modification durch v. Baer. Wie Aeby bemerkt, beruht die characteristische Form des Schädels, die schon Camper durch die Gesichtswinkel zu bestimmen strebte, auf der medianen Ebene. „Die Methode der Messung muss sich an den ganzen Organismus des Schädels anschliesen, und eine stereoskopische Anschauung desselben in den drei Richtungen als Raum gestatten." Obwohl keine directe Abhängigkeit des Schädels vom Gehirn oder der drei Grundwirbel jenes von den drei Bläschen, worin dieses seiner ersten Anlage nach im Embryo erscheint, durchgeführt werden kann, so besteht doch eine Correlation des Wachsthums, eine nothwendig gesetzliche Gegenbeziehung zwischen

logie mit allen ihren Hülfszweigen. Das Widersinnige, einen germanischen oder romanischen Schädel aufstellen zu wollen, schlägt sich durch die darüber gegebenen Definitionen von selbst, wohl aber mögen Volksstämme einer grösseren Nation durch verhältnissmässige Isolirung in die Permanenz eines localen Typus zurückgefallen sein oder sich denselben angeeignet haben, und das Studium helvetischer oder allemannischer Schädel verspricht ebenso wichtige Aufschlüsse, wie das der in den Gräbern der Vorzeit gefundenen Schädel, ehe noch das nördliche Europa in den Strudel der Weltgeschichte hineingezogen war.

Nach Jarrold war im XV. Jahrhundert (unter Heinrich VIII.) rothes Haar in England vorherrschend und die Backenknochen traten stärker hervor. Auch die strengen Züge auf Bildern der altdeutschen Malerschule deuten auf eine Veränderung der Physiognomie. Die Deutschen in Pennsylvanien, bemerkt Schütz, sind von ihren zurückgebliebenen Landsleuten ebenso verschieden, wie der Yankee vom Engländer, (welche auch in Australien in eine dünnbeinige und hochgewachsene Varietät*) übergehen). Die Kreolen in Westindien unterscheiden sich durch erhabene Backenknochen und tiefliegende Augen von den Spaniern. Der Hofhund der Pharaonen auf den ägyptischen Monumenten**) ist zu dem

---

der cerebralen Nervenmasse und der als Schutz um sie gewölbten Knochensubstanz des Kranium. Es würden sich wahrscheinlich schon jetzt Fingerzeige für das leitende Prinzip darin aufgefunden haben, wenn nicht wissenschaftliche Forscher abgeschreckt wären, sich diesem Felde der Untersuchungen zu nähern, wo es erst gilt, den Augiasstall auszumisten, der durch die Ausschweifungen der Phrenologen mit sinnlosem Wirrsal gefüllt ist. So viele gerechte Vorwürfe denselben über ihr vernunftloses Handthieren mit Vernunftgründen auch gemacht werden können, so wenig werden sie doch von demjenigen getroffen, der gewöhnlich am meisten hervorgehoben wird, dass nämlich das Gehirn sich nicht am Schädel abdrücken könne, weil es nicht überall in demselben anliege. Als ob es auf eine mechanische Pressung ankäme in organischen Wachsthumsprocessen, wo ein inneres Gesetz den Zusammenhang bedingt!

*) Nach Ward verlieren die Neger in Amerika allmählig die wulstigen Lippen und vorragenden Unterkiefer. Stanhope Smith sah in New-Yersey Neger mit geraden Nasen und senkrechten Schneidezähnen. Nach Philip veredeln die Kinder in den südafricanischen Stationen ihre Kopfbildung mit der dritten Generation. Nach Mallat nähert sich der gezähmte Negrito in Farbe dem Tagalen.

**) Vom Hausrind sind auf den egyptischen Sculpturen eine Langhornrasse, eine Kurzhornrasse und der centralafrikanische Zebu oder Buckelochse zu erkennen. Die Langhornrasse wird (XIII. Jahrhundert) durch

struppigen Pariahunde der Jetztzeit degradirt (nach Hartmann). Dagegen trugen die Juden 2000 a. d. (nach Belzoni) ganz ihren heutigen Character. Den altägyptischen Typus der Fellah findet Mariette erhalten, den altgriechischen (in Morea) Pouqueville. Rawlinson erkannte den Typus der assyrischen Sculpturen in den mesopotamischen Bergen. Edwards findet in Italien den römischen Typus der antiken Büsten, in Norditalien jedoch Mischung mit Kymrischen. Belloquet hat seine Aufmerksamkeit auf die gallischen Münzen gerichtet, um den celtischen Typus festzustellen. Auf dem Abendmahl Leonardo da Vinci's gleichen die Juden den heutigen und ebenso in den Peintures des manuscripts (des Grafen von Bastard) mit Compositionen aus dem XII., X. und VIII. Jahrhundert. Die kambodischen Sculpturen beweisen die Rassencharactere.

Bei den eigentlichen Naturvölkern bleibt die Sprachwissenschaft von sehr geringer Bedeutung, soweit es die Classification angeht. Theoretisch allerdings ist gerade hier ihr Studium dringend anzuempfehlen, da bei den Wilden, den Kryptogamen der Ethnologie, alle geistigen Operationen am durchsichtigsten sind und die meiste Hoffnung geben, in ihren Kern einzudringen. Die Eintheilung kann dagegen wenig Unterstützung aus der Philologie entnehmen, da die rohen Naturvölker sich in ebenso viele Dialecte zu zersplittern pflegen, als es Familien oder doch Stämme giebt, und man sich auf das Einregristiren der einzelnen Dialecte zu beschränken hätte, deren Aufzählung nur selten wieder unter höhere Einheiten subsummirbar ist. Freilich wäre zunächst zu definiren, welche Rassen unter den Begriff der Naturvölker fielen, und ist dieser Ausdruck ein überhaupt nicht gut gewählter, der in seiner Gegenüberstellung zu den Cultur-Völkern an ähnlichen Vorwürfen leidet, wie sie sich bei Scheidung der Menschenrassen in active und passive machen lassen. Wollte man innerhalb der Natur, die alle Dinge und also auch alle Völker begreift, noch eine besondere Sphäre für ein Naturvolk finden, so könnte man unter einem solchen nur dasjenige begreifen, das noch ganz den makrokosmischen Einflüssen seiner Umgebung unterliegt, und diese in seiner Erscheinung wiederspiegelt, ohne schon durch einen selbstständig eigenwilligen Eingriff dagegen reagirt zu haben. Man pflegt diese Stufe des Volkslebens gewöhnlich den Aborigines beizulegen, doch sind unter solchem Ausdruck in den Lehrbüchern eine grosse Anzahl von Völkern zusammengeworfen, die deutlich die Zeichen eines Sinkens an sich tragen, die früher unter günstigeren Verhältnissen lebten, die aber

---

Abd-el-Lathif erwähnt, ist aber später verschwunden. Das neuegyptische Rind ist der alten Kurzhornrasse ähnlich (s. Hartmann).

später ihrer Cultur, die noch keine feste Wurzel geschlagen hatte, verloren gingen und nun allmählig unter den überwältigenden Einfluss der makrokosmischen Umgebung zurückgefallen sind und durch denselben in ihrem Typus dominirt werden. Obwohl sie dann leicht in eine Menge lokaler Schläge zu zerbrechen pflegen, so mag doch als letztes Erbtheil einstiger Civilisation eine Sprachfamilie übrig geblieben sein, die zwar eine Zunahme dialectischer Splitterung nicht verhindern kann, die indess mit einem kenntlichen Bande die Länder zu umschlingen fortfährt, in denen einst gesittete oder doch halbgesittete Staaten bestanden. Ein Beispiel bietet (neben dem Bhil, Karen u. s. w.) Südafrika, dessen durch die alliterative Sprachfamilie verbundene Völker eine mit indischen Phantasien bereicherte Vergangenheit durchlebt und trotz der später von den Arabern gezogenen Barriere bei Ankunft der Portugiesen noch nicht alle Erinnerung daran verloren hatten, während ihr jetziger Zustand leicht zu Täuschungen Anlass geben könnte. Bei der nahe liegenden Bildung einer lingua generalis, bei dem rückwirkenden Einfluss heiliger- oder Rangsprachen können der Philologie entnommene Folgerungen bei Eintheilung von Völkern, deren Vergangenheit nur unvollkommen bekannt ist, leicht Verwirrung stiften, wogegen sie bei den Cultur-Völkern wichtige Dienste leistet, und die Anhalte giebt, um folgenreiche Scheidungen historischer Werthe zu treffen.

Wenn sich die Geschichtsbetrachtung über den Kreis des classischen Horizontes erweitert hat, so wird von den Culturvölkern nur ihre vorhistorische Entwicklungsgeschichte dem Bereiche der Ethnologie verbleiben.

Was wir in der Geschichte bemerken, ist keine Umwandlung, kein Uebergehen der Rassen in einander, sondern es sind neue und vollkommene Schöpfungen, die die ewig junge Productionskraft der Natur aus dem Unsichtbaren des Hades hervortreten lässt, da jede Wahrscheinlichkeitsrechnung (und Leibnitz's Principium indiscernibilium) die Annahme verbieten würde, dass alle diejenigen Factoren, die einmal im Weltlauf bei einer Rassenbildung zusammen vorgelegen haben, genau als ganz dieselben und unter völlig gleichen Verhältnissen sich wiederholen sollten. Neu schaffen sich die Völker und neu mit ihnen die Sprachen, und wenn die Sprache mit Recht als das Bestimmende einer nationalen Einheit aufgestellt wird, so besitzt sie diesen Character nicht wegen ihrer starren Unwandelbarkeit, sondern gerade im Gegentheil wegen ihrer mit der Entfaltung des Volksgeistes gleichen Schritt haltenden Fortbildungsfähigkeit.

Der Typus einer Nationalität bildet sich aus den Factoren[*]) seiner

---

[*]) Hitziges, aufregendes Futter in der Gefangenschaft (besonders in dunkeln Zimmern) kann zwar durch Stimulation die Vermehrung des Colorites

Heimath, die, bei continentaler Ausdehnung in ethnographisch gegebenen Grenzen, ihn mit entschiedenerer Stabilität der Permanenz schaffen wird, als auf zerstreuten Inseln. Der statuirbare Anfang ist nur der subjective, der sich aus den letzten Knoten-Elementen des Denkens ergiebt, über welche dieses mit den gewöhnlichen Rechnungsmethoden nicht hinauszugehen vermag, obwohl man zu häufig mit diesem schon den absoluten Anfang gewinnen zu können glaubt, und ohne richtiges Verständniss der metaphysischen Analyse, die dazu nöthig ist, ähnliche Fehlgriffe macht, als ein Chemiker verschulden würde, der, um die Grundstoffe auf vermeintlich einfacheren Elementarzahl zu reduciren, zusammenhanglose Data aus den Hypothesen der Geologen über kosmische Processe herausreissen und dem gewünschten Ziel entsprechend zustutzen wollte. Die Veränderungsfähigkeit innerhalb der mit der Existenz gegebenen Grenzen ist scharfsinnig von Darwin nachgewiesen worden, aber indem seine Nachfolger anfangen, diese Veränderungsfähigkeit auch zwischen verschieden gegebenen Existenzen zulassen zu wollen, so suchen sie von den unzählig möglichen Wegen der Natur einen beliebigen, ohne weitere Beweise für seinen Vorzug, als allein gültigen zu fixiren. Prinzipien sind nie rascher zu Tode geritten, als in den von der Wissenschaft aufgestellten Naturgesetzen, die nur, wenn in ihrer Relativität richtig erkannt, solche bleiben und als Hypothesen bei Erklärungen nützliche Dienste zu leisten vermögen. Berzelius folgenreiches Gesetz ging von der zu seiner Zeit als gültig anerkannten Polarität aus, doch war die Chemie verständig genug, sein Schicksal nicht mit dem der physikalisch-animalischen Schule zu verknüpfen, und gebrauchte den Ausdruck nur als verdeutlichendes Sinnbild der erforschten Thatsachen, wie die Physik ihren Aether in der Optik ebenfalls nur in solcher Auffassung verwenden sollte. Wenn man in der Mineralogie nicht bei Messung der Kristallflächen stehen bleibt, sondern die idealen Achsen aufsucht, um die Grundlage des Systemes zu gewinnen, so ist auch in organischer Morphologie die Form aus der schöpferischen Idee zu verstehen. Indem man in den Productionen der organischen Natur ein allgemeines Entwickelungsgesetz erkennt, so bleibt es nicht nur eine unnöthige, sondern auch eine unlogische Zuthat, Speculationen über den Ursprung anzuknüpfen, der auch eine teleologische Betrachtung über die Vollendung bedingen würde. Jeder Ursprung setzt ein Früheres voraus, aus dem er entsprang, und

---

bewirken, aber der Mangel an nöthigem Licht führt dann den gereizten und dabei nicht auf die rechte Bahn geleiteten Bildungstrieb auf Abwege, so dass Sperlinge, Gimpel, Lerchen, Meisen, Wachteln und andere Vögel durch den Genuss des reizenden Hanfsaamens leicht schwarz werden (Gloger).

keine Vollendung kann als das volle Ende befriedigen. Entwicklung besteht für uns nur in der Verkettung von Ursache und Wirkung, in dem Causalnexus, der in Spiralwindungen aufwärts strebt, aus dem Saamen Pflanzen und aus der Pflanze Saamen zeugend. Wir sehen nur die Spanne eines Kreissegmentes an uns vorüberfluthen, und selbst wenn in höherer Differenzirung complicirtere Gebilde hervortreten, die relativ als vollkommenere bezeichnet werden, sind sie deshalb nicht das Ziel, auf das jene hinstrebten; denn an sich ist das Kleinste so vollkommen, als das Grösste, und der von beiden in ihren Parallelen zusammenerfüllte Zweck müsste dem Beschauer entgehen, der nicht auf einem ausserweltlichen Standpunkt, sondern innerhalb des Gewoges steht. Im Weltenplan ist dem Menschen nur seine eigene Bestimmung klar, in den Aufgaben, zu deren Erfüllung er durch die Natur seiner Organisation mit Nothwendigkeit gedrängt wird, dass er nämlich durch das Fortwachsen seiner Geistesthätigkeit die den Makrokosmos durchwaltenden Gesetze im bewussten Verständniss assimilirt. Insofern mag, die Menschheit als ein Ganzes aufgefasst, von einem Fortschritt geredet werden, da das von einer Generation erworbene Geistes-Capital durch Vererbung die folgenden praedisponirt, accumulativ darauf weiter zu bauen. Hier ist es jedoch der psychische Hebel, der als Ansatzpunkt dient, um verändernd auf den Organismus zurückzuwirken, und nach den geistigen Veränderungen, bis zum Verschwinden der Wirkungen, auch das Körperliche zu influenciren. Auf solche Weise mögen unter gegebenen Verhältnissen niedere Rassen sich zu höheren entwickeln; aber in der auf die körperliche Reproduction beschränkten Species könnte eine directe Umwandlung nur im regelmässigen Verlauf eines Generations-Wechsels Statt haben. Wenn sich durch wechselnde Einwirkung der Umgebung neue Eigenschaften erwerben lassen, die ihrerseits zu erblicher Constanz einwurzeln, so findet die gradweise Aufnahme derselben doch immer ihre natürliche Grenze darin, dass das Gleichgewicht innerhalb der ursprünglichen Richtung des Typus bewahrt werden muss, da mit Störung jenes auch dieser aus einander fallen müsste. Die nur nach tellurischen Einflüssen regierten Naturkörper bleiben den auf einen bestimmten Cyclus beschränkten Gesetzen derselben unterworfen, nur die aus dem ewig sprudelnden Quell des kosmischen Alls saugende Psyche ist, von den demiurgischen Banden befreit, unendlicher Fortentwicklung fähig.

Seit der Zertrümmerung des ptolemäischen Weltsystems sind die Handhaben des Anfanges und des Endes zerbrochen, da im Sphärentanz der schwingenden Kugeln die Umwölbung der Firmamente zusammenfiel. Im Unendlichen kann kein neues Ende gesucht werden, kein Anfang, da es keinen Ansatz giebt. So weit wir auch die Entstehung zurückschieben mögen, (ob auf den chaotischen Dunstnebel, ob auf das von Kometen abgestossene Sonnenstück), stets bleibt die Frage nach dem Ersten des Ersten, nach dem Anfang des Anfanges offen, und wenn die Materie als Antwort substituirt wird, so sind ihre anticipirenden Differenzirungen zuzufügen, damit sie zeugungskräftig wird. Verständlich in der Durchdringung dauernder Wechselwirkung ist nur das aus früher Seiendem Gewordene und weiter Werdende, in netzförmiger Verwebung den Gliederring rückläufiger Succession durchkreisend, den erst das zu harmonischer Erkenntniss erwachte Selbstbewusstsein durchbricht, im Standpunkte intuitiven Gleichgewichts das Sein im Werden lebend. Aus Gewohnheit wird freilich der Denker noch lange dahin geführt werden, von dem Relativen zum Absoluten fortzuschreiten und den Anfang einer ersten Entstehung der Schöpfung zu setzen, um demgemäss die Vorstellungen successiv nach der Zeit im Raume zusammenzuordnen. Dann darf aber diese Aushülfe für nichts anderes genommen werden, als ein erlaubbares Suppositum, das, soweit keine Nebenschlüsse beeinträchtigt werden, zulässig sein mag, von wissenschaftlichen Untersuchungen aber fern zu halten ist.

Dass eine scharfe Eintheilung der Menschenrassen unmöglich sei, indem die gegebenen Formen sich ungleich seien in typischer Schärfe und Eigenthümlichkeit, und ein sicheres wissenschaftliches, inneres Princip der Abgrenzung nicht vorliege, wie bei den Arten, bemerkte schon Johannes Müller, der die Rassen als constante und extreme Formen der Variationen einander entgegen zu stellen für zweckmässiger findet, als alle jene Völker in diese Rassen vertheilen zu wollen. „Die Aufgabe einer physischen Geschichte des Menschen ist, alle Eigenthümlichkeiten der Nationen, die sich durch gleichartige Vermischung als solche constant fortpflanzen, aufzufassen." Auch Waitz erkennt die Schwäche der Grundlage, worauf Eintheilungen beruhen, die sich auf einen hohen Grad der Constanz in den Haupttypen stützten. Nach Smith erhält sich jede der Hauptrassen unvertilgbar in ihrem ursprünglichen Vaterlande, wo fremde Einwanderer zu Grunde gehen müssen, wenn sie nicht durch Mischung Mittelformen neuer Fruchtbarkeit bilden. Nott und Gliddon ziehen aus ihren Untersuchungen das Ergebniss, dass die Schädelform[*]) in keiner Weise umgebildet werden könne.

---

[*]) Die künstliche Entstellung des Schädels, die sich schon auf yucatanesischen Monumenten findet, wurde von Hippocrates bei den Macrocephalen beschrieben. Die Newatee in Vancouver zwingen die Köpfe durch ein Strick in conische Form. Die Flatheads in Oregon platten ihn durch ein aufgelegtes Brett ab (nach Kane). A slight pressure is often applied

Die in der anorganischen Natur jedesmal in frischer Spannung hervortretenden Reize bewahren dort die ganze Wirkungskraft der Gegensätze, wogegen im organischen Reich nahes Ineinanderzüchten die geschlechtlichen Differenzen mehr und mehr abschwächt und endlich zur Unfruchtbarkeit führt. Darwin hebt deshalb die Wichtigkeit gelegentlicher Kreuzungen unter fremden Elementen hervor, wie es auch die Pächter in ihren Veredelungen zu benutzen wissen, damit eine werthvolle Hausthierrasse, die für Vererbung der gewünschten Eigenschaften durch künstliche Ineinanderzüchtung hervorgerufen war, nicht schliesslich ihre Lebensfähigkeit verliere. Bei den Culturvölkern liegt das Bedingende in diesen Kreuzungen, richtig eingeleitet und fortgeführt, um durch stetes Hineinwerfen heterogener Reizgesetze die körperliche Constitution frisch und in voller Tüchtigkeit zu erhalten. Die bei den Hausthieren für öconomische Zielpunkte angestrebte Fixirung bestimmter Eigenschaften würde sich beim Menschen nur der Curiosität wegen auf der direct durch die Geschlechtsfunction beeinflussten Sphäre des Individuums bewegen, und deshalb wird absichtliche Herbeiführung nie oder höchst selten mitwirken, während Ineinanderzüchtung durch aristocratische Rassenabgeschlossenheit nur in solchen Fällen zur Frage kommen kann, wo eine excentrisch abnorme Abschweifung des Geschichtsganges für ein vorübergehendes Uebergangsstadium allzu schroff getrennte Nationalitäten in gewaltsame Verbindung gebracht hat. Das von den Culturvölkern erzweckte Ziel ist die Vermannichfaltigung geistiger Schöpfungen, und dieses kann durch die Züchtung nur indirect insofern unterstützt werden, als sie der Seele einen möglichst gesunden und lebensfrischen Körper zur stützenden Grundlage ihrer Operationen giebt, also einen unter fortdauernden Kreuzungen, sei es der Varietäten, sei es verwandter Species, erzeugten. Dieselbe Rasse mag, auf einen neuen Boden versetzt, frische Gegensätze erwerben, so dass sie später, mit der alten wieder zusammengebracht, kräftiger zu wirken beginnt.

Wie in dem botanischen Character eines Landes eine Vegetationsklasse der andern folgen mag, nachdem zuerst Moose und Flechten den Erdboden für Erzeugung höherer Pflanzenarten vorbereitet haben, so

---

to the occiput by the Polynesians in conformation with the Malay standard (Pickering). The Huns distorted the faces of their infants to give them a Mongolian physiognomy. In Peru (besonders in Chicuito) hatten die Mütter die Pflicht, den Kindern lange Gesichter mit breiten Stirnen anzubilden, damit sie in der Schlacht furchterregend aussähen. Der sogenannte Avaren-Schädel wurde eine Zeitlang für einen aymarischen gehalten. Die Omaguas bewahrten ihre Flachköpfe als ehrende Auszeichnung.

folgen in der Ethnologie vollendetere Culturvölker in organischer Entwicklung auf einfachere Naturstämme. Direct im Urwald, der noch in der Gewalt wilder Thiere steht, würde nur unter besonderen Ausnahmefällen eine Civilisation emporblühen können, durchschnittlich folgt der eine edlere Bildungssphäre repräsentirende Ansiedler erst auf eine untergehende Schicht der Eingebornen, die unter existenzbedrohenden Kämpfen um das Dasein mit den rohen Gewalten noch ungebändigter Naturkräfte gerungen haben, die schon enge Fusspfade gelichtet, die furchtbarsten der Ferae in das düstere Dickicht zurückgescheucht haben und hier und da eine kleine Stelle urbaren Bodens für Menschenwohnungen vorbereiteten. Die characteristische Form der einheimischen Volksrusse wird ebenso von den klimatologisch-geologischen, später auch von den geographischen Verhältnissen des jedesmaligen Bodens abhängen, wie ihm die besondere Vegetation seine bezeichnende Pflanzen-Physiognomie aufdrückt, wie Gräser im geselligen Nebeneinander die gemässigten Zonen mit ihrer Decke bekleiden, wie einzelne Agaven, hochstämmig und starr, in den melancholischen Ebenen America's hervorstehen, wie Cactus auf steinigem Boden, wie streng ernste Eucalypten oder mit den Blättern in einander gedrängte Mimosen die Einförmigkeit Australien's bedingen, baumartige Haidekräuter der Ericae Africa repräsentiren und die wechselnden Contraste der Laubhölzer Europa schmücken oder durch einander rankende Lianen, auf vermodernden Stämmen emporschiessende Pothos-Gewächse oder Orchideen den Urwald zur undurchdringlichen Masse verknüpfen, aus der nur hier und da schlanke Palmen mit ihren hohen Blätterkronen emporragen.

Ist die oberste Schicht des Bodens schwer zu durchgraben, so fehlen mit den grabenden Nagern die Insekten, denen leichte Bodenarten zusagen. Auf Kalkboden finden sich Dorcadion, Cleonus, die Licinen (nach Latreille), einige Dasyten und Lamien oder andere Insecten (nach Kirley). Darwin fand in Chili auf ödem Kalkboden Bulimus, Helix zonata und Helix ruderata neben Granit. Im Sand finden sich Myrmeleo, Acalaphus, Leptis. Nicht zu schwerer Thonboden sagt Viscacha und Hamster zu. Salzboden ernährt Pimelia lupunctata und Bembex (s. Schmarda). Felsige Küsten begünstigen die Entwickelung der Gasteropoden, sandige und schlammige Küsten die Lamellibranchien. Bei der Abhängigkeit des Menschen vom Boden hat man oft besonders die geologische Strata ins Auge gefasst und Esquiros lässt die „force interne du type et la puissance extérieure des milieux" hauptsächlich bestehen in der „Force inhérente au sol qui détermine la forme générale de ses habitants."

Nordische Wölfe und Affen, in geringer Entfernung von einander hausend, Kolibris in zahlreichen Flügen zu gewissen Jahreszeiten in regelmässiger Wiederkehr den Rand der Gletscher besuchend, nordische Häher, wie wollig gefiederte Meisen neben Papageien und Curacus (Trogon) nistend, nordamerikanische und europäische Entenarten in Menge auf den mexikanischen Seen, in denen der merkwürdige Axolotl der Mexikaner (Siredon Mexicauus) vorkommt, und an den Ufern dieser Seen die ganz nordische Form der den Strandläufern ähnlichen Gattung Phalaropus neben brasilianischen Jacanen (Parra) und den Savacous (Cancroma) der feuchten, heissen Gegenden Südamerika's, das Alles sind Combinationen, die nicht leicht in einer anderen Gegend der Erde zusammen vorkommen dürften, die sich aber aus der Gestaltung des Landes unter diesen Breitengraden erklären, bemerkt Swainson (bei Wappäus) von der Fauna Mexico's, als zoologischer Provinz. Der früher in Thracien und Griechenland häufige Löwe fand sich zur Zeit Theocrit's in Sicilien, während der Kreuzzüge im westlichen Asien, jetzt sporadisch am Ganges und im Gondwana. Löwenjagden wurden in Indien angestellt von Alexander M. und Kaiser Akbar.

In die von Asien getrennt liegenden Welttheile, wie in Amerika und Neuholland, hatte nur der Hund*) als treuer Gefährte den Menschen bis in sein äusserstes Exil begleitet, ehe die Europäer dahin kamen, und der amerikanische Hund (dem Schäferhunde ähnlich) zeigt durch seine Verwandtschaft mit dem sibirischen Hunde noch seine Herkunft (nach Mitchill). Dagegen war mit den mehrgebildeten Bewohnern der Südsee-Inseln ausser dem Hunde auch das Schwein und das Huhn mit hinübergewandert auf die Oster-Insel, wo nur noch das Huhn sich vorfand (s. Chamisso). Der wilde Hund (in Nepal) oder Buansu, den Hodgson für den Stammhund (canis primitivus) hält, hat im Unterkiefer nur 6 Seitenzähne, (indem der Kornzahn fehlt) und jagt in Rudeln. Die Jungen werden ziemlich zahm, lassen sich schmeicheln und erkennen ihren Herrn. Von dem Federvieh scheint die Gans ein sehr altes Hausthier zu sein, das Huhn kommt bei Homer und Hesiod noch nicht als gezähmtes Hausthier vor, wohl aber früh in der Bibel. Jetzt findet

---

*) So gut als ein Mops nicht eine Species, sondern ein Hunde-Cretin ist, könnten auch die kurzschnäbligen Tauben u. a. m. in den Bereich des Pathologischen gehören (Kölliker). Mopse, Dachshunde und Bullenbeisser könnten (nach Müller) pathologische Zustände darstellen, die sich vererben. Bei vielen Thieren sind Männchen und Weibchen so verschieden, dass sie (wenn nicht sexuell zusammengehörend) oft in verschiedene Gattungen, ja selbst in verschiedene Familien gebracht werden müssten (Kölliker), was aber nur die Unrichtigkeit des Eintheilungsprincips beweisen würde.

es sich auf allen Inseln der Südsee. Nach Sonnerat lebt die wilde Stammrasse noch in Ostindien (Lüken). Man zählt jetzt 3000 Varietäten von Tulpen, während vor drittehalbhundert Jahren nur die gelbe Stammart in Europa bekannt war. Fruchtbäume werden veredelt durch Ablactiren oder Absängeln, Propfen, Oculiren, Copuliren, Pfeifeln oder Röhrlen.

Die Erzeugnisse desselben Bodens sind nicht nur nach den geologischen Epochen, sondern auch nach den Phasen einer und derselben verschieden, wie in Dänemark die Fichte von der Eiche und diese von der Buche verdrängt wurde, oder in Amerika die abgebrannten Nadelwaldungen durch Nachwüchse von Eichen ersetzt werden. Die eingeborenen Naturvölker mögen mit jenen Pflanzen zusammengestellt werden, die gleich den Saxifragen, Crassulaceen, Silenen, Compositen, Cruciferen u. s. w., als erste Ansiedler den todten Boden zu bemeistern suchen und mit einer humuslosen Unterlage zufrieden, im Laufe der Zeit den kahlsten Fels oder das wüsteste Gerölle mit einem hinlänglichen Substrat von Humus bedecken, um den Primeln, Orchideen, Leguminosen, Gräsern zu genügen. Auf dem tieferen Humus, den diese aufgespeichert haben, erwächst dann die dritte Generation, die aus Azalea procumbens, Trientalis europaea, Vaccinum uliginosum bestehen mag (nach Kerner). In gleicher Weise verdrängen sich die Stämme im Kampf um das Dasein, wenn die nöthigen Existenzbedingungen für den Ueberlebenden gegeben sind. Wer alle 1000 Jahre, wie der orientalische Khizr, über die Erde hinschreitet, mag manche der früher bekannten Rassen vergebens suchen, wie Hooker bei seinem zweiten Besuche auf St. Helena dort bereits Acalypha rubra und zwei Gattungen Melhania verschwunden fand. In der Geschichte der Hausthiere ist das Aussterben natürlicher Rassen (bemerkt Nathusius) von häufiger Erscheinung und oft Bedingung der fortschreitenden Civilisation, wie in England die natürlichen Schweinerassen factisch bereits in dem Masse ausgestorben sind, dass ihre Reste Seltenheit sein würden, gleich den nachsündfluthlichen Vögeln (Dinornis dronte).

Mit dem Verschwinden einer bestimmten Vegetation oder dem Erscheinen einer neuen ändert sich auch die Fauna.*) Neu angelegte

---

*) Mit Ausbreitung der Pflanzendecke im April waltet von den Käfern die Gattung Haltica vor. Die zarten Zweige der mit Laub bedeckten Bäume werden von Blatt- und Schildläusen bevölkert (die Coccinellen herbeiziehend). Im Mai verbreitet sich Telephorus, Meligethes, Cetonia. Gleichzeitig mit den ersten Blüthen der Obstbäume erscheint der Goldkäfer (Cetonia). Durch Zunahme des vegetabilen Lebens werden die von Verwesungsstoff ernährten Gattungen Harpalus, Amara, Bembidium beschränkt, da die Oberfläche im

Gras- oder Getreidefluren werden bald der Tummelplatz für Insecten; während einige sich begnügen, die kleinen Pilze, mit denen die Aehren

Juni durch die Heufechsung grössten Theils der natürlichen Pflanzendecke beraubt wird, vermindern sich die vom Blumenkelche und Laubwerk genährten Gattungen Haltica, Telephorus, Meligethes. Die Arten der Gattung Malachius bevölkern die Fluren der Cerealien. Im Juli begünstigt die Flora der lilienartigen Pflanzen die Verbreitung der Gattung Lema. Mit dem Eintritt des zweiten Vegetationscyklus auf den Grasfluren nehmen (im August) die Individuen jener Gattungen zu, die mit ihrer Nahrung an Pflanzen gewiesen sind. Im September vermehren sich rasch solche Gattungen, die von faulenden thierischen und vegetabilischen Stoffen leben. Im October verändern sich die Individuen aller Abtheilungen in der Fauna (nach Fritsch). Aus der Identität der Menschen- und Thier-Mumien in Aegypten (Krokodil, Ibis religiosa) bewies Cuvier die Beständigkeit der Species seit Jahrtausenden. Vespertilio noctua, zu Linné's Zeit in Schweden unbekannt, wurde (1825) von Retzius gesehen. Der Wolf war zu Hans Mayers Zeit in Schweden häufig, zu Linné's seltener, jetzt wieder häufiger. Der Kreuzschnabel ist dem Apfelbaum nach England, das Repphuhn dem Kornbau nach Schottland, der Sperling nach Sibirien gefolgt, die Reisläufer, in Cuba heimisch, besuchen seit der Einführung der Reiskultur Carolina in grossen Schaaren, doch nur die Weibchen. Strix Flammea (der Schlauerkauz) ist aus dem nördlichen Deutschland ins mittlere gerückt. Hasen, mit denen ein den atlantischen Stürmen ausgesetzter Sandstrich der englischen Küste bevölkert wurde, mussten (um nicht verschüttet zu werden) Löcher und Gänge im Sandhügel graben (nach Art der Kaninchen). Von Insecten sind die Waldbienen selten geworden und oft ganz verschwunden Am Ohio ist Crotalus horridus der fortschreitenden Kultur gewichen. Reste des früher in Scandinavien häufigen Emys lutaria finden sich im Torf. Die Muschelreste am Caspi-See deuten auf andere Lebensbedingungen in vorhistorischer Zeit. In aegyptischen Gräbern sind zwei Krokodile gefunden, die von allen lebenden abweichen. Die herbivore Cetacee, die 1741 von Behring zuerst beobachtet wurde, verschwand im vorigen Jahrhundert (Schmarda). Auf Isle de France sind die Dronte u. s. w. ausgestorben, auf Neuseeland mehrere Dinornis und auf der Philipps-Insel Psittacus nestor. Von Käfern hat (nach Lacordaire) die alte und neue Welt 433 Geschlechter gemein, in denen die eigentlichen vicarirenden Formen zu suchen sind. Von den Insecten ist auch ein Vikariat der Verrichtung nachgewiesen. Das Vikariatsverhältniss tritt bei den Hühnern besonders hervor, weil sie Standvögel sind. Bei Schwimmvögeln ersetzen sich Puffinus und Procellaria der nördlichen Polarzone durch verwandte Species in der südlichen Halbkugel In warmen Ställen gehaltene Kaninchen werfen achtmal im Jahre, im Freien viermal Die Weinbergschnecken stossen ihren Kalkdeckel bei $8^0 — 10^0$ R. Luftwärme ab. Limnaeen erwachen bei Wasser-Temperatur 6^0 R., Kröten bei Erdtemperatur 3^0 R. und Essigälchen können einfrieren und leben nach dem Aufthauen

behaftet sind, zu verzehren (Phalaerus corrruscus), verzehren andere, wie Cecidomyia tritici die Körner (der Gattungen Cephus auf der

wieder, werden aber durch Hitze leicht getödtet. In England wurde die Biber im IX. Jahrhundert, Bären 1057, Wildschweine zur Zeit Heinrich II. ausgerottet. Zur Thier-Uhr in Guiana dient der Brüllaffe (9 Uhr Abends und 3 Uhr Morgens), der Scheerenschleifer genannte Käfer beginnt um Tagesanbruch, eine Stunde später ziehen die Papageien mit Geschrei in den Wald. Nach Sonnenuntergang lässt sich der Huärju hören. Die kleinen Bergrassen der Schafe werfen gewöhnlich nur ein Lamm, während die grossen Rassen fetter Niederungs-Weiden meist zwei werfen. Merino-Schafe auf mastige Weiden gesetzt, werfen bald Zwillinge. Die an knappe Fütterung gewöhnten Schafe Sachsens werfen bei reicher Fütterung in Litthauen meist schon im ersten Jahre 2 Junge, dagegen verlieren die Marsch-Schafe in Gebirgsgegenden ihre Fruchtbarkeit erst in 3—4 Generationen. Die Sph. hyalinae, deren Raupen im Mark der holzigen Pflanzen leben, folglich von zähen, trocknen, farblosen, dem Lichte entzogenen Stoffen, zeigen in ihrer Bildung eine durchaus spröde, trockene, fleisch- und farblose Masse. Ihre Flügel scheinen nur ein Rippenwerk, gleich den holzigen Theilen im Innern der Stämme und den Blattrippen. Ebenso tragen alle andern Raupen und Schmetterlinge der Arten, welche von Wurzeln und im Marke der Pflanzen leben, unverkennbar das Gepräge der Nahrungsstoffe selbst, sind erdfarbig oder farblos glänzend und unscheinbar, wie die Schmetterlinge und Raupen der N. radicae, oleracea, Pronuba exclamationis, segetum, die in Wurzeln und Pilzen lebt, tragoponis, den milchigten Saft des Wiesenbocksbart fressend u. s. w. und die Raupen und Schmetterlinge derer, die im Marke leben. B. humuli, lupulinus, Hectus, Cossus arundinis, terebra, aesculi, welche sämmtlich dem lockeren Zellgewebe des Markes ähnliche, schwache, unscheinbare, oft dem Bast oder faulen Holz vergleichbare Zeichnung und Schuppenfügung haben. B. neustria in Apfelbäumen lebend, ist heller, als an Zwetschgen. B. Caja mit Salatblättern aufgezogen, wird heller und einfacher gefleckt, als mit Nesseln aufgezogen. An Apfelbäumen ist B. Monacha blasser, als an Kiefernadeln. Die verschiedenen Fasane stammen theils aus Vorder-Asien, theils aus China, die Haushühner sollen von dem sundaischen Gallus Bankiva und dem indischen Gallus Sonnerati abstammen und sind frühzeitig durch Malayische Völker über die Südsee, im Norden bis Island und Grönland, nach Westen in das tropische Amerika, verpflanzt, wohin auch die Hausgans, die Ente, der indische Pfau und das afrikanische Perlhuhn mit den Europäern gewandert sind. Aus Amerika stammt der Truthahn. Die Stammeltern (Columba livia) der Haustaube nisten am Mittelmeer-Gestade. Der Canarienvogel ist auf Elba verwildert. Die auf Isle de France eingeführte Drossel (Martin chasseur) befreite die Insel von den Heuschrecken. Das Schaf, von Ovis Ammon oder O. musimon (oder beiden Species abstammend) hat sich von den Vorhöhen der asiatischen Bergländer über ganz Europa in vielen Varietäten verbreitet. Der Ochse wurde am Cap von den Europäern schon

Gerste). Dadurch werden wieder die insectenfressenden Kurfe und Vögel, sowie die parasitischen Ichneumoniden herbeigezogen. Bei fortschreitender Bodencultur stellen sich sperlingsartige Vögel*) und Wachteln ein, die Anlage von Teichen zieht die Strandläufer, Wasserstaare,

gezähmt gefunden. Die Katze, den Mäusen folgend, hat sich mit dem Ackerbau verbreitet, das aus Nordafrika stammende Frettchen ist mit der Hegung und der Jagd der Kaninchen im domesticirten Zustande weiter verbreitet worden. Die orientalische Zibethkatze (Viverra Zibetha) ist (aus den Molukken stammend) über ganz Süd-Asien als Hausthier verbreitet und über die Philippinen nach Guatemala, Mexico und dann nach Cuba gebracht und dort verwildert. Der Gepard (Felis jubata) kommt als gezähmtes Jagdthier nach Indien. Der Haussperling (Pyrgita domestica) ist (aus den Mittelmeergestade) mit dem Weizen- und Gerstenbau der römischen Colonisten nach Deutschland gekommen, verbreitete sich mit dem Getreidebau nach Norwegen und Sibirien, an der Lena 1710 erscheinend, am Obi 1735, weiter östlich 1739, aber noch nicht in Kamtschatka (nach Gloger). Mus rattus (Hausratte) ist im Mittelalter von Osten hergekommen, Mus decumanus (Wanderratte) im XVIII. Jahrhundert (aus Indien) über die Wolga setzend 1727, aus Polen nach Deutschland ziehend 1770, bis Nordamerika 1775 (die gemeine Ratte verdrängend); in Peru durch Hamburger Kauffahrer eingeführt. Mus setosus ist aus Indien nach Brasilien gewandert. Der Löwe (in Thracien und Griechenland) fand sich zur Zeit Theocrit's in Sicilien, während der Kreuzzüge im westlichen Asien. Jetzt sporadisch am Ganges und in Gondwana. Löwenjagden in Indien wurden angestellt von Alexander M. und von Kaiser Akbar (v. Schmarda).

*) Der Zug der wandernden Vogelschaaren geht in nord-südlicher Richtung (auser der Wandertaube, die wegen Futtermangel meist einer westöstlichen Richtung folgt). Die Kreuzschnäbel gehen soweit die Vegetation der Coniferen reicht (nach Schmarda). An das Vorhandensein der Wälder sind alle Affen, viele Handflügler, die Faulthiere, Hirsche, Eichhörnchen, Klettervögel, die meisten Raubthiere und Singvögel, Taube und Huhn gebunden (von den Reptilien Baumeidechsen und Schlangen). Unter den Insecten findet man viele Coleopteren (unter Schmetterlingen die Motten und Noctuiden) besonders in Wäldern (Apatura iris am Saume, wie das Aguti). Alle Singvögel (besonders aus der Familie Sylvidae) lieben Gebüsch (Saxicola in offenen Gegenden). Der Cephalopod Ommastrephes giganteus geht vom Südpol nach der Küste Chili's, und Octopus sagittalis vom Nordpol nach der Küste Neufundland's (Fischschwärme verfolgend und Mollusken). Centronotus ductor folgt dem Hai (von den Excrementen lebend), Haie folgen dem Küchenauswurf der Schiffe und (nach Lenon) auch Thynnus atlanticus. Haie, Delphine und Wale folgen den Zügen der Fische, die nordischen Walthiere erscheinen zu bestimmten Zeiten an bestimmte Punkte Islands (wo Persönlichkeiten den Küstenbewohnern durch Namen bekannt sind). Die Wale der Südsee erscheinen periodisch bei Neuseeland, die Albatross (Diomedea) folgen den

Reiher u. A. m. herbei. Bei Austrocknung von Sümpfen werden die
Schnepfen vertrieben, Auch die Anlage von lebendigen Zäunen, Obst-
und Thiergärten (oder die Ansaat von Wäldern) zieht neue Zierformen
an (nach Schmarda). Dem ostindischen Tiger folgen die Schakale, dem
Jaguar Amerika's die Füchse.

Die Flora des Hochlandes in Abyssinien entspricht der afrikanischen
am Mittelmeere und der des Cap (bei 7000 Fuss Erhebung); die
Flora*) der Urwälder (zwischen 7000 bis 9000) der Senegambicus und

Zügen der Fische bis in die Flüsse hinauf, (brüten im October in der südlichen Halbkugel an Cap Horn und Neuseeland, finden sich aber von April
bis Juni bis Kamtschatka und zu den Kurilen). Goldfische von 1½" Länge
wachsen in Glasgefässen durch eine lange Reihe von Jahren nicht, erreichen
aber in einem grossen Bassin innerhalb 10 Monate ihre dreifache Länge.
Die Insekten des Himalaya sind (nach Kollar-Redtenbacher) solche, die
besonders der gemässigten Zone angehören. Mit zunehmender Höhe und
abnehmender Temperatur werden die Mollusken-Formen des Himalaya den
europäischen immer ähnlicher. Die Mönche genannten Schmetterlinge kommen
in den Alpen und Voralpen der Schweiz nur in einer scharfbegrenzten vertika-
len Zone vor (s. Schmarda). In Höhen von 3—4000' kommen in Südamerika die Flöhe nicht mehr fort (die nach Sancho Panso nicht die Linie passiren). Die Actinien leben nahe an der Oberfläche, die Gehäuse bauenden Korallen überschreiten nicht einige hundert Fuss Tiefe. Hartschalige Echinodermen
halten den beständigen Wasserdruck der grossen Tiefen aus (wohin auch die
hydrostatische Medusen gehen können). Nach Forbes kann jede Species nur
auf einer bestimmten Art von Meeresgrund leben. In jedem Haufen der süd-
amerikanischen Ameisen findet man Larven von Scarabaeiden und ein blinder
Käfer (Claviger foveolatus) wird in den tiefsten Schlupfwinkeln ihrer Behausung
gepflegt. In Folge verschiedener Strömung wird die östliche Küste von Süd-
Amerika von andern Thierformen bewohnt, als die westliche. An der Ostküste
geht ein Strom warmen Wassers aus dem Aequatorial-Meere nach Süden, während längs der Westküste ein niedrig temperirter Meerstrom aus dem antarcti-
schen Meere zum Aquator fliesst. Der Westküste fehlen die Korallen selbst innerhalb der Wendekreise, während sie an der Ostküste häufig sind, und selbst
um die Bermudas noch Riffe bauen, begünstigt durch das warme Wasser des
Golfstromes, in dessen nordwärts sich verbreiterndem Bette der fliegende Fisch
Exocoetus volitans der Aequatorialzone bis in die gemässigten Zonen im lauen
Wasser wandert). So weit der Golfstrom längs den Gestaden der Union hin-
fliesst, trägt die Fisch- und die Mollusken-Fauna ein südliches Gepräge, das bei
der nordöstlichen Wendung verschwindet. Der Eisbär wird auf schwimmenden
Eisfeldern von der Drift-Strömung nach Island geführt, und so (nach Fabri-
cius) der Bos moschatus nach der grönländischen Küste (Renntbiere nach den
Melville Inseln). Sperling, Mäuse, Ratten folgen dem Ackerbau des Menschen.

**) Nach de Candolle beruht die heliotropische Krümmung auf einem
durch Lichtmangel gesteigerten Längenwachsthum der Schattenseite (étiolement).

der indischen, die Flora der Steppen der des Pendjab und Arabiens, und dann folgt die Wüste (unter 1800 Fuss Elevation), während auf den höchsten Bergspitzen sich die Alpenflora in veränderten Arten wiederholt. In jedem System paläozoischer Gebilde zeigt Flora und Fauna Gleichförmigkeit in der Verbreitung der Species. Die Streichungslinien*), nach welchen die Demarcationsreihen der Formationen gerichtet sind, klären sich in der gleichzeitigen Erhebung der parallelen Kettenglieder auf.

Die australischen Länder sind von den Umwälzungen verschont geblieben, welche anderwärts die Ablagerung secundärer und tertiärer Gebirgs-Schichten begleiten. In jenen Ländern sind die silurischen und die Steinkohlengruppen des Kohlengebirges enthalten: sie gehören zu den ältesten auf der Erde. Von den Monokotyledonen-Familien, von welchen man vorweltliche Reste aus der Kohlen-Periode dort kennt, sind die Aroideen, Palmen, Cyperaceen, Liliaceen sehr gering, die Bromeliaceen, Musaceen, Cannaceen gar nicht vertreten. In jenen Ländern ersetzen die Farren die Gräser und bilden statt dieser Wiesen, während gesellige Gräser ganz fehlen. Der heutige physikalische Zustand jener Länder stimmt nahezu mit dem der Steinkohlenperiode überein (Stiehler). Alle fossilen Affen der Alten Welt sind nach dem dieselben noch jetzt bewohnenden Affentypus gebildet, alle der Neuen Welt nach dem noch jetzt dort vorhandenen.

Im Lande seiner Heimath**) ist der Mensch, wie jedes andere Natur-

---

*) Die ursprünglichen Ahnenhügel Formosa's entspringen am Wuhumun (Fünf-Tiger-Thor), dem Eingang Fuchau's, und glitten von dort über die Meereswogen. Nach Osten zu finden sich im Ocean zwei Stellen, Tungkwan (feuchte Grenze) und Pihmow (weisses Feld) genannt, und diese bezeichnen den Fleck, wo die Drachen der formosanischen Hügel auftauchten. Dieses heilige Gewürm drang ungesehen aus den Tiefen der See hervor und ihre Ankunft an die Oberfläche durch das Aufwerfen der Klippen am Kelung-Vorgebirge bezeichnend, hoben sie durch eine Folge gewaltsamer Windungen die Hügelreihen empor, die sich mit Thälern und Ebenen in vielfachen Krümmungen forterstrecken, Nord und Süd streichend." So heisst es (nach Swinhoe) auf der chinesischen Regierungskarte, und wenn wir von dem Gebirgszuge Formosa's (der nach Humboldt als eine Fortpflanzung des Himalaya-Systems anzusehen ist), sagten, dass der Kreuzungspunkt bei Kelung das Centrum der vulkanischen Erhebung sei, von dem die Ketten des Thaschan ausliefen, so könnte ein chinesischer Commentator zur Belehrung seiner Landsleute beifügen, dass Vulkan ein alter Gott sei, dessen Werkstatt in der Tiefe des Meeres gedacht würde.

**) Nach Dureau de la Malle hat die Amsel in Italien einen andern

product, das Ergebniss der physikalisch-meteorologischen*) Verhältnisse seiner Umgebung und hierauf gründet sich der primitive Typus, der je nach der plötzlichen oder vorsichtig allmähligen Versetzung in eine andere Zone sich dort unter entsprechenden Veränderungen acclimatisiren und bei allzu ausgesprochener Feindlichkeit zu Grunde gehen wird. Bei Vereinigung mit andern Rassen auf eigenem oder fremdem Boden hängt es von der richtigen Leitung der künstlichen Züchtung und der schon vorhandenen Affinität ab, ob das Product lebensfähig sei oder nicht.

Wenn nach dem Binaritätsgesetz sich heterogene Körper nur dann mit einander verbinden, wenn sie entweder einfach sind oder sich auf einer gleichen Stufe der Zusammensetzung befinden, also zwei Elemente zu einer binären Verbindung gepaart werden, zwei binäre Körper eine quaternäre bilden, zwei quaternäre eine octonäre, so sind erfolgreiche Mischungen der Völker in einer, Entwicklung sämmtlicher Eigenthümlichkeiten zusichernden, Weise nur dann möglich, wenn beide sich auf gleicher Stufe des Fortschrittes befinden, während bei incongruenter Mischung eine trübe Mutterlauge erzeugt wird, ohne die polare Spannung electrischer Gegensätze, unter denen reine Krystalle anschiessen. Auf der anderen Seite würden aber auch gleich zusammengesetzte Verbindungen nur dann in fruchtbare Wechselwirkung treten können, wenn, um es mit Dalton's Gesetz auszudrücken, die Mischungsgewichte in den Proportionen der stöchiometrischen Verhältnisse eines Multiplum oder Submultiplum zu einander stehen. Die Verwandtschaft der natürlichen Rassen ist nicht gleichwerthig, indem nicht alle die Bedeutung primitiver oder Urrassen haben, bemerkt Nathusius.

Obwohl ein directer und rascher Erfolg neuer Rassenverbrüderung nur dann zu erwarten ist, wenn sie schon in gleichartigen Compositionsverhältnissen zu einander stehen, so kann doch bei länger dauernder Einwirkung ein Resultat auch dadurch hervortreten, dass einzelne Bestandtheile von anderen ersetzt werden, ohne dass nothwendig die Lebens-

---

Gesang, als in Frankreich. Auch unsere Singvögel wechseln im Gesang nach den Localitäten. Hunde in heissen Gegenden verlieren die Stimme, in Ost-Indien die Jagd-Instincte. Die Pferde auf den Falklands-Inseln werden so schwach, dass sie beständig eingeführt werden müssen und zur Jagd untauglich sind. Die Bienen auf den Antillen sammeln keinen Honig (s. Schmarda). Von den vielen Veilchen auf Sicilien, (wo beim Sammeln derselben der Raub der Kora geschah) sollten die griechischen Hunde den Geruch verloren haben (wie in Afrika durch Malaria).

*) Der breite Brustkasten des Quechua erhält ihn kräftig und gesund in seiner verdünnten Luft, die dem Indianer der Tiefländer den Tod bringt, und in der Fieber-Atmosphäre dieser kränkelt wieder jener.

fähigkeit des Ganzen, des Typus, verloren geht, ähnlich wie Arsenik und Antimon, Kobalt und Nickel isomorphisch für einander vicariiren, oder wie in der Chlorvalerinsäure die Wasserstoffs-Atome der Baldriansäure durch Chlor substituirt sind, wie im Bichlorisatus oder Bichromisatus des Indigo gewisse Mengen des Hydrogen durch äquivalente Mengen von Chlor oder Brom ersetzt werden. So mag durch accumulirende Einflüsse eine untergeordnete Rasse, die längere Zeit in beständigem Contact mit einer höher organisirten steht, zwischen der sie untermischt lebt, durch allmählige Aufnahme vollkommenerer Elemente ihre niedrigeren substituiren und selbst veredelt werden. Indem aber zugleich die starke Fesselung der Polaritätsverhältnisse, wie sie in der anorganischen Natur verlangt wird, sich in der organischen mehr und mehr lockert, je complicirter die Erzeugnisse sich potenziren, so treten zu den in jener auf wenige Fälle (wie z. B. in der Phosphorsäure mit ihren Modificationen der Paraphosphorsäure und Metaphosphorsäure) beschränkten Erscheinungen der Isomerie (als zur Sättigung grösserer oder geringerer Mengen der Basen befähigt) in dieser jetzt eine Mannigfaltigkeit metamerischer Verbindungen (als isomerischer, die bei verschiedener Molekular-Anordnung ein gleiches Mischungsgewicht besitzen) und polymerischer (isomerischer, die sich durch ungleiche Mischungsgewichte unterscheiden) Verbindungen hinzu, so dass dadurch vielfache Wege fortschreitender Veränderung angebahnt sind, in denen sich die menschlichen Gesellschaftserscheinungen durch die stets gleich frische Productionskraft der Natur in einer Unendlichkeit neuer Gestaltungen manifestiren, je nachdem die eine oder andere der in ihnen schlummernden Grundkräfte vorwiegend hervorgelockt ist.

In Vergleichung mag man den Menschen*) bald einer einzelnen Species

*) Ce que j'appelle le groupe des melons est une vaste aggrégation des formes, souvent très differents les unes des autres, et néanmoins si voisines par tout ce qu'il y a d'essentiel dans leur organisation, et si enclines à se croiser réciproquement, qu'on est également embarrassé soit pour les réunir en une seule espéce, soit pour en faire plusieures. Ce qui ajoute considérablement à la difficulté, c'est qu'entre toutes ces formes contrastantes s'étagent des séries de formes intermédiaires qui les relient les unes aux autres et en font un tout pour ainsi dire sans solution de continuité. Les formes intermédiaires se compteraient par centaines si on voulait en faire le dénombrement. En un mot le groupe des melons est, en botanique, au moins l'équivalent du groupe humain en anthropologie. Suivant la manière de voir, on trouvera autant d'espèces, de sous-espèces, de races, de variétés et de sous-variétés que l'on voudra et il y aura autant de classifications et de nomenclatures différentes, qu'il y aura de classificateurs. Toutes ces formes, quelque qualification qu'on

der Säugethieren gegenüberstellen, bald einer Gattung, Familie oder Ordleur applique, qu'on en fasse des espèces ou de simples variétés, se perpétuent trés-fidélement par génération tant qu'élles restent pures de tout alliage. C'est ainsi que depuis bientôt deux siècles, les melons cantaloups, les melons maraîchers, les sucrins blancs, les melons de Cavaillon, les melons serpents, le dudaïm et cent autres races connues qu'il serait trop long d'énumerer, se conservent toujours semblables á eux-mêmes, par le soin, qu'ont les jardiniers de les tenir isolés et de ne prendre pour porte-graines que des individus bien francs. Mais toutes ces formes s'altèrent avec une étonnante rapidité lorsqu'étant rapprochées les unes des autres, il se fait entre elles des échanges de pollen. C'est par là, que j'ai vu dans un espace de quatre ans, le melon-serpent, si caracterisé par la longueur demesurée et la gracilité de son fruit, se métamorphoser en un melon courte, ovoide, à côtes et brodé, très analogue aux melons maraichers dégénérés, le Dudaïm, dont les caractéres ne sont par moins tranchées, prendre toutes sortes de figures et de combinaisons de coloris, où il n'était plus possible de le reconnaitre, le petit-melon rouge de Perse se transformer en un melon à peine different du Cantaloup (Naudin). Le Chêne (Quercus Robur) a pris ses premières feuilles de 1845 à 1850 à Bruxelles le 25. avril. La moyenne de la temperature est alors de 10° 25. A Madère Heer vit le Chêne (Quercus Robur pedunculata) se feuiller le 20. Février, époque où la moyenne probable est de 17° 4 (de Candolle). Toutes les plantes à graines alimentaires sont annuelles et ne se multiplient que par semis. C'est une condition qui doit les empêcher de s'éloigner notablement des types primitifs (de Candolle). Les grains de froment qu'on a sortis de plus anciens cercueils de momies de l'Egypte, se sont trouvés semblables à certains froments actuels (d'après Delile). De Candolle a reconnu dans ces graines le Triticum turgidum. Raspail avait reconnu l'orge ordinaire torréfiée. Loiseleur avait examiné des graines rapportées par le général Fernig et déposées á Paris dans le Musée égyptien, il les avait trouvées identiques avec le blé blanc anglais de 1840. Le blé rapporté par Prokesch au comte de Sternberg, qui fut semé (et dont deux grains levèrent, après avoir été mis d'abord dans de l'huile, puis dans de l'eau) se trouva concorder avec le Triticum vulgare, spica laxa mutica alba glabra, de Metzger. En Chine le blé fut cultivé dès l'année 2822 a. d. (Julien) et il l'était deja alors en Palestine et en Egypte (d'après les livres sacrés). Selon Diod. Sic. c'est à Nysa que „Osiris trouva le blé et l'orge, croissant au hasard dans le pays, parmi les autres plantes." Homére et Diodore parlent de la Sicile, comme la patrie du froment, Diodore dit qu'on y voyait de son temps, du froment qui pousse de lui-même. Les Grecs croyaient aussi, que le blé existait sauvage dans leur pays, avant que Cérès eut enseigné à le cultiver (Diod.) Strabon dit qu'en Hyrcanie le blé se sème de lui-même (quod ex spicis decidit renasci). In Musicani regione frumentum sponte nasci tritico persimile ait (Aristobulus). Bérose dit que dans le pays entre le Tigre et l'Euphrate on trouve frumentum agreste, hordeum, ochron (d'après Syn-

nung, bald der ganzen Klasse*) der Mammalia, und man wird von jedem dieser sich übereinander schiebenden Gesichtspunkte aus gewisse Parallelen vicarirender Formen finden, die in einiger Ausdehnung haltbare Analogien bieten, die indess bald lahm werden, wenn man das, was nur ein Gleichniss sein darf, in eine detaillirte Gleichung ausarbeiten wollte. Besondere Beachtung verdient, wie manches ethnologisch wichtige Areal in seiner Verbreitungsweite**) auch Specifitäten im Thierreiche ihre Grenzen zieht, und mögen dabei die Familien verschiedener Ordnungen supplirend eintreten, um in der Geschichte nacheinander stattgehabte Wechsel in ihrem Vorkommen räumlich zu fixiren. Der Ursus arctos z. B. wiederholt in seinem Auftreten ziemlich die Verbreitung der nordarischen Menschenrasse, das alte Culturgebiet Asiens, das sich auch über Nordafrika erstreckte, mit Zutritt des neueren im mittleren Europa; die engere Verbindung, die in vorarischer Zeit zwischen Aegypten und Aethiopien mit Syrien und Arabien bestand, wird dagegen durch den Lepus aegyptius ausgedrückt, während der Lepus timidus das Feld der classischen Cultur durchstreift und der Lepus variabilis die von dieser längere Zeit unberührten Länder der Kelten, Slaven und Skandinaven. Dann tritt der Lepus sardus ebenso beschränkt auf seiner Insel auf, wie die dort älteste Völkerreste einschliessenden Menschenbewohner, der Lepus corsicanus auf der seinigen, oder der Lepus nepalensis in einem abgeschlossenen Berglande. Auf der anderen Seite finden sich, den Völkerkreisen der repräsentirten Menschenrasse analog, im Ursos arctos vielerlei Spielarten***), wie sie bei der schmalen Schädelbildung Syriens und des Kaukasus auftreten. Der

---

cellus). Balansa vient de trouver le blé (Trit. sativum) an mont Sipyle de l'Asie minéure dans des circonstances ou il était impossible de ne pas le croire spontané (de Candolle). Triticum Spelta wurde in Mesopotanien und Persien wild gefunden. Pausanias fait venir l'Orge (hordeum) avec Cybèle de la Phrygie. Moise de Chorène indique les bords du fleuve Kur en Géorgie, Bérose la Babylonie, Marco Polo la province de Balaschiana, Theophraste et Pline l'Inde. Chinnong introduisit 5 espèces des céréales en Chine (2822).

*) Oken lässt den Menschen eine eigene Zunft bilden, als die Gesammtheit aller Thiere, sowohl seiner Gestalt, als seinen geistigen Kräften nach.

**) Die aequatorialen und polaren Grenzen der Schöpfungsmittelpunkte werden (nach Schmarda) durch die Isothermen und Isokrymen, die östlichen und westlichen durch orographische und hydrographische Hindernisse bestimmt.

***) Schlegel stellte drei Rassen des Tigers auf, den der Sunda-Inseln, den Bengalens und den des Nordens. Brandt findet klimatische Abänderung im Fell des Tigers von Korea. Giebel hält| bei Maulwurf, Biber, Schnecke u. s. w. ein einzelnes Urpaar für unmöglich.

Elephant (der durch die concave Stirn des gelehrigen und durch die convexe*) des schwer zähmbaren den Phrenologen eine Aufgabe zu stellen scheint) verbindet sich als Elephas asiaticus mit den asiatischen, als E. africanus mit den afrikanischen Aethiopen, das Lama characterisirt Peru und seine eigenthümliche Cultur, das Känguruh Australien u. s. w. Dergleichen Beziehungen liessen sich indess nur durch verwickelte Schlussoperationen (wenn die historischen Data überhaupt noch für genauere Verbreitungssphären genügen) in das richtige Licht setzen, und richten bei oberflächlicher Behandlung viel mehr Schaden an, als sie Nutzen versprechen.

Nach Analogie der Fauna würde beim Menschen der mehr polare Wohnsitz die haarige Varietät**) erzeugen, wie sie sich in den Ainos erhalten hat, während die chinesisch-mongolische Rasse, die jetzt überwiegend Ostasien bewohnt, sich überall auf untergegangene***) Nationali-

---

*) „Bei dem neapolitanischen Pferde ist die Abweichung von der geraden ebenen Profillinie vom Nasenbein bis auf das Maul am auffallendsten, indem beim Holsteiner die Wölbung des Kopfes mehr oben, zumeist gleich über den Augen beginnt, die weniger frei liegend, als bei ersteren, den Ausdruck des Gesichtes wesentlich modificiren. Bei dem Yorkshire-Pferde bemerkt man dagegen schon eine leichte Einsenkung über der Nase und nur dadurch, dass Stirn und Maul zurücktreten, erscheint der Kopf gebogen." Vom Menschen sagt Carus: die Modellirung des äusseren Schädels hat etwas merkwürdig Selbstständiges und gehört mit zu den eigenthümlichen (oder mystischen) Symbolen, durch welche so vielfältig im Aeussern ein Inneres sich hier und da kundthut. Harless bemerkt, dass die mechanische Wirkung des Muskeldruckes keineswegs das einzige Bedingende ist, noch dass man den Schädel und das Knochengerüste des Kindes nach Belieben sich formen lassen könne, je nachdem man ihm nur ausschliesslich weiche oder sehr viele harte Speisen darreichte. Die ganze innere Organisation, also die Art der Verarbeitung bestimmter Nahrungsmittel, welche verschiedene Klimate oder äussere Verhältnisse ausschliesslich oder vorherrschend benutzen lassen, fällt als zweites plastisches Moment in die Waagschaale, denn von ihm ist der Effect abhängig, welchen die Muskelthätigkeit in den Skelettheilen herbeizuführen im Stande ist. Aendern sich alle diese Bedingungen zugleich, so muss auch die von ihnen abhängige Form im Laufe der Zeiten sich ändern. Aendert sich nur die eine, so kann eine andere oft noch durch Reihen von Generationen bestehen, und der erste Typus der Individuen ändert sich dann vielleicht in nicht sehr auffallendem Grade oder erst nach längerer Zeit.

**) In kaltem Klima werden die Haare des Negers länger.

***) Signs of a great oscillation of level, which had taken place at Södertelje (south of Stockholm) after the country had been inhabited by man, are to be observed. A subsidence followed by a re elevation of land (each

täten übergeschoben und ihren Einfluss bis auf die Eskimos ausgedehnt hat, die zwar noch etwas, aber doch nur schwache Bärte besitzen. Gleich den Tumuli der Mandschurei finden sich im Kirghisenlande die alten Pyramidengräber (des Volkes Myk) mit ihren Leichen (nach Atkinson), und bei den Sayan-Tartaren des Altai bezeichnen die Aina oder Steinbüsten, das petrificirte Volk der Vorzeit, wie in den Gräbern an der Indigirka das ausgestorbene Volk der Omoki liegt. Je nach der im grösseren Procentwerth durchblickenden Grundlage des tartarischen Urstocks

---

movement amounting to more than sixty feet) had occurred since the time, when a rude hut had been built on the ancient shore. The wooden frame of the hut, with a ring of hearthstones on the floor and much charcoal were found and over them marine strata, more than 60 feet thick, containing the dwarf variety of Mytilus edulis and other brackish-water shells of the Bothinian gulf. In der grossen Niederung im nördlichen Asien, worin der Kaspisee und der Aralsee liegen, und die sich weit in das Innere des Landes bis zum Eltonsee hinzieht, befindet sich eine Anzahl von Salzseen oder Ansammlungen des in den weitgehobenen und abgeschnittenen Meeresbuchten enthalten gewesenen Salzes. Im Gouvernement Astrachan kennt man deren 129, von welchen 32 auf Kochsalz benutzt werden. Um Kistiar, im Gouvernement des Caucasus, werden von 21 Salzseen 18 ausgebeutet. Ueberhaupt ist der ganze Boden längs des caspischen Sees an der Wolga bis zum Terek so mit Salz beladen, dass nur wenige, und zwar Salzpflanzen, dort wachsen. Alle diese Thatsachen beweisen, dass diese ungeheure Ländermasse einst Meer gewesen, dessen Boden noch nicht einmal überall über das Niveau des Weltmeeres erhoben ist. Der Eltonsee soll noch 14 Fuss unter dem Meeresspiegel liegen. Die Salzseen der grossen Kirghisen-Steppen bestätigen diese Ansicht (nach Mohr). Die Erscheinung des allmähligen Austrocknens, welches an den Aral-Ufern wahrgenommen, kehrt überall in den Steppen wieder. Die Kirghisen wissen, dass manche Rosenkranz-Seen früher nur ein einziges Becken füllten. Nach Gens fand in alter Zeit eine Verbindung zwischen Aral, den Seen Ak-sakal, Sarykupa, dem Ulu-Turgai, dem Taran-Becken und dem Tschagli-See statt. Es ist gleichsam eine Furche, die man von S.-W. nach N.-O. jenseits Omak zwischen Irtysch und Obi verfolgen kann, zuerst quer durch die Baraba-Steppe (mit Seen, die durch die Cultur ausgetrocknet worden) und dann nördlich jenseits Surgut durch die Sümpfe der Samojeden im O. Berezows bis zum Eismeere. Die Traditionen der Chinesen vom Bittern See im Innern Sibiriens (den der Jenisei im unteren Laufe durchschnitten) beziehen sich vielleicht auf den Ueberrest jener alten Ergiessung des Aral- und Caspi-Sees in N.-O. Richtung (nach Humboldt). Die Chinesen nennen die Salz-Ebenen und die Oase von Hami südlich von Thianschan ein ausgetrocknetes Meer (Han-haï), sowohl wegen der Sandwellen, die der Sturm aufregt und auch wegen der Anzeichen früheren Wassers. Nach einem neueren

schattirt sich der mongolische Stamm zu dem türkischen ab, in dem man deshalb auch zwei Varietäten hat finden wollen, den einen durch die Osmanli in Constantinopel mit vollem Bartwuchs charakterisirt, den andern durch die Anwohner der chinesischen Mauer mit glattem Gesicht, wie ihr Nebeneinander noch in den Tartaren Kasan's zu bemerken sei, von dem auch Heberstein sagt: Tartari sunt homines statura mediocri, lata facie, obesa, oculis intortis et concavis, sola barba horridi, cetera rasi. Die Kirghisen sind durch Mischung den Mongolen schon

---

Schriftsteller der Chinesen (s. Klaproth) hat sich einst das Mittelmeer von Pidschan und Kashgar bis zur Grenze Tibet's erstreckt (in der Wüste mit dem Lop-See). Eine mongolische Sage nennt die Gobi den Boden eines grossen Binnenmeeres. In dem Mittelpunkt der Gobi (mit Rohrarten und Salzpflanzen, wie am caspischen Meere, nach Bunger) bezeichnen kleine Salzseen die Ausdehnung des alten Meeres. „Die Erhebung des Ural-Rückens folgte nach der aralo-caspischen Einsenkung, nicht aber die des Thianschan. Die Kette des Caucasus entspricht nicht nur grossentheils dem Thianschan durch ihre Richtung, sondern sie zeigt auch in ihren Trachyt-Massen, heissen Quellen und Salzen in ihrer Nähe ganz denselben Charakter. Der thätige Vulcan Pe-schan (im Thianschan) ist in solchem Grade central, um nach Norden ebenso weit von der Mündung des Obi, als gegen Süden von den Küsten des indischen Meeres entfernt zu sein." Semenof fand in Djungaria nur Solfatara. Die einzige Spur, welche die in der Trias-Periode lebenden Vögel zurückgelassen haben, sind die von Hitchcock als Ornithichnites beschriebenen Fährten (von Bronthotherium, Amblonyx, Grallator, Argozoum, Ornithopus, Platyteona, Tridentipes) auf dem Sandstein von Connecticut (Milne-Edwards). Von den in historischer Zeit ausgestorbenen Vögeln nähert sich der Dronte (Didus) durch seinen Schädel den Geiern, durch die Flügel den Fettgänsen und durch den Bau der Füsse den Tauben. Die Reste der an Grösse sehr verschiedenen Vögel auf Neu-Seeland wurden durch Williams entdeckt. Aepyornis ingens (dessen riesenhafte Eier und Knochen, 1850, auf Madagascar gefunden wurden) scheint gleichfalls mit den ihm verwandten Lauf-Vögeln Neu-Seelands ausgestorben zu sein. Aus dem Vorkommen von Cardium edule und eines Buccinum unter einer Gypsdecke lässt sich schliessen, dass die Sahara einst ein brackisches Wasserbecken darstellte und erst in späterer Zeit durch allmähliges Emporsteigen trocken gelegt ist (nach Desor). Escher hat das Ende der Eiszeit mit dem Emporheben der Sahara und dem auf die Winde dadurch herbeigeführten Einfluss in Beziehung gesetzt. In der Umgegend von Toul wurden mit Knochen des Rhinozeros, Ursus spelaeus, Koprolithen und Hyaena (Spuren von Rehen und Wölfen) steinerne Aexte und andere Kunstproducte gefunden (Husson). Auf der Cephalisation (als Umwandlung der vorderen Organe eines thierischen Organismus zum Gebrauche des Kopfes für Sinne und Mund) basirt Dana seine Classification des Thier-

sehr ähnlich, doch bemerkt Wood, dass bei vollhaarigen Individuen der Bart sich locke, und auch das Haar der Yakuten ist dichter, als in gewöhnlich mongolischer Physiognomie. Bei den aus dem Baschkirenlande fortgewanderten Ungarn ist der Bart zum vollen Auswuchs gekommen. Die Koibalen sind (nach Pallas) ziemlich bärtig. Das Haar der Wogulen ist lang. Die Syrjänen (neben den Wotjäken) bilden mit den Permiern das Volk der Komi. Die Korjaken haben dicke Augenbrauen. Der Einfluss, den das Verschwinden des Nordmeeres auf China's Cultur-Entwickelung ausüben musste, lässt sich in historischen Andeutungen verfolgen. Die Türken in Constantinopel und Persien haben ihre tartarischen Züge völlig verloren, so dass sie von einigen Naturforschern zu der caucasischen oder europäischen Rasse, statt zu der tartarischen, gerechnet sind. Die in Bokhara und ganz Transoxiana ansässigen Türken haben trotz ihres langen Aufenthaltes in Persien und obwohl sie schon vielfach im Aussehen gemildert sind, doch von ihren ursprünglichen Zügen genug zurückbehalten, dass man sie sogleich für Tartaren erkennt (nach Elphinstone).

Bei Gelegenheit des Cocusnussbaumes im indischen Archipelago, der die klimatische Umwandlung der El Mokl genannten Palme, die man dorthin verpflanzt habe, sein sollte, bemerkt Masudi: „So muss man dem durch die Türken bewohnten Klimagürtel die charakteristischen Züge ihrer Physiognomie zuschreiben nebst der Kleinheit ihrer Augen, und dieser Einfluss erstreckt sich bis auf ihre Kameele, die kurze Beine, dicken Hals und weisse Haare zeigen." Im Gegensatz zu den weissen Croaten (der Berge zwischen Polen und Ungarn) heissen die unterworfenen oder Gross-Croaten schwarze. In Folge der europäischen Mamluken (die aus nordischen und slavischen Sklaven den muselmanischen Heeren einrollirt waren) hatte sich (im XII. Jahrhundert) in einigen Districten Marocco's, wo sie herrschend geworden waren, ein Aufwuchs von Kindern mit weisser Haut und blonden Haaren gebildet (nach Ibn-al-Athir). Der bärtige Sarmato-Scythe auf den Monumenten zu Kertch (bei Uwaroff) repräsentirt den heutigen Typus. Die Alanen (in den Ansi und Usun) vermittelten die chinesische Völkerbewegung der Yueitchi mit den durch die Gothen nordwestlich geleiteten Wanderungen, in der von Ammianus angedeuteten Ausdehnung, während die Hiongnu in den Hunnen wieder erscheinen, wenn auch nicht in der durch Deguignes versuchten Verknüpfung.

reichs. Aus dem Vorkommen von Cyclas Asiatica (die der nordamerikanischen ähnelt), von Paludinen und der Schnecke Choanomphalus Maacki am Baikal schliesst Martens auf eine Aehnlichkeit der vergegangenen europäisch-westsibirischen Fauna mit der gegenwärtigen in Ostsibirien und Nordamerika.

Wie man früher überall Neger*) fand, hat man sie in der letzten Zeit beinahe ganz verloren, und ist damit von einem Extrem in das andere gefallen, da es für specielle Unterscheidung wichtig bleibt, den angebornen Typus in Afrika als Neger festzuhalten und ihn mit den veredelten Schichten, die sich vielfach darüber gelagert haben (nicht nur bei dem rein geschichtlichen Volke der Jolof, Ashantie, Yoruba u. s. w., sondern selbst bei abgelegenen Stämmen) wiederzuerkennen. Auch die von Tuckey auf europäischer Kreuzung zurückgeführte Physiognomie der Congo-Neger mag, unter Anerkennung des Subsummiren civilisatorischer Einflüsse, auf dem Negerstamm ruhen bleiben. Die Soaqua entfernen sich von dem sonstigen Negertypus durch die aus dem Einfluss einer subtropischen Zone folgende Modification und die auf ethnologischer Insel isolirten Hottentotten**) bezeichnet die ihnen besonders anhaftende Steatopyge und Schürze. Cuvier betrachtet die malayische Rasse als einen Uebergang von der iranischen (kaukasischen) und turanischen (mongolischen oder allophyletischen).

Die Nyam-Nyam (an denen, nach Heuglin's Ansicht, dieser traditionelle Name nur durch zufällige Combinationen haften blieb) scheinen derselben Völkerbewegung anzugehören, die zur portugiesischen Entdeckungs-Zeit die Jagas und Zimbos nach Westen und Osten warf, sowie die Fundj***), Gallas und Zulus als Eroberer austrieb.

Fassen wir die Endglieder der ostafrikanischen Völkergruppe (zunächst die dunkel-schwarze Hälfte) allein in's Auge, so würden sich hinlänglich prägnante Unterschiede zeigen, um Denqua und Bertat von den Fundj abzutrennen. Werden aber alle die Uebergangsformen in Be-

---

*) Wobei vorwaltend die Hautfarbe als Kriterium genommen wurde, wie solche auch in der Varna hervortritt und bei der Viertheilung amerikanischer Indianer. Auf den ägyptischen Sculpturen sind die Roud und Loud als rothbraun, die Aamou als dunkelgelb, die Nahas als schwarzbraun, die Tamah als hellgelb gekennzeichnet.

**) Unser gütiger Gott und Schöpfer aller Dinge hat diese seine erlössten Geschöpfe mit einer gelblichen Gesichtsfarbe begabt, mit aufgeworfenen Lippen, breiter Nase und kurzen, schwarzen, dicken, wolligten, gekräuselten Haaren, die nicht weiss werden, wie bei uns, wenn auch der Hottentotte 70 Jahre zählt (Ebner) 1829.

***) Hartmann rechnet die Bewohner von Djebel Gule, von Fasogl, Berta, Gumus, Berun, Djebel Taby, Tagala, Djebel Awin zur Fundj-Familie, während Lejean die Berun, Tagalauia, die Bewohner des Taby, wie die Schilluk und Gumus für ächte Neger hält, von den Fundj ebenso verschieden, wie von Abessiniern und Galla. Nach Hartmann sind die Galla der Sprache nach den Fundj verwandt. Die Schilluk oder Schellöchen des Altas sind dunkel.

trachtung gezogen und trägt man zugleich dem einigenden Bande der Sprache, sowie den geschichtlichen Bewegungen Rechnung, so lässt sich hier das Zusammenfassen unter eine allgemeine Abtheilung rechtfertigen, und würden dann die ersteren den primitiv-localen Typus der Eingebornen darstellen, während die erobernd fortgezogenen Auswanderer sich in Folge der Mischung mit den Unterworfenen durch Aufnahme höherer Culturen allmählich veränderten. Gehen wir dann auf's Neue von der so gewonnenen Spitze in der dunkeln Abtheilung der Ost-Afrikaner aus, so zeigen sich auf den in ihrer weiten Verbreitung vielfach schattirten Berabra alle die nöthigen Uebergangsstufen, um in die hellfarbige Hälfte zu den in den Fellah und El Macrin (nebst den Copten) fortlebenden Retus oder Monumental-Aegyptern zu führen, deren letzte Ausläufer dann wieder durch die über Suez entgegenkommenden Elemente asiatischer Abstammung modificirt wurden, während die Verbindung der Continente an der Südspitze des rothen Meeres in ziemlich gleichwerthiger Wechselseitigkeit stattfand. Die nordostafrikanischen Völker zeigen alle Uebergänge fortgebildeter Mischung, wie sie dem ursprünglich mit den Denqua zusammenhängendem Fundj schliesslich einen durchaus verschiedenen Typus gegeben. Bei gesetzlichem Gleichgewicht der Fixirung wird die daraus erlangte Mittelform permanent und besteht dann als solche fort. Die in Dongola eingeführten Neger verlieren mit der dritten oder vierten Generation ihr Charakteristisches und nehmen den Ausdruck der Dongola-Rasse an, denn obwohl diese selbst erst einen aus wiederholter Mischung hervorgebildeten Typus darstellt, ist sie doch eben mit Erlangung einer lebensfähigen Stufe eingewurzelt und erhält sich unverändert, auch fremde Elemente nach ihrer eignen Richtung transformirend. Die Blanni genannten Mischlinge der Dänen mit Grönländerinnen bewahren ihren Typus, blondes Haar und hellweisse Farbe in weiterer Fortpflanzung.

Die Rassen der durch den Menschen veredelten Thiere (und Pflanzen) sind durchweg fruchtbar und die aus Mischungen hervorgehenden Abkömmlinge übertreffen häufig selbst ihre Eltern an Tüchtigkeit, bemerkt Darwin, während die Hybriden gekreuzter Species meistens unfruchtbar seien, und wird darin die deutlichste Scheidung zwischen Rassen und Species gefunden. Die Definition der Rassen ist aber bereits an sich eine unbestimmte, da dieses Wort anfangs ganz mit Species*), unter

---

*) Nach Naumann sind Uebergänge der Species gar nicht abzuläugnen, „sie sind in der Natur selbst begründet und nöthigen uns daher zu der Anerkennung der Wahrheit, dass in gewissen Regionen des Mineral-Reiches eine ganz scharfe Abgrenzung der Species nicht möglich ist, obgleich die extremen Glieder solcher Uebergangsreihen nothwendig als Species getrennt gehalten werden müssen."

ihrer Anwendung auf den Menschen, zusammenfiel und dann später absichtlich eine doppeldeutige Unbestimmtheit erhielt, um bei den Zweifeln über Species und Varietät einen indifferenten Mittelbegriff zu gewinnen. Der in's völlige Schwanken gerathene Begriff der Species bewegt sich meistens in rückläufigen Wortstreitigkeiten, indem man gewisse Eigenschaften als für die Species nothwendig nennt und bei ihrem Vorhandensein die Species setzt, im beständigen Schaukeln zwischen zwei Gleichungen, ohne einen ausserhalb der Enden stehenden Ausgangspunkt gewinnen zu können, um den Gegensatz beider objectiv zu überschauen. Die Natur redet zu uns theils in der zwar unvollkommenen, aber, soweit sie reicht, nicht misszuverstehenden Bilderschrift mathematischer Formeln, theils in unbekannten Alphabeten, die wir zu entziffern haben. Wir mögen vielleicht im Zerlegen derselben gewisse Wortgruppen finden, die uns vorläufig eine Species auszudrücken scheinen und hypothetisch als solche angenommen werden können. Ob sie in Wirklichkeit so gelten dürfen, kann sich erst aus dem Zusammenhang des Ganzen erweisen. Wenn man nun aber beim späteren Wiederantreffen derselben Wortgruppen jetzt die frühere Hypothese, dass sie Species bedeuten könnten, als neues Argument verwendet, auch die früheren Wortgruppen hätten Species bedeuten müssen, so drehen wir uns clara voce in einem unfruchtbaren Kreisschluss, der nicht nur selbst keine neuen Resultate giebt, sondern noch verhindert, dass solche durch umsichtiges Abwägen vielleicht zu gewinnen wären.

Den Rassen der Hausthiere gegenüber markiren sich die Species durch prägnante Eigenthümlichkeiten, die jeder ihren charakteristischen Typus aufprägen. Sind diese scharfen Trennungen zu einem variabeln Verschwimmen abgeschliffen, so wird das Product unter die nachgiebige Classification der Rasse begriffen, und diese mag selbst aus Species hervorgegangen sein, nachdem allmählig und verständig eingeleitete Mischungen die trennenden Gegensätze beseitigt haben, die eine directe Kreuzung zwischen oppositionell gegenüberstehenden Species hätten unfruchtbar lassen oder ganz verhindern können. Sind die Barrieren gebrochen, ist dann einmal der flüssige Rassencharakter eingeleitet, dann können innerhalb der Existenzbreite desselben Mischungen in vielfachster und mannigfaltigster Weise im geometrischen Wachsthum der Vermehrung stattfinden, bei den Hausthieren ebensowol, wie in noch höherem Masse bei den durch doppelte Zersetzungsfactoren beeinflussten Culturvölkern.

Wenn unter den richtigen Proportionen ihrer Aequivalente zusammentretende Elemente das Centrum eines in sich selbstständig neuen Bestehens zu finden vermögen, wenn also vorhandene Species durch gesetzliche Kreuzung eine neue Species erzeugen könnten (und dann im

Verhältniss zu dieser als Genus zu gelten hätte, oder das Verhältniss wiederholen würde, wie es in der Chemie die einfachen Oxyde in Basen oder Säuren zum Salze darstellten), so wird man beim Ueberblick der ausgeprägt markirten Völkertypen auf der Erde zunächst zwischen primären, secundären, tertiären oder noch complicirteren Bildungen scheiden müssen, und erst feststellen, welche als die ursprünglichen Charaktere des aus den natürlichen Verhältnissen der Umgebung hervorgegangenen Productes anzusehen seien, ehe sich um die prägnanten Formen desselben (wie in den Hunderassen), die unabsehbar vermehrte und vermehrbare Mannichfaltigkeit der Mischungen anhäufte, die dann je nach dem systematischen Barometer bald als Varietäten innerhalb der Species, bald als Unterspecies oder Species aufgefasst wurden. Es kann immer nur nach einer allseitigen Vergleichung der Lichtstärke in den Reflexspiegelungen entschieden werden, ob der Gesammteindruck des Einen mit dem des Anderen auf eine Linie gestellt oder als höheres Ganze begriffen werden muss; ob es in der Vergleichung als Species, oder als Genus aufzuzufassen ist. An sich sind Beides tönende Namen, die ihre Bedeutung nur durch den Inhalt erhalten, den sie zu decken bestimmt sind. Obwohl aber aus gesetzlicher Kreuzung typische Species hervorgehen mögen, bewegt sich doch jede Species als solche innerhalb scharf umschriebener Grenzlinien, und darf, während ihres Bestehens als selbstständiges Naturproduct, von keinem Ineinanderlaufen dessen, was eben getrennt ist, geredet werden.

Um einen deutlichen Einblick in den Primitivzustand zu gewinnen, ist es rathsam, sich für Herbeiziehung vergleichender Beispiele nicht an die Hausthiere zu wenden, wo die reinen Resultate schon vielfach verwischt sind, sondern an die in der Freiheit lebenden Thiere. Die Ineinanderzüchtung, die künstlich von den Landwirthen benutzt wird, kann im freien Zustande zu keinem dauernden Effecte durchgeführt werden, und auch die Naturvölker werden durch Ueberlieferung dazu angehalten, ausserhalb der Verwandtschaft ihre Frauen zu wählen, wie in Australien Gleichartigkeit des Kobong (ebenso bei Charruas, Abiponen, Garrows, Benuas u. s. w.) die Ehen verbietet, und das gegenseitige Vermeiden verschwägerter Kinder und Eltern (bei Arowaken, Kaffern, Cocienues u. s. w. auf frühere Traditionen hindeutet. Darwin bemerkt, dass, wenn Aehnliches bei den Affen vorläge, sich nach dem Princip der natürlichen Auswahl erklären liesse, dass bei der grösseren Kräftigkeit der aus Kreuzungen hervorgehenden Sprossen, die Rasse der, Abneigung gegen Blutsverwandtschaft zeigenden, Individuen (in Vererbung geistiger Eigenschaften) die übrigen als lebenskräftigere überdauern müsse, so dass das leitende Princip dann kein gemachtes, sondern von der Natur gegebencs sei. Durch freie Kreuzung innerhalb desselben Volkskreises wird eine Gleichartigkeit im allgemeinen Habitus bewahrt, den keine Ineinanderzüchtung auf Besonderheiten zu reduciren sucht, und daraus ergiebt sich das Vorwalten eines durchgehenden Schädeltypus, wie es besonders in der Charakteristik der Naturvölker beobachtet wird, und der bei den einheimischen Rassen vorwaltende Typus wird dann eben der den localen Verhältnissen entsprechende sein. Bei Abgrenzungen eines kleineren Areals innerhalb der Gesammtrassen würden leicht neue Spielarten auftreten, wie Darwin schon bei den wilden Rindern der einzelnen Parks in England die Verschiedenheit ausgebildet findet, und diese Varietäten könnten bei längerer Dauer unter begünstigenden Verhältnissen sich zu einem Extrem fortbilden, um später durch allzu grosse Incongruenz Mischung mit der früher verwandten Rasse unmöglich zu machen, also dann dieser gegenüber als besondere Species aufgefasst zu werden. Eine solche anerworbene Species würde demnach nicht die mindesten Rückschlüsse auf den Ursprung erlauben, und ist bei den Definitionen dieser mit so vielen Uebergängen verbundenen Zustände stets die sorgsamste Vorsicht nöthig, um nicht Systeme der Natur in Fällen aufzuzwängen, wo man ihren Plan gänzlich missverstanden hat. Wie allzu nahe Verwandtschaft durch Mangel des Reizes Fortpflanzung unmöglich macht, so kann allzu grosse Incongruenz dieselbe Folge haben, indem das Bedingende eben nur in der adäquaten Homogeneität der Reize liegt, und davon alles Uebrige abhängt. In getrennten Species stehen sich oft die Charaktere zu schroff gegenüber, als dass fruchtbare Kreuzung eintreten könnte, die dagegen Statt haben mag, wenn durch die Eingriffe der Domestication der Boden aufgebrochen und die individuelle Selbstständigkeit erschüttert worden ist, so dass sie den eingeleiteten Verbindungen keinen dauernden Widerstand mehr entgegensetzen kann. Vilmorin bemerkt, dass, wenn eine besondere Variation beabsichtigt sei, es zunächst nur darauf ankomme, die Pflanze überhaupt zum Variiren zu bringen und dann die variabelsten Individuen auszuwählen, wenn auch die Veränderlichkeit anfangs in einer verkehrten Richtung ginge, da die gewünschte Aenderung sich früher oder später einleiten lassen würde. Die mit romanischem Blut in Louisiana erzeugten Mulatten leben existenzfähig fort, während die angelsächsische Rasse in den nördlichen Staaten den Negern zu schroff gegenübersteht, als dass die Mulatten einen gesunden Stamm hervortreiben könnten. In Indien ist aus der Mischung der Portugiesen mit den Eingebornen ein überfruchtbares Geschlecht hervorgewuchert, während die englischen Eurasier trotz aller Pflege der Regierung beständig aussterben.

Indem schon das stete Heirathen ausserhalb des Familienverbandes bei den Naturvölkern die indifferente Gleichartigkeit eines allgemeinen Typus herstellt und das Fixiren specifischer Individualisirungen (wie bei den von Nathusius rasselos genannten Thieren) verhindert, so wird die durchgehende Aehnlichkeit noch durch eine Art psychischer Ansteckung erhalten, wie sie sich überall im nahen Zusammenwohnen und engen Verkehr, nicht nur von Eltern auf Kinder vererben, sondern auch bei Insassen desselben Hauses oder Dorfes finden mögen und die verschiedenen Stände der einzelnen Handwerkergilden, Kaufleute, Matrosen, Künstler u. s. w. für ein geübtes Auge erkennbar zeichnen. Bates hat unter den Insecten auf das weittragende Princip der „Mimicry" aufmerksam gemacht, wo nicht nur die Phasoniden die Farbe der von ihnen besuchten Blätter wiederholen, oder die der Rinden*), wie die Mehrzahl im Genus Leptalis (von der Familie der Pieriden) genau den Helioceniden gleicht, wie nach Wallace zwei Species der Orioliden, zwei Species der Meliphagiden, mit denen sie sich stets zusammenfinden, nachahmen, und wenn bei den Wirbelthieren die Phantasie von ihrem erhabenen Scheitelsitz herunter nur in geringer Weise Incarnationen influenciren mag, so darf die entsprechende Thätigkeit bei dem Bauchgangliensystem der Articulaten doch vollere Berücksichtigung beanspruchen.

„Wenn wir bei den civilisirten Nationen und unter diesen besonders bei den höheren Ständen und den Städtern die grösste Mannichfaltigkeit des Gesichtstypus antreffen, so dürfen wir nicht nur die Verschiedenheit der Lebens- und Berufsweise, die Mannigfaltigkeit der Bildungsstufen in Anschlag bringen, sondern auch die grosse Reihe verschiedener Krankheitsformen und Krankheitsanlagen. Sie drücken ihr Mal den Gesichtern noch scheinbar ganz gesunder Menschen auf und erzeugen dadurch Physiognomien, welche man als Product der Temperamente ansieht. Umgekehrt hat man auch von den Temperamenten gewisse Bilder der Gesichtstypen gemacht", aber (nach Harless) ist das Temperament eine Zusammenwirkung von geistiger Richtung und körperlicher Disposition zu einer bestimmten Verhaltungsweise nach Aussen, und kann somit, von diesen beiden abhängig, sich nicht blos in dem Einen aussprechen. Im Blick, und zwar in der mittleren Augenstellung, wird das wichtigste Mittel zum Ausdruck des Temperamentes nachgewiesen. Carpenter zeigt die Abhängigkeit der ideo-motorischen Handlungen, in Folge der angeschaffenen Constitution, von der Sinnengewöhnung.

Veränderte Bedingungen der physikalischen Natur können schon an

---

*) Moths very frequently ressemble the bark on which they are found or have wings coloured and veined like the fallen leaves, on which they lie motionless.

sich ihre Wirkungen äussern, soweit es die Variationsfähigkeit des Typus erlaubt, der von seinem Umgebungswechsel abhängt, und auf die Verschiedenheit ihrer im Regen, in Hitze und Kälte, Feuchte oder Trockenheit, Licht oder Electricität, der geologischen Bodenunterlage oder der gebotenen Nahrungsmitteln einströmenden Reize verschiedentlich reagirt. Schon das anorganische Reich kennt Bildung des Bittersalzes nicht nur durch directe Zusammenführung von Schwefelsäure und Magnesia, sondern durch die in der Natur vorgehende Oxydation der Schwefelkiese und Zerlegung der schwefelsauren Verbindungen der Magnesia enthaltenden Mineralien oder durch das Auswaschen der Rautenspathe in den von den Flüssen kohlensaurer Wasser benetzten Dolomithöhlen. Während aber solche direct durch die Umgebungswelt bethätigte Influenzen auf eine enge Sphäre beschränkt bleiben, und besonders bei organischen Wesen durch die, wenn überhaupt möglich, allmählig eintretende Acclimatisation erschöpft werden müssen, lässt sich dagegen für die aus richtigen Kreuzungen hervorgehende Veränderungsreihe kaum eine Grenze absehen, da sie sich wieder auf der ganzen Weite des Weltgesetzes, gewissermassen innerhalb seiner mikrokosmischen Wiederholung, bewegt. Den Gedanken, die Species der organischen Körper mit den Elementen der Chemie, die niemals aus einander abgeleitet und niemals in einander übergeführt werden könnten, zu vergleichen, hatte schon Leunis, der nur dabei übersah, dass die starre Unveränderlichkeit des anorganischen Typus sich in die Gesetzlichkeit des organischen Cyclus aufzulösen habe.

Jeder Typus steht in der Sphäre seiner Variabilität und mag pendelartig innerhalb dieser peripherischen Umgebung concentrischer Ringe hin- und herschwingen, ohne seinen Schwerpunkt zu verlieren. Wird durch die Accumulation*) allmähliger und nach einander eintretender Einflüsse die Abweichung von der Mittellinie so bedeutend, dass die Existenz bedroht wird, so mag der Moment des Unterganges durch die wirksam hervortretenden Effecte gährungsfähiger Substrate in einen Moment des Entstehens umschlagen, und es mag ein neuer Typus fertig dastehen, der aber dann nicht als Entwickelung aus dem früheren aufgefasst werden darf, nach unserem Verständniss einer organischen Entwickelung, die eine ununterbrochene Ausfolge aller Mittelstufen voraussetzt, sondern für uns subjectiv nur als objective Neuzeugung der Natur, und also vielleicht als eine Entwickelung ihres Planes, wenn darüber Hypothesen erlaubt sind oder wir sie uns erlauben wollen.

---

*) Nach v. Cotta entsprechen die auf einander folgenden Entwicklungsphasen einer Vermannichfaltigung durch Summirung.

Wie gewöhnlich aufgefasst, ist die Frage, ob die Variationsfähigkeit eine unbegrenzte sei, nicht richtig gestellt (auch abgesehen davon, dass, wie Wallace bemerkt, schon äussere Verhältnisse verbieten würden, dass nach einseitiger Richtung hin erworbene Eigenschaften eine gewisse Grenze überschritten). Theoretisch ist die Veränderlichkeit eine unbegrenzte, so lange wir die Grenze nicht absehen können, objectiv dürfte sie aber, soweit sie sich auf der Basis der Körpernatur bewegt, bei dem organischen Typus ebenso wenig fehlen, wie bei dem anorganischen. Augenblicklich ist es allerdings in der Chemie unthunlich, die ganze Menge der Verbindungen, die Oxyde, Suboxyde, Superoxyde, Schwefel- oder Chlormetalle u. s. w. untereinander und miteinander eingehen könnten, im Voraus zu berechnen; es liesse sich aber dennoch a priori die Möglichkeit denken, die gesammte Mannichfaltigkeit statthafter Combinationen in einer Variationsrechnung zu bestimmen, ebenso wie eine solche aus einem sämmtliche Urlaute einschliessenden Normal-Alphabete die Ziffer aussprechbarer Worte oder Silben festsetzen könnte. Aber selbst diese rein imaginäre Möglichkeit einer Einschränkung kann nicht gelten, wenn wir in der Veränderlichkeit des an das Unendliche streifenden Gebietes das Geistige betreten.

Die Zelltheorie, besonders nach ihrer Erweiterung durch Virchow auf dem pathologischen Gebiete thierischer Gewebe, hat einen Einblick gegeben in die Kraftwirkungen kleinster Theilchen in der Materie, wie sie schon in der Physik und Chemie vorauszusetzen waren. Die Atome anorganischer Elemente constituiren sich in der Zelle zu einer neuen Einheit, die wieder als eine Monade höherer Ordnung auftritt, und dann in dieser unter denselben Bedingungen fortwächst, wie die Monaden oder Atome unterster Stufen, genau das Bild einfacher oder zusammengesetzter Radikale wiederholend, indem das eine sowohl wie das andere je nach seinen Verbindungen anorganischer oder organischer Natur in demselben Charakter eines Radikals auftritt. Diese Zellen oder Monaden höherer Ordnung mögen dann wieder und wieder unter höhere Ordnungen, so oft diese typisch hervortreten, als individuelle Einheiten zusammengefasst werden in unbegrenzter Gradation, und indem jede Monade sich am vollkommensten mit ihrem polaren Gegensatz gleichnivellirter Ordnung verbindet, so gestaltet sich in den vollkommensten Individuen der Dualismus der Geschlechtstrennung, deren Doppelkreuzung das vollendetste Product in der Neuschöpfung hervorrufen wird, aber deshalb nicht die allein und unumgängliche Vorbedingung einer Neuschöpfung ist. Nur das Atom, das einfache Radikal, der wegen der durch Experimente soweit bewiesenen Unmöglichkeit weiterer Zertheilung als solches gesetzte Grundstoff, kann sich mit seinem Gegensatze electrischer Spannung unter nicht mehr als einem Verhältnisse kreuzen, da er eben der einfachsten, oder nur einer, Ordnung angehört. Je mehrfacher die Complicationen werden, die ein Radikal zusammensetzen, je mehr sich also dieses, als neues Ganzes, aus Elementen bildet, die auf einem tieferen Niveau ihre eigene Selbstständigkeit besassen und deshalb, bei nicht völliger Sättigung (besonders also bei krankhafter Abweichung), einen Theil jener mit in das neue Ganze, zu dem sie jetzt zusammentreten, hinübernehmen werden, desto mehr werden die von Darwin als Pangenesis definirten Phänomene auftreten, neben und häufig im Zwiespalt mit sexueller Zeugung. Das in den Keimen fortgeführte Selbstleben tritt dann in einen Kampf mit dem Gesetz des Gleichgewichtes, wodurch das grössere Ganze seine individuelle Existenz zu wahren sucht, und der Ausgang desselben muss je nach Umständen dem einen Prinzip oder dem andern den Sieg verleihen, oder es mag auch zu neuer Vermittelung in einem dritten Ganzen führen und dadurch die Species in lebensfähige Spielarten umgestalten. Je prägnanter das Individualitätsprinzip des Ganzen auftritt, desto energischer und kräftiger wird es über die Theilganzen dominiren und ihre nach unabhängiger Action strebenden Aufruhrgelüste zum Besten der Gesammtrepublik zügeln, und zeigt sich deshalb in der obersten Wesenklasse nur die Geschlechtszeugung für die Fortpflanzung fruchtbar, ist in ihnen die Reproduction der Gewebe im normal gesundem Zustand auf ein Minimum beschränkt, während sie schon in der schlaffen Constitution der Reptilien ein bedeutsames Uebergewicht gewinnt, und die bei Millionen gezählten Eier der Ascariden und ähnlicher Organismen einen völligen Zustand der Anarchie documentiren, in dem gewissermassen die Unendlichkeit des Kleinsten in materieller Auffassungsmöglichkeit zu Tage tritt, soweit sie sich ausrechnen lässt, wie es auf eine grenzenlos fortsetzbare Theilbarkeit deutet, wenn die Spectral-Analyse das 100 Millionste Theilchen in einem Gran Calcium und das 25,000 Mste (nach Muncke) in einem Gran Gold entdeckt. Als rohes, aber wegen der grösseren Anschaulichkeit in der Chemie belehrendes, Beispiel könnten für das selbstständige Agiren constituirender Theile im Ganzen die Vorgänge in der Gruppe der Amide dienen, oder die von Mitcherlich unter das Substitutionsgesetz begriffenen, wo in den Salzen zusammengesetzter Radikale nicht nur die Säuren und Basen als Gesammtheit nach der zukommenden Polarspannung eine Wahlverwandtschaft ausüben, sondern auch einzelne der sie constituirenden Elemente nach ihrer eigenen Neigung anziehend oder abstossend wirken können, was bei den einfachen Radikalen von selbst fortfällt, wenn das ganze Radikal an sich das vorläufig nicht weiter theilbare Element darstellt.

Nichts characterisirt treffender die tiefe Confusion in der Beweisführung, den gänzlichen Mangel aller elementaren Principien in der Ethnologie, als die herrschende Ansicht über den degenerirenden*) Einfluss von Mischungen auf die Menschenrassen, während es doch mit einer, vielleicht allzu durchsichtigen Klarheit offen zu Tage liegt, dass, wo wir immer in der Geschichte Culturvölker auftreten sehen, dieselben erst als höchstes Product aus einer unendlichen Reihe von Mischungen hervorgegangen sind. Die primitiven Wurzeln ihrer ethnologischen Entstehung gehen gewöhnlich in eine der deutlichen Sehweite entrückte Vorgeschichte zurück; sie werden erst aus ihren Wirkungen erkannt, wenn der Stamm einer dominirenden Nationalität im Lichte der Geschichte emporwächst, aber jede wissenschaftliche Forschung hat ein Ende, wenn wir diesen jetzt als einen deus ex machina betrachten wollen, statt ihn in seiner organischen Genesis**) zu analysiren. Das adoptirte Schuldogma ist, wie so häufig, durch das Kleben an Worten begünstigt worden, deren technischen Sinn man missverstand. Es wird von Reinheit der Rassen gesprochen, die Züchter legen den höchsten Werth darauf, das Geschlecht ihrer Vollblut-Rassen rein zu halten und es nicht durch Mischung zu verschlechtern. So weit gut. Aber sind denn nun diese Vollblut-Rassen (oder in der Ethnologie die Rassen der Cultur-Völker) reine Rassen, wenn man hier rein in dem Sinne von primitiv und ursprünglich nimmt, wie es durchschnittlich aufgefasst wird? Ist das veredelte Rind der englischen Züchtereien der Repräsentant der wilden Art, oder nicht vielmehr im Gegentheil eine durch die vielfachste

---

*) Gobineau behauptet, dass die Mischung der verschiedenen Typen durchgängig eine physische und moralische Verschlechterung herbeiführe und den Völkern den Keim eines sicheren Untergangs einpflanze. Nott erklärt die Mischlinge für lebensunkräftig und unfähig, einen neuen Typus zu begründen, wogegen Serres in Mischung ein wesentliches Mittel sieht, das Geschlecht zu verbessern, aber als allgemeine Behauptung ist das Eine ebenso unhaltbar, als das Andere, da Alles von der Art der Mischung abhängt.

**) Even at the present day new strains or subbreeds are formed so slowly, that their first appearance passes unnoticed. A man attends to some particular character or merely matches his animals with unusual care, and after a time a slight difference is perceived by his neighbours, the difference goes on being augmented by unconscions and methodical selection, until at last a new sub-breed is formed, receives a local name and spreads, but by this time, its history is almost forgotten. When the new breed has spread widely, it gives rise to new strains and sub-breeds, and the best of these succeed and spread, supplanting other and older breeds, and so always onwards in the march of improvement (s. Darwin).

und künstlichste Kreuzung daraus hervorgerufene Schöpfung? In die heutigen Berkshire-Rasse des feingezüchteten Mastschweines sind englische, tunquinesische, neapolitanische und andere Elemente*) eingegangen, um dieses werthvolle Geschöpf zu erzielen, wie Nathusius nachweist. Das englische Rennpferd ist doch in der That nicht das wilde Pferd der Pampas und der Steppen, es ist im geraden Gegentheil in sorgfältiger Kreuzung aus arabischem, berberischem, englischem Blut hervorgegangen, um es mit den gewünschten Eigenschaften zu begaben. Das arabische Pferd wird gleichfalls schon das Product höherer Kreuzungen sein, und geht seine Entstehung, wie die der classischen Cultur-Völker Europa's, in eine Zeit zurück, worüber uns sichere Anhalte fehlen, wogegen sich

---

*) Nach Beringer waren die seit 631 p. d. in England zum Kriege gebrauchten Pferde Abkömmlinge deutscher und niederländischer Zucht, da die eingeborene Rasse zu klein gewesen, und unter Adelstan wurde die Landeszucht schon so geschätzt, dass ein königliches Decret die Ausfuhr untersagte. Bei den ritterlichen Spielen unter Heinrich II. (1155) treten die Dextrarii auf, als abgerichtete Kriegspferde (magni equi), nachdem aber schon der Graf von Shrewsbury Hengste spanischer Zucht eingeführt hatte. In der mittelalterlichen Turnierzeit liessen sich die Ritter oftmals durch eiserne Heftstücke befestigen, die über die Schenkel gingen und an den Bogen angeschroben wurden, so dass es der schwersten Rasse bedurfte, lange und magere Pferde dagegen waren: zum Gelächter der Gaffer, die fragen mochten, „wie viel kostet die Elle?" Noch Pluvinel zog die grossen Streitrosse (forts coursiers) oder deutschen Pferde den Spaniern oder Barben vor, die der Belastung eines ganz gewaffneten Reiters nicht gewachsen seien. Unter Karl V. hob sich die neapolitanische Rasse zu ihrer Vollendung empor, doch zählt Caracciolo noch eine Reihe anderer berühmter Rassen in Italien auf. Fugger führt unter den neapolitanischen Pferden auf, die Corsieri genannte Rasse grosser und hoher Rosse, „wie sie von den Kürisieren unter den Barschen (Parsen) gebraucht werden," die Rasse da due selle (zum Kriege geschickt) und die Genetti del Regno oder der gemeinere Landschlag. Der Herzog Franz Gonzaga bezog für sein Gestüt Pferde aus dem Oriente, türkische und berberische, sowie spanische und calabrische. Seit den Kriegen mit Zapolija und besonders seit Moritz's von Sachsen Zug nach Ungarn (1542) fing man an dort Gestüte anzulegen, wie damals auch polnische und russische Pferde nach Deutschland kamen. In England trat eine besondere Verbesserung der Pferdezucht unter Elisabeth ein und wird die erste Einführung arabischer Hengste und Stuten dem Grafen Leicester zugeschrieben. Als man anfing mit directer Einführung der früher nur aus spanischer Mischung erhaltenen Berberrassen die Kraftproben der Rennen zu verbinden, bildeten dann die Stammstuten Karl's II. (royal mares) den Grundstock der bis dahin in ihrer Entstehung zurückführbaren Vollblutrassen.

die Bildung des englischen Pferdes bereits geschichtlich oder doch halbgeschichtlich verfolgen lässt, gleich der der neueren Staaten unseres Erdtheils. Doch giebt uns die Liste der in Strabo*) als vorgriechische**) Einwanderer aufgeführten Völker, schon einige Aufklärung über die Elemente, die durch die Kraft des Hellenismus absorbirt wurden, und die älteste Geschichte Rom's wirft manche Streiflichter auf die Factoren***), die zur Gestaltung der römischen Nationalität zusammentraten. Unter unseren Augen sehen wir jetzt sich neue Nationalitäten in Kalifornien und Australien bilden, deren schon statistisch gesicherten Anfänge nach einigen Jahrhunderten die wichtigsten Schlüsse erlaube werden. Aus diesem Zusammenhange folgt von selbst, in welchem Verhältniss die Reinheit einer Rasse zu möglichen Mischungen steht. Eine edle Zuchtrasse, für deren Verwendung die bestmöglichen und bestverwendbaren Substrate herbeigezogen wurden, die als das edelste

---

*) Seine ethnologischen Notizen geben den Galliern eine kleinere Statur, als den Britten, sowie weissen Teint und blonde Haare, womit Ammianus übereinstimmt. Tacitus beschreibt die Caledonier als gross und rothhaarig, den Germanen ähnlich, die Siluren und westlichen Britten dagegen als dunkel und lockig oder (nach Jornandes) mit schwarzem Haar (nach ihrem iberischen Ursprung aus Spanien), während die südlichen Britten mit den gallischen Celten zusammenhängen. In Irland schreibt man die grossen Tumuli der Dolmen theils der blauäugigen und blonden Rasse der Tuatha-de-Danann (dem Göttergeschlecht von Danann) zu, theils den Firs-Bolg, denen die Neimhead (Alten oder Heiligen) voraufgingen (nach Martin).

**) Die halbgriechischen Stämme (im Verhältniss zu den Pelasgern als Kern der griechischen Nation) waren (nach Abel) die Mittelglieder zwischen Pelasgern und Phrygiern; Thraker, Dardaner, Leleger und Karer, Kaukonen, Lykier und Kiliker sind gleichsam die Stufen, die den allmähligen Uebergang zu den phrygischen Völkern bilden und durch die Mittelglieder der Teukrer, Maöner, Mysier endlich zu den Phrygiern selbst führen. Wenn Curtius sagt, dass die griechische Nation aus den fremdartigen Einwirkungen nur gleichartige Volkselemente bleibend aufgenommen hat, so ist das blos die ethische Ausdrucksweise für ein naturwissenschaftliches Gesetz.

***) Aus ligurischen, celtiberischen, gallischen, aquitanischen, belgischen, römischen, westgothischen, fränkischen und sonst germanischen Elementen hervorgegangen, kam die französische Nationalität mit den Capetingern zum Abschluss, aber noch die 813 abgehaltenen Provinzinal-Concilien mussten auf die Mehrsprachigkeit der Bevölkerung Rücksicht nehmen. Selbst in der Diöcese von Tours, im Herzen Frankreichs, wurden die Bischöfe beauftragt, die Homilien, damit sie allgemeiner verständlich seien, übersetzen zu lassen: en langue rustique romane et en langue théodisque oder (nach Otbert) auch langue francique (s. Gley). In England liegen die Materialien der Völker-Chemie noch deutlicher neben einander.

und vollendetste Product daraus hervorgegangen ist, kann jetzt, für künftighin, durch weitere Mischung mit untergeordneten Stufen nur wieder verlieren und muss dadurch degradirt werden, sie ist aber trotzdem und nichtsdestoweniger dennoch selbst nur ein Product verständig und gesetzmässig gekreuzter Mischung. Da nun aus zufälligen politischen Conjuncturen die heutzutage gerade am Meisten auffallenden Mischungen solche sind, wo hochcivilisirte Rassen sich in einzelnen Individuen mit tiefer stehenden verbinden, so weist man auf die Inferiorität des Zambo, des Mulatten, des Mestizen hin, um die degradirende Folgewirkung der Rassenmischung darzulegen, obwohl dies gegen das Princip*) eben so

---

*) Wie die Chemie auf die Grundstoffe, stützt sich die Ethnologie auf die Typen der Rassen, die innerhalb jedes Areals, wie Pflanzen und Thiere, so auch bei Menschen in gesetzlicher Wechselbeziehung mit den geographisch-physikalischen Verhältnissen ihrer Umgebung stehen und demgemäss den charakteristischen Typus ausgeprägt tragen. Jeder Schritt über diese Elementar-Reihe hinaus führt zu verwirrenden Trugschlüssen, die sich im schwindligen Cirkel herumdrehen und nichts erspriessliches zu Tage fördern können. Dieser Typus, als das nothwendige Product einwirkender Agentien, ist ein fest constanter und unveränderlicher, so lange die Berührungspunkte mit jenen in Permanenz verharren, unterliegt dagegen mit dem Fluctuiren derselben entsprechenden Modificationen. Plötzliche Veränderungen, die durch Erdrevolutionen in demselben Gebiete oder durch abruptes Versetzen in ein anderes, wie bei den durch Vögel und Strömungen fortgeführten Pflanzensaamen, eintreten können, müssen ertödtend wirken, wenn sie die Lebensfähigkeit des Organismus überwältigt haben, ehe derselbe für Acclimatisation Zeit gewonnen. Die durch ihren Willen frei bewegten Thiere werden sich aus dem natürlichen Instinkte des Selbsterhaltungstriebes nie weiter von ihrem Heimath-Districte entfernen, als es unbeschadet geschehen kann, also nur auf eine solche Entfernung, bis wohin ihre Constitution sich der neuen Aussenwelt noch direct zu adoptiren vermag. Um jedes Schöpfungscentrum zieht sich die Peripherie eines erlaubten Variationskreises, innerhalb welches das Thier, und auch der Mensch, beliebig seinen Wohnsitz verändern kann, ohne Nachtheil an der charakterischen Wesenheit seines Typus zu erleiden. Dabei mögen schon durchgreifende Veränderungen Statt finden, ohne dass das Band der Einheit" in der Central-Monas sich löst, ähnlich wie in chemischen Verbindungen Aequivalente eines Körpers nach ihren Gewichtsmenge andere Körper ersetzen. Wie aber zugleich in der Chemie die Körper sich nur nach Mischungsgewichten verbinden, so bleibt bei der Umwandlung ethnologischer Typen die Fortdauer der Lebensfähigkeit davon abhängig, ob die neu aufzunehmenden Bestandtheile mit den durch sie zu ersetzenden in den richtigen Proportionen stehen. Ist dies der Fall, so wird sich der äussere Habitus des Typus je nach der Menge des Ausgeschiedenen und Eingetretenen mehr oder weniger durchgreifend verändern und dennoch

wenig beweist, obwohl es sogar im Gegentheil das Princip ebenso schlagend bestätigt, als wenn ein mit einem Pariah-Hunde gepaartes Windden eigenen Schwerpunkt selbstständiger Existenz bewahren. Die Empfänglichkeit für fremde Reize stumpft sich indess mehr und mehr ab, und schliesslich hört mit der Reaction die Möglichkeit fernerer Veränderung auf. Der Typus oscillirt also innerhalb eines Kreises erlaubter Modificationen, unter denen er vielfache Abschattirungen durchlaufen mag, aber immer die Charaktereigenthümlichkeit seines Wesens bewahrt. Ein weiteres Moment tritt in der Kreuzung hervor durch das Zusammenführen typisch getrennter Individuen beider Geschlechter und das an den Eigenschaften der beiden Eltern participirende Product gewinnt zugleich einen selbstständig lebensfähigen Typus eigenthümlicher Existenz. Damit ist dann die erste Stufe einer fortlaufenden Entwickelungsreihe betreten, indem das typisch constituirte Dritte wieder andere Kreuzungen fruchtbarer Schöpfung in neue Folgen eingehen kann, und zuletzt auch, durch allmählige Uebergänge vorbereitet, mit jenen äussersten Extremen, die dem elterlichen Urpaar so feindlich gegenüberstanden, als dass eine vermittelnde Einigung hätte erzielt werden können. Obwohl deshalb jedem Typus sein fest bestimmter und ihm als solcher zukommender Character einwohnt, so ist doch bei richtiger Leitung kunstgemässer Züchtungen die Fülle möglicher Umwandlungen von unbestimmter Tragweite, aber da in den zu unserer Kenntniss gelangenden Fällen des praktischen Vorkommens, die Paarungen nicht mit sorgsamer Absicht ausgewählt, sondern durch das Spiel des Zufalls zusammengewürfelt werden, so darf es nicht Wunder nehmen, wenn wir die grössere Menge derselben fehlschlagen sehen, obwohl genügende Beispiele aus den Erfahrungen praktischer Landwirthe bekannt sind, um das Gesetz einer unter entsprechenden Verhältnissen durchgehends fruchtbaren Kreuzungsfähigkeit aufstellen zu dürfen. Wenn zu einem chemischen Element eine grössere Menge eines zweiten tritt, als zur Erzeugung der niedrigsten Verbindungsstufe beider gehört, so bleibt der Ueberschuss zunächst unverbunden, kann aber, bei weiterer Vermehrung, einen Punkt erreichen, von welchem auch die vergrösserte Menge des zweiten Elementes von dem ersteren völlig gebunden wird und mit ihm zu einer neuen eigenthümlichen Verbindung verschmilzt. Nach Nott kann sich keine Rasse an alle physischen oder medicinischen Klimate jemals ganz gewöhnen. In jedem abgeschlossenen Organismus muss die Verrückung eines Atoms den Bestand des Ganzen störend ändern und wird nur ertragen, soweit die übrigen Bestandtheile durch entsprechend compensirende Verrückung ein neues Gleichgewicht herstellen (nach Lotze). Jedes fremdartig aufgenommene Element, ob es aus der körperlichen oder der psychischen Seite her in den Menschen eintritt, wird also den Gesammtorganismus durch die Folgen der nöthigen Veränderungen influenziren, so lange sich innerhalb dieser der Typus zu erhalten vermag. Während aber die Trägheit der Materie schon bald den Reiz wirkungslos verlaufen lässt in gegenseitigen Abgleichungen, ehe noch accu-

spiel keine ebenbürtigen Junge werfen wird. Ein Rennpferd, in dem Godolphin's edles Blut*) rinnt, oder ein Rind, das seine Genealogie auf Hubback zurückführt, kann allerdings durch weitere Kreuzungen selbst nur sinken, wird aber seinerseits auf dieselbe verbessernd einwirken. Während dagegen die Rasse noch im Bildungsprocess begriffen ist, kann periodische und richtig geregelte Einträufelung einfachen Blutes**) häufig von Nutzen sein, worüber den Landwirthen Beispiele genug vorliegen. Im Gegensatz zu den klimatischen oder örtlichen Stämmen und Schlägen, tritt in der höheren Thierzucht die Rassenqualität vor der Individualität zurück, liegt das Bedingende der höheren Thierzucht in dem „Sieg der Individualität über die Rasse", bemerkt Nathusius, und in demselben Sinne würde das Ideal des Normalmenschen nicht in den zersplitterten Charakteren der Naturvölker zu suchen sein, sondern in dem nationalen Typus der an der Spitze der Entwickelung stehenden Culturstaaten.

Wie ein Thier mit der Anlage zu körperlichen Organen geboren werden mag, die sich erst allmählig aus dem mit auf die Welt gebrachten Keim entwickeln, so kann auch in seiner Organisation der Keim zu bestimmten Thätigkeitsäusserungen liegen, die sich dann später während

---

mulirende Wirkungen in weiterer Folge eingetreten sind, bildet das Psychische im Menschen die eindrucksfähige Handhabe, die stets für Aufnahme und Weiterverbreitung fertig, als mächtigster Hebel in der Rassenwandlung wirkt.

*) Die Rosse in Brunhildens Zucht (nach der Niflunga-Saga) wurden durch Studas alle einfarbig gehalten, grau oder falb oder braun. Von derselben Stute, wie Wielands Hengst Schimming und dessen allein mit ihm im Springen Stich haltender Bruder Rispa, ist Dietrichs von Bern guter Hengst Falke. In magyarischen und slavischen Mährchen kehrt vielfach der Zug wieder, dass der Held erst ein Pferd erwerben muss, das mit dem des feindlichen Zauberers aus gleicher Zucht entstammt, um diesem bei der Verfolgung entkommen zu können. Bernal Diaz del Castillo führt alle die Pferde, die Fernando Cortez in Cuba für seine Expedition einschiffte, ihrem Aussehen und Eigenschaften nach, sowie nach ihrer Abstammung aus spanischen Gestüten, namentlich auf.

**) Halbwilde Eber sind (nach Nathusius) aus der Kreuzung irgend welcher Rasse des Hausschweins mit einem wilden Schwein hervorgegangene Thiere und wird dies Verfahren oft bei verschiedenen Rassen angewendet, um eine Zucht, welche entweder durch eine zu starke Beimischung des Blutes südlicher Rassen oder auch durch Zucht einer zu nahen Familienverwandtschaft zu fein geworden (überbildet) war, wieder kräftiger und stärker von Constitution zu machen. Colling wagte es (trotz allgemeinen Gespottes) seinen werthvollen Kurzhorn Bolingbroke mit der Galloway-Kuh Johanna zu paaren und erzielte in der That die kostbare Kuh Lady (s. Youatt).

des Lebens (und gewöhnlich direct an die Lebensbedingungen geknüpft) in den sogenannten Instincthandlungen erfüllen. Die sonst in der Materie verkörperte Schöpfung der Phantasie gleicht dann ihre innewohnenden Kräfte durch Combinationsbewegungen aus. Ausser den bei der Geburt im Keime mitgebrachten Anlagen, mag das Thier (wie der Mensch) im Laufe seiner Entwickelung selbstständig neue Erwerbungen zufügen, sowohl im Körperlichen durch besondere Muskelübungen, wie auch im Geistigen, und dann werden im letzteren Falle die an solche von dem materiellen Substrate losgelösten Denkprocesse geknüpften Acte psychischer Natur sich mehr und mehr der Willkühr nähern.

Aus dem Ueberwiegen einer Reihe psychischer Associationsglieder wird die Handlung determinirt, die als Willenserscheinung hervortritt, und da psychische Elemente vorliegen, von dem Ursprunge der Empfindungen im Unbewussten an (bei der ersten Auslösung der nervösen Spannkräfte durch physische Reize) bis zur höchsten Klarheit des Selbstbewusstseins, so kann sich unter Umständen die gegenseitige Abwägung auf allen verschiedenen Stufenschichten vollziehen, und doch immer das Wählen eines freien Willens simuliren. Im eigenen Selbst erkennt dagegen der Mensch die Willensfreiheit nur dann an, wenn die Endglieder der Reihen durch erworbene Associationen (die die Störungen statt weiterer Fortpflanzung in der Breite ihrer Complicationen ausgleichen) gebildet werden, wogegen ihr Hinabreichen bis an die körperlichen Substrate den hervortretenden Wirkungen nach nur als Reflexbewegungen aufgefasst werden.

Das erste Denken verläuft in Sprachbildung*) und wären uns noch die Worthieroglyphen in den Bildern ihrer ursprünglichen Entstehung erhalten, so würden wir sie unmittelbar zur Characteristik der Menschenrassen verwenden können, wie die Früchte der Blumen zu denen der Pflanzen, an denen man sie cultivirt. Die Ohrhieroglyphen des Lautes durchlaufen indess dieselben Phasen wie die ocularen der Schrift, die Lautbilder gehen in demotische Zeichen über, in tönende Worte, die zur Darstellung der Gedanken dienen, aber nicht mehr selbst Gedanken bilden oder doch nur verwischte Reste derselben zurückbehalten. Im zweiten Stadium des Denkens, das auf dem ersten basirt und sich der in ihm gelieferten Hülfsmittel bedient, treten dann die Ahnungen des Wunderbaren hervor, wodurch sich das Religiöse die noch systemlos zer-

---

*) Der Mensch ist nur Mensch durch die Sprache, um aber die Sprache zu erfinden, musste er schon Mensch sein (Humboldt). Si les hommes ont eu besoin de la parôle pour apprendre à penser, ils ont eu besoin bien plus besoin encore de savoir penser pour trouver l'art de la parôle (Rosseau).

stückelte Weltanschauung zum runden Abschluss zu complementiren sucht. In ihnen haben wir ein wichtiges Moment der Classification, da sie überall den local nothwendigen Typus tragen werden, wie die Schädelbildung und die ganze Körperform des Nationalcharacters.*) Ein auf einem bestimmten geographischen Areal isolirtes Volk wird dort unter demselben Vorstellungskreis leben, wie es eine Gleichheit in der physicalischen Constitution zeigt, da auch mit anderen Charakteren Eingewanderte früher oder später (wenn nicht im anregenden Wechselverkehr mit fremden Nachbarn bleibend) dem Einflusse der Umgebungsbedingungen erliegen werden, sobald eine hinlängliche Zeit darüber hingeht. Durch barokke Phantasierichtung können Einzelnheiten künstlicher Entstellung vorkommen, in den Religionsfiguren sowohl wie in dem Schädel durch Abplattung, doch wird auch dann die Normalgestalt erkennbar bleiben, dagegen verdient höchste Beachtung bei Statt habendem Verkehr, in welcher Weise der geistige Austausch stattfindet, ob die exotischen Ideen selbstständig auf dem Einheimischen fortwachsen, ob sie das Landesübliche überwuchern, ob sie sich mit ihnen kreuzen oder ob sie nach der Einführung in den schon vorhandenen untergehen und ihre Stämme noch vielleicht in späteren Generationen dort wieder hervorschiessen. Indem in diesem Wogenschwall umhergeworfene Ideen älterer Religionskreise zertrümmert werden, so malen sich die romantischen Reste derselben mit dem Farbengrund mythologischer Vorstellungen aus, die bei oberflächlicher Betrachtung durch ihren grellen Schein zu blenden pflegen und den religiösen Kern, auf den es allein ankommt, in den Hintergrund schieben. Mit diesem mögen sich wieder die Lehren einer Offenbarungsreligion verbinden, die durch Apostel eingeführt wurde, und das Verständniss derselben wird sich in desto zahlreicheren Schichten innerhalb der Gesellschaft vertheilen, je mannigfacher die Stände ihrer Bildung nach in derselben zergliedert sind. Das Hauptaugenmerk muss stets auf das ursprünglich Volksthümliche gerichtet sein, da, wenn dieses richtig erkannt ist, sich die Entwickelung des Folgenden nach bestimmten Gesetzen vorausberechnen lässt, und sind neuerdings durch die mit Vor-

---

*) Von Napoleons Scharfblick für menschliche Individualitäten bemerkt Marmont: das Bedürfniss der Selbsterhaltung, das sich von Jugend auf geltend macht, entwickelt in dieser Beziehung in dem Menschen ein besonderes Genie; ein Franzose, ein Deutscher, ein Engländer werden, bei sonst gleicher Begabung, in dieser Hinsicht jederzeit einem Corsen, Albanesen und Griechen nachstehen und man darf ausserdem die Phantasie, den lebhaften Geist und die angeborene Verschlagenheit hierfür in Anschlag bringen, die dem Südländer eigen ist.

liebe behandelten Sagensammlungen dafür manche Vorarbeiten geschehen, während die meisten Parcellen des psychologischen Untersuchungsfeldes noch völlig brach liegen. Die erste Aufgabe würde sein, von den bei allen Völkern gleichartig wiederkehrenden Ideen ein Verzeichniss aufzustellen und bei Seite zu legen, da sie keine Comparationsgrade abgeben können. Dann muss in den bunten Wandlungen der mythologischen*) Phantasien das feste Gerüst, woran sie lehnen, gesucht und herausgehoben werden, da man in demselben meist die Reliquien aechter Religiosität entdecken wird. Diese treten um so deutlicher zu Tage, wenn die Einführung einer Proselyten machenden Religion das leichte Flitterwerk der Mythologie weggefegt und so den Boden wieder besser für das Hervortreiben naturwüchsiger Producte geebnet hat. Besonders lehrreich ist es, wenn man zwei oder mehrere Länder vor sich hat, wo dasselbe Dogma gepredigt wurde, indem man dann dieses nur auf beiden Seiten zu subtrahiren hat, um eines volksthümlichen Restes sicher zu sein, der sich sogleich unmittelbar für vergleichende Abwägungen eignet.

Wann und unter welchen Umständen das Naturvolk**) sich von dem

---

*) Obgleich für eine vergleichende Psychologie nur wenig verwerthbar, sind die Dienste, die die vergleichende Mythologie der Sprachvergleichung liefert, um so schätzbarer, da sie meist, als secundäre Geistesprodukte, in eine Zeitperiode fallen, wo weitreichende Völkerverbindungen eingeleitet sind und in ihnen nachgewiesen werden können, (was dann wieder der Ethnologie zu Gute kommt.)

**) Die natürlichen Rassen (der Hausthiere) sind unter bestimmten Modalitäten nach zoologischen Kennzeichen zu umschreiben, wogegen die Cultur-Rassen im Allgemeinen nicht durch zoologische Kennzeichen allein, sondern vielmehr durch physiologische Kennzeichen zu characterisiren sind. Es handelt sich bei ihnen um Eigenschaften, welche volkswirthschaftliche Bedeutung haben und welche nicht nothwendig mit zoologischen Kennzeichen parallel gehen. Es kann z. B. Milcherzeugung bei verschiedenen relativen Skelettdimensionen und verschiedener Gestaltung der äusserlichen Gliedmassen, bei verschiedener Formbildung u. s. w. in gleichem Maasse wirthschaftlich bedeutend sein, Vollqualität ist nicht nothwendig abhängig von Schädelform, Formgestaltung u. s. w., Leistungsfähigkeit des Pferdes ist nicht bedingt durch Schädelform der arabischen Rasse (Nathusius). Die Zucht der Cultur-Rassen setzt sich das Ziel, unter möglichst geringem Aufwand von Futter (im Culturzustande nicht mehr eine freie Gabe der Natur, sondern ein mit Kraftaufwand zu beschaffendes Mittel) zu anderen Zwecken die möglichst hohe Leistung des Thieres für seinen bestimmten Zweck zu erreichen. Nach Meyer ist die historische Periode zu kurz, um über die Frage ursprünglicher Einheit oder Verschiedenheit der Schädelformen an den Menschenrassen zu entscheiden. Der Begriff der Art beruht überall, wo wir ihn

unmittelbaren Zusammenhange mit seiner Umgebung löst und eine höhere Stufe der Civilisation betritt, wird von den geschichtlichen Entwickelungsvorgängen abhängen. Oft kann für die Religion der Naturzustand fortdauern, das Volk noch innerhalb der natürlichen Religion verbleiben, nachdem schon lange die Wissenschaft einzelne ihrer Forschungszweige zu hoher Vollendung gebracht haben mag. Die Religion der Griechen ist nie über den Standpunkt einer Natur-Religion hinausgekommen. Nur wurde, weil das philosophische Denken schon früh bei ihnen erwachte, durch das Verschieben der richtigen Proportionen die religiöse Gebundenheit bei ihnen gelockert und die Götter verwandelten sich in schwankende Mythengestaltungen, die dann wieder den reichsten Stoff für poetische Kunstschöpfungen abgaben. Da der Religion ihr gewichtigster Inhalt durch die sophistischen Schulen entzogen war, so konnte sie bei den Griechen nicht den nächsten Schritt zur Aufstellung eines ethischen Systems thun, das den weitergebildeten Gesellschaftszuständen genügt hätte. Es war ihr nur ein leeres Fachgerüste geblieben, auf dessen Bühne eine Zeitlang mythologische Spiele gefeiert worden, das aber geräumt werden musste, sobald, vom Religions-Eifer getrieben, die Sendboten einer aus der Fremde eingeführten Religion sich als Besitzer proclamirt hatten. Auch in Rom war die Religion einer selbstständigen Fortentwickelung beraubt. Die Interessen eines geschäftigen und vielbewegten Staatslebens, das von seinem Forum aus die Länder des Orbis terrarum zu regieren hatte, erschollen zu mächtig und laut, als dass sich die Stimme eines Propheten in der Wüste hätte verneh-

---

bilden, auf der Thatsache, dass in allem Wechsel der Erscheinungen die typische Gleichheit der Naturwesen sich erhält, bemerkt Waitz, der die Bedeutung des Artbegriffs (als Constanz des Complexes der in der Natur regelmässig zusammen vorkommenden Merkmale) für organische und anorganische Wesen ganz dieselbe findet (abgesehen von dem grossen Spielraum bei jenen). Jede Körperform ist das Product einer eigenthümlichen und gleichzeitig auch das Product der, den Familien, sowie der Nation und der Rasse angehörigen, Gefässthätigkeitsweise (Hoppe). Man wird finden, dass die Menschen in physischer und moralischer Beziehung mit der natürlichen Beschaffenheit des Landes, welches sie bewohnen, übereinstimmen (Hippocrates). Die Menschen sind jetzt überall dem Boden angeartet, d. h. es sind in jedem Himmelsstriche gewisse, in der ursprünglichen Stammgattung enthaltene und vorgebildete Keime entwickelt, andere aber so unterdrückt worden, dass sie ganz vernichtet erschienen. Daher ist die Menschengestalt jetzt überall mit Local-Modificationen behaftet und die eigentlich ursprüngliche Stammbildung des Menschen (dessen Urstamm der weisse brünette Mensch am nächsten käme) scheine erloschen, meint Girtanner.

men lassen. Erst als der durch das Aufsetzen eines Kaiserthrones überladene Bau in seinen morschen Pfeilern zusammenzubrechen anfing, konnten auf den Trümmern vergangener Grösse die Dome einer neuen Religion errichtet werden. Soweit uns ein Ueberblick über die Weltgeschichte möglich ist, hat das Menschengeschlecht nur zweimal, vielleicht nur einmal, die natürliche Religion zur reinen Ethik weitergebildet, einmal im semitischen Monotheismus und dann im Budhaismus, neben welchen nur noch die Reform Quetzalcoal's in Mexico zu nennen sein möchte. Der persische Dualismus trägt neben dem religiösen einen politischen Charakter, die altägyptische Religion war auf priesterlichen Geheimdienst beschränkt, und Brahmanismus ist nur ein Collectivname für eine Menge ungleichartiger Secten. Unter ihnen finden sich viele Offenbarungsverkünder, wie auch in den Heterodoxien des Islam und Christenthums falsche Prediger mit solchen Prätensionen aufgetreten sind, ohne (über ihren ephemeren Anhang hinaus) historische Bedeutung gewonnen zu haben.

Die Mythologien bauen sich als ein buntes Roccoco auf, das je nach den Bedürfnissen Götter zufügt oder Ceremonien von Aussen aufnimmt, aber allmählig wieder die im Mikrokosmos zusammenströmenden Eindrücke nach dem innewohnenden Streben der Reflexions-Gesetze zum Causalnexus verknüpft und in gegenseitige Gleichungen setzt. Bald ist das System fertig, das ab ovo mit der Schöpfung beginnt und den jüngsten Tag des Unterganges prophetisch vorhersieht. Unser in Raum und Zeit erwachsenes Denken sucht stets in seinen logischen Operationen nach einem ersten Anfange, nach einem letzten Ende, um sich mittelst dieser festen Ansatzpunkte in den Erscheinungen des materiellen Bestehens zu orientiren. Da innerhalb des räumlich umschriebenen Horizontes alle Processe der Aussenwelt, die zu dem Mikrokosmos in verständliche Beziehung treten, die zeitlichen Stadien des Entstehens, der Blüthe und des Vergehens unterscheiden lassen, so lag die Schlussfolgerung nahe, dieselben Zustände auch auf das absolute Sein zu übertragen, nachdem sich der Geist zu höherer Meditation aufgeschwungen hatte. Auch schien es seinem anfangs noch ungeübten Auge nicht schwer, die gewünschte Befriedigung zu erlangen. Wenn es zurückschaute in die Saecula Saeculorum vergangener Vorzeit, so schwamm ihm die verschwindende Perspective wie im Flor wogender Schichtungen zusammen, die sich desto dichter ballten, je weiter die Sehstrahlen vorzudringen suchten, die zuletzt in der äussersten Ferne als geschlossener Wolkenwall dastanden, und, wie dem Seefahrer auf hohem Meere, die optische Täuschung eines Festlandes wiederholten. Und wenn nun das Auge länger auf diesem Nebel ruhte, wenn es an seinen wechselnden

Wandlungen umherspähte, wenn es fragend und zweifelnd sich in seine
Tiefen versenkte, dann sah es allmählig gigantische und mächtige Gestaltungen aus demselben hervortreten, schwankende Formen, als die
leuchtenden Reflexe dessen, was in dem Dunkel des eigenen Seelenlebens
gährte. Bald verklärten sie sich zu erhabenen Erscheinungen, standen
sie da, als Götter, als die Götter, die sich der Mensch geschaffen. Und
jetzt war die angestrebte Harmonie des Gleichgewichtes hergestellt, der
gesuchte Anfang gefunden. In jenen Göttern, die ihm so plötzlich und
unerwartet aus dem unbekannten Jenseits entgegengetreten waren, beantworteten sich die im Gemüthe angeregten Zweifel. Sie waren die Schöpfer,
die die Welt gebildet hatten, und so wurde auch das absolute Sein des
Alls auf dieselben Formeln reducirt, die man im Zeitlichen und Räumlichen als gültig erkannt hatte. In jenen Formen, die sich am Horizonte
abzeichneten, war der erste Anfang gefunden, und da der runde Kreis
des Horizontes in sich selbst zurücklief, mit dem Anfang auch das Ende.
Aus der Gottheit war die Welt hervorgegangen, in die Gottheit kehrt beim
Untergange sie zurück. Dies war das Resultat der primitiven Weltanschauung, die sich dann je nach den reicheren oder ärmeren Mitteln
ihrer Phantasie die Schöpfungssagen in buntester Mannigfaltigkeit zurechtlegt. Zwar hat es in allen Perioden hervorragende Denker gegeben, die über die Realität des mythologischen Gesichtskreises ihre
Zweifel erhoben, und deren mit den scharf geschliffenen Gläsern der
Speculation bewaffneten Augen den subjectiven Ursprung der trügerischen
Phantasmagorien erkannten, aber auch sie, wenn nach dem negirenden
Zerstören zum eigenen Aufbau fortschreitend, konnten sich von der angeerbten Gewohnheit nicht losreissen, und verfielen sogleich wieder in
die Grundfehler, einen Anfang und ein Ende zu setzen. Bald nahmen
sie das Wasser als ersten Ursprung der Dinge, bald das Feuer, bald
die Atome oder Monaden, bald das männliche und weibliche Princip im
Yin und Yang, bald den Geist, den Logos, das denkende Brahma,
bald das Chaos oder das Schweigen des Urgrunds. Mit alledem war
nicht viel gewonnen und oftmals kaum ein Fortschritt über die traditionellen Mythen gethan, denn auch diese bleiben nicht immer bei den
grobsinnlichen Vorstellungen eines persönlichen Schöpfers stehen, der den
Menschen auf der Töpferscheibe drehte. Auch sie schon hatten manche
tiefsinnigen Dichtungen über den in Himmel und Erde manifestirten
Gegensatz, über die primitiven in der Materie gährenden Kräfte, über
den ordnenden Eros, über das mystische Ei und die Erzeugnisse der
Urgottheit aufgestellt. Die Schwierigkeit blieb stets dieselbe, denn so
lange ein Anfang statuirt ist, bleibt die Frage nach dem Anfange des
Anfangs, nach dem Ende des Endes. Die Priesterweisheit war freilich

nicht in Verlegenheit, auf alle solche Fragen, und noch tausend andere, stets eine fertige Antwort zu finden. Worauf ruht die Erde? meint zweifelnd der Indier. „Sie ist von Elephanten getragen", wird ihm berichtet. „Und diese Elephanten?" „stehen auf einer Schildkröte"! und „die Schildkröte?" „schwimmt auf dem Wasser"! und „das Wasser?" „wird von Wirbelwinden aufrecht gehalten"! und „die Winde"? „wehen im Aether — und dieser Aether füllt die Tiefen des Abgrundes, wo für Zweifler und ungestüme Quälgeister eine besonders heisse Hölle geheizt steht". Trotz gelegentlicher Einrisse erhielt sich der Bann des Anthropomorphismus durch alle Phasen der Völkergeschichte hindurch, und er wurde erst erfolgreich untergraben und zertrümmert, als das copernicanische System unsere Erde aus dem Centrum heraushob und als wandelnden Trabanten in einen Nebenwinkel unter den Myriaden des Sternenheeres versetzte. Zwar ist die Zeit noch ferne, wo alle die so lange getragenen Fesseln gesprengt sein werden, der dicke Qualm, der Jahrtausende hindurch auf unserer Atmosphäre gelastet, hat seit dem neuen Umschwunge der letzten drei Jahrhunderte noch nicht genügende Zeit gehabt, sich völlig aufzulösen, aber schon beginnt er zu verwehen und schon klärt sich das Firmament, wo die neue Dämmerung tagen wird.

In der Mythologie der Völker spielt die schaffende Phantasie, Idealbilder dessen projicirend, was in den Tiefen des Gemüthes zur Erscheinung drängt. Im heiteren Glanze strahlte dem Hellenen des Olympos Götterhimmel, heiter und glänzend gleich der eigenen Atmosphäre seines sonnigen Landes. Im Hain grüsst ihn die Dryade, am Quell die Nymphe, und des Nereus, des schilfumkränzten Meergreises, liebliche Töchter umspielen den Kiel des Schiffes, das die grüne Fluth durchfurcht. Der Scandinave auf felsiger Einöde sieht die riesigen Hrymthursen in den Wolkenformen seines trüben Himmel's, er hört Waffengeklirr an Walhalla's Tafelrunde, er findet im Bache den tückischen Nix, in der Berghöhle den zauberkundigen Zwerg, ihm fährt der Donnerer auf rasselndem Wagen und der Sturmgott reitet auf der brandenden Woge, die sich im Ungewitter um den Bug des Schiffes thürmt. In Indiens üppiger Tropennatur wuchern auch die Götter in monströsen Gebilden, siebenköpfig, achthändig schweben sie empor, mit Elephantenrüsseln, mit Eberzähnen, mit Affenschwänzen entstellt, tragen sie den gläubigen Verehrer nach Kailasa in das Reich seeliger Freuden ein. Polynesiens Götter durchschiffen den weiten Ocean auf magischem Canoe, von Bolotu kommen sie, der Insel der Seeligen, wo das Paradies der Abgeschiedenen wartet, sie ziehen hin nach Tonga-tabu, ihre Unsterblichkeit durch den Genuss irdischer Früchte zu verlieren um als Vorfahren des Menschengeschlechts zu verbleiben. Gespenstisch huschen die Geister der Schamanen durch die Schneegestöber Sibiriens, fratzenhafte Fetische schauen aus dem dichten Laub der Wälder Afrikas, in fest geordneten Rangstufen wiederholt der chinesische Götterstaat den Hof des Himmelssohnes auf Erden. So zeigen überall die Mythologien ein Abbild derjenigen Umgebung, unter der die historischen Geschicke eines Volkes verliefen und unter deren Einflüssen das Denken zum Bewusstsein erwachte. Mit dieser Selbsterkenntniss löst sich die bisherige Gebundenheit des Geistes und die freigewordenen Gebiete des Glaubens können jetzt die poetische Ausmalung der Mythologen empfangen. Ehe der Riss des Subjectiven und Objectiven eingetreten ist, steht das Volk noch auf dem Zustande der Natur-Religion, die als unmittelbarer Reflex das Seelenleben spiegelt, und so in klaren Bildern objectiv anschauen lässt, was sich auf dem dunkeln Grunde subjectiven Ahnen's der Beobachtung entziehen würde.

Das Schicksal, das die Mythen*) in den Händen ihrer Bearbeiter erfahren haben, ist ein sehr verschiedenes gewesen; bald wurden sie als der Urquell tiefsinniger Weisheit gepriesen, bald glaubte man historische Documente höchster Bedeutung an ihnen zu besitzen, wie sie Euhemerus auf der Insel Panchaea entdeckt haben wollte, bald wieder schob man sie verächtlich bei Seite, als kindische Narrenspossen. So wenig indess eine verständige Betrachtungsweise erwarten wird, in den Erzeugnissen der frühen Jugendzeit vollkommenere Einblicke in das Wesen der Dinge zu finden, als sie das gereifte Alter der Menschheit zu liefern

---

*) Die Vorliebe, die man lange hatte, in Aehnlichkeiten stets eine Uebertragung vorauszusetzen, beruhte in der Hauptsache auf einer Verwechselung des religiösen Elementes mit den Mythologien. Jenes ist stets ein eingeborenes Produkt des Menschengeistes und lässt unter dem schwachen Hauch der localen Färbung, der nur auf der Oberfläche schwebt, leicht die innere Identität durchblicken. Die Mythologien dagegen werden unter den wechselnden Eindrücken eines vielbewegten Culturleben's gebildet, sie theilen sich rasch mit, und werden nach der Aufnahme ebenso rasch von dem Empfänger verändert, so dass oft nur eine in der Fremde unverständlich gewordene Namensform, gleich einem zerfallenen Monumente, von der ursprünglichen Herkunft zeugt. Das eigentlich Religiöse widerstrebt einer Verbreitung durch mittheilende Uebertragung aus doppeltem Grunde, einmal weil es, als aus nationalem Boden entsprossen, nur den nationalen Bedürfnissen zu allseitiger und voller Deckung dienen kann, und dann, weil sich überall eine principielle Opposition seiner Annahme entgegenstellt, so dass das Feld für Einführung einer neuen Religion immer erst durch eine regenerirende Umwälzung im Geistesleben umbrochen und vorbereitet sein muss. In ihrer natürlichen Umgebung dagegen durchlaufen die religiösen Vorstellungen einen gesetzlich bestimmten Cyclus, von den Grundstoffen zu zusammengesetzten Radikalen aufsteigend.

vermöchte, so wenig eine exacte Geschichtsforschung, die ihre Chroniken mit prüfender Vorsicht bis auf die letzten Decimalen berechnet, den daraus gewonnenen Resultaten traditionelle Data an die Seite setzen darf, die unbestimmt zwischen Jahrhundert und Jahrtausenden umherfahren, ebensowenig ist man andrerseits berechtigt, eine naturwüchsige Schöpfung des menschlichen Geistes gering zu achten, weil sie klein und arm erscheint, denn das nur mikroskopisch Erkennbare hat in der genetischen Wissenschaft eine ebenso hohe, nicht selten eine weit höhere Bedeutung, als das dem Auge Sichtbare. Socrates meint im Phädrus keine Zeit für symbolische Mythen-Erklärungen übrig zu haben, da noch die Erwerbung der richtigen Menschenkenntniss seine Aufmerksamkeit verlange, und ebenso richtig urtheilt auf dem damaligen Standpunkt Confucius, wenn er seinen über die Götter befragenden Schülern räth, sich nicht um den Himmel zu kümmern, so lange noch auf der Erde genug für sie zu thun sei. Wortspielende Symbolik musste als nutzlose Tändelei erscheinen, wenn es galt, die ewigen Wahrheiten des Kalon Kagathon zu erschauen und astrologische Phantastereien konnten keine Anziehung besitzen für den chinesischen Weisen, der die practischen Anforderungen eines beglückenden Staats- und Familienlebens auf eine sichere Basis zu stellen strebte. Aber in einer psychologischen Betrachtungsweise der Mythen sprudelt ein Quell lebendigen Wasser's, aus dem Socrates die gewünschte Menschenkenntniss hätte schöpfen können und Confucius die Grundsätze des gesellschaftlichen Beisammenlebens. Und doch ist gerade diese Erklärungsweise immer vernachlässigt geblieben, während schon in alten Zeiten Versuche zu künstlicher Deutung der Mythen gemacht wurden. Anaxagoras und Metrodorus meinten, dass in den homerischen Epen physikalische Vorgänge gesucht werden müssten, dass in vielen der Erzählungen ein moralischer Sinn versteckt läge und in ähnlicher Weise wollte in Indien Dugaçarya's Commentar die vedische Beschreibung von Indras Kampf mit Vritra erklären, während Xenophanes Homer und Hesiod zu Schöpfern der Mythologien machte und auch Euripides ihre Erfindung den Dichtern zuschreibt. In neuerer Zeit waren es besonders die astronomischen Erklärungsweisen, die grossen Anklang fanden, seit Dupuis alle Religionen auf den Sonnen-Umlauf und den Cultus dieses Himmelskörpers zurückgeführt hatte; Creuzer vertrat die mystisch-symbolische Methode, Forchhammer die meteorologische, Bernhardy die physikalische und andere Mythologen eine geologische, teleologische oder philosophische, allegorische, etymologische. In allen diesen Systemen wurde der Fehler begangen, von dem Standpunkt eines fortgeschrittenen Wissens, einer höheren Bildungsstufe, auf die primitiven Erzeugnisse des Menschengeistes zurückzublicken, um die Denkoperationen eines späteren Entwicklungsstadium's in sie hinein zu tragen und den vorgefundenen Bildern einzuzwängen. Um die Mythen richtig zu verstehen, muss der umgekehrte Weg eingeschlagen werden. Statt herauszugrübeln, was wir nach unserer jetzigen Weltanschauung unter den überlieferten Symbolen gedacht haben möchten, müssen wir uns zu verstehen bemühen, was auf der Stufe einfachster Naturanschauung unter ihnen wirklich gedacht sein kann. Wir müssen uns auf den psychologischen Standpunkt stellen und den Gedankengang der Naturvölker mit ihnen durchleben. Statt ein abgerissenes Flickwerk unverständlicher und scheinbar sinnloser Träumereien vor uns zu sehen, finden wir uns plötzlich inmitten neuer, eigenthümlich und specifisch durchgebildeter Ideenkreise versetzt, die zwar in engerem und beschränkterem Cyclus als dem unsrigen verlaufen, die aber überall eine logische Verknüpfung hindurchblicken lassen und sorgfältig in einander verarbeitet sind. Wir entdecken neue Welttheile auf dem Gebiete des geistigen Reiches, wir landen an neuen, bisher unbekannten Küsten, deren Productionen uns durch die Fülle und Mannichfaltigkeit ihrer zwar oft barocken, aber immer characteristisch und typisch ausgeprägten Bildungen überraschen. Der Werth dieser Entdeckungen für das Studium der Psychologie kann nicht hoch genug geschätzt werden. Mit ihnen ist ihr das Desideratum geliefert, dessen sie bedurfte, um in die sichere Bahn der naturwissenschaftlichen Forschungsmethode einzulenken, mit ihnen gewinnt sie die Vergleichung, die breite Basis der Erfahrung, der Thatsachen. Nichts ist trügerischer, als der Analogienschluss, so lange er isolirt steht, und aus unzugänglichen Materialien gezogen wird, aber der Analogienschluss, dem eine genügende Masse der Facta zu Gebote steht, für wiederholte Prüfung und gegenseitige Controle, ist die sicherste Basis des inductiven Wissens. Der Analogienschluss ist trügerisch, wenn auf unzugängliche Daten begründet, (wie alle Statistik); kann dagegen der Chemiker einen Körper nicht nur nach einigen, sondern nach allen seinen Eigenschaften prüfen, dann vermag er ihn fest und bestimmt einzureihen, und so bildet den Wendepunkt für die Sicherheit des Analogienbeweises in der ethnologischen Psychologie der jetzige Ueberblick des ganzen Erdballs. Während wir bisher die Entwickelungs-Geschichte des Menschengeistes nur innerhalb des einen Civilisation-Areals verfolgen konnten, das die indoeuropäischen Völker und ihre Zwillingsbrüder, die Semiten begreift, öffnen sich uns jetzt nach allen Seiten weite Perspectiven in die verschiedensten Culturkreise, die um so wichtigere Aufschlüsse versprechen, weil sie sich unabhängig und abgeschlossen von dem unsrigen ausgebildet haben, weil sie nicht durch Kreuzungen gemischt, desto reinere Data zu vergleichender Controle liefern werden. Diese Culturkreise erscheinen allerdings vielfach unter derjenigen Form, die wir in unserer Vorstellung als die religiöse bezeichnen würden, aber in den frühern Stadien des menschlichen Denkens ist der Bruch zwischen Religion und Philosophie noch nicht eingetreten, bildet noch die Religion die normale Welt-Anschauung, die allein den Horizont erfüllt.

Als der unmittelbare Reflex des Seelenlebens im unbewussten Schaffen, wird uns die Religion der Naturvölker die einfachsten Elementarstoffe der Psyche enthüllen, die als solche jedem Denken zu Grunde liegen müssen. Erst nachdem er den Gedanken des Naturmenschen verstanden hat, wird der Psychologe das Rüstzeug besitzen, die complicirten Denkgebäude zu analysiren, wie sie aus dem Mechanismus verfeinerter Civilisation durchgebildet wurden. Die Räthsel des Seins und Werdens, die grossen Fragen über Leben und Welt, sie stehen noch heute so ungelöst, wie in allen Zeitläuften ferner und naher Tage, in denen sie die Menschenbrust bewegten und ängstigten. Je weiter die Wissenschaft in Erkenntniss der Welt fortschreitet, desto dunkler und unbegreiflicher wird scheinbar der Begriff derselben. In der engen Behausung des Naturmenschen, in der von einem festen Firmament umgrenzten Erdscheibe mochte es noch eher sich möglich erweisen, Anknüpfungspunkte für die Gedankenreihen zu finden, um aus den constanten Figuren eine Beantwortung herauszulesen, aber in unserem ewigen Kosmos der Unendlichkeit bleibt uns auf dem kreisenden Weltenballe kein anderes Gleichgewicht, als der Mittelpunkt des eigenen Auges. Wer dann aber hier den festen Ansatz des Objectiven erlangt zu haben glaubt, den umtönt es, aus der Subjectivität des Innern herüberschallend, mit dunkeldeutigen Orakelsprüchen, deren Sinn sich in immer künstlicheren Schlingen zum Knoten verschürzt, je mehr seine Entwirrung versucht wird. An seine eigene Wesenheit herantretend, versinkt der Denker in eine wundersame Zauberwelt, aus deren dunklem Hintergrunde phantastische Traumgestalten auftauchen, die mit bekannten Winken grüssen, aber beim Nähertreten verschwinden. Aus der Tiefe unseres Daseins hallen mystische Klänge zu uns herüber, deren Melodien wir schon einmal gehört zu haben glauben, die aber verschollen sind, ehe es dem Ohre gelingt, sie in harmonischen Gesetzen aufzufassen. Aus geheimnissvollem Ursprung entquollen, wallt das Leben in geheimnissvollem Schaffen hin, bis es in das Geheimniss des Todes verrinnt. Die Schwierigkeiten häufen sich, je weiter wir vordringen in die labyrinthische Werkstatt des Geistes, aus der, wie unsere jetzigen Culturen, so einst die Natur-Religionen hervorgegangen sind, und es kann nur willkommen sein, wenn auf solchen Irrgängen die vergleichende Ethnologie, als neuerer Pfadfinder, ihre Hülfe anbietet und zur Umschau nach dem psychologischen Standpunkt leitet. Durch seine Vernachlässigung ist uns im Laufe der Zeit das Verständniss des mythologischen Sinnes ganz und gar entschwunden, da die Mythologien den directen Abdruck des Naturzustandes darstellen, der durch die in geometrischen Progressionen forteilende Civilisation schon längst in weiter Ferne zurückgelassen ist. Wenn wir jetzt aus unserer anerzogenen Geistesverfassung und mit den metaphysischen Denkoperationen, die zur zweiten Gewohnheit geworden sind, zu jenen ersten Anfängen zurückkehren, die in geschichtlicher Vorzeit die ganze Höhenbreite der Gesellschaft und noch jetzt die grosse Masse des Volkes characterisiren, so wird das aus den erhellten Gipfeln herabgeworfene Licht ein Wirrsal täuschender und falscher Schlagschatten in der Tiefe herumbewegen, in denen die deutlichen Umrisse des wirklich vorhandenen Materials völlig überdeckt bleiben. In früherer Zeit war man denn leicht verleitet, das ganze Gestein, dem $\pi\lambda\tilde{\eta}\vartheta o \varsigma\ \tau\grave{o}\ \varphi\alpha\upsilon\lambda\acute{o}\tau\varepsilon\rho o\nu$ angehörig, als nutzlose Schlacke zu verwerfen, und auch jetzt scheint Vielen der armselige Ertrag kaum der Mühe des Hebens zu verlohnen. Wollen wir aber ergiebig die dortigen Minen anschlagen, in denen manches kostbare Metall eingeadert liegt, dann genügte es nicht, aus stolzer Höhe hinabzublicken und etwa hergereichte Körner zierlich aufzuputzen, um sie dem gerade beliebten Geschmack der Tagesmode mundgerecht zu machen, dann heisst es selbst hinabsteigen in den Schacht und mit dem Lampenlicht umherzuspähen, wo hier und da ein edles Erz aus dem Schutt und Moder hingeschwundener Aeone hervorblickt, um dann dem Streichen nachzugehen und seine Ausdehnung zu erkennen. Wenn wir die primitiven Mythologien mit den Gewichten unserer Cultur abwägen wollten, müssten sie zu leicht befunden werden, unsere Massstäbe würden kaum fein genug getheilt sein, ihre Kleinheit zu messen, aber das mikroskopisch Kleine hat oft genug eine ebenso hohe, nicht selten eine höhere Bedeutung für die Wissenschaft gehabt, als das dem Auge Grosse. Wenn wir die spärlich gelieferten Beiträge mit den zusammengesetzten Maschinen und Instrumenten verarbeiten wollen, wie sie sich für die Bewältigung der Aufgaben in unseren hoch complicirten Denkgebäuden nöthig gemacht haben, so mögen sich allerlei sonderbare Fabrikate zusammenhämmern lassen, aber von dem ursprünglichen Grundstoff wird nichts mehr darin zu erkennen sein, und vielleicht ist er selbst durch gewaltsame Legirungen für die Zukunft unwiederbringlich verloren gegangen. Wer das Volk verstehen[*])

---

[*]) Erkenntniss seines Selbst schliesst Gottes Erkenntniss in sich (Sebastian Frank).

will, muss volksthümlich denken und nur demjenigen wird die Erkenntniss des mythologischen Ideenkreises aufgehen, der Selbstentäusserung genug besitzt, temporär zu dem Niveau der Naturvölker zurückzukehren, die ihn hervorgerufen. Dazu bedarf es einer psychologischen Ascese, die keine leichte ist und kaum jemals genügend geübt wird. Wir müssen, diesem Studium gewidmet, all' dem Pomp und Glanz unserer erhabenen Ideale entsagen, wir dürfen uns weder von den Reizen der Kunst, noch von den Lockungen der Dichtung zu Abschweifungen verführen lassen, wir müssen jeden einzelnen Gedanken, schroff und roh, wie er aus dem sinnlich Thierischen an der Schwelle des Unbewussten entsprang, in die Hände nehmen, ihn sorgsam von allen Seiten betrachten, ihn prüfen und wieder prüfen, und uns weder durch seine Rauhheit, weder durch die flache Jämmerlichkeit seines Aussehens, noch durch etwaige Gemeinheit und Niedrigkeit abschrecken lassen, ihn gründlich zu erforschen und nach jeder seiner Bezeichnungen qualitativ und quantitativ zu analysiren. Sollte sich hierfür eine hinlängliche Zahl aufopferungsbereiter Mitarbeiter finden, so wird vielleicht der kommenden Generation dasselbe möglich werden, was in der Chemie schon der vorhergehenden gelungen ist, nämlich: eine genau erforschte Spannungsweise psychologischer Grund-Elemente aufzustellen, um damit zum ersten Male eine feste Basis für eine naturwissenschaftliche Psychologie zu legen, die trotz ihrer vielseitigen Behandlungsweise eine solche noch immer nicht gefunden hat. Von diesen elementaren Grundlagen aus können wir dann, vom Einfachen vorsichtig zum Zusammengesetzten fortschreitend, allmählig den Gedankenbau der Menschheit in seinen doppelten und dreifachen Verbindungen aufführen, und so zu der jetzigen Höhe der Cultur zurückkehren, ihr das Geschenk ihres eigenen Verständnisses, als Ausbeute der Forschungen, mitbringend. Nur dies ist der Weg, den die Naturwissenschaften gelehrt haben, der Weg der Erfahrung, den Roger Bacon zur Herrin der speculativen Wissenschaft erhob, um nie während der Untersuchungen das Schutzdach einer in Vergleichungen rectificirenden Controle zu verlieren. Wenn wir, wie es gewöhnlich geschehen, den umgekehrten Weg einschlagen, so begehen wir den Fehler früherer Botaniker, die in den Kryptogamen nur traurige Verkümmerungen der vorher in den anziehenderen Phanerogamen fixirten Organe erblickten. Der wissenschaftliche Fortschritt der Botanik wurde aber erst mit Rücksichtnahme auf die einfachste Zellbildung gefördert, und das Studium der Kryptogamen gewann dann eine um so durchgreifendere Bedeutung, weil sich gerade aus ihnen, wo die Verhältnisse am einfachsten und klarsten vorliegen, die wichtigsten Aufschlüsse über die Gesetze des Pflanzen-Wachsthums ergeben. In der Phänomenologie des menschlichen Geistes sind die

Mythologien diese einfachsten Organismen, sonst vielleicht ebenso verachtet, wie die Moosen und Flechten der Schmuckgärten, aber für die jetzige Forschungs-Methode mit vielversprechendsten Entdeckungen schwanger. Ob auch hier den in den übrigen Zweigen der Naturwissenschaften errungenen Erfolgen entgegengesehen werden darf, bleibt der Zukunft überlassen, aber jedenfalls haben sich alle übrigen Methoden als unzureichend erwiesen. Dasselbe Mysterium umlagert die Welt der Gegenwart, ebenso starr und undurchdringlich, wie an jenem frühen Schöpfungsmorgen, als der erste schwache Schimmer der Fragen und der Zweifel zu dämmern begann. Wir irren noch heute in denselben Finsternissen, die mit geheimnissvollem Schleier den Ausgang verhüllen, die den Ausgang jedes Einzelwesens, seinen Ausgang und sein Ende umgeben. Im ununterbrochenen Kreislauf der Monde fortgerissen durch die kurze Spanne des Lebens, an dem sich das Auge des Tageslichtes freut, ist nur selten ein Moment des Besinnens, des ruhigen Aufathmens vergönnt, um umherzuschauen und einen Blick auf die aus dem Jenseits hereinragenden Mirakel zu werfen. Je vollendeter unsere staatlichen Gebäude sich ausschmücken, je mehr die Entdeckungen sich vervielfachen, je zwingender die vermehrten Ansprüche des täglichen Lebens ihre Befriedigung heischen, desto mehr wird das Ohr von dem bunten Gewühl des Marktes betäubt, desto weniger fähig jene Offenbarungsstimmen aufzufassen, die in der Einsamkeit der Wüsten und Berge von den Propheten weltgeschichtlicher Epochen vernommen wurden. Verachten wir nicht die alten Traditionen, das von unseren Vätern überkommene Erbgut menschlicher Gedankenarbeit. Sie sind ärmlich und karg, verglichen mit den glanzvollen Eroberungen, die seitdem im Gebiete der Wissenschaft gemacht sind, aber sie enthalten Fingerzeige auf die Ur-Elemente im geistigen Naturreich, wie sie von diesen nicht nur nicht gewahrt, sondern im Gegentheil absichtlich oder unabsichtlich vernichtet werden müssen. Viele sind schon unbeachtet dahingegangen und es ist hohe Zeit, die noch vorhandenen Grundstoffe zu sammeln, um durch wissenschaftliche Experimente aus ihnen die Gesetze hervorzulocken, die die Erzeugnisse der psychischen Natur regieren. Die Arbeit der ersten Grundsteinlegung ist mühsam und zeitraubend, wird aber, wenn gewissenhaft ausgeführt, einen um so rascheren Aufbau erlauben, ohne mit späterem Einsturz zu bedrohen, während wolkige Phantasieschlösser wie Seifenblasen zerplatzen.

Der Synthese muss die Analyse vorhergehen, denn nur durch analytische Urtheile lässt sich die Probe für die richtige Verknüpfung der Synthese machen. Der an sich unsichere Analogienschluss wird zu der Sicherheit eines Axioms erhoben, wenn unter stets erneuerter Bestätigung durch hinzutretende Erfahrungen das Post hoc in ein Propter hoc übergeht. Da die Induction, ihrem Ursprunge nach, im Dunkel des Unbewussten wurzelt, so wurde sie lange von den Denkern, die nach scharfer Auffassung der Begriffe strebten, zu Gunsten des deductiven Processes vernachlässigt, da dieser ganz im Bewusstsein abläuft und sich klar und deutlich überschauen liess, um feste Definitionen aufzustellen. Doch bleibt die Deduction, die nur das schon Gegebene ordnet, für den Fortschritt der Wissenschaft unfruchtbar, wenn nicht von der Induction durch stete Zufügungen der Verbrauch ersetzt wird. Das speculative Denken, auf den schon vor der Erfahrung vorräthigen Begriffen, als aprioristischen fussend, wies für ihre Gedankenoperationen die Hülfe der Induction zurück, da die bei dieser nothwendige Gleichzeitigkeit der Aufeinanderfolge dem einheitlichen Gange des logischen Processes, der eben in der Deduction seinen unmittelbaren Ausdruck fände, widerstreiten sollte. Die Terminologie in der Psychologie erhielt dadurch eine freilich sehr sorgsame, aber einseitige und allzu monotone Ausbildung, so dass ihr Wissen das Schicksal der Botanik und Zoologie theilte, die in todten Systemen begraben lagen, ehe die Einführung der Physiologie sie zum lebendigen Forschen erweckte. Die Induction hat für die Psychologie dasselbe zu leisten, was die Analyse für die Chemie erworben hat, und wird auch sie in die Bahn vervollkommnenden Fortschritts einleiten, um die Fülle der ihr einwohnenden Kräfte durch organische Entwicklung zu nutzbringenden Früchten reifen zu lassen. Allerdings sind die engen Pfade der Induction mühseliger und beschwerlicher zu wandeln, als der mit aesthetischen Genüssen, mit Fernsichten hehrer Ideale geschmückte Weg der Deduction. In der Deduction denkt das Denken sich selbst, sobald es, die ersten Stufen der Empirie überwindend, befähigt geworden ist, sich eine symbolische Zeichensprache auszubilden, um in der Verwicklung ihrer combinirten Schlüsse, zum leitenden Faden zu dienen. Deshalb bildet in der Geschichte der Wissenschaften die Feststellung der Mathematik den Angelpunkt des verständigen Denkens. Mit ihr glaubte man den Schlüssel gefunden zu haben, um alle Labyrinthe der Metaphysik aufzuschliessen und sie wurde als die Mutter der Wissenschaft gefeiert, die deshalb auch jedem Studium zu Grunde gelegt werden müsse. Die mathematischen Deductionsschlüsse aber, die sich alle mit Nothwendigkeit an einander reihen und mit Nothwendigkeit gegenseitig bedingen, reduciren nur auf übersichtliche Formeln das im Geiste vorhandene Capital, ohne es durch neue Erwerbungen zu vermehren (s. Wundt). Ihre Arbeit des Systematisirens läuft Gefahr sich in kleinlichen und zwecklosen Spaltungen zu erschöpfen, wenn die Gehülfen fehlen, um neues Material herbeizutragen. Sobald einmal der Geist der

Menschheit als ein lebendiger Organismus erkannt ist, der mit den Phänomenen der Geschichte in offenbare Erscheinung tritt, wird das Bestreben aufhören müssen, die krankhafte Hast, jeden zufällig angesammelten Thatsachen-Complex in ein fertiges System abschliessen zu wollen, wie es gerade der herrschenden Mode zusagt. Geduld und ruhiges Zuwarten wird in der Psychologie wie in allen andern Untersuchungszweigen gefordert. So lange der Nahrungssaft in den Milchgefässen der Pflanze aufsteigt, darf ihr Wachsthumsprocess nicht gewaltsam unterbrochen werden, damit sie ungestört zu voller Entfaltung der in ihr vorgebildeten Organe gelange, und wer jedes beliebige Uebergangsstadium als Typus der fertigen Pflanze aufstellen wollte, könnte nur verkehrte und verzerrte Bilder erhalten. So wird gerade die Arbeit, die mühsame Peinlichkeit, die durch die Induction verlangt wird, ihr zum sicheren Bollwerk gegen anachronistisches Stagniren dienen. Sie darf sich nicht mit einzelnen Erfahrungen begnügen, sie darf nur verallgemeinern, wenn die bisherigen immer wieder durch die neu hinzukommenden bestätigt werden, und sie muss auch dann noch ihre Denkprocesse in dem Stadium entwicklungsfähiger Flüssigkeit halten, beständig für die Aufnahme noch weiterer Erwerbungen bereit sein und ihre nur ephemer gültigen Hypothesen mit den dadurch und daraus bedingten Veränderungen erweitern. Während so die Deduction das geistige Leben in den festen Formen eines zwar zierlichen und regelmässig messbaren, aber der Zersetzung zerfallenen Krystalles anschiessen lässt, studirt es die Induction in dem physiologischen Umwandlungsprocesse eines zu reifender Entwickelung lebendig fortwachsenden Baumes. Doch muss sie von der Grösse ihrer Aufgabe durchdrungen und dafür begeistert sein. Die beschränkte Einseitigkeit, die jüngsthin in der exact-empirischen Richtung überwog, rechtfertigt den von Mill über die Induction ausgesprochenen Tadel, wenn er sie nur als die unterste Stufe der Deduction gelten lassen will; und eine unrichtige Verwendungsweise der Induction würde allerdings die Wissenschaft mit noch weit grösseren Gefahren bedrohen, ihr tiefere Wunden schlagen, als die ausschliessliche Bevorzugung der Deduction. Die Induction verlangt eine stetige und unablässige Denkarbeit. Wer auch bei ihr allzu rasch ermüdet, nach Ruhepunkten sucht, bleibt im Schmutze sitzen, während der deductive Denker hoch in reinen Aether-Räumen thront. In der Unendlichkeit wird jedoch auch der höchste Punkt zum allgemeinen Niveau reducirt, und in der Ewigkeit des Werdens kann die Ruhe des Gleichgewichts nur in dem harmonischen Zusammenklingen der Gesetze angestrebt werden.

Wenn Statistica einen Werth haben, so sind zunächst die Anschauungen der Naturvölker*) zu studieren, damit die elementaren**) Grundgesetze des menschlichen Seelenlebens gewonnen werden, denn ob-

---

*) Wo keine geschichtliche Uebertragung von Mythen nachweisbar ist, muss ihre Gleichartigkeit auf das organische Wachsthumsgesetz des Geistes zurückgeführt werden, der überall die entsprechenden Productionen hervortreiben wird, entsprechend und ähnlich, aber mannichfaltig nach den Einflüssen der Umgebung gewandelt. Wir werden dadurch in die wunderbare Werkstatt des Menschengeistes eingeführt, den wir dort in seinem innern Schaffen zu beobachten und studiren vermögen. Wie das Pflanzenreich je nach den Climaten verschiedentlich modificirt wird, im Norden die Fichte, in den gemässigten Zonen Eichen und Buchen, im Süden die Palme zur Erscheinung bringt, aber dennoch überall nach denselben Gesetzen der Zellbildung emporwächst, überall Milchgefässe, Blätter, Blüthen, Blumen, Früchte oder ihre Analoga hervortreibt, so auch wächst der Geist der Menschheit als ein mächtiger Organismus empor, der überall in seinen Entwicklungsperioden dieselben Phasen durchlaufen hat und sich deshalb bei jedem einzelnen Volke auf's Neue in den der äusseren Umgebung und den der Stufe des Fortschrittes entsprechenden Phänomenen offenbaren wird. Diese innere Selbstzeugungskraft des Geistes muss in der Mythenforschung immer im Auge getragen werden. Bei der Kürze des Zeitraumes, der nur allein im historischen Lichte überschaut werden kann, fehlt allerdings jeder Anhalt, ein Urtheil zu bilden über vergangene Völkermischungen, die später auseinander gesprengt und nur in zerstreuten Bruchstücken übrig geblieben sein möchten, doch pflegen darüber angestellte Speculationen in ein Meer schwankender Hypothesen zu führen, in denen noch jeder Schwimmer ertrunken ist, ehe er einen Hafen erreichte. Auf der andern Seite setzt die Annahme geistiger Fortbildung im Hervorschiessen neuer Ideen immer schon eine frühere Mischung voraus, da durch den Reiz anregender Wechselwirkung allein fruchtbringende Schöpfungen geweckt werden. Die Verpflanzung fremder Gedankenproductionen findet nur dem Keime nach Statt, und das Reis wird einem einheimischen Stamm aufgepflanzt, der es in den Gang der eigenen Entwicklung einschliesst und sich selbst durch diese Absorption entsprechend verändert. Nur bei offenen Beweisgründen darf das Urtheil geschichtliche Beziehungen zulassen. So lange sich aber kein Ausgangspunkt erblicken lässt, so lange die vergangene Zeit, in der Mischungen Statt gefunden haben könnten, unbestimmt also unbegrenzt ist, bleibt jeder Versuch, Eintheilungen absolut fixiren zu wollen, eine deductio ad absurdum.

**) Die Empiriker tragen ihren Stoff zusammen, wie die Ameisen, die Rationalisten entwickeln ihr Gewebe aus sich selbst, wie die Spinnen. Zwischen beiden hält die Biene die Mitte. Aus den Blumen der Felder und Gärten sammelt sie den Stoff, den sie dann verarbeitet durch eigene Kraft. Nicht ungleich diesem Bilde ist die Thätigkeit ächter Philosophie. Sie lässt weder Alles auf die Kräfte des Verstandes allein ankommen, noch entnimmt sie der Natur und den in ihr angestellten Experimenten den dargebotenen

wohl sich dasselbe in den philosophischen und poetischen Denkgebäuden der Civilisation zu den leuchtenden Spitzen intensivster Vollkommenheit verklärt, bilden diese doch, wenn extensiv in Proportionen gesetzt, einen verschwindenden Bruchtheil des grossen Ganzen und können nur ein unbedeutendes Quotum beitragen, um den Durchschnittsmenschen zu normiren. Mit Recht verlangt Baco von Verulam in der cultura animi ein Hinabsteigen zu den Elementen der Seele, um durch die Psychologie zur Ethik zu gelangen.

Im Stadium der Naturvölker lebt der Mensch in unmittelbarer Beziehung zur Aussenwelt, im Reiz und Gegenreiz der auf einströmende Fragen durch Reactionen antwortenden Nervenschläge. Dicht eingesponnen in das Gewebe seiner eigenen Ideenschöpfungen, sieht er sich ringsum von übermächtigen Gewalten umgeben, die knechtische Verehrung heischen und jeden Eingriff in ihr Gebiet mit schweren Strafen bedrohen. Mit geschäftiger Ausbildung des politischen Lebens wird diese Fessel allmählig abgeworfen werden, man beruft sich auf eine Schenkung der Erde an die Menschen, um mit ihren Gaben ungestört schalten zu können, und schiebt den Vorhang des Unverstandenen bis in das Jenseits zurück, wo er Niemanden incommodirt, dem keine Zeit für nutzlose Fernsichten bleibt. Der Wilde dagegen hat unverrückt das grosse Geheimniss vor Augen, das ihn durch das Ueberwältigende seines Eindrucks stets in das Sklavenjoch zurückscheucht, so oft sich der Wunsch nach Freiheit regen sollte. Je tiefer der Mensch auf der Scala der Entwickelung steht, desto unauflöslicher ist er in die beschauliche Verehrung der um ihn waltenden Kräfte versenkt, und wenn man mitunter behaupten hört, dass es Stämme gebe, bei denen Nichts von einer Religion gefunden sei, so hatte man nach dem geläuterten Gottesdienst cultivirter Völker bei ihnen gesucht und einen solchen allerdings nicht gefunden. Wenn Religion dagegen in ihrem eigentlichen Wortsinn gefasst wird, als die Vorstellung eines bindend zurückwirkenden Uebersinnlichen, so wird nie ein Stamm angetroffen werden, nie angetroffen werden können, dem eine Religion abginge, denn da die Geistesthätigkeit noch über die Sinnesempfindungen hinaus weiter denkt, so bedarf sie der complementirenden Ausgleichung eines makrokosmischen Geistigen ebenso nothwendig nach psychologischen Gesetzen, wie es nach den körperlichen

---

Stoff in seiner ursprünglichen Rohheit ins Gedächtniss auf, sondern legt ihn erst verändert und umgearbeitet dem Verstande vor (sagt Baco), muss aber mit dieser Umarbeitung umsichtig und bedächtig vorgehen, so lange noch die Möglichkeit einer Einfügung neuer Thatsachen bleibt, durch welche der ganze Grundplan eine andere Anordnung verlangen könnte.

ausgeschlossen bleibt, dass irgend ein Stamm ohne irdische Speise und Trank sein Dasein fristen könnte.

Indem zunächst das Halbdunkel des religiösen Glaubens den ganzen Horizont umzieht, malen sich im Auge des Naturmenschen die Gegenstände um ihn nur in schwankenden Umrissen ab, die sich erst dann in schärferen Formen abzeichnen, wenn das von der Wissenschaft entzündete Licht das Tagesleben erhellt und in deutliches Erkennen verwandelt, was vorher als ahnungsvolles Glauben im Herzen schlummerte. Die eintretende Scheidung zwischen Religion und Wissenschaft mag völlig friedlich verlaufen, und wenn ihre Grenzgebiete deutlich umschrieben sind, werden beide ungestört neben einander fortbestehen. Die erste Naturanschauung ist die religiöse, und von einem matten Schimmer umstrahlt, aber von dem einzigen, den jene frühe Morgenstunde gewähren konnte. Wenn die Sonne des Forschens höher am Himmel emporsteigt, wird hier und da der Nebel zerreissen, werden, ihrem Fortgang entsprechend, mehr und mehr Parthien deutlich hervortreten, und alle diese gehören der Domäne des Wissens an, dessen, was gewiss ist. Das Streben des Menschen wird seiner Geistesverfassung nach darauf gerichtet sein, diese Erwerbungen des sicher Gewussten möglichst zu vermehren und ihren Lichtkreis über die noch dunkle Umgebung des Ahnens und Glaubens zu erweitern, die Provinzen dieses sich unterthänig zu machen und zu beherrschen, aber seine allseitigste Umsicht verlangenden Eroberungen werden immer nur langsam vordringen können, und auch wenn die Wissenschaft ihre glänzendsten Triumphe feiert, ist das ihr angehörige Ländchen doch immer der kleinste Bruchtheil zur Unendlichkeit des Kosmos, der noch jenseits seiner Erkenntniss im religiösen Hintergrunde liegt. So werden, richtig verstanden und unpartheiisch aufgefasst, Religion und Wissenschaft sich nie hinderlich sein, da es über die Eigenthumsrechte beider keine Controverse geben kann. Allerdings ist die Wissenschaft das aggressive Moment. Sie sendet nach allen Seiten die scharfen Pfeile ihrer Sehstrahlen aus, sie fasst festen Fuss, dauernd und unerschütterlich, wohin sie vorgedrungen ist, und der Kurzsichtige ist dann leicht geneigt, über Plünderung und Raub zu klagen, über den unberechtigten Störenfried, der sich auf fremdem Besitzthum eingenistet. Die Religion, wenn sie ihre eigene Stärke versteht, kann nie beraubt werden. Sie begründet sich auf der Unendlichkeit des All's, und was man dieser auch entziehen mag, die Unendlichkeit bleibt immer sich selbst gleich, immer unendlich. Unsere letzten und höchsten Anschauungen werden stets dem Religiösen angehören. So weit sich auch die Wissenschaft ausdehnen mag, neue Unterthanen zählend, neue Territorien messend, ihre Linien werden schliesslich immer in die jenseitigen auslaufen und sich dem Auge entziehen, wenn auch mit Telescopen bewaffnet. Wir mögen das ahnungsvolle Dunkel, das sich in dem Naturmenschen dicht und eng zusammenballt, bis an die äussersten Grenzen des Horizontes hinaus weiter fortschieben, aber der Horizont ist immer gleich weit vom Auge, nach welcher Seite wir auch hinblicken, er umhüllt stets dasselbe Geheimniss, denn er ist der Schleier des Ewigen. Die Religion begeht mitunter den Fehler, ihre Position völlig zu verkennen. Statt ruhig zu cediren, widerstrebt sie, und zwingt dadurch die Wissenschaft zum Kampfe, ihre eigene Souveränität gefährdend, der unbestritten gehuldigt werden würde, wenn nicht kleine Provocationen zu Erwiderungen reizten. Der religiöse Gesichtskreis hat sich naturgemäss mit dem Fortschreiten der Wissenschaft, und dem rascheren oder langsameren Gange derselben entsprechend, immer weiter und weiter zurückzuziehen. Statt zu verlieren, kann er nur gewinnen, da er sich in gleichem Masse zu erweitern und zu vergrössern hat, um stets die genügende Complementirung für die vereinzelten Resultate der Wissenschaft liefern zu können. Nur weil die Religion zu häufig in der Täuschung befangen lag, dass sie jeden Fussbreit ihres Bodens behaupten und der Wissenschaft streitig machen müsste, entsprang jener Zwiespalt, der so lange unser geistiges Leben zerrissen und so oft den Fortschritt der Civilisation gehemmt hat. Wenn die Religion darauf besteht, eine schon im klaren Sonnenschein liegende Provinz noch immer von den Wohlthaten desselben auszuschliessen, so ist es Pflicht der Wissenschaft, dagegen zu protestiren und den Glanz nur desto kräftiger mit Reflectoren auf das ihr entzogene Terrain zu werfen, um jeden Zweifel zu lösen. Durch das anachronistische Zurückhalten eines künstlichen Dunkels wird Tadel und Spott herbeigezogen, zum Bedauern der wahren Freunde der Religion, da sich jeder Denker dem grossen Mysterium derselben beugen wird, und wer am tiefsten in die Geheimnisse der Natur hineingeblickt, am aufrichtigsten. Die principiellen Kreuzzüge, die dann und wann zelotische Eiferer der Wissenschaft gegen die Religion zu predigen pflegen, sind kindische Kinderkreuzzüge, die immer rasch im Sande verlaufen. Die wahre Wissenschaft kann nur auf religiöser Basis ihre gesicherte Ruhe finden und muss selbst diese Grundlage verlangen. Aber freilich ist es die wahre Religiosität, die sie verlangt, und gegen die falsche oder verfälschte wird sie stets hoch das Panier erheben, um den Kampf auf Tod und Leben zu führen, denn ihr sind die Interessen der geistigen Entwickelung im Menschengeschlecht anvertraut und seine höchsten Güter hat sie zu wahren.

So viel in der letzten Zeit auch über Veränderlichkeit der Species geschrieben, über Einheit oder Vielheit der Abstammung, so wenig hat man doch je daran gedacht, auf den Sinn der verwendeten Ausdrücke genauer einzugehen und zu überlegen, was mit all' dem Wortgeklingel eigentlich gesagt sei. Man vergisst zu häufig, dass ein Wort seine Bedeutung nur hat, indem und soweit es einen bestimmten Begriff deckt, dass es ohne den Inhalt desselben ein hohler, leerer Schall ist, eben ein bedeutungsloses Wort, das dann gleich gut durch jedes Abracadabra anderen Tonlautes ersetzt werden kann. Naturwissenschaftlich unverständlich bleiben alle Buchstaben-Combinationen (ob lateinisch oder deutsch), wenn unter ihrer phonetisch gegebenen Aussprache in einen Zusammenhang gesetzt, der ihren naturwissenschaftlichen Sinn negirt, und in solch' loser Weise haben alte und neue Fabeln, neben vielen anderen, das Wort Abstammung zu brauchen beliebt. Auf die ursprüngliche Entstehung desselben im Anschluss der Vorstellungen an die beim Wachsen des Baumes beobachteten Phänomena, ist es unnöthig, des Weiteren einzugehen. Es hat schon bald, wie so viele andere Worte, eine metaphorische Bedeutung gewonnen, und wird darin fortgeführt, ohne weitere Rücksicht auf die sinnliche Grundlage dieser, wie jeder sonstigen Idee. Das Bedingende in der durch Abstammung ausgedrückten Auffassung ist der ursprüngliche Zusammenhang zwischen Theil und Ganzem, die Abhängigkeit der Theilganzen von einem grösseren Ganzen mit später partieller oder totaler Loslösung, um selbst allmählig ein unabhängiges Ganze zu werden. Wie von der Herstammung des Blattes vom Zweig mögen wir auch von der des Gesteins aus seinem Mutterfels reden, die durchgängigste Verwendung aber findet das Wort Abstammung (von seiner Rolle im Felde der Allegorie abgesehen) im Thierreich, um denjenigen Vorgang zu bezeichnen, durch welchen unter mehr oder weniger erforschten, immerhin erforschbaren, Körperprocessen aus gepaarter Geschlechtsdifferenz ein Drittes hervorgeht, auf das sich der Keim elterlicher Selbstständigkeit vererbt. Man spricht von Herstammung eines Volkes aus der Heimath, von der es fortgezogen, der Herstammung von Pflanzen oder Thieren aus den Ländern ihrer Localsitze, der Abstammung der Worte von ihren Wurzeln, der Herstammung von Ansichten, Literaturproducten u. s. w., wobei überall das Bedingende ein ursächlicher Zusammenhang*) bleibt, ein direct nachzuweisender oder doch theoretisch aus erkannten Regeln erschliessbarer, und dieses verknüpfende Band ist die unerlässliche Clausel und Vorbedingung, um verschiedene Objecte unter den Begriff der Abstammung zu bringen, um den Tonlaut dieses Wortes mit einem Gedankensinn zu füllen. Innerhalb

---

*) Wie bei der Abstammung der Begebenheiten (bei Kant).

der Sphäre erlaubter Veränderlichkeit lässt sich auch bei den Thier- und Menschenrassen von Abstammung reden, indem man die beim Aufeinandertreffen grösseren Veränderungen unterworfenen als einen abgezweigten Theil des Ganzen auffasst. Der ausgewachsene Neger wird in Amerika nie mehr zum Yankee werden, so wenig wie ein solcher in Afrika zum Schwarzen: aber unter richtig eingeleiteten Kreuzungen auf der Geschlechtssphäre unter regem Ideenaustausch können wir theoretisch ein mit keinem der naturwissenschaftlich feststehenden Gesetze collidirendes Bild construiren, das im anschaulichen Fortschritt vom Niederen zum Höheren die Abstammung des Europäers vom Neger zeigen möchte, freilich nur als Hypothese, die bei dem für Generationswandlungen allzu kurzen Zeiträume exacter Beobachtungen noch immer der Vollständigkeit empirischer Gewissheit ermangelt, die sich indess bereits auf eine genügende Menge aus sonstigen Erfahrungen festgestellter Regeln stützt, um als Analogienschluss unter Vorbehalt zulässig zu sein. Wird dagegen Abstammung zur Herstellung eines Zusammenhanges zwischen Affen und Negern gebraucht, so fehlen alle vermittelnden Zwischenformen, alle erklärenden Uebergänge, um solche Aneinanderreibungen zu rechtfertigen; Abstammung in solcher Phrase ist nur ein gleichgültiger Gallimathias, ein Wort ohne jede Bedeutung, inneren Sinnes, da anatomische Analogien des Skelettes noch keinen Rückschluss auf den Gesammtbegriff animalischer Wesenheit gestatten. Es haben sich namentlich in jüngster Zeit so viele ungeahnte Wechselbeziehungen zwischen scheinbar getrennten Feldern aufgefunden, dass a priori keine Entscheidung zu geben ist, ob sich nicht eine bis jetzt mangelnde Brücke zwischen Menschen und Affen oder irgend anderen Naturwesen bauen könnte, aber solche Möglichkeiten*) kümmern uns nicht, so lange sie keine Gewissheiten sind; im naturwissenschaftlichen Studium gilt das Gewisse als bestimmte Einheit und die Möglichkeit ist überhaupt nicht vorhanden, da sie für Null zählt. So lange nicht ein sicher constatirtes Factum von fruchtbarer Kreuzung zwischen Menschen und Affen vorliegt und andererseits das Erlernen der Rede durch den Affen, um in begrifflichen Austausch sprachlichen Verkehrs zu treten, so lange können Menschen und Affen nicht unter dem Gemeinsamen der

---

*) An sich könnte diese Ahnenreihe nur eine höchst ehrenvolle sein, denn der Mensch wäre in der That dann „ein self-made man," da er sich aus so untergeordneten Stufengraden emporgearbeitet hätte. Die Zeiten, wo Niedrigkeit der Herkunft ein Vorwurf war, sind vorbei und kein Verständiger wird die duftende Rose verachten, weil sie aus einem Mistbeet emporgewachsen sein mag.

Abstammung zusammengefasst werden, indem eben die conditio sine qua non, das ursächlich Bedingende, fehlt, wodurch überhaupt der hohltönende Laut des Wortes erst den Inhalt seines bedeutungsvollen*) Sinnes erhält. Bis dahin bleibt die Abstammung des Menschen von Thieren ein in naturwissenschaftlicher Logik Undenkbares, und statt über hypothetische Möglichkeiten zu speculiren, bildet unsere Aufgabe die Erforschung der Variationen innerhalb erlaubter Grenzen, in Darwin's Sinne. Alle Fehler der teleologischen Glaubensrichtung aus vermeintlich überwundenen Standpunkten wiederholend, fällt die Descendenztheorie**) in kindische Faseleien, wenn sie in dem Wissensstückwerk auf unserem Erdenwinkel den Plan des Weltgesetzes durchschauen zu können meint, und die aufstrebende Entwickelung von Protoplasmen bis zum Menschen weiter führt. Und warum nicht weiter über die Menschen hinaus, und weiter und weiter, und wo wäre das Ende von der Unendlichkeit? oder warum nicht einen Anfang vor den Protisten suchen, den Anfang des Anfanges, der, wie Leibnitz einsah, nicht

---

*) Die Naturwissenschaft, wie mir scheint, hat das entschiedenste und unbedingteste Veto einzulegen gegen diese Willkürlichkeiten, denn Niemand besitzt das Recht, die recipirte Terminologie zu verwirren, wenn er nicht mit genügenden Beweisen ausgerüstet ist, sie zugleich zu reformiren. Was würde das Forum chemischer Autoritäten sagen, wenn ein müssiger Tagedieb auch heute noch ihr dicke Bücher vorlegte, über die Umwandlung von Kupfer in Gold, des Blei's in Silber. Ob die Herstammung des Goldes vom Kupfer eine speculative Möglichkeit sein möchte, geht uns nichts an, wo es sich um empirische Gewissheiten handelt, und innerhalb dieser ist die Herstammung des Goldes vom Kupfer nach dem augenblicklichen Standpunkt der Chemie ein undenkbares Nichtding, und wird es bleiben, bis dahin leitende Factoren in die Untersuchungsreihen eintreten. Mit der Geschichte der Chemie vor Augen, hätte sich die Anthropologie durch das Beispiel ihrer älteren Schwester warnen lassen und das Durchgangsstadium alchymistischer Phantastereien vermeiden sollen.

**) Ihre Special-Untersuchungen reihen sich oft als naturwissenschaftliches Seitenstück den religiösen Spitzfindigkeiten Alberts von Bollstädt an, wenn er in seinem Commentar zum Textus sententiarum des Peter Lombardus untersucht, ob Adam bei Wegnahme der Rippe Schmerz empfunden, ob Eva nur aus dem knöchernen Theile derselben oder auch aus dem fleischigen erschaffen sei, ob sie etwa mit 25 Rippen, Adam dagegen nur mit 23 auferstehen würde u. s. w. Schubert's an alte Schöpfungsgesänge anschliessender Abfall der Natur von Gott ist vergessen, aber man scheint jetzt von der Seite der Empirie zu den „Saturnalien der Naturwissenschaften" zurückkehren zu wollen, wie sie bei der „wissenschaftlichen Construction" der Schellingianer gefeiert wurden.

durch Wortschöpfungen herzustellen ist. Objectiv sind die Naturwesen Manifestationen von Gesetzen, die sich nur in ephemerer Subjectivität mit einem einigenden Bande umschlingen lassen, ehe die das Gesetz regierende Formel aufgefunden ist. Entwickelung kennen wir nur innerhalb von Raum und Zeit, wo auf die erreichte Höhe wieder der Verfall folgt, und der Kreislauf der Materie vom Ende zum Anfang und aus dem Anfang zum Ende rückläufig hin- und wiederkehrt. Treten wir in metaphysischer Abstraction über die Banden des Irdischen hinaus, so sehen wir Einreihungen in die Harmonie des Weltgesetzes, aber mit dem Gesammtüberblick fehlt uns jedes Urtheil über Entwickelung oder über den Gang und die Richtung derselben. In der Unendlichkeit von einem Ende oder Anfang zu reden, ist eine contradictio in adjecto, und dass uns für die Fortleitung der Entwickelung vom Absoluten weder ein Urnebel, noch ein abgeschleudertes Sonnenstück oder andere, seien es tellurische, seien es kosmische Katastrophen, nützen können, bedarf keines langen Beweises. Ein Procentchen naturwissenschaftlicher Logik in all' diesen Dingen würde gewaltige Papierverschwendung sparen. Die Zehntausende und Hunderttausende von Jahren, nach denen die Geologen jetzt zu zählen beginnen, sind weit bescheidener, als buddhistische Kosmogonien, die sich stets in Millionen und Billionen bewegen, aber schon zu lang für das sicher Constatirte, während sie für die Ewigkeit doch nie lang genug sind, oder vielmehr immer gleich kurz bleiben. Eine jede innerhalb der Relativitäten von Raum und Zeit bestimmt einregistrirte Thatsache ist ein Goldkörnchen, wenn nicht ein Klumpen, doch ein Nugget, aber die auf der Sicherheitsbank der Facta nicht accreditirten Hypothesen repräsentiren gefälschte Wechsel, die kein Kenner acceptirt und honorirt, so hoch die Ziffer auch sei, mit der sie sich beschrieben brüsten.

Der ordnende Zusammenhang[*] ergiebt sich nicht aus verstümmelnden Abschnitten vom Anfang und Ende, sondern durch den harmonisch gesetzlichen Zusammenhang der Mitte. Wie aus dem unerschöpflichen[**] Born des geschichtlichen Werdens immer neue Stämme und Völker in

---

[*] Jede Bewegung eines Körpers bringt in den übrigen Körpern insgesammt eine Wirkung hervor, welche dem Abstande derselben von jenem angemessen ist, indem sich diese Wirkung von den näheren zu den entfernteren durch alle Zwischenräume hindurch fortleitet. Wer das Ganze durchschaut, vermag daher in jedem einzelnen Körper zu lesen, was überall im Weltall sich zuträgt, und selbst, was bereits geschehen ist oder künftig geschehen wird (Leibnitz). So fasst der Indier das Schauen eines Buddha.
[**] Schon Baco von Verulam erklärte es eine Schande für die Menschheit, wenn die Grenzen der intellectuellen Welt in die Enge des Alterthums

das Dasein hervorquellen, so weist auch in den Thieren die selectio naturalis eine Vervollkommnung oder doch eine Vermannichfaltigung nach, aber wir sollten uns mit den bereits sicher constatirten Facta dieser grossen Entdeckung genügen lassen und auf ihnen vorsichtig weiter bauen, statt durch Zufügung vorschneller Hypothesen das ganze System unsicher und kopfschwer zu machen.

Im Geschehen, wo sich weder Anfang noch Ende kennt, bilden die Knotenverschlingungen des Werdens den gesetzlichen Ansatzpunkt der Forschung, und so lange wir mit unseren Combinationen im Zeitlosen bleiben, damit die natürlich gegebenen Beziehungen unter der zwingenden Fessel der Nothwendigkeit ungehindert zusammentreten mögen, so lange wir uns ein abstractes Bild von den Beziehungen der fünf Continente entwerfen, folgen wir den von der Natur vorgezeichneten Strassen im Streichen der Bergketten oder auf schiffbaren Flüssen, und würden schon die Strömungsverhältnisse der trennenden Meere auf vielfache Kreuzungsverbindungen schliessen lassen, ehe wir auf die von der Geognosie noch nicht genügend gestützte Hypothese früheren Zusammenhanges zurückzugreifen brauchten. Wenn wir uns der durch Aegyptologen und Geologen beanspruchten Zahlenfreiheit bedienen, können wir breite Bahnen der Völkerzüge eröffnen, ohne dass wir, wegen später verlorener Kunde, positiv darüber etwas wissen sollten.

In allem anfangslosen Geschehen haben wir a priori ohne Zeit zu operiren, wo Alles als möglich angenommen, Alles sogar vorläufig als nothwendig gesetzt werden muss, was sich den einwohnenden Fähigkeiten nach entwickeln kann. Zunächst ist der Kreis vorbereitender Hypothesen auf das Allerweiteste zu zeichnen, damit Nichts, was scheinbar bedeutungslos sei, aber dennoch entsprechende Berechtigung hätte, ausgeschlossen werden möchte; je mehr wir uns dem Lichte der historischen Epoche nähern, desto mehr wird sich der Cirkel erlaubter Vermuthungen von selbst zusammenziehen, er wird enger und enger werden, und ehe wir schliesslich in voller Tageshelle die endgültigen Resultate ziehen, haben wir die stärksten Vergrösserungsgläser der Kritik anzuwenden; um auch das Kleinlichste zu untersuchen, dürfen wir kein Pünktchen zulassen, was nicht jede Probe der Analyse glücklich bestanden, auf alle angewandten Reagentien richtig geantwortet hat, oder müssen, wenn sich noch keine genügende Befriedigung ergiebt, das Urtheil in suspenso halten, bis neue Thatsachen hinzutreten, deren Erforschung dann mit dem Fortschritt der Wissenschaften dem schon gelegten Grundfundamente

festgebannt blieben, während die Gebiete materieller Welt, der Länder, Meere und Gestirne sich unermesslich erweiterten.

der Vorarbeiten jederzeit unter dem Datum der Erwerbung einzufügen ist, um die Entwickelung des Ganzen ununterbrochen und organisch weiter schreiten zu lassen.

Ein Abgrenzen der menschlichen Species innerhalb des organischen Zusammenhanges würde einem gewaltsamen Zerreissen der Pflanzen in ihren Wachsthumsstadien gleichkommen. Indem es jedoch wünschenswerth bleibt, diese verschiedenen Stadien durch bestimmte Kennzeichen zu charakterisiren, und zwar Kennzeichen, die wie alle für Classification*) verwandten, möglichst einfach gehalten sein müssen, dürfte es sich empfehlen, einem Fingerzeig der Paläontologie zu folgen, und so wie diese Schichten nach Leitmuscheln erkennt, so Culturkreise durch Ideenmerkmale zu charakterisiren. Dieser Gedanke ist ohnedem kein neuer, da er schon in der sogenannten historischen (oder besser psychologischen**) Eintheilung theilweise Berücksichtigung gefunden hat, man diese neben der naturhistorischen oder physikalischen (und philologischen***)) hin-

---

*) Die Kenntniss aller geniessbaren Früchte der Bäume (Pomaceae, Drupaceae, Bacciferae) begreifend, unterscheiden die Pomologen Kernobst, Beerobst, Steinobst, Kapselobst und folgen ihren eigenen Eintheilungen, die mit denen der übrigen Botanik nichts zu thun haben, wenn z. B. die Franzosen in den Pfirsichen die Pêches mit freiem Stein, die Pavies mit anhängendem Stein, die Pêches lisses, die Brugnons unterscheiden, dann wieder in den Freisteinen die von August bis Anfang September reifenden, die von Anfang bis Ende September reifenden u. s. w. Im Systema naturae (Linné's) werden die unter Einer Art begriffenen Menschen-Varietäten unterschieden, als Americanus, Europacus, Asiaticus, Afer.

**) Steffens unterscheidet neben der psychologischen Anthropologie, als Anfangspunkt einer unendlichen Zukunft, die geologische Anthropologie, als Schlusstein einer unendlichen Vergangenheit, und dann die physiologische Anthropologie, als Mittelpunkt einer unendlichen Gegenwart. Der Character der Menschlichkeit besteht zuerst und vor Allem in der specifischen Entwicklung des geistigen Lebens, bemerkt Waitz, und erst secundär in der Leiblichkeit als dem Träger dieses geistigen Gehaltes. Causae rerum naturalium non plures admittendae, quam quae earum phaenomenis explicandis sufficiunt.

***) Die Lucubrationen über Spracherfindung oder Sprachentstehung haben sich hoffentlich in eigener Seichtheit erschöpft. Darin dachten schon die Mythen verständiger. Kayomors ist ein Syrisches Wort von der Bedeutung: „Ein lebendes Wesen, das mit Sprache begabt ist" sagt Mirchond und nach dem Majmel-ut-tuvarikh war Kayomors ein lebendes und sprechendes Wesen, der Aboudad (Homo-taurus) dagegen (aus dessen rechtem Bein jener hergekommen) dem Tode geweiht und sprachlos. Als der erste Mensch den Angriffen Ahrimans erlegen, erwuchs aus seinen durch Nerioseng und Sapen-

gestellt findet. Ideen wachsen überall mit zwingender Nothwendigkeit im Menschengeiste empor, wie Blätter am Baume, und wie dieser über die ganze Erdoberfläche hin eine allgemeine Gleichartigkeit bewahrt, so auch jener. Zunächst bleibt demnach die Idee als solche zu studiren, unter welch untergeordneten Verhältnissen sie als frühester Keimspross hervortritt, unter welchen einer fortgeschrittenen Stufe als Blatt, unter welchen sich die Blätter zu Knospen modificiren, und diese zur Blüthe, zur Blume der Kunstzeitalter und der nutzbaren Frucht der praktischen Wissenschaft. Als zweiter Factor muss der Einfluss klimatisch-geologischer Bedingungen studirt werden, wie durch sie in polaren oder äquatorialen Breiten, auf dem Areal einer Gebirgslandschaft, in Ebenen oder an Küsten die ursprüngliche Idee eine geographische Färbung erhält (ähnlich dem als Tanne im Norden, als Palme im Süden auftretenden Baume), und wie diese in ihren allmähligen Wandlungen als Keimspross, Blatt, Knospe, Blüthe zu mannigfachen Tinten localer Specifitäten (gleich den Quercus-Arten der Länder Europa's) verfliesst, und indem wir diese zwei Causalitätsreihen*) neben einander in ihren Effectsgliedern hinstellen, wird sich aus Addition, Subtraction, Multiplication und Division ihrer constituirenden Theilchen das Facit des jedesmaligen Volkscharakters ziehen lassen. Für praktische Zwecke, um nämlich handlich und bequem in Classificationen verwendbar**) zu sein, müsste eine Idee zum Muster, zur Probe des Experimentes gewählt werden, und zwar eine möglichst allgemeine und zugleich eine möglichst einfache, noch möglichst mit der Sinnesanschauung verknüpfte, die ihren Charakter deutlich zur Schau trägt und eine hinlänglich zähe Resistenzfähigkeit besitzt, um nicht zu rasch unter den phantastischen Schmuckgebilden complicirterer Denkprocesse verdeckt zu werden. Vielleicht möchte sich hierfür gerade die

---

demad gehüteten Elementarprincipien ein Baum, der Meschia und Meschiane trug. „Bildung ohne gebildete Sprache ist unmöglich. Nun ist der Mensch seiner Natur nach wesentlich Heerdenthier. Seine volle Entwicklung kann er nur in Gemeinschaft mit seines Gleichen erringen (Schleiden)."

*) Tremeaux entend par milieu la réunion de toutes les circonstances de la vie animale, qui agissent soit par l'extérieure, soit par l'intérieur sur le corps de l'homme.

**) Christ theilte die Aepfel in acht Familien: Calvillen, Renetten, Pepings, Parmänen, Kantenäpfel, Plattäpfel, Spitzäpfel, Kugeläpfel. Fritsch unterscheidet Kugeläpfel und Kegeläpfel. Die Birnen werden in 5 Klassen getheilt der Form nach (von Sickler), der Reifzeit nach in 3 Klassen (von Christ), dem Fleische, Safte, Geschmacke nach in 6 Klassen (von Diel). Pflaumen hat man meist nach der Form bestimmt: längliche Pflaumen, runde Pflaumen, Mirabellen, Schlehen; Kirschen in süsse und saure u. s. w.

Darstellung vom Baume*) selbst eignen, das psychologische Bild dieses fast allgemein verbreiteten Naturobjectes, das fest umschriebene Abrisse in der sinnlichen Auffassung besitzt, so dass sich (bei richtigem Verständniss der von Condillac im Sensualismus niedergelegten Auffassungen) fast schon physiologisch der Uebergang von den Linien der Netzhaut zu den Schwingungen der Gedankenthätigkeit verfolgen lässt, ein Naturobject, das in seiner Erscheinungsweise der Phantasie einen gewissen Spielraum erlaubt (einen weiteren, als der Stein, einen noch nicht so ungebundenen, wie das Thier) und das deshalb überall in der Mythologie sowohl, wie in Kunst und den Analogien wissenschaftlicher Erörterungen, eine bedeutungsvolle Rolle gespielt hat. Indem wir in systematischer Weise die psychologische Phänomenologie des Baumes in den ethnographischen Kreisen verfolgen, würden wir zugleich gewissermassen vergleichen können, wie das von der Natur makrokosmisch in den Typen jeder Flora Gedachte sich geistig nachdenkt**) in dem Mikrokosmos des Menschen und welches tertium comparationis aus doppelter Wechselwirkung beider sich forterzeugt.

Ob wir mythologisch oder philologisch die Entwicklung verfolgen, die der Baum im Völkerdenken genommen hat, die Phasen des Feuercultus, der dem Wasser, der Sonne, dem Winde gezollten Verehrung, wir werden überall dieselben Fortbildungsgesetze sich wiederholen sehen, und finden, dass in den verschiedenen Altersstufen jedes Volkes die Phänomene sich genau mit denen jedes andern auf dem Erdenrund decken. Schützenswerthe Vorarbeiten sind in den seit dem Vorgang der Brüder Grimm angeregten Sagensammlungen gemacht, um für die Naturvölker in den übrigen Erdtheilen entsprechende Analoga aus Europa zu liefern, wo sie eben in Gefahr standen schon verloren zu gehen. Wegen der geringen Specifität ihrer Unterschiede für die Classification ziemlich werthlos, (während wieder für die genetischen Processe psychischer Embryologie höchst wichtig) kann eine grosse Menge von

---

*) Die ursprüngliche Bedeutung von Gwydd (Wissen und Kenntniss) ist: Baum, wie überhaupt der Druidismus in Religion und Philosophie den Begriff Baum festzuhalten liebt. Im altirischen Alphabet trägt jeder Buchstabe den Namen eines Baumes. Die Druidenschrift ist Pflanzenschrift (s. San Marte). In jedem Menschen wachsen zwei Bäume, der des Guten und der des Bösen. Ein jeder hat 6 Wurzeln, 10 Zweige (gishegu) und die Zahl der Blätter (da die Buddhisten Alles genau ausgerechnet haben) beläuft sich auf 48000 (s. Nil). Hermann will aus den Lautverbindungen die Ursilben zählen.

**) Die Natur ist für den Menschen in ewiger Menschwerdung begriffen (Jean Paul).

Darstellungen ausgeschieden werden, die bei ihrer allzu primitiven und einfachen Constitution fast ganz identisch scheinen, wie die meisten der mit Verehrung der abgeschiedenen Seele, der Gespensterfurcht, der Krankenheilung u. s. w. verknüpften Gebräuche. Bei mikroskopischer Untersuchung findet man allerdings auch bei ihnen prägnante Formengebung der volksthümlichen Eigenthümlichkeit, aber practisch würden sie sich zur Characterisirung grosser Kreise ebenso wenig eignen, wie der Botaniker nicht die Moose wählen würde, um ein Bild der geographischen Floren in allgemeinen Umrissen zu entwerfen, sondern dafür deutlich in die Augen fallende Repräsentanten phanerogamer Gewächse vorzuziehen pflegt.

Nehmen wir einen andern Gebrauch, der zu erschöpfender Behandlung, seine Monographie verlangen würde, hier aber einige Andeutungen erhalten mag. In jedem Bertat Berge sitzt ein Häuptling (wie Hartmann mittheilt) und wenn seine Regierung keine Zufriedenheit giebt, wenn Unglücksfälle hereinbrechen, so wird er erwürgt. Es ist das eine im Naturdenken durchaus einfache und deutliche Verknüpfung von Vorstellungen. Bei vielen Stämmen Amerikas und anderswo ist es nur der durch seine Körpergrösse, der durch seine Körperkraft Hervorragende, der die Macht des Häuptlinges ausüben kann. Indem er eben der Stärkere ist, so herrscht er über die Schwächeren durch die Macht des Stärkeren (des Stärkeren in Körperkraft, wie in civilisirten Zuständen durch geistiges Talent). Diese von ihm usurpirte Gewalt kann er nun auch nur durch seine Kraft bewahren. Wird er alt oder schwach, ersteht ein Stärkerer als er selbst, so ist sie ihm damit genommen. Eigentlich bleibt er indess immer der Schwächere der Gesammtheit gegenüber, da auch der stärkste Einzelne so vielen Gegnern mit einander unterliegen müsste. Die früheste Constituirung der Königsgewalt beruht nicht auf Vertrag, sondern auf roher Uebermacht, und setzt also einen Kriegszustand zwischen Herrscher und Beherrschten voraus. Jener ist factisch der Erste, so lange er jeden Einzelnen übertrifft, werden aber alle diese Einzelnen durch ein gemeinsames Interesse in Zeiten Existenzbedrohender Noth verbunden, so muss er weichen. Bei dem im fortdauernden Kriege zwischen Herrscher und Beherrschten periodisch abgeschlossenen Waffenstillstande werden dann bald gegenseitige Verträge eingegangen, die den Gebietenden zum Schutz der Unterworfenen und diese zum Tribut an Jenen verpflichten mögen. Mit dem Schutz übernimmt nun der König eine bedenkliche Pflicht, er muss als Garantie einstehen, dass Alles im Staat gut und wohl gehe. Die Karthager liessen ihre Feldherrn, die eine Schlacht verloren, hinrichten, bei den Naturvölkern hat aber der König nicht nur gegen die sichtbare Welt, sondern auch gegen die in den abgeschiedenen Seelen sich unmittelbar anschliessende Welt des Dämonischen zu kämpfen. Auch in China sind beide in keiner Weise getrennt. Der Kaiser ertheilt Titel und Würden im Geisterreich ebenso gut, wie den Mandarinen auf Erden, und er hat sich Fasten und Büssungen zu unterwerfen, wenn Unglücksfälle vom Himmel her das von ihm beherrschte Volk betreffen, da (wie Kaiser Gintsong bei Dürre sagt und in seinem Edict Kaiser Yongtsching bei Unfruchtbarkeit) seine Sünden Schuld daran sein werden. Bei den Preussen weihte sich die heilige Person des Griwe dem Feuertod. Der Waklimau oder Oberkönig der Zindsche wurde zum Tode verurtheilt, wenn durch die allgemeine Stimme des Volkes erklärt war, dass er sich der Gesetze der Gerechtigkeit entschlagen habe und aufhöre, ein Sohn des Himmels und der Erde zu sein. Der bei den Antaimours (auf Madagascar) fast göttlich verehrte König war zugleich für das Gedeihen der Früchte und alles Unglück verantwortlich, von dem das Volk getroffen werden mag. Nach Mirchond that der Ashkanier (Parthe) Ardewan-ben-Balas Busse, um für sein Volk Regen zu erlangen (und so Acakos). Ueberall finden wir auf frühern Stadien, in Japan, in Polynesien, in Haoussa das Institut der Priesterkönige, bei denen geistliche und weltliche Macht in einer Person vereinigt war, bis regere Geschichtsbewegung eine Trennung herbeiführte, wie zu Finnow's Zeit auf Tonga und durch Erhebung der Kronfeldherrn in Nippon. Wenn dem König von Loango seine Mütze abfiel, so war es ebenso bedenklich für die Weltordnung, wie bei dem Micado in Miaco*), der täglich eine bestimmte Zeit unbeweglich auf seinem

---

*) Mit der Erhebung der Kronfeldherrn (als Major-Domus), trat auch in Japan jene Epoche ein, die in politisch bewegten Zeiten zur selbstständigen Abscheidung der weltlichen Macht führt, aus den alten Theocratien, wie sie in der Person des Micado ebensowohl, wie bei africanischen Attas und den Atuas in Polynesien, den priesterlichen Character mit dem Fürstenthum verband. Wie die Könige der Colas in Florida vereinigte auch der Mico, der Fürst der (von jenseits des Missisippi nach Osten eingewanderten) Muscoculges zuweilen in sich die Würde eines Kriegshäuptlings und eines Priesters, bemerkt Bartram, der ebenso den Kriegshäuptling der Seminoles die Macht eines Halbgottes beanspruchen sah, um Donner und Blitz vom Himmel auf seine Widersacher herabzurufen. In Ostafrika prahlen die Könige gleichfalls mit ihrem Haus voll Donner und Blitz, und wie Salmoneus durch Wagengerassel, antwortete der Herrscher von Madagascar den Gewittern des Himmels durch Kanonendonner. In Guatemala war der Herrscher häufig zugleich Oberpriester. Der Tays (Herrscher) in Nutka vereinigt bürgerliche und priesterliche Gewalt und ähnliche Vereinigung liegt in den Titeln der Susuhunan, Caliphen, Tobba, Pandu, Nanda, Phrabat, der Brahmani-Dynastien u. s. w. Nach Jornandes galt Comosicus, der auf Dikeneus folgte,

Thron zu sitzen hatte, um ihm Stabilität zu geben. In allen diesen Beispielen sehen wir das Durchwalten desselben Grundgedanken, der die Bertat-Neger veranlasste ihren Häuptling todt zu schlagen, wenn er ihnen nicht helfen kann, und diese Vorstellung der Verantwortlichkeit des Königs kann nun weiter zur Idee des Opfers führen, indem man nicht nur den Schuldigen zu strafen, sondern zugleich die Götter zu sühnen sucht, und in solcher Absicht verbrannten die alten Schweden ihre Könige in Zeiten einer Missernte oder Hungersnoth, (wie ihren König Donald nach dreijährigem Misswachs). Auch unter höherer Gesittung wirkt dieselbe Ideenverbindung nach, in der Selbstaufopferung des Kodrus zu Athen, des Decius Mus im schon republikanischen Rom oder im Hinschlachten des erstgeborenen Königssohnes unter den finstern Riten der Phönizier auf den Mauern der belagerten Stadt.

Die Trennung geistlicher von weltlicher Macht kann nicht nur dadurch herbeigeführt werden, dass ehrgeizige Majordomen, von politischen Verhältnissen begünstigt, die schwachen Scheinkönige *) aus dem Palast

unter den Gothen zugleich als König und als Oberpriester. Vologeses (Priester des Dionysos) führte (11 a. d.) die Bessi gegen die Römer. Bei den Schirani (mit den Berdurani in Afghanistan verwandt) geniesst der Oberhäuptling (Nika oder Grossvater) grosses Ansehen und wird als unter unmittelbarer Leitung der Vorsehung stehend gedacht. In Bhutan steht der weltliche Deb Rajah neben den Dhurma-Raja. Bei den Creeks vereinigte der Micco priesterliche und politische Gewalt (s. Hawkins). Die Sachem in New-Hampshire und Maine standen unter dem Baschaba mit politischpriesterlicher Gewalt (s. Schoolcraft). Bei den Mixtecas war der hohe Priester (el sumo pontifico) erhabener als der König, und ihn anzublicken wurde mit dem Tode bestraft (Pimentel). Le pays Dzanar ou Dzanarkh (des Oudiens) était gouverné, au dixième siècle, par un prince chrétien, qui réconnaissait la suprématie des rois d'Arménie et qui quoique laïc, portait le titre ecclésiastique de chorévêque, en leur langue Khorisgobos (Vivien de St. Martin). Nach den Armeniern war der Staat Senekharim gegründet durch eine Colonie von Chaldaeern, die sich vor den Verfolgungen der Caliphen von Bagdad nach Udi (zu dem Fürsten Kartman) flüchteten und sich später in den Bergen zu Dzanar niederliessen (s. d'Ohsson).

*) Dann ist bequemes Fettwerden nicht nur erlaubt, sondern selbst gefordert, wie (nach Andersson) bei König Nangaro der Ovambos, und in einigen Theilen Afrika's die Thron-Aspiranten im Voraus gemästet werden, um das Embonpoint zu erhalten, das dann in die Wirkungskräftigkeit eines emblematischen Symbols übergegangen ist. Bei den Matabeles ist es (nach Harris) ein Verbrechen fett zu sein, weil nur der König dazu das Recht hat. Die betriebsamen Chinesen verlangen die körperliche Abrundung nur von ihren Priestern; die im Naturgenuss schwelgenden Polynesier dagegen von jedem Adligen.

in den Tempel verdrängen, sondern durch verständige Cedirung von Functionen, die nicht nur lästig, sondern auch gefahrvoll sind, und den Genuss der Herrscherwürde beeinträchtigen. Wir finden so schon früh häufig ein derartiges Verhältniss, dass der König oder Häuptling noch nach alter Patriarchen-Weise den officiellen Gottesdienst verrichtet, dass er das Volk bei der unbestimmt dargestellten Gottheit des Schöpfers oder des guten Principes vertritt, dass er aber all' jene zweideutigen Operationen weisser und schwarzer Magie, wodurch man sich mit dem dunkeln Reich dämonischer Mächte, mit den Teufeln tückisch und feindlich-bösen Sinnes abzufinden sucht, einer Klasse von Zauberpriestern überlässt, auf die jetzt die ganze Verantwortlichkeit des Schutzes gegen die Widersacher fällt, denn der König hat es nur mit dem guten Gott zu thun, der nicht schaden kann und sich überhaupt wenig um das Irdische kümmert. Es lässt sich nun in den Entwickelungskreisen der Völker durch Hülle und Fülle von Beispielen belegen, wie die Könige durch Abgabe dieser Macht sich zwar einer schlimmen Verantwortlichkeit entledigten, aber sich auch im Staate Nebenbuhler schufen, die sie oft genug später wieder tyrannisirt haben, und es lässt sich dann überall der Fortgang der Zauberer zu Priestern verfolgen, oder der Zerfall der Zauber-Priester in Priester und Zauberer, indem jene entweder sich wieder Gehülfen erzogen, denen sie die bedenklichen Geschäfte überliessen, oder lästige Rivalen mit dem Feuer und Schwert der Orthodoxie bekämpften. Alle diese Entwickelungsphasen sind so scharf und genau im Wachsthum der Völker markirt, dass sie sich bei einer eingehenden Behandlung des Gegenstandes leicht zur Charakteristik fixiren lassen. Bald sieht das Eine, bald das Andere der Gebilde besonders hervor, der durchlaufende Cyclus ist bald ein längerer, bald ein kürzerer, immer aber wiederholt sich, je nach Berücksichtigung der äusseren Umgebung und mitwirkender Eingriffe, dieselbe gesetzliche Reihenfolge, wie sie in den Zellbildungen in jährlichen perennirenden Pflanzen eine und dieselbe constante ist.

Jenen summarischen*) Brauch der Bertat-Neger, ihrem Häuptling bei allgemeiner Unzufriedenheit die Kehle zuzuschnüren, finden wir bei den stammverwandten Fundj nun schon in einer Fortbildung, wie er mit den geordneteren Staatsverhältnissen dieses Eroberervolkes im Einklang steht. Es war nicht mehr der unmittelbare Ausdruck des Gesammtwillens, der entschied, sondern in den für das Staatswohl kritischen Momenten trat der Rath

---

*) Die Banjaren (am linken Ufer des Cassamanza) bezahlen ihrem Priesterkönige Abgaben, um Regen oder gutes Wetter herbeizuführen. Bei Trockenheit oder Nässe wird er, wenn Geschenke seinen Sinn nicht ändern, so lange geprügelt, bis das Wetter besser wird, erzählt Hecquard.

der aus den Greisen und Weisen bestehenden Notabeln zusammen, um über die Würdigkeit des Königs ein Urtheil zu fällen und ihn gebotenen Falles dem Tode zu weihen. Auf demselben Boden, auf dem die Fundj ihr späteres Reich stifteten, hatte schon in alten Zeiten ein Völkerleben gekeimt, war zur Culturblüthe emporgestrebt und nach dem Welken vergangen, hat aber unvergängliche Monumente zurückgelassen, die noch heute vom berühmten Meroë zeugen. Die ersten Nachrichten, die uns über dieses Volk erhalten sind, zeigen es uns (nach der vorliegenden Grundidee gemessen) in schon weit vorgeschrittenen Stadien des Wachsthums. Die Scheidung zwischen geistlicher und weltlicher Macht*) war lange vorher eingetreten, und die wahrscheinlich durch Zuwandern aus dem benachbarten Aegypten verstärkten Priester hatten schon ein solches Uebergewicht im Staate erlangt, dass sie es waren, die den durch den Willen der Götter erheischten Tod des Königs decretirten. Gerade damals indess begann das hellenische Gährungselement die afrikanischen Grenzländer zu durchdringen und durch das Getriebe politischer Ereignisse sehen wir bald nachher den geistlichen Bann gebrochen, indem Energamenes die Priesterschaft in ihrem Tempel niedermetzeln liess und auf seine Nachfolger eine von hierarchischen Uebergriffen befreite Souveränität vererbte. In ähnlicher Weise emancipirte sich im IV. Jahrhundert p. d. der Perimaul von Cochin, der sich früher auf hohes Geheiss den Tod geben musste, wenn die Frist seiner Regierungsjahre abgelaufen war, und auch bei den Tolketen war den Königen die Zahl von 52 Jahren vorgeschrieben, die sie nicht überschreiten durften. Wurde der Fürst der Bailunda durch das Impunga genannte Gericht des Adels**) entsetzt, so tödtete er sich selbst. Im Gange der Geschichtsbewegung entzieht all-

---

*) Die Würde des Königs bestand in dem von Gott hergeleiteten Amte des Oberrichters und Oberpriesters, sie waren digni, oder digeni, divigeni, ἐκ Διὸς βασιλῆες, διογενεῖς, gudjans (H. Müller). Wie der Bewohner des Gau (go) goman (geuman oder geoman) heisst, so der König des kleinsten Gaues Go-König. Auch die Reges Italiens waren ursprünglich nur Gokönige; selbst Priester hiessen unter den Römern reges, und das gothische reiks (rex) ist nur ἄρχων, nicht βασιλεύς.

**) Zum Schutz gegen solche Opposition wird die Maassregel ergriffen, dass der Fürst sich einen Theil des Adels durch Blutsfreundschaft verbrüdert und dadurch, wie bei den Hephthaliten (nach Procop), ihre Existenz mit der seinigen verknüpft, wie die indischen Königsbücher aus alter Zeit beständig des Zuges erwähnen, dass alle Söhne der Edeln, die am selbigen Tage mit dem Erbprinzen geboren sind, mit ihm als Milchbrüder aufgezogen werden. Von den Russen berichtet Ibn Fozlan, dass der König stets von 40 der Tapfersten in seiner Burg umgeben sei, die mit ihm lebten und stürben.

mählig der Glanz der Majestät den König solchen Wechselfällen, seine erblich stabile Einsetzung von Gottesgnaden verschafft unverletzliche Documente, wie sie zur Sicherung der Gesittung und Cultur durchaus nothwendig sind, und jede Handaufhebung, um das zu üben, was in der Barbarei das Recht des Volkes war, wird fortan als revolutionäres Attentat gebrandmarkt. Im Schahnameh spiegelt sich vielfach in den Discussionen der durch die Schwäche ihrer Fürsten erbitterten Grossen der Widerstreit zwischen der Erinnerung herkömmlicher Traditionen und dem Beugen vor dem erhabenen Dictum der neu aufgehenden Culturzeit. Mitunter sind aus den anachronistischen Ueberlieferungen einzelne Gebräuche erhalten, die das Andenken derselben zurückrufen sollen, und wenn die Khajaren sowie östlichen Türkenstämme den König bei der Thronbesteigung mit einem Strick am Halse würgten, so war das ein Vorgeschmack dessen, was früher unter Umständen seinen Vorfahren gedroht hatte, und vielleicht auch noch ihn selbst treffen konnte.

Die königliche Würde geht nicht nothwendig auf den ältesten Sohn über, wenn es unter den übrigen Söhnen oder unter den jüngeren Brüdern einen Fähigeren giebt, so folgt dieser beim Tode des Königs, bemerkt Matuanlin von den Yetha (aus dem Stamme der Yueitschi), bei denen die Frauen so viele Hörner tragen als sie Brüdern (oder später Liebhabern) verbunden sind. Auch in Siam schwankt die Nachfolge zwischen Erb- und Wahlrecht. Die Gokönige des Landes besetzten die erledigten Königshofe mit dem tüchtigsten Gliede desselben Geschlechtes, den die Genossenschaft suffecturum probaverit (wie Tacitus in der Bewaffnung, aber wahrscheinlich mit Rücksicht auf Besitzerwerb sagt), den utilissimus des Gregorius Turonensis (Müller). Consuetudo, ut ex omnibus filiis regis pro tempore, si plures haberet, unum duntaxat eligerent, quem regno crederent utiliorem profuturum, quod si nullum habuisset filium, de propinquis ejus idoneum magis eligebant (Trithemius). Mit dem Verschwinden der (von den Budini) bis Djungarien verfolgbaren Usiun (blond und blaugrün-äugig, wie die Budini, *Ἰθνος γλαῦκον καὶ πυῤῥόν* b. Herodot) aus chinesischer Geschichte, den Asiani bei Strabo (die in den Asi oder Ask der Parther auftretend, das Herrschergeschlecht der Tocharer bildeten, während Ammianus die Tocharer zu den Herrschern in Asien macht) erscheinen unter den Gothen der grossen und kleinen Geten die Assen genannten Alanen (Asaioi in Ossi) von denen Geschlechter unter den mithridatischen Wirren („als die Feldherrn des Pompejus die Länder durcheilten") aus Asgard nach Scanzia zogen, von wo Jornandes schon in ältester Zeit die Auswanderung Berich's nach der Ostseeküste und dann die Filimers nach Skythien hinabgeführt hatte. Bei der ununterbrochenen Kette von Mittelgliedern, die sich beim Zusammenfassen der chinesischen und klassischen Nachrichten zwischen Tibet und Mäoti herstellen lassen, kann die Gleichartigkeit so vieler Rechtsgebräuche in der ultragangetischen und scandinavischen Halbinsel (d. h. den beiden durch die fortgehenden Veränderungen der Hauptmasse am wenigsten durch ihre geschütztere

Lage berührten Endspitzen) kaum überraschen. In bhutanischer Polyandrie heirathen Ve und Vitir ihres Bruders Odin Gattinn Frigg (Ynglingasaga.)

Das von Attila überlieferte Bild gleicht mehr einem Mongolen, als einem uralischen Finnen, bemerkt Thierry, nach dem sich die Hunnen zuweilen künstlicher Mittel bedienten, um ihren Kindern eine mongolische Physiognomie zu verschaffen, nicht, wie die Römer meinten, um den Helm besser zu befestigen, sondern um sich einer aristokratischen Rasse zu verähnlichen. A Paris, où se trouvent rassemblés des habitants de toutes les parties de la France, toutes les habitudes des provinces se trouvent importées et les déformations du crâne produites par les coiffures vicieuses ne sont nullement rares (Foville). Retzius sieht darin ein Erbe aus dem Heidenthum. Plerasque nationes peculiare quid in capitis forma sibi vindicare constat. Genuensium namque et magis adhuc Graecorum et Turcarum capita globi imaginem exprimunt, ad hanc (quam illorum non pauci elegantem et capitis quibus varie utuntur tegementis accommodatam censent) obstetricibus quoque nonnunquam magna matrum solicitudine ferentibus. Die Darstellungen der Dacier auf den alten Denkmälern stimmen mit den heutigen Slawen und Moskowiten, wo auch derselbe Haarwuchs zu erkennen ist, überein. Ulge signifies a nation or people (as Spanish-Ulge, English-Ulge etc.) in the language of the Muscogulges or Muscoges. Este seems a specific term for all mankind (in four divisions). The white people they call Este-Hulke, the Negroes Este-Huste or black men, the Spaniards Este-Cane or yellow men, the Indians Este-Chate or red men (s. Squier).

Aehnlichkeiten in Gebräuchen und Vorstellungen bei weit entlegenen Völkern sind häufig so frappant, dass man sich geneigt fühlen könnte, gemeinsamen Ursprung anzunehmen, und in früherer Zeit wurde ein solcher denn auch häufig genug aus der Thatsache ihres Vorhandenseins allein erschlossen. Unsere naturwissenschaftliche Anschauungsweise hat dagegen ein unbedingtes Veto eingelegt, und es ist nöthig, alle diese nur aus Gehörshallucinationen gefolgerten Völkerverbindungen abzuthun und eine tabula rasa herzustellen, auf der man zunächst den psychologischen Grundelementen ihre volle Spielweite erlaubt, und dann längs deutlich erkennbaren Bahnen die historische Verkettung verfolgt, die einzelne Kreise auf's Neue zusammenknüpfen mögen. An und für sich würde auch die weit denkbarste Entfernung der Völker auf unserm Erdenrund kein Hinderniss entgegenstellen, dass nicht eine Uebertragung stattgefunden haben könnte, γίνοιτο δ' ἄν πᾶν ἐν τῷ μακρῷ χρόνῳ, wie der Vater der Geschichte sagt. Welche Veränderungen, welche Mischungen in unmessbaren Vorzeiten stattgefunden haben mögen, ist unmöglich im Voraus zu bestimmen, aber gerade weil wir nicht mehr an die festen Zahlen unserer alten Chronologien gefesselt sind, ist es um so mehr die Pflicht jedes aufrichtigen Forschers, niemals ohne Noth über dieselben hinauszugehen, da, je ungebundener die Freiheit ist, die als Geschenk angeboten wird, desto leichter die Verführung vorliegt, sie zu missbrauchen, und sich in ein haltloses Meer willkührlicher Hypothesen zu verirren. Auf einem unbekannten Terrain ist keine einzige Folgerung aus Möglichkeiten oder Wahrscheinlichkeiten erlaubt, das Unbekannte ist für die Wissenschaft überhaupt ein nicht Vorhandenes, als Object der Forschung, es bildet nur das Ziel, nach dessen Aufhellung die Forschung strebt. Aber wenn das Unbekannte auf der einen Seite nichts gestattet, so vermag es auf der anderen Seite auch eben so wenig irgend etwas zu verbieten. Das Unbekannte stellt eben die völlige Indifferenz dar, die entweder ihre Bestätigung als ein für die Forschung nicht Vorhandenes erwartet, oder ihren Raum mit bestimmt gesicherten Thatsachen ausfüllen kann. Liegt also zwischen zwei weit entfernten Völkern, über deren geschichtliche Beziehungen bis dahin nichts bekannt ist, eine Aehnlichkeit vor, so wäre es innerhalb des naturforschenden Gemeinwesens für eine verdammenswürdige Apostasie zu erklären, auf diese Analogien weitere Schlüsse zu bauen; auf der andern Seite würde es dagegen von dem Fanatismus einer engsinnigen Orthodoxie zeugen, die augenblickliche Unbekanntschaft zu einem Dogma zu erheben, und dadurch weitere Forschungen in dieser Richtung abzuschneiden, wenn sich aus hinzutretenden Beobachtungen die Möglichkeit zeigen sollte, vielleicht dennoch einen geschichtlichen Zusammenhang anzubahnen. Sobald wir anfangen Mittelglieder zu gewinnen, vermindert jedes derselben den bisherigen Zwischenraum von einem Endpunkt zum andern nicht nur um die Entfernung seines eigenen Fortschreitens, sondern hypothetisch schon um das Doppelte desselben, da wenn auch noch nicht die Gewissheit, so doch die Möglichkeit vorliegt, dass es jetzt selbst wieder als selbstständiges Centrum mit gleicher oder ähnlicher Tragweite fortgewirkt habe. Diese Mittelglieder bilden also gleichsam „stepping-stones", um über die bisher trennende Meereswüste des Unbekannten von einer Küste zur andern fortzuschreiten. Aus solchen Zwischengliedern hat sich unsere Geschichte zusammengebaut, und wir werden ihre Constructionen bald durch die ganze Weite Asiens bis zum äussersten Osten fortführen können, da die chinesischen Chroniken beginnen, die Ecksteine zu liefern, von denen aus sich die Brücken schlagen lassen. Als ein anderes Beispiel, das freilich erst später zu geschichtlicher Reife gelangen wird, mag Afrika dienen. In manchen der traditionellen oder mythischen Namen an der Westküste, (besonders der südlichen) kehren Anklänge an Indien wieder, ohne dass darauf ein Gewicht gelegt werden dürfte, so lange uns die vor-islamitischen Beziehungen der Banyanen mit den Zendj nicht in genaueren Einzelnheiten bekannt sein würden. Vielleicht erhalten wir aber noch von einer andern Seite her verwendbare Treppenstufen. Die weisse Dynastie in Ghanata knüpft an die Berber an, der Sa el Yemeni von Sonrhay wird durch Leo Africanus gleichfalls auf Libyen zurückgeführt und mit arabischem gemischtes Blut der verschleierten Tuarik wallte in den Lemta von Djenneh, die 1086 auf dem ruhmvollen Siegesfelde von Zavala Alonso's Eroberungen hemmten und die Blüthe spanischer Ritterschaft niederstreckten. Die beiden andern Culturstaaten Mittelafrikas dagegen, Haoussa und Bornu, weisen nicht nur auf die nördliche Wüste, sondern zugleich auf den Osten hin; sie werden durch die vermeintlich koptischen Gober, von deren Wanderungen sich noch im XIV. Jahrhundert Spuren in Air oder Arben gefunden hätten, an Egypten angeknüpft, und treten nicht nur in Haoussa mit dem mythischen Stammvater Biram auf, sondern auch in Bornu, wo man für denselben, ebenso wie für Brama (Birman, Pirman, Biraman, Burma, Bramha u. s. w.) das semitische Equivalent Ibrahim oder Abraham (als Vater des Duku in Yeri-Arfassa) gefunden hat. Wir hätten hier also ein ziemlich genau abgemessenes Halbwegehaus gefunden, zwischen den Nilländern und Congo, und wenn wir die Namensschilder in Meroe oder Meru mit Naga (Nagara), Assura u. s. w. als ein anderes Halbwegehaus auf der Strasse nach dem durch indische Waaren und Ideenträger besuchten Adulis zuliessen, so wäre eine hübsche Verkettung hergestellt, die aber augenblicklich leider noch im phantasievollen Wolkendunste schwebt, und nur in gemüthlichen Dämmerungsstunden gesehen werden darf, wenn wir von der Tagesarbeit im klaren Sonnenlichte naturwissenschaftlicher Forschungsmethode ausruhen. Es muss den für das Specialwerk begonnenen Untersuchungen vorbehalten bleiben, welche hie und da zerstreuten Punkte sich in diesen Nebelregionen vorhistorischer Urzeit durch künstliche Beleuchtung etwa hinlänglich sicher feststellen lassen, um sie practisch verwerthen zu können.

Das Erhalten mythologischer Namen ist überall ein beachtenswerthes Moment, um den Spuren ethnologisch-geschichtlichen Zusammenhanges nachzugehen. Namensähnlichkeit an und für sich sagt Nichts, oft genug selbst weniger als Nichts, da sich im Gegentheil vorwiegend findet, dass die von einem anderen Volk aufgenommenen Worte des gewöhnlichen Lebens rasch auf das unkenntlichste entstellt werden (ausser bei Schriftvölkern, die ihr Tonbild für das Auge fixiren können), häufig mit der deutlichen Absicht, sie einem bekannten Klange*) des einheimischen

---

*) Wie indische Städtenamen durch die englischen Soldaten entstellt werden und Istambul durch die Türken. Eine Hofstätte (die Grundfläche, welche zur Anlage von Haus, Scheunen, Ställen nebst umgebenden freien Räumen benutzt oder bestimmt wird), die Solstätte (area) hiess Ware oder Worde. Nicht nur sind Ware und Word (nach H. Müller) wurzelverwandt, sondern sie fallen auch mit Wurth (Namen der Schicksalsgöttin) zusammen, wie im Lateinischen das Schicksal und die area den gemeinsamen Namen sors führen. Indem in alten Zeiten jedes Haus sein Zeichen hatte (das Wappen der Waffen), so finden sich für Wahrzeichen auch Wortzeichen. Die Ware (Word) wurde auch Zump (Zumpt oder Zumpfe) oder Zumpte genannt, welches Wort auch penis, mentula bedeutet, und an das Verhältniss des Priapus zum Ackerbau erinnert, bemerkt Müller, der hof (domus, aula) mit huoba verwandt hält und zufügt: Der zum Zumpfe gehörige Grundbesitz heisst huoba oder Hufe (unam arialem cum una structura et ad illam pentinentem hobam). Die talismanisch verwandte Form der Yoni, die allmählig bei dämonischer Auffassung des Pferdes der Gestalt des Hufes verähnlicht wurde, bezeichnet das weibliche Prinzip der Muttererde, die durch die Ackerfurche geritzt wird. Hide bedeutet im angelsächsischen

Idiomes näher zu bringen. Im Allgemeinen kann man fast um so sicherer eine Zufälligkeit im Zusammentreffen annehmen, je scheinbar gleichlautender zwei Worte in sonst getrennten Sprachen, so lange sich die Etymologie in keiner gemeinsamen Wurzel einigen lässt. Anders dagegen bei solchen Namen, die durch ihre religiöse Heiligkeit vor Verletzung geschützt werden, Namen, die man ausserdem nicht aufnahm ihrer erklärenden Bedeutung wegen (wobei eine Modification oder Verbesserung zulässig gewesen), sondern die als mystisch unverstandene Symbole göttlicher Wesenheiten recipirt und nun als solche, unter sorgsamster Hut bewahrt werden, da nur genaue Wiederholung ihre Zauberkraft verbürgt, und in ihrer Aussprache begangene Fehler mit bedenklichen Gefahren drohen. Solche religiös geweihte Namen werden, im geraden Gegensatz zu gewöhnlichen Worten, kaum je die geringste Veränderung erfahren (freilich nur so lange sie Heiligkeit bewahren, sonst kann auch Wodan zu Utz werden) und in sich eine unzerstörbare Permanenz unter den radicalsten Umwälzungen erhalten, immer wieder aus ihnen auftauchend, obwohl der mythologische Charakter, dessen ursprüngliche Titel so waren, eine fliessende Reihe von Metamorphosen*) durchlaufen mag, und je nach dem cultur-historischen oder orthodoxen Barometer sich der Dewa in einen Dew verwandeln, der Budha zu einem Bhut herabsinken, oder dieser zu jenem aufsteigen wird. Der in Merope aus dem tiefsten Alterthum des griechischen Archipelagus hervortönende Klang schlingt von dem indischen Centralberg aus, dem Upameru im Hochlande Pamir, von Muru des Vendidad, von Meru, wo Adam durch Engel

---

so viel Land, wie jährlich mit einem Pfluge beackert werden konnte, führte aber dann auf die Vorstellung der Bedeckung durch eine Thierhaut und weiter auf die bei Kambodiern, Javanern, Thüringern u. s w. ebenso, wie in Karthago, bekannte List Dido's, die auch von Ivar in der Ragnar-Lodbroks-Saga geübt wird. In anders-sprachiger Fremde pflanzen sich die Worte nicht etymologisch richtig fort, sondern nach unwesentlichen Nebensilben, wie auf Anlass der Ta-Yuetchi die Bezeichnung der Tata (Ta-che) entstanden scheint und der heilige Ludwig sie dann wieder aus dem Tartarus erklären zu können meint. Baro und barus findet sich in deutschen Gesetzen und Urkunden, mit der Bedeutung sowohl vom servus als homo ingenuus, also überhaupt als Mann (s. Müllenhof), wie Thai im Slamesischen.

*) Unter hundert von Beispielen sei nur das neueste der im vorigen Jahre in Neuseeland gestifteten Secte angeführt, die ganz in die kannibalischen Religionsformen zurückfiel und getrocknete Menschenköpfe als Symbol aufstellte, aber doch die (in Folge längerer Autorität) einmal als heilig adoptirten Namen des Christenthums unverändert bewahrte.

den Ackerbau lernte, einen Gürtel um den Globus über den Meru-Himmelsberg der Tahitier, den Merapi auf dem Plateau von Menangkabou und umliegenden Inseln, sowie den Göttersitz Meru's in Ost-Afrika und findet seine Wurzel im ägyptischen Mir, als Bergland. Im Nubischen heisst Meru weiss und bezeichnet im Arabischen die weiss glänzenden Felsen (im ähnlichen Zusammenhang wie albus mit Albanien) und der von den Arabern Meru genannte Stöpsel zum Kaffeestossen wiederholt den als Lingam auf der Erde stehenden Berg Meru. In der zweisprachigen Keilinschrift wird (nach Hincks) Meruh durch Miluh wiedergegeben.

Die Sage gleichfalls pflegt die Namen zu bewahren, aber ohne an die Persönlichkeiten, die sie führten, oder die Localitäten gebunden zu sein. Sie hat einen ungefähr allgemeinen Begriff der stattgehabten Thatsachen und sie erinnert genau die Namen, die in ihnen gespielt haben. Da sie jedoch, als nur innerhalb der Gegenwart und des heimathlichen Landes messend, in allgemeiner Chronologie oder Geographie jeder festen und bestimmten Anschauung ermangelt, so wirft sie im Gang der Ereignisse Alles auf das ungeordnetste durcheinander und verwendet die als solche unverändert erhaltenen Namen nach bester Bequemlichkeit. In der fränkischen Sage vom Kampfe Hildebrand's und Halibrand's findet sich der König Thidrikur zu schwach, den Angriffen Ermenrekur's zu widerstehen und zieht sich deshalb aus Bern, der Hauptstadt der Amalunga, über die Alpen in den Schutz Attila's, des Hunnenkönigs, zurück und bleibt über dreissig Jahre verschollen, mit Hildebrand auf Abenteuern umherziehend. Man sieht, alle Namen sind da, die einen guten Klang in der Sage hatten, und in ihrer willkührlichen Verwendung könnte sich vielleicht noch eine Erklärung finden. Hermanrich war selbst ein grosser Eroberer, ehe er und seine Amalungen den Hunnen erlagen, es dürfte sich also das Andenken an seine Kriegszüge erhalten haben, so dass er zum Prototyp eines gefürchteten Feindes wurde. Der besiegte König verschwindet, wie so häufig, und da man dann auf seine Wiederkunft zu hoffen pflegt, so lässt ihn die Sage in Wirklichkeit wiederkommen. Da indess die dreissig Jahre der Abwesenheit mit Heldenthaten auszufüllen waren, so häufte sich dadurch allmählig solcher Glanz um seinen Namen an, dass die Sage dafür den des grossen Ostgothen-Königs wählte, dessen Ruhm und Macht noch am lebhaftesten im Andenken stand. Sein Platz in Italien war dadurch frei geworden und wurde nun Attila übergeben, der aus seiner ihm ursprünglich gehörenden Stellung doch gerade verdrängt war und anderswo hingesetzt werden musste.

Die Geschichte eines einzelnen Landes sowohl, wie eines ganzen Welttheils ist das Product zweier Factoren, aus dem ethnologischen

Charakter des Volkes und den günstigen oder hindernden Bedingungen der geographischen Grundlage, auf der sich dasselbe bewegt. Die Cultur bedarf zu ihrer Entwickelung einer Durchdringung keimfähiger Elemente, die neue Schöpfungen hervortreiben; und den geeignetsten Boden für ihre Blüthe haben deshalb überall gezackte Küstenländer und Halbinseln geboten, die ihre Buchten als gastliche Häfen öffnen, um die auf den Strömungen, den Chausseen der Meere, oder durch die Passate herbeigetriebenen Schiffe, so wie die für Handelszwecke ausgesegelten zu empfangen. Eine weitere Gliederung continentaler Massen wird durch die Lebensadern schiffbarer Flüsse angebahnt und die fruchtbaren Ufer derselben pflegen sich rasch mit den Kunstwerken blühender Staaten zu schmücken. Als dritter Kern, um den die Civilisation zu krystallisiren vermag, stehen in dem Gewoge der Völkerschichten die Hochgebirge da, wenn innerhalb solcher Breitengrade gelegen, dass sie in ihren Terrassenerhebungen verschiedene Zonen-Gürtel durchsteigen können, ohne den Charakter der Bewohnbarkeit zu verlieren und wenn sie so eine Vielgestaltigkeit wechselnder Differenzirung einschliessen. Nur diese Bedingungen vorausgesetzt, treten auch Bergländer in den Kreis geschichtlicher Bewegung ein, sonst bleiben sie für diese ein Ödes und unfruchtbares Gebiet, und die früher beliebte Hypothese (die Zeune in Iran, Turan und Sudan mit Bolivien, Guiana und Apalachien zusammenfasste), den Centralheerd der Culturen auf Bergspitzen zu verlegen, steht im Widerstreit mit dem Thatsächlichen, passt dagegen gut in Theorien, wenn man Ausnahmen zur Regel erhebt.

Der Centralheerd der Cultur, dessen nachglühendes Feuer auch noch unsere heutige erwärmt, ist jenes von der Natur begünstigte Becken des Mittelmeeres, in dem von allen Seiten gezackte und durchfurchte Halbinseln hineinhängen, die hafenreichen Küstenländer Italiens, Griechenland's, Kleinasien's mit den Uferstrichen Phönicien's, Aegypten's, Cyrene's, Karthago's, wie Spanien's und Gallien's. Dort trafen im Wechselverkehr des Handels die von den Spitzen ausströmenden Einflüsse auf einander, um aus ihrem Durcheinanderwirken die Geistesschöpfungen zu zeugen. Die continentalen Massen Asien's hatten von der geringen Ausdehnung der Küsten aus nicht genügend durchzuckt werden können, aber sie sind durch die eindringenden Wasseradern der Flüsse belebt, an deren Gestaden die Culturen des sogdianischen Mawarennahar, am Oxus und Jaxartes, des mesopotamischen, am Euphrat und Tigris, längs des Ganges und Indus hervorgeblüht sind, sowie zwischen den grossen Flüssen China's, dessen Küste zwar mit Buchten eingeschnitten, aber in zu weitem Abstand von den Gegenländern jenseits des Meeres getrennt ist, um allein befruchtend zu wirken. Die Hauptrichtung der Wanderungen geht immer natürlichen Anziehungsgesetzen nach, aus den Steppen nach den für Ansiedlungen fruchtbaren Gegenden, aus den Nomaden-Ländern gegen die Culturstaaten, und je nachdem diese stark genug sind, den Angriff zurückzuwerfen, oder, in der Katophereia ihrer Geschichte den Angriffen erliegen, bestimmen sich die späteren Wendungen. Wir sehen deshalb in Asien die Geschichte stets auf denselben Strassen wandern, auf demselben grossen Heerweg die Völker seit undenklichen Zeiten nach Europa ziehen und durch die Bergpässe hier und da einbrechen, oder Flüsse und Seen auf ihren Furthen passiren. Indessen zeigt sich auch gelegentlich eine Contraströmung, die von Westen ausgeht, und obwohl der östlichen weit an Bedeutung nachstehend, doch in einzelnen Perioden stark genug gewesen ist, sie temporär zu unterbrechen. Als Quelle dieses rückläufigen Stromes sind je nach den historischen Constellationen verschiedene Agentien in Wirksamkeit getreten, die die natürlich gegebene Ursächlichkeit überwiegend beherrschen mögen. Das westliche Europa besteht fast ganz aus bebauungsfähigem Areal; oder die Haiden nehmen doch einen verhältnissmässig zu geringen Raum ein, als dass die auf ihnen ihr kümmerliches Leben fristenden Hirten je stark genug sein sollten, im gemeinsamen Zusammenhandeln über die Ackerbauer die Oberhand zu gewinnen. Die Grundlage des ursprünglichen Motives, wie sie in Asien gegeben ist, fehlt also in Europa, und dort muss nach einem anderen Factor des ersten Anstosses umgeblickt werden. Dieser kann nur in den meteorologischen Verhältnissen gefunden werden, wenn, wie kürzlich wieder, aus Misswachs (häufiger durch Nässe, als, wie anderswo, durch Dürre verursacht) Hungersnoth eintritt oder wenigstens drohte, und so aus dem dann periodisch relativ übervölkerten Lande die Aussendung eines Ver Sacrum nöthig machte. Auch gehen die Traditionen in der That auf solchen Anlass zurück, bei der celtischen Auswanderung aus Gallien sowohl, wie bei der gothischen aus Skandinavien, und musste sich besonders bei der halbinselartig abgeschlossenen Gestaltung des letzteren Landes ein solches Drängen nach Aussen am leichtesten fühlbar machen. War der Auswanderungszug in die Ferne einmal eingeleitet, so konnte er auch, nach Aufhören der ersten Noth, noch attractiv fortwirken, und mit dem Reiz des Neuen, und im Vergleich zu der armen Heimath Vorzüglicheren, selbst progressiv wachsen, wie bei den Wikinger-Zügen. In Asien wird diese meteorologische Ursache im Vergleich zur geographischen gegebenen, selten von Bedeutung werden, zumal in den von der Natur begünstigteren Ländern, wo sich immer eher Ersatzmittel bei etwaigem Fehlschlagen der Ernte finden lassen, als im unwirthlichen Norden. Die Cimmerischen Wanderungen, die schon vor Homer's Zeit (in der ihr Ausgangspunkt in den äussersten Westen gesetzt wurde) Kleinasien verschiedentlich verwüstet haben sollen, wurden stets im Unterschied von dem scythischen oder anderen östlichen aufgefasst, und endeten ungefähr da, wo die späteren keltischen in Galatien, während sie in ihren Zwischenstationen am Pontus die gothischen wiederholten. Mit ihnen setzt Strabo die Trerer und andere Stämme Thracien's in Verbindung, während die über die Donau zurückkreuzenden Geten gleichzeitig schon ein östliches Gepräge trugen. Nach der Niederlage der Cimmerier durch die Scythen unter Madyas scheinen sich vorübergehend die Sigynnen zwischengeschoben zu haben.

Die Iberer lässt Niebuhr von Afrika in Europa eintreten, und wären sie auf diesem gleichfalls historischen Heerweg mit den Traditionen über den Zug des Hercules*) in Verbindung zu setzen. Nach Sardinien führt Pausanias die Libyer direct und scheint sich, bei den vielfachen Einwanderungen dort, in Wechselbeziehung mit den umgebenden Inseln, als selbstständiger Typus der insulare Schlag der Ligurer**) gebildet zu haben, der in Narbo mit den Helisyci***) in Berührung trat, während bei Herodot die Kynaeten die westlichste Nation Europa's bildeten. Nach Plutarch nannten sich die Ligurer auch Ambrone und Ambron führte die milesische Colonie nach Sinope, die an die Cimmerier verloren ging. Die Veneti am adriatischen Meere wurden für Paphlagonier gehalten, während Strabo sie von den Veneti am Atlantic (in Armorica) ableitete, die zu den Belgae gehörten.

Während in dem durch Buchtungen, Wasseradern und Gebirgssysteme reich gegliederten Continente Europa-Asien's die Cultur in einer Mannichfaltigkeit von Centralsitzen hat Wurzel schlagen können, um von dort wieder über die Nachbarbezirke auszuströmen, ist es ihr in Afrika unmöglich geblieben, Halt zu gewinnen, und sind dort die Völkerstämme in beständiger Bewegung, vordringend gegen die Meeresküsten, gegen die Handelsplätze (gleich den nach Mexico hinabziehenden Nahuatl) und auf diesen Wanderungen nur in temporären Wohnsitzen verweilend, wie es Heuglin bei den (den Gallas verwandten) Nyam-Nyam†) beobachtete

---

*) Ausser durch Nimeth lässt Nennius auch durch Bartholomäus oder Partholanus spanische Einwanderungen nach Irland geführt werden.

**) Nach Dionysius war der Ursprung der Ligurer völlig unbekannt.

***) Die Heliadae, die nach Rhodus auf die Telchinen folgten, waren durch die Sonnenwärme aus der Erde hervorgelockt.

†) Die Chevas, zu denen die Moviza von den Moluanen getrieben wurden, verfertigen Rinderzeuge, und solche lassen sich die Nyam-Nyam aus ihrer alten Heimath nachkommen.

und du Chaillu bei den Fan*), in deren Zügen sich die mittelalterlichen der Manes und Cumbas in Sierra Leone, sowie die der Jagas und Zimbos und die neueren der Zulus**) wiederholen. In derselben Weise durch die verführerischen Waaren der Handelsschiffe angelockt, schob der Bund der Ashantie seine Eroberungen bis zu den Fanti vor und wurde das Reich von Dahomey gestiftet. Auch in Asien wandern die Nomaden an den Grenzen civilisirter Staaten, in welche sie bei sinkendem Verfall der Schutzwehren einzubrechen pflegen, aber da die Grasvegetation der asiatischen Steppen das Hirtenleben erlaubt, so mag in patriarchalischen Verhältnissen ein gegenseitiger Friede erhalten werden, indem die den Lebensunterhalt gewährenden Heerden ein kreisförmiges Umherziehen im Besuche der verschiedenen Brunnen innerhalb des zukommenden Gebietes gestatten. In Afrika dagegen verbindet sich mit dem Vordrängen nach den Märkten, auf denen es eines Austauschmittels bedarf, zur Gewinnung desselben sogleich die Sklavenjagd***), und also ein immerwährender

---

*) Le mouvement des Fans vers la côte occidentale ne fait que rappeler les anciennes migrations de ces tribus, dont nous voyons les restes sur les bords de la mer ou près de là (du Chailla). Les Mpongwes, les Oroungous et les Commis étaient autrefois des tribus de l'intérieure.

**) Die äussere Erscheinung der Matebele (das im Westen und Norden erobernde Volk der Zulus) soll sich im Laufe der letzten 25 Jahre sehr verändert haben, denn nur wenige von ihnen seien noch reinen Blutes, da sie die den unterjochten Völkern weggenommenen Kinder dem eigenen Stamm einverleibt hätten. Aehnliches wird von den Fellatah bemerkt.

***) Die mit den beständigen Menschenmärkten unausbleiblichen Mischungen zeigen sich in den wechselnden Typen besonders der unstäten Stämme des östlichen Afrika und ist aus der vielfachen Erfahrung auch ein Verständniss künstlicher Züchtung aufgegangen. Die Araber von Moguedchou hatten den Goldhandel von Sofala monopolisirt gegen jährliche Lieferung von mannestüchtigen Individuen, um dem König seine Nigger-Rasse zu verbessern, wurden aber durch den Sultan von Kiloa ausgestochen, als sich dieser noch eine grössere Zahl heirathsfähiger Jünglinge zu liefern erbot. Der König von Benin verlangte und erhielt von den Missionären eine weisse Portugiesin, als Bedingung seines Uebertritts zum Christenthum. Die Bereitwilligkeit, mit der am Zaire dem weissen Fremden das Ehebett überlassen wird, erklärt sich aus der Hoffnung auf veredelte Nachkommenschaft. Der eiförmige Kopf der Cochinchinesen verbindet sie mit den Chinesen (schwarzes Haar und Augen etwas schräger Lage, Nase mehr klein, als flach, etwas dicke Lippen, wenig vorstehende Backenknochen, ohne Bart bis zum vorgerückten Alter). Die schmutzig weisse Farbe der Kinder wird olivenbraun bei Erwachsenen. Mischung von malayischem Blut in Unter-Cochinchina erzeugt den schwankenden dünnen Körper und lange Glieder des

Kriegszustand, der entstehende Culturen beständig zerstört und das Aufwachsen neuer verhindert. Bei den durch den Bodencharakter Nordwest-Afrika's zur Heerdenzüchtung*) befähigteren Fulahs entsprangen die Eroberungszüge erst aus dem Anlass religiösen Fanatismus, der sie zum heiligen Kriege aufrief.

So lange das Innere Afrika's noch ein völlig unbekanntes Gebiet darstellte, war es bequem in das dortige Dunkel eine officina gentium hineinzuzeichnen, aus der alle die Völkerstämme ausgeströmt seien, die man später auf der Wanderung antraf. Die Ausgangspunkte solcher Eroberungszüge springen aber hier und da auf, in Folge von Bündnissen, die zunächst die umliegenden Nachbarn dienstbar machen, und dann von diesem nun gewonnenen Kerne aus weiter in die Ferne hinausziehen, und hat die Schwierigkeit einer genauen Verfolgung der Richtung ihren Grund in der geographisch charakterlosen Configuration Afrika's, wodurch überall dasselbe geschehen und ebenso leicht auch wieder untergehen kann. In Asien dagegen haben wir bestimmt markirte Arealgrenzen, innerhalb welcher stets eine Cultur sich ersetzen oder doch in ihrem Schatten fortleben wird; wir kennen andererseits die geographisch vorgeschriebenen Strassen, auf denen die Barbaren einzutreten pflegen, und wir können uns den ganzen Geschichtsmechanismus fest in einander gefügt zusammenbauen. In Afrika hat die Civilisation nie genügenden Schutz gehabt, um mehrere Generationen zu überdauern, und ist deshalb auch immer ein abortives Fehlschlagen vorgekommen.

Bei Ankunft der Portugiesen in Ost-Afrika hatten die arabischen Colonien schon den directen Handel der indischen Danyanen oder (nach Dulaurier) der Sofala für Eisen besuchenden Javanen gestört, aber nördlich von dem Monomotapa, der (nach de Barros) in Zimboo**) residirte (zwischen Zambesi und Limpopo) und (nach dos Santos) die Mocarongas oder Mucaranga am Nyassa-See unterwarf, blühte das Reich der

---

äquatorialen Neger (Armand). Der Scharfsinn der Hottentotten im Auffinden und Deuten der unbedeutendsten Spuren wird von Kretzschmar auch den Boers am Cap beigelegt. Die in ihren schwarzen Haaren mongolischen Typus zeigenden Baschkiren (Istaki) werden von dem Mohamedaner bei Frähn als röthlich und hell beschrieben (in früherer Zeit).

*) Mit den Phänomenen einer zunehmenden Vertrocknung in Süd-Afrika, worauf Wilson bei Ausdehnung der Kalahari-Wüste im Trans-Gariep-District aufmerksam macht, hängt die Abnahme der Heerden bei den Bechuana-Völkern zusammen. Die Boers legen Dämme an (s. Fritsch).

**) Nach Cavazzi war Eminia-n-Zimba Vater des Luqueni, ersten Königs von Congo.

Molunga, die (nach dos Santos) in Seide gekleidet gingen, und zu den Moluanen oder Muemba gehört haben mögen, dem Volk des Maatayamba oder Muropue, der in Londa über die Balonda der Messiri (als Assiri bis Kordofan, vor den Kundjara) herrschte. Wie sich hier, mit Erhebung der Campocolos, der Cazemba in Lunda halbe Unabhängigkeit erwarb, so mag das Reich der Munhaes unter dem Monomotapa (wie früher in Chicunga, Sedanda und dem 1759 weiter zerfallenden Quiteve) durch die Erhebung der Maravi oder Mazimbos (am linken Ufer des Zambesi) gespalten sein. Im Jahre 1588 erschienen die Mazimba in Quiloa und (wie in späterer Zeit die Wanika aus dem Bergland Dschagga auswanderten) durchzogen unter ihrem König Zimbos die Jagas die congesischen Reiche bis zum Cunene. Aus ihren neuen Eroberungen in Abyssinien drangen die Gallas nach Unyoro vor und gründeten das Reich Kittara, das dann in Uganda und Karague zerfiel, wie auch in Uzinza eine Wahuma-Dynastie der Gallas herrscht. Kaze ist die Hauptstadt in Unyamučzi (Monomezi), mit Anknüpfung der Theorien über Comr-Gebirge. Während Londa geschützter lag, brach das alte Reich des Monomotapa oder Benomuotapa unter den südafrikanischen Wirren auseinander und die jetzt auf seinem Boden wohnenden Bechuanas (mit den Makololo als nördlichsten Vorposten) wurden später zum Theil von Mosilikatse's Matabele (der Zulus) unterjocht.

Unter den Völkern im Innern der Suaheli ist der am besten geordnete Staat (nach Krapf) der von Usambara, wo der als Mulungu oder Gott verehrte Zumbo oder König unbeschränkte Macht über seine Unterthanen, ihre Weiber und Vieh besitzt, und ohne Erlaubniss keinen Fremden sein Land betreten lässt. Jeder im Volke (der Wachinsi oder Besiegten) ist Sklave des Königs (wie unter dem Thai in Hinterindien). Das erste Kind, das dem Könige nach seinem Einzuge in die Hauptstadt geboren wird, ist der Thronfolger, und Vater und Sohn führen in regelmässiger Abwechselung die Namen Kmeri und Chebuke, eine Sitte, die aus dem Lande Ngu stammen soll. Die Kinder des Königs herrschen als Beamte im Lande (wie in Ava). In Tahiti trat der König bei der Geburt des Thronfolgers zurück und die Franken erwählten reges criniti, als Tängrisöhne im puer crinitus (die Knabentracht in Birma). In Twrch Tvwyth (Arthur's Eberjagd) geht Kilhwch zu Arthur, um sein Haar schneiden zu lassen. Aehnlich Faustus bei Nennius, und Constantin schickt des Heraklius Haare dem Papst (s. San Marte). Wie die Griechen lieben die Araber Neugeborene nach dem Grossvater zu nennen, um (nach Wetzstein) den Namen des Grossvaters wieder zu beleben. Bei seinem Sohne Toba-Sjui schaffte Toba-Kcho (Kaiser Nord-China's) die alten Sitten der Ssänbier ab, wodurch die Mutter bei Ernennung des Thronfolgers Befehl erhielt, sich zu tödten. Bei den Susu fährt die Seele einer der letztgestorbenen Personen in das neugeborene Kind und enthüllt sich durch Umwerfen eines Eisenstückes bei der Namensnennung (Winterbotton). An der Westküste besiegten die Akwampu die Gha bei Akra, fielen selbst vor den Akkim (1733), diese vor den Fanti, bis die Aschantie folgten. Die von dem Muzimbo begeisterten Zauberer der Marawi heissen Gangas, wie einst bei den Jagas. Nach Dapper nannten die Jagger sich selbst Ibamgoler (Imbier oder Galler); Bermudez leitet die Suimbas von den Gallas her und Barrenius identificirt Jagas, Zimbes und Gallas mit den Manes von Tora. Mit Andern stimmt Cavazzi überein, wenn er die Jagas von dem Kaiserreiche Monemugi (an den Quellen des Nil und Zaire) herleitet, und ebenso Lopez, der dagegen bei Monomotapa von den Amazonen redet und dadurch an Livingstones Erfahrungen erinnert. Wie bei Papel, Bullom u. s. w. tritt der Negertypus auch bei den den Quaqua verwandten Stämmen an der Zahn- und Sclavenküste, sowie sonst in der Bucht von Benin hervor. Die Kumbrie-Neger am Niger unterhalb Yaouri und östlich von Haoussa werden von den Eroberern in Knechtschaft gehalten. Die, als Eingeborene aus einer Höhle stammenden, Betchuana nähern sich (nach Burchell) zum Theil dem Negertypus, zum Theil den Hottentotten. Während die Mantātis an den semitischen Typus erinnern sollen, findet Livingstone in den Bakalahri Aehnlichkeit mit den Australiern (und wohl den Hkhuai). Bowdich sah griechische Profile in Ashantie und Duncan maurische in Abomey. Nach Schädel- und Beckenform gehören die Buschmänner zu der Neger-Rasse, sagt Waitz. Bei den Makua findet Arbousset den Negertypus weniger ausgesprochen als Salt. Die für die ältesten Bewohner Madagascar's geltenden Vazimbas (im nördlichen Theil der Provinz Menabe) werden von den Malgachen als negerähnlich beschrieben (s. Leguevel). Boteler schildert die Eingeborenen in Mosambique und Quillimani negerartig. Neben den Balanga in Cassanga besitzen die Basongo (nach Livingstone) die Neger-Charactere. Andersson rühmt die Züge der Damara, während Alexander sie als Neger schildert, wie Galton die Ovampos. Die Balonda, bei denen grösstentheils Frauen die Häuptlingswürde bekleiden, sind ganz negerartig. Auch bei den Foy kann von Amazonen gesprochen werden. Von den Suaheli-Völkern sind (nach Krapf) die von dem Berglande Dschagga ausgewanderten am meisten negerähnlich, während die Wakuafi, auf deren Berg Kenia (Weisser Berg oder Oldoissio eibor) Neiterkob die Vermittlung mit dem Himmel (Engai) herstellt, einen gemeinsamen Stammvater haben sollen, mit den Gallas, denen (nach Guillain) auch die Wakamba gleichen. Die (mit den Wakuafi) unter den Orloikob oder Ansässigen wandernden Masai dringen nach der Küste auf die Gallas vor. Weder an dem Schädel des Hottentottenskelettes (von Letterstedt geschenkt) noch an den von Blumenbach und Sandifort gelieferten Figuren von Hottentotten- und Buschmännerschädeln findet Retzius irgend eine wesentliche Abweichung in der Gestalt von der Schädelform im Allgemeinen und auch die Kaffernschädel (v. d. Hoeven's und Wahlberg's) aus Südafrika gleichen sehr den Negerschädeln. Plinius erklärte die sonderbaren Formen neuer Gestaltung bei den Rassen in Afrika, weil sich dort die Männer absichtlich oder gezwungen mit Weibern fremden Stammes mischten. St. Augustin sah in Aethiopien Menschen ohne Kopf mit grossen Augen auf der Brust, deren Priester ihre Frauen nur einmal im Jahre berührten. Völlig enthaltsame Priester sah er bei den Menschen mit einem Stirnauge des inneren Aethiopien. Den Quojas Morrou in Angola und Quoja identificirten die mittelalterlichen Berichterstatter mit dem Orang-Outang Borneo's und hielten ihn für den Satyr der Alten (bei Plinius), als Waldmenschen, weil er Frauen und Jungfrauen nothzüchtige und auch Männer anfalle. Dans le haut Sennâr, les hommes ont encore les cheveux lisses et les moutons sont couverts de laine. Aussitôt que l'on pénètre chez les nègres, on voit au contraire les hommes porter une chevelure crépue laineuse, et les moutons couverts de poils (ce qui, au premier abord, parait être un contre-sens). En outre, dans la Nigritie, l'homme présente une charpente plus osseuse, le mouton est plus haut sur jambes, a les flanes et le museau plus aplatis avec convexité sur le chanfrein (Trémaux). Nach Arneth entstand in Asien die weisse und gelbe, wie in Afrika die höhere rothe Kultur-Rasse, von der später die aegyptische und semitische (sowie baskische Sprache) ausgegangen und ebenso die Neger- oder schwarze Rasse.

Auf den Sculpturen Yucatan's ist die Kopfentstellung erhalten. „Soll die Gestalt der Schädel bei der Frage über die Menschenrassen in Betracht kommen, so finden sich wohl kaum in irgend einem Theile der Erde solche Gegensätze zwischen Dolichocephalen und Brachycephalen, wie in Amerika", sagt Retzius, aber Morton meint, dass in Amerika sowohl die Rasse, als auch die Sprache eine und dieselbe ist (während die Missionäre die Sprachmengen als unzählige bezeichnen). Ein in Torflagern gefundener Schädel liess Nilsson auf Aehnlichkeit der alten Bewohner Scandinaviens mit den Grönländern schliessen, die aber (nach Retzius) zu den Dolichocephali prognati, die Lappen dagegen zu den Brachycephali orthognati gehören. Ausser diesen Lappländern, als gentes brachycephalae, haben die Bewohner Schwedens (nach Nilsson) nur zu den Dolichocephalen gehört, sowohl die Svear (Asen), als auch die älteren Göter (Jotnar). Nach Düben ähneln die Schädel der Gallerie-Gräber denen der jetzigen Bewohner Schweden's. In den Funden der nördlichen Gräber sollen sich zwei brachycephalische Schädel (der Lappen und Finnen) und drei dolichocephalische (der Schweden, Gothen und Celten) unterscheiden lassen. In den zwei Jahrtausenden, die die Denkmäler zu Memphis von denen in Theben trennen, hatte sich der starkleibige untersetzte Aegypter der Pharaonen in eine schmächtige, schlanke Gestalt verwandelt (nach Brugsch), indem das afrikanische Element sich in den Proportionsverhältnissen zum asiatischen vermehrt hatte. Nach Retzius sind die rothen Indianer nebst den Caraiben und Guaranistämmen den ehemaligen Guanchen auf der andern Seite des atlantischen Meeres und den ihnen zugehörigen Stämmen von Nordafrika verwandt, die sowohl in der Gesichts- als Schädelbildung dem Indier nahe stehen. These primeval people, since called Egyptians, were the Mizraimites of scripture, the posterity of Ham and directly affiliated with the Libyan Family of nations (Morton).

Les Indiens, qui se sont rapprochés de nous, ne se sont pas rendus

Français et les Français qui les ont hantés sont devenus sauvages, schreibt (1685) de Dénonville (Gouverneur von Canada) über die Coureurs des bois. Unter den Jakuten hat das einheimische Element das russische umgewandelt, statt, wie sonst, im Gegentheil. On comprend aisement la transformation du colon canadien en coureur du bois lorsque l'on a vu la transformation en Arabes de certains enfants de Paris, enrôlés dans les Zouaves, „De quelle tribu est-tu?" demandait en arabe le duc d'Orleans à un Zouave. „Du Faubourg Saint Marceau, Monseigneur!" (s. Dussieux). Si les habitans de l'ile de Pâques sont plus bruns, c'est que leur ile est peu boisée (Moerenhout). Die Kinder der in Westindien geborenen Engländer haben erhabene Backenknochen, tiefer liegende Augen und herabhängende Augenlider, durch welches Alles sich die Augen vor dem schädlichen Zurückprallen der Sonnenstrahlen schützen, und von Generation zu Generation nehmen sie dort und in Nordamerika eine theils bleichere, theils dunklere Farbe an, die sich der der amerikanischen Ureinwohner nähert (s. Adelung). Les Dzads du Radjah de Bissahir (cest-à-dire du haut Setledj et du Hungarang) forment une transition entre les Kanaites ou Kanaoris et les Dzads du Spiti (supérieur) et de Békoeur. Ceux de Békoeur seraient les moins éloignés du type mongol, quelqu'uns parmi eux avaient entièrement ce caractère, tandis que d'autres, leurs voisins, montraient les figures européennes les plus diverses. En Spiti les nez aquilins, qui se voient quelquefois au dessus de moustaches bien fournies, au milieu de faces moins insipides que les autres, paraissent devoir être une des conséquences des guerres. Cette amélioration partielle de la race est sans doute l'oeuvre des montagnards de Kollou, qui y faisaient de fréquentes excursions deprédatrices (s. Jacquemont). Do irer so vele nicht newas, dat si den acker bowen mochten, do sie die doringschen heren slugen und verdreven, do lieten sie die bure sitten ungeslagen, unde bestadeden in den acker to also gedaneme rechte, als yn noch die late hebbet; daraf quamen die late (Sachsenspiegel). Diese Nachgelassenen wurden schon auf dem offenen Lande gelegentlich mit dem edlen Blute fremder Eroberer durchtränkt, die zwar in aristocratischer Kastenabgeschlossenheit ihre eigenen Ehen rein hielten, aber sich doch das jus primae noctis reservirt hatten. So hatte sich schon eine vermittelnde Uebergangsstufe herausgebildet, als im späteren Mittelalter die emporwachsenden Städte mehr und mehr alle Klassen der Bevölkerung in sich auf gleichem Niveau vereinigten, und aus der dort fortgehenden Mischung dann einen einheitlichen Nationalcharacter hervorgehen liessen; ἀπὸ σμικροῦ τέο τὴν ἀρχὴν ὁρμεώμενον αὔξηται ἐς πλῆθος τῶν ἐθνέων πολλῶν μάλιστα προσκεχωρηκότων αὐτῷ καὶ ἄλλων ἐθνέων βαρβάρων συχνῶν, sagt Herodot von den Hellenen (ursprünglich von Phthiotis), die ein Zweig der Pelasger gewesen. Bei der characteristischen Schädelform der Grönländer und Eskimo verwirft Retzius „the Polar family", worin Morton die Eskimo mit Lappen und Samojeden zusammenstellt, findet dagegen auffällige Aehnlichkeit zwischen dem Schädel der Eskimo und dem tungusischen. Toutes les hautes vallées himalaïennes, d'où s'écoulent les riviéres nombreuses, dont les eaux vont former le Setledj, sont principalement occupées par une population à la fois agricole et pastorale, qui se partage en un très grand nombre de tribus, mais dont le nom national commun à toutes est celui de Djât (Zâhd) et les traits de ce peuple, où domine le type hindou dans le voisinage des plaines, deviennent presque entièrement tibétains, c'est-à-dire très rapprochés du pur type mongol, quand on pénètre dans les cantons plus élevés de l'intérieur des montagnes (Vivien de St. Martin). Les indices du mélange sont précisément en rapport avec la prédominance naturelle de chacune des deux races déterminée par leurs habitations respectives, le type hindou ayant en grande partie absorbé le type tibétain dans les larges plaines qu'arrosent les cinq riviéres de la Pentapotamie indienne, tandis au contraire que la physionomie native de la région haute reprend graduellement le dessus et finit par devenir exclusive à mésure, que l'on gravit les vallées alpines qui conduisent du Pendjab au Tibet.

Das Volk, von welchem die Lappen die letzten, nach abgelegenen wilden Gebirgsgegenden verdrängten Ueberbleibsel im skandinavischen Norden sind, hat in der grauesten Vorzeit nicht nur die südlichen Theile Schwedens, sondern auch das übrige nördliche und westliche Europa, Dänemark, Norddeutschland, die englischen Inseln, einen Theil von Frankreich u. s. w. bewohnt (Nilsson). Die Geschichte zeigt an den äussersten Enden Europa's zwei Volksstämme in ihrer alten Heimath, die Iberier im Südwesten und die Finnlappen im Norden, und Keyser schliesst, dass diese Volksstämme, (und vielleicht andere jetzt verschwundene, ihnen verwandte) sämmtlich vom turanischen Geschlecht, die ältesten Bewohner von ganz Europa gewesen sind, und dass die iberischen Stämme sich über die südlichen, die finnlappischen Stämme über die nördlichen Gegenden dieses Welttheils erstreckt haben. Nach Tacitus zeigten die colorati vultus et torti plerumque crines der Silurer iberischen Ursprung aus Spanien. Aus Messungen grossbrittannischer Gräberschädel folgert Retzius, dass die ältesten Bewohner England's und Irland's Basken (Iberier) oder Finnen gewesen sein könnten. Auch die brachycephalischen Schotten der Hochlande stammen (n. Retzius) von Finnen oder von Basken. Broka bezweifelte später die Brachycephalie der Basken nach Gräberschädeln, die aber wieder zu der Mischung mit dolichocephalischen (celtischen) Stämmen in den Celtiberiern gehört haben sollten. πυῤῥὸν δὲ τὸ γένος ἐστὶ τὸ Σκυθικὸν (Hippocrates). Die nach Plinius von Lusitanien ausgewanderten Celtici, die Ptolomäos in Baetica mit den den Τουρδητανοι (alter Cultur) verwandten Turduli zusammenfindet, wohnten ausserhalb der Säulen des Hercules nach Herodot, der die Sigunnen mit den Henetern zusammengrenzen lässt und Ligurer bei Massilia (neben dem Cyneticum littus des Avienus) beschreibt. Plinius nennt Hilleviones die Bewohner von Skandinavien, aber Tacitus unterscheidet dort neben den Suiones (dem nördlichsten Stamme der Germanen auf einer Insel im Ocean) die Sitones, die von einer Frau beherrscht wurden (in der terra feminarum oder Quaenorum). Für die Jotnar oder Joten in den Freys vinir mit dem vanischen Ebersymbol wären nicht so sehr die Suomi in's

Auge zu fassen, als die im Steinalter befindlichen Aestuorum gentes (in Yŭten Eoten), die (zu den Germanen gerechnet) an Aussehen den Sueven, an Sprache den Britten glichen, wie Tacitus sagt, der sie das Glessum sammeln lässt. Die Finnier, als Fionnia Eirion (das Heer Erin's), oder Fionna Fhiun (das Heer des Finn, der im scopes vidsidh als Friesenkönig auftritt) vertheidigen die irischen Küsten gegen die Schiffe Lochlin's. Aehnlich die Ostmannica gens in früherer Zeit (San Marte).

Retzius unterscheidet in Frankreich: Les anciens Romains, dolichocéphales; les Normans, dolichocéphales blonds; les Burgunds, dolichocéphales brunets; les Francs (Allemands), dolichocéphales; les Gaules, dolichocéphales brunets; les Basques, braycéphales brunets. — In Skandinavien: Les Goths, dolichocéphales blonds; les Suedois, dolichocéphales blonds; les Finnois, brachycéphales brunets; les Lapons, brachycéphales brunets. Il existe aussi des traces des Cimbres, dolichocéphales brunets (zu den Celten gerechnet). Ihr Haupt war gelber als Ginsterblüthe und ihr Haar weisser als der Schaum der Welle, ihre Hände und Finger waren schöner als die Blüthen der Waldanemone unter dem Sprudel der Wiesenquelle, heisst es von Olwen, Tochter des Yspaddaden Penkawor, der aus den Söhnen des Hirten Custennius nur einen Jüngling mit gelben krausen Haaren übrig gelassen (in Twrch Trwyth oder Arthur's Eberjagd). Los individuos, que nacen de un Africano y de un Indio, tienen mas fuerza fisica, mejores formas, mas entendimiento y energia moral, que los negros é índios (en Venezuela). El hijo de Blanco y negra es superior al Zambo (indio y negro) en entendimiento y inferior en fuerza fisica. Cuando esta variedad de color se mezcla, sus descendientes son notables par un constitution mas robusta y vigorosa y par una energia natural mayor, que los de los individuos nacidos en el mismo clima, de padres de sangre europaea ó de africana sin mezóla (Lavayasse). Die Nachkommenschaft des weissen Türken mit einer Negerin ist eine kräftige und intelligente Rasse, die mehrfaches Kreuzen mit Weissen bedarf, um sie ihren weissen Vorfahren gleich zu machen (nach Riegler). A gradual transition, in descending the Sutledj, from Hinduism to Buddhism is wery remarkable, and not less so, because it is accompanied by an equally gradual change in the physical aspect of the inhabitants; the Hindus of the Lower Sutlej appearing to pass by insensible gradations, as we advance from village to village, till at last we arrive at pure Tartar populations. The people of Upper-Piti have quite the Tatar physiognomy, the small stature and stout build of the inhabitants of Ladak to whom they closeley approximate in dress (Thompson). Nach Bruyn Kops theilt sich das Volk auf Neuguinea in Papuas und Alfuren, von denen jene die Küsten, die letztern die Gebirge des Binnenlandes bewohnen. Unter den Heiden der Dori-Papuas finden sich Mohamedaner von Ceram und Tidore. Cranium Alfurorum aliquam similitudinem habet cum cranio Papuarum, nam ad dolichocephala etiam pertinet, est vero amplius et potissimum altitudine et longitudine praecedit (v. Baer). Nach Retzius sind die brachycephalischen Papuas (deren Hybridität von Earle bestritten wird) den braunen Polynesiern verwandt. Prichard zählt zu den Alfurus die Bergbewohner von Arsak in Neuguinea (bei Lesson), sowie die übrigen Eingeborenen des Festlandes von Australasien. Nach Retzius weichen die Schädel der Papuas (bei Quoy und Gaymard) gänzlich von denen der Australneger ab. Les indigènes de la terre de Diémen sont beaucoup plus bruns que ceux de la Nouvelle Hollande, les premiers ont des cheveux courts, laineux et crépus, les derniers les ont droits, longs et lisses (Péron). Auch die Sprachen sind verschieden. Quoy et Gaymard ont demontré que les Négro-Malais constituaient une espèce hybride, provenant de Papuas et des Malais (Lesson et Garnot). In den Indiern tritt der Character der schwarzen Urrasse bei Bahir, Maralia, Dhanuk, Dorn, Kanyang oder Mon-Nam, Khamen boran u. s. w. hervor. Schon bei den dunkeln Tharoos und Dhunwar (um Darjeeling) ist (nach Campbell) kaum noch etwas Mongolisches zu erkennen. In Fryer's Photographien von den Mulchers (Kannikaren) oder Maligars (in den Hügeln Cochin's) findet Huxley eine sprechende Aehnlichkeit mit den australischen Eingeborenen. In der Sammlung von Miniature-Porträts, die nach den im Pallast der Mogulen befindlichen angefertigt und 1740 dem Gouverneur von Surate geschenkt war, lassen sich in Tamerlan die tartarischen Züge mit breitem, flachem Gesicht und kleinen Augen erkennen, während dieselben in seinen Nachfolgern schon gemildert sind, die Sanftheiten indischer Bilder annehmend (Cléland). Die Portraits, die Raphael in den Stanzen angebracht hat, und diejenigen, welche vor ihm Massolino, Massaccio, Ghirlandaio und Andere in ihren Fresco-Gemälden aufnahmen, stimmen mit dem stehenden Begriffe von italienischer National-Physiognomie nicht überein, indem sie sich mehr dem Begriffe der germanischen Bildung nähern. Die alten Portraits italienischer Frauen aus dem XV. und XVI. Jahrhundert, welche viele Blondinen enthalten, stimmen hiermit überein, indem das Eindringen und die Ansiedlung der nordischen oder germanischen Völker in Italien zu jener Zeit noch die Spuren einer Vermischung hinterlassen hatte, die bis auf unsere Tage nach und nach wieder verschwunden ist (Schadow). Die deutsche Physiognomie bei Franzosen kommt in neuerer Zeit selten vor, wird aber bei den Portraits aus früheren Jahrhunderten und selbst bei denen der Könige von Frankreich oftmals, und erkennbar angetroffen. Unter dem Landvolk in Spanien kommt dieselbe Rohheit der Gesichtszüge vor, wie unter dem gemeinen Volk der andern Länder Europas, aber die Feinheit der Gesichtszüge in den höheren Klassen der Spanier möchte schwerlich auf derselben Stufe in Russland sich vorfinden (Schadow). Unter Ständen, deren Sitten Rohheit und Wildheit mit sich führen, finden sich in Europa die Physiognomien der Neu-Holländer und Mozambique-Neger, bemerkt Schadow. Die lange, schwere Nase, die gedeckten und starken Augenringe und die stark genährten Maultaschen (von deutschen Physiognomien abweichende Züge, die sich doch fast nur in deutschen Ländern finden) sind Eigenheiten, die man in den alten Portraits des Lucas Cranach und Albert Dürer findet, wie z. B. Willibald Pirckheimers, des Churfürsten von Sachsen u. s. w. (bei M. de Saxe).

Alle Fischerstämme verkrüppeln mit der Zeit an den unteren Gliedmaassen, die bei ihrem beständigen Sitzen im Canoe sich wenig und ungünstig entwickeln, während die Muskeln der Arme durch das fortwährende Rudern zu übermässiger Stärke anschwellen. Das umgekehrte Verhältniss zeigt sich bei den Reitern. Sie werden breit über den Hüften, ihre Schenkel krümmen sich und die Schenkelmuskeln bilden sich übermässig aus, während die nur zum Führen der Zügel oder zum Abschiessen leichter Pfeile gebrauchten Arme schwächlich bleiben (Catlin). It took Mr. Wicking thirteen years to put a clean white head on an almond tumbler's body (Darwin). Bei der Hühnerschau wurden 1845 aufrecht stehende Kämme befohlen, 1860 Bärte. Je mehr Pflanzen von ihrem ursprünglichen Typus abgewichen sind, desto mehr streben sie davon abzuweichen, bemerkt Sageret über Fruchtbäume. Die durch Merino-Schafe in Sachsen erzeugte Rasse lässt sich nicht durch Inzucht erhalten, da nur auf die feine Wolle gesehen wird, und also das Thier zart sein muss, so dass nach einem gewissen Punkt ein Rückschreiten beginnt. Man muss deshalb reines Blut durch Stammböcke aus Rambouilliers (bei Paris) einführen. Zuweilen genügt es, mit einem Bock aus Mecklenburg zu kreuzen, wo gleichfalls das Merino veredelt ist, aber die Rasse, da mehr auf einen vollen Körper mit reichlicher Wolle gesehen wird, grössere Selbstständigkeit eigener Fortpflanzung besitzt. Die in Deutschland zu veredelnden Schweine erfordern fast jedes Jahr neue Zufuhr aus England, während man in diesem Lande sich schon seit lange damit fortgeholfen hat, dass man die Sprösslinge der Inzucht immer durch solche Varietäten, die in verschiedenen Boden- und Klimatsverhältnissen einige Abweichung gewonnen haben, unter einander kreuzt. Bei reiner Inzucht (z. B. zwischen den Lämmern desselben Schafes in Sachsen mit einem Merinobock) wird stets ein Zurückschlagen in Dauer der Zeit stattfinden, indem die immer vorhandenen Fehler der einen oder anderen Art sich bei jeder folgenden Generation vermehren. Die Colonien der Amazonen-Ameisen rauben die Larven kleinerer Ameisenarten und bringen sie nach ihrem Bau, um aus ihnen Arbeitssklaven zu erziehen. Der Stock, dessen Bienen Lenz (der ihn beim Umfallen hatte aufrichten wollen) zerstochen hatten, behielt nicht nur seine persönliche Erbitterung bei, sondern auch alle Schwärme, die von ihnen ausgingen, beharrten in ihrer angeerbten Feindschaft. Körner fressende Vögel verwandelten sich in Zeiten von Hungersnoth plötzlich in Raubvögel. Nur der europäische Kukuk hat die Gewohnheit, seine Eier in die Nester anderer Vögel zu legen, der amerikanische Kukuk brütet sie aus. Linné stellte in seinem „Natursystem" eine wilde Menschen-Rasse (homo sapiens ferus) auf, von welcher dann die übrigen Varietäten durch Cultur entstanden seien. Le melange est la principale cause de la force des nations (Bodichon).

Bei Königsbrück und Kamenz in Sachsen liegen die Dörfer vorzugsweise auf kleinen Grauwacken-Inseln, die aus dem sandigen aufgeschwemmten Lande (Diluvialgebilde) hervorragen, indem sie nicht nur einen festeren Baugrund, sondern auch einen fruchtbareren Boden für die Felder (als die vorherrschend mit Kieferwald bedeckten Sandstrecken) liefern (Cotta).

Die Grenzen des aus Porphyr und Quadersandsteinen bestehenden Gebietes zwischen Tharand und Freiberg, einerseits zwischen Thonschiefer und andererseits gegen Gneis, fallen fast überall zusammen mit den äusseren Grenzen des Tharander-Waldes, indem der fruchtbarere Boden das Schiefergestein nach und nach in Feld umgewandelt hat, während der Wald zuletzt auf das dem Feldbau minder günstige Gestein beschränkt blieb. In Thüringen werden die Muschelkalkgebiete von den (an den Rändern angesiedelten) Ortschaften gewonnen. Die Vertheilung der Orte in dem Gebiete der geognostischen Karte von Sachsen zeigt, dass wahrscheinlich die Anwesenheit der Braunsteinkohlengruben einen merkbaren Einfluss (in der Bucht von Leipzig) auf die gruppenweise Vertheilung (und neue Entstehung) der Dörfer gehabt hat. Beinahe alle Hauptstädte (in Nordamerika) liegen an der Ostküste auf der Grenze zwischen dem Gebiete der krystallinischen Gesteine (Granit, Gneis etc.) und sehr neuen Ablagerungen der Molasse- und Kreideperiode (indem die Flüsse der flachen Küste bis zur Erhebung des Granit-Gneis-Gebietes schiffbar sind). In den silurischen Grauwacken zwischen Queenstown und Albany liegen üppig aufblühende Städte (Buffalo, Niagara, Leroy, Geresea, Portage, Geneva, Auburn, Syracuse, Rome, Utica, Mohawk, Skeneotady) dicht gedrängt. Die geologischen Gründe für diese Zone sind: relative Senkung des Bodens, welche eine grossartige Kanalverbindung möglich machte, und grosse Fruchtbarkeit des silurischen Bodens, während devonische Bildungen sich zu einem minder fruchtbaren Bergland erheben und nördlich eine krystallinische Berggruppe vorliegt, welche reiche Metallproduction verspricht (Cotta). Bei der Existenz des deutschrömischen Nordmeeres soll sich der Kanal durch allmählige Senkungen gebildet haben, während die Ebenen zwischen Alpen, Ural und Skandinavien sich erhoben. Hooker vermuthet ein altes Continent von Chili nach Van Diemensland und auch nach Tristan d'Acunha, um 77 gleichartige Pflanzenspecies zu erklären. Nach den wälschen Triaden kamen die Männer von Galedin in nackten Schiffen nach der Insel Wight (Vectis). De Vitiarum origine sunt Cantuarii et Vectuarii (Beda). Früher streckte sich die Küste der Friesen, denen Tacitus noch ausgedehnte Wohnsitze anweist, weiter in's Meer hinaus. Bei der Unsicherheit der Brombeerarten hat man sich vielfach des allgemeinen Ausdruckes Formen bedient und es bestehen diese Formen aus 1) wirklichen Arten (der constanten Rassen), die sich bei der Fortpflanzung durch Saamen wenigstens während mehrerer Generationen in ihren wesentlichen Eigenschaften nicht merklich verändern; 2) mehr individuellen Abänderungen, welche sich nur bei der Vermehrung auf relativem Wege sicher erhalten, bei Fortpflanzung durch Saamen jedoch ihre auszeichnenden Eigenschaften mehr oder weniger schnell verlieren; 3) Abänderungen, die nur durch den Standort, also durch Clima, Bodenbeschaffenheit, Lichtstellung u. s. w. bedingt werden, sich aber in keiner Weise vererben; 4) Bastarden aus verschiedenen Arten und Rassen (Focke). Die Entwickelungsgeschichte und die genaue Beobachtung der Lebenserscheinungen kann allein den Ausschlag geben, um zwischen Pflanze und Thier zu unterscheiden (nach

Schacht). „Ein Körper, der einer Pflanze entschlüpft, eine Zeitlang scheinbar freiwillig umherschwärmt, dann stille liegt und zur neuen Pflanze wird, kann niemals ein Thier sein: ein ähnliches Wesen, das sich normal im Innern einer Pflanze bildet, ausschlüpft, umherschwärmt, dann abstirbt, kann ebenso wenig ein Thier sein; ein Geschöpf dagegen, gleichfalls ohne innere Organe, welches, ohne zu keimen, andere ihm ähnliche Geschöpfe erzeugt, oder sogar zu einem mit Organen versehenen Thiere wird, musste von Anfang an ein Thier sein." Jeder ist frei, der sich der Naturnothwendigkeit seines Daseins, seiner Verhältnisse, seiner Bedürfnisse, Ansprüche und Forderungen, der Schranken und Tragweite seines Wirkungskreises mit Freude bewusst ist (Moleschott). Quetelet nimmt für die gesammte Vegetation einen gemeinsamen, ideellen Anfangspunkt an und setzt das Wärmequantum jeder Entwicklungsphase einer Pflanze gleich der Summen der Quadrate der mittleren Tagestemperaturen von jenem Tage ab bis zum Eintritt der Pflanze in das entsprechende Entwickelungsstadium. Während die Verfassung des allerdings zu viel energischeren Lebensäusserungen befähigten Thierorganismus eine stark centralisirte ist, ist die, welche die Zellen in der Pflanze verbindet, im Wesentlichen die eines Freistaates, wo alle trotz ihrer verschiedenen Functionen als gleich gelten. Das Princip derselben beruht darauf, dass der einfachen Zelle die möglichst grösste Selbstständigkeit und Freiheit gewährt ist, sich nach ihrer inneren Natur zu entwickeln, dass aber jedes einzelne Glied des Zellstaates in jedem Augenblick vom Geiste der Gesammtheit beherrscht wird und ihren Interessen sich unterordnet (Cohn). Dans les îles de la mer Pacifique on remarque deux catégories des plantes dans chaque île ou groupe d'îles, d'abord des espèces du littoral (aisément transportés par les courants), qui occupent les îles les plus basses et petites ou les parties inférieures des grands îles. Ce sont des Légumineuses, Tiliacées, Malvacées, Convolvulacées, Amarantacées, Nyctaginées etc. A mesure, qu'une île madréporique s'élève, ces espèces communes et le cocotier s'en emparent. En outre les îles un peu élevées, ayant d'ordinaire quelque volcan, qui en forme le noyau, présentent des espèces propres que font contraste avec les premières; de très petites îles offrent quelquefois des espèces très caracteristiques, inconnues ailleurs, ainsi l'île d'Elisabeth a une Composée (Cichoracée) arborescente, le Fitchia, genre particulier. On dirait que chaque volcan s'est élevé à une époque successive, et a fini par être le centre d'une végétation particulière. Celle-là serait arrivée dans certains cas et à la suite d'un temps très longs, jusqu'à offrir les formes les plus compliquées des dicotylédones, par exemple aux îles de Sandwich, des Lobéliacés et Goodéniacées arborescentes, aux Galapagos, à la Nouvelle Zéeland et à Juan Fernandez, des Composées ligneuses très distinctes, tandis que dans d'autres îles ce sont des formes ordinairement moins élevées, par exemple à Taïti des Orchidées, Apocynées, Asclépiadées, Urticacées (il est vrai avec des Rubiacées et une Lobeliacée ligneuse très remarquable), à Norfolk, des Orchidées, Conifères, Santalacées, Piperacées, Rutacées, Legumineuses (de Candolle). Selon la paléontologie botanique toute végétation commencerait par des Cryptogames, recevrait ensuite de Phanérogames, de plus en plus complicquées et arriverait (sauf le cas de destruction) jusqu'à offrir des Composées et familles analogues. La végétation de l'Afrique australe est tellement distincte et variée, que ce serait un pays émergé depuis longtemps et enrichi par des créations locales plutôt que par les migrations. On connait quelques espèces (en petit nombre) partagées entre le Cap et l'Abyssinie et même le Myrsinie africana est partagé entre le Cap, l'Abyssinie et les Açores, mais ce sont des cas très rares, d'un autre coté rien n'indique un centre de végétation au midi, à l'est ou à louest de l'Afrique austral, duquel certaines espèces auraient pu provenir. En effet les espèces à St. Helène, de Tristan d'Acunha, de la Nouvelle Hollande, de Kerguelen et même de Madagascar sont essentiellement différentes de celles du Cap, et les observations de Hooker sur la constitution géologique de Kerguelen (en particulier sur ses houilles recouvertes de couches de formation marine) montrent, que s'il a existé dans cette direction une terre considérable, ce devait être à une époque géologique très ancienne (antérieure à toutes les dicotylédones actuelles de l'Afrique australe). L'Afrique et l'Amerique semblent n'avoir jamais eu de communications. Les espèces communes aux deux continents sont d'une rareté extrême et ces espèces disjointes (sans probabilité de transport actuel) sont presque toutes des plantes des lieux humides ou des marais. La proportion des Monocotylédones est considérable. Les familles d'une date probablement récente y sont représentées par une seule espèce, une Composée sans aigrette, mais des lieux humides (Epaltes brasiliensis). Un assez grand nombre des espèces se prolongent du Brésil oriental à la Guayane et aux Iles Antilles (un indice des jonctions antérieures). Da die Californien und Chili eigenthümlichen Species Niederungen bewohnen, so scheine dies auf eine früher höhere Erhebung der Cordilleren auf Panama schliessen zu lassen (weil sie, um sich darüber zu verbreiten, in der Nähe des Aequator, um so höher ansteigen mussten). Hooker erklärte ähnlich die Gleichheit der Species im südlichen Amerika (in Patagonien) wie im nördlichen der Polarzone.

Als die Ethnologie, die jüngste der Naturwissenschaften, ins Leben trat blickte sie neidisch auf die festgeordneten Systeme der Botanik und Zoologie, die gerade damals im höchsten Flor standen, und es ist jetzt für sie ein eigenthümliches Schauspiel, wenn sie die Botanik auf die gemeinsame Abstammung der Individuen, als ihren letzten Halt zurückfallen, und sich daran anklammern sieht. Eine reale Grundlage mag die Speciesfrage dadurch erhalten, aber eine so reale, dass sie nichts, als den einfachen Ausdruck der Thatsachen giebt, und alle Illusionen einer hypothetischen Verwerthung in den Species zerstört. Die Ethnologie ist gerade im Gegentheil von gemeinsamer Abstammung ausgegangen, hat sich aber wider Willen gezwungen gesehen, Stammeseinheit und Arteinheit immer schärfer zu trennen und die Existenz dieser nicht länger von dem wankenden Begriffe jener abhängig zu machen. Die Arteinheit ist der Reflex nothwendiger Naturgesetze, die innerhalb der Weite ihrer Sphäre der Veränderlichkeit fähig sind, aber immer nur um ihren eigenen Mittelpunkt oscilliren, die Stammeseinheit dagegen ist ein subjectiver Begriff, der in Verhältnisse hineingetragen ist, wohin er nicht gehört und wo er nur Verwirrung stiftet.

Die bei den Alten zerstreuten Andeutungen, die man auf Amerika zurückzuführen gesucht hat, drehen sich besonders um zwei Namen, um den der Atlantis bei den Griechen, um den Thule's im Norden, und ebenso treten in den amerikanischen Traditionen zwei Namen, als besonders heilig hervor, einmal Atlan, der alte Stammsitz der Nahuatl (oder der späteren Colhuas von Anahuac) und dann der mythisch in den Residenzen der Tulteken oder Tolteken wiederkehrende Name Tula*) oder Tullan, der in seiner geographischen Verbreitung die Stationen der Wanderungen andeutet, die dieses Volk der Tulas (Tult-ekas) vom See der Tulares in Californien bis zu den Tule in Darien unternommen und worüber vom IX. Jahrhundert a. d. — VII. Jahrhundert p. d. schwankende Data angegeben werden. Der Name Atlanten, den auch Diodor von einem Volke des nordwestlichen Afrika (wie

---

*) Nach Torquemada hörten die (1606) zu den mexicanisch redenden Indianern am Flusse Tinzon in Neu-Mexico kommenden Spanier, dass das Reich Tollan, von dem die Gründer des mexikanischen Staates ausgegangen, nach Norden läge. Duflot de Mofras nennt die Süsswasserseen in Neu-Californien Los Tulares (tule oder Binse im Mexicanischen, als tolin), wie die Σκριδιγινοι (wenn nicht in Höhlen von W. scrabh oder graben) zwischen Schilf wohnten (scripus von ὄιψ oder σκριη), und die Eskimo den Namen der Skrelinger erhielten. (Utgardiae Loko nennt sich Skrimnerus bei Snorro). Der Tule-See liegt zwischen der Sierra Nevada und der Küstenkette. Brasseur machte Tulha (bei Ocosingo in Guatemala) zum Stammsitz der civilisirten Völker Mexicos. Nach Drummond soll Tulan die Nahuatl-Aussprache für Turan sein, würde aber dann vielmehr im Anschluss an das in keltisch-finnischer Vorzeit bedeutsame Tur, Tora, Tyr, Thor auf die auch in den polynesischen Inseln vorwaltende Ersetzung des L-Lautes deuten, die sich noch in der Keilschriftzeit von China bis Medien erstreckte, später aber in den schnarrenden Gutturalen der Semiten unterging. Mit ähnlich tiefen Brust- und Kehltönen ist dagegen (nach Naxera) die vermeintlich einsilbige Sprache der Othomiten gefüllt. Nach dem Manuscript Cakchiquel kamen vier Stämme (vinak) oder Personen aus Tulan im Sonnenaufgang, während sich ein anderes Tulan im Westen finde, und in Xibalba. Die Ruinen von Tula (Tonina oder Donnerhaus) finden sich zwischen Palenque und Comitan. Zwischen Mexico und Queretaro lag die toltekische Hauptstadt Tula. Θούλη, νῆσος μεγάλη ἐν τῷ Ὠκεανῷ ὑπὸ τὰ Ὑπερβόρεια ὄρη (Strabo). Die neben den Mandingas auf dem Isthmus von Darien lebenden Indianer, die die Choroteca-Sprache reden, heissen Tule (nach Cullen). Bosworth giebt „Station" als eine der Bedeutungen für Till im Angelsächsischen. Die Fines wiederholen sich auf römischen Itinerarien. Wie im norwegischen Thilemarken (als die Grenze der Ansiedlungen) liegt in der jütischen Nordspitze Thyleland (Thyland) der Begriff des Aeussersten mit till (bis) und Ziel zusammenhängend. In Gothic Tiel or tuil (τέλος or goal) denoted the remotest land. Antonius Diogenes schrieb über die unglaublichen Dinge jenseits Thule (hyper Thulen). Von den auf der Insel Thule lebenden Völkern, zu denen die Γαυτοι gehörten, waren die Σκριδιγινοι (Skritfinger) die wildesten (nach Procop). In der Sprache der Manks (auf der Insel Man) heisst die Erde Thalao (Talamh im irischen), der Himmel Niau.

Herodot neben den Atlaranten) angiebt, wird, abgesehen von saitischen Säuleninschriften und (bei Proclus) Priestererzählungen, mit dem salaminischen Heroengeschlecht der Telamonen in Beziehung gesetzt und steht Ἄτλας für ταλας (per anagrammatismon), wie Curtius*) Ἄτλας mit der Wurzel τελ, ταλ zusammenhängen lässt und auf die etymologischen Beziehungen zwischen talanton und Tûla (sanscr.) ἀτάλαντος und tuljas hindeutet. Auf einer isländischen Karte aus dem XII. Jahrhundert las Rafn**) den Namen Thule im westlichen Meer und die Indianer am Tinzon-Fluss setzten das heimathliche Tula nach Norden (s. Torquemada). Als Θούλις tritt ein altegyptischer König auf, der weithin über Afrika bis zum westlichen Meer geherrscht habe, bis nach dem vielfach neben Ogygia und kronischer Insel genannten Merope, ein in den verschiedensten Mythologien bedeutungsvoller Wortlaut des alten Meru***). Die Mythe der Merope wiederholt sich in den sieben Jungfrauen, die nach den Legenden der californischen Indianer auf den Binsen ihres See's zum Himmel aufsteigen. Auf der Insel des (nach anderer Version von Hesperis geborenen) Atlas vermählte sich Poseidon mit Clito, der Tochter autochthoner Eltern und die berühmtesten Geschlechter der Hellenen leiteten sich (nach Kannegiesser) von den Atlantiden ab, im Anschluss an das halbgöttliche Menschengeschlecht, das Critias in alten Zeiten über die Erde herrschen lässt, das aber dann in denselben Erdrevolutionen unterging, die die Kunde von der jenseits der Säulen des Herkules gelegenen Insel Atlantis†) verwischt habe. Das Königthum der Poseidons Söhne auf der Atlantis war ein Zweikönigreich, wie ein solches im Staat

---

*) Die poetischen Wörter ἄ-τλο-ς, Leid, ὀ-τλέ-ω, Dulde, ὄ-τλη-μα und wahrscheinlich auch Ἄ-τλα-ς hängen mit der V. τελ, ταλ zusammen, ohne dass sich ein anderer Ursprung des Vocals als der phonetische erweisen liesse (Curtius). Zu beachten ist die Uebereinstimmung zwischen τάλαντον und skt. tulâ (pondus, Pfund), welches auch ein bestimmtes Gewicht bedeutet, so wie zwischen ἀτάλαντος und tuljas (ἰσόῤῥοπος). Von der W. tul (tragen) tulu (γαρίτρα) Ksl. Humboldt erinnert bei dem mexicanischen Atl (Wasser) an Atel (Etil), als Namen der Volga. Nach Theophylactes Simocatta wohnten die von den Khakan der Türken besiegten Ogoren (bei denen die Könige den Titel Var und Khounni führten) an den Ufern der Til (Atel oder Volga). Atlas, qui et Valius, vocatur unus filiorum Odini et Rindaris. Hic virtute militari et arte sagittandi perplurimum est pollens (Snorro Sturleson).
**) Naar paa et gammelt islandsk Verdenskort et Land nordwest for Island et Steder benaevent Tile.
***) La déesse Meru (en Egypte) est une forme de Nou, mère d'Ammon (Chabas). Le mot Merut (merus) des papyrus est en rapport étroit avec les habitations des hommes. In den Argonauten des Orpheus heisst der Caucasus der Berg Sumes. En géorgien le mot Semo esprime l'idée de hauteur, de superiorité relative (St. Martin). Die Berge westlich vom Vau-See heissen Sim im Armenischen. Merwara ist Land der Hügel (Meru).
†) Während Torfaeus die gothländische Hypothesis Petreju's und Lyschander's über den Haufen warf, baute Rudbeck seine Atlantis in Scandinavien auf und wusste die hyperämischen Congestionszustände durch eine kräftig eingreifende Revulsionskur zn erleichtern, so lange es im Süden noch Länder zu erobern gab.

Xibalba bestand, mit Tula als Hauptstadt. Neben den Inseln des Pluto, Ammon und Poseidon fanden sich, nach Marcellus (bei Proclus), sieben der Persephone heilige Inseln in der Aussensee und Diodor lässt Hercules, der als Magusanus die Reise nach der Atlantis unternahm, die Stadt Alecta in Septimania gründen. Aus sieben Grotten treten die Vorväter der mexicanischen Stammhorden hervor und Cibola hiess das Siebenkönigreich. Im Mittelalter tauchte das legendenhafte Land von den Inseln der Septe Cibdades auf, wohin sich nach dem Siege der Araber bei Guadelete die sechs Bischöfe mit dem Erzbischof von Porto zurückgezogen. Die Spanier des XVI. und XVII. Jahrhunderts sprechen von den Sieto ciudades des Landes Quivira, eines der nördlichen Eingangsthore Mexico's, wie sich auch eine Siebentheiligkeit überall bei den Indianern von Santa Fé und am obern Theil des Rio Grande findet. Vivien de St. Martin bemerkt dazu: Au nombre des traditions, qui se conservaient encore au temps de la conquête espagnole, une des plus uniformément reproduites et en même temps des plus caracteristiques, était le souvenir d'une division de la nation en sept tribus. Der am Fest des Jahres-Cyklus aus der Saturns-Insel mit den Theoren abgefahrene Reisende erzählte Scylla von den zahllosen Weihebünden der Völker, die er durchwandert, und zahllos sind noch heute in Nord- und Südamerika die Geheimorden der Indianer-Stämme, deren noch kürzlich wieder von Catlin*) beschriebene Ceremonien (bei den Mandan mit dem Ehkenahkanahpick endend) an raffinirten Martern Alles ausstechen, wodurch die Candidaten in den Mysterien des Eleusis (Sohn des Ogyges) oder in mithraischen Grotten geschreckt wurden. Das Hauptfest der Mexicaner wurde am Schluss des 52jährigen Cyclus gefeiert, mit der allgemeinen Feuerlöschung wie sie auf Lemnos Statt hatte. Neben der kronischen Insel lag Ogygia im atlantischen Meer, dessen Bezeichnung als Okeanos nach Phavorinus von den Barbaren entlehnt war. Bei Sophocles heisst Theben Ogygia, bei Eustathius Aegypten, und Alt-Tyrus ist Ogygie Tyros bei Dionysos. Dem Chinesen heisst die Lieu-kieu-Gruppe, als fernste der bekannten Inseln, Oghii. Nach Tabari gehört Og, Sohn des Anak**) (Anahuak) zu den aditischen Riesen und in seiner Stadt Balqa***) wohnt der Prophet Balaam, wie auch die Quiché ihren prophetischen Stammvätern den Titel Balaam präfigiren. (Balaam-quitze, Balaam-acab u. s. w.). Chusan, Nachkomme Lot's, wird Ilacq als König der Israeliten genannt. Von Phönizien sandte Agenor seine Söhne aus, Europa zu suchen, den westlichen Continent, dessen Name dem

---

*) Auch in Kohl's Kitchigami finden sich darüber interessante Mittheilungen. Dann bei Schoolcraft, Prinz von Neuwied u. s. w.
**) Naxios hängt nach Curtius mit den V. *vv* zusammen, als schwimmend (wie die Naga des Wassers). Milet heisst Pityusa oder Anactoria. Die Fürsten sind Anactes ($\alpha\nu\alpha\xi$).
***) In Irland, besonders in Leinster und Munster, dem Hauptsitze der Finnisner, sowie in Connaught, findet San Marte viele Ortsnamen, die mit Bally anfingen. Im Godrunliede ist Balian sowohl die Residenz Sigebands, als Hagens in Irland. In Armoric a priest is called Belec or servant of Bel (Toland).

arabischen Gharb entspricht und von Hesychius erklärt wird als: χώρα τῆς δυσίως, ἡ σκοτινή. Die skandinavischen Sagas erwähnen der westlichen Reisen nach der Bucht des Schattens, ad sinum Skuggam (Umbram), und Brasseur de Bourbourg macht darauf aufmerksam, dass in dem Popol Vuh die nördliche Heimath der Quiché das Land der Schatten genannt sei, weshalb es von ihm als Ombraculum übersetzt worden. Bei Mictum (zwischen Thule und Bretagne) erinnert er an Mictlan, die nordische Hölle der Mexicaner. Die Handelsfahrten der Tyrier wurden durch die Entdeckungszüge des Melkarth oder Herakles symbolisirt und Herodot scheint darauf hinzudeuten, dass in Egypten Herakles an der Stelle des Poseidon (den die Griechen aus Libyen erhalten) gestanden, während dagegen diesen die Carthager mit feierlichen Opfern ehrten, (z. B. im Kriege mit Gelon gegen Agrigent). Als Ith in dem von ihm entdeckten Irland landete, opferte er dem Neptun. Silen, der die grossen Inselstädte des jenseitigen Continentes (bei Theopompos) dem phrygischen Midas beschreibt, spiegelt in seinen elegischen Sprüchen die Melancholie budhistischer Klagen,*) wie sie tief die mexicanische Weltanschauung mit dem Schmerz um das Erdenleid zerrissen (in den Elegien des Königs von Tezcuco).

Die Herleitung der mexicanischen Cultur von den Phöniziern oder Carthagern hat hier, wie unter den Schriftstellern über das alt-europäische Bronce-Zeitalter, zu etwas abenteuerlichen Hypothesen Anlass gegeben, besonders wenn in den Combinationen der Yankee die 10 Stämme Israel hinzukommen oder wenigstens (in Ordoñez Lesung der kanaanitischen Pfeiler bei Procop) die vor Josua geflohenen Cheviter und vielleicht Hetiter (wo möglich die Cheta ägyptischer Monumente). Nichts würde indess a priori be-

---

*) Der thracische Volksstamm der Trauser klagte bei der Geburt eines Menschen und jubelte beim Tode (nach Solinus). Das Apostelwort der Scythen durchzieht in indischer Entsagung von Thracien aus den ganzen Norden Europas bis nach Hispanien. Der mit den Briges von den Rosengärten am Berge Bermios in Macedonien ausgezogene Midas wurde von dem gefangenen Silen (nach Cicero) belehrt, dass nicht geboren zu sein, die höchste Glückseligkeit wäre, oder sonst bald möglichst zu sterben. Midas-theos ist der Mondgott (bei Herychius). Nach Silen wohnten die Meroper auf fernem Continente. The Manx have a swarthy complexion, stout, with an air of melancholy, pervading their countenance (M. Culloch), wie die Quechuas. Der im arischen Meru rückläufige Ring wird gekreuzt von einer andern Namenskette, die im Anschluss an den semitischen Gomer aus den luftigen Mondbergen der Nilquellen längs der Ostküste Afrikas hinabsteigt und an natürlich vorgezeichneten Punkten in Zanzuebar den früher auch Madagascar angehörigen Namen der Khomr oder Comorn-Inseln zurücklässt, über das Cap Comorin nach den Khomr übergeht und sich von Kambodia aus weiter verzweigt durch die tibetischen Khom bis zu den Kam und Schamanen, die in den Riten zu Comana Cappadociae und Comana pontica (sowie den thracischen im Cotyaeum Phrygiens) nachklingt und von den Komani nach Nordwesten getragen wurde. In Specialuntersuchungen werden sich wahrscheinlich manche Glieder der Kette in einander fügen lassen, aber bis dieses geschehen, bleibt die Gefahr, die telegraphischen Zeichen der auf weit zerstreuten Wachtthürmen flackernden Feuer misszuverstehen und sich in die dunkle Nacht einer unfruchtbaren Hypothesenwüste zu verirren.

rechtigen, die Möglichkeit eines Zusammenhanges zu läugnen, da die Existenz der carthagischen Colonien an der Westküste Afrikas hinlänglich constatirt ist (wie es sich nun auch im Einzelnen mit ihrer Erstreckung nach Süden oder der Ausdehnung von Hanno's Reise, sowie überhaupt mit den von beiden Seiten zusammentreffenden Umschiffungen verhalten haben möge). In den Azoren hatte man das Antreiben fremder Fichtenarten und Canoes bemerkt, am Cap Vincente waren zu Columbus Zeit geschnitzte Hölzer gefunden, aber südlich von den Azoren setzt der Meeresstrom von Osten nach Amerika hinüber, gerade von demjenigen Küstenstrich Afrikas aus, wo die phönizischen Colonien lagen, und Diodor nennt auch eben diese libyschen Colonien als die Häfen, von denen die Schiffe zur Entdeckung der grossen Inselmassen im fernen Ocean ausgefahren seien. Jenen carthagischen Niederlassungen südlich vom Lixus eine Dauer von 400—500 Jahren zu geben, würde Nichts entgegenstehen, da, wenn das Bestehen der Neustadt nicht genügen sollte, auf Utika zurückgegangen werden kann, dessen Gründung Vellejus in die Zeit des Codrus setzt), und wir hätten also eine längere Zeitperiode*) zur Basis, als seit der letzten Entdeckung des afrikanischen oder amerikanischen Seeweges verflossen ist. Statistische Analogie würde erlauben, die während des Zeitraumes unserer Kenntniss statt gehabten Ereignisse hinübergetriebener Schiffe, wenigstens ebenso häufig in jene frühere Periode zu versetzen, und ausserdem mögen die carthagischen Kaufleute absichtlich in das atlantische Meer hinausgefahren und auf amerikanischer Küste angekommen sein, selbst wenn man (mit Pereyre) annehmen wollte, dass ihnen wegen Unkenntniss des Seekompass der Rückweg unmöglich gewesen sei. Der Hinweg dagegen ist leicht genug, da er so häufig unfreiwillig hat gemacht werden müssen. Ein von Lanzerote nach Teneriffa fahrendes Schiff wurde 1764 nach Venezuela an die südamerikanische Küste getrieben, und Gomora erzählt von einem andern, das die Strömungen 1731 von den Canarien nach Trinidad führten. Carthagische Brunnenbauten sind auf mehreren Inseln Afrikas zu erkennen und in der tyrischen Weltkarte ist der erste Meridian durch die insulae fortunatae gezogen. Sertorius, auf der Flucht vor Annius in Baetis landend, hörte von denselben durch einen lusitanischen Seecapitän. Auch könnten die Carthager ebenso gut schon Vorgänger in diesen Seefahrten gehabt haben, da der Rückzug der Egypter vom Meer erst ein späterer, durch politische Ereignisse (wie in Indien und China) veranlasster gewesen zu sein scheint, und die Annahme einer prinzipiellen Abneigung ebenso sehr den Aussagen Herodots widersprechen würde, als den Zeugnissen der Monumente, die schon in frühern Dynastien durch Segel bewegte Fahrzeuge darstellen Ausserdem waren aber auch die östlichen Amerikaner durchaus nicht so unbewandert in der Navigation, wie es nach den an der Westküste gebrauchten Flössen scheinen möchte, da Columbus ein aus Honduras gekommenes Schiff,

---

*) Die Pharusier, die mit den Nigritiern die tyrischen Colonien zerstörten, waren (nach Mela) seit Herkules Expedition nach den Hesperidengärten reich geworden, aber später in die Barbarei zurückgesunken, als Hirtenvölker. Die Statuen der Insel Dhahi verbieten, weiter zu fahren.

das durch Ruder und Segel bewegt wurde, auf einer Handelsreise antraf. Beckmann lässt die Carthager bis Brasilien fahren und Wilson zieht thebanische Schiffe herbei. Der beständige Ostwind, mit dem Posidonius (bei Strabo) nach Indien schiffen zu können meint, erinnert fast (wie Humboldt bemerkt) an die unter niedern Breitengraden herrschenden Passatwinde. Bei der Eroberung Carthagos staunten die Römer über die hohen Häuser der Strassen, die bis zu sechs Stockwerken aufstiegen, und den Spaniern waren die Casas Grandes eine sonderbare Erscheinung, zu denen man auf Leitern emporkletterte. In Yucatan finden sich Bauanlagen, die mehrschössig in verschiedenen Absätzen emporsteigen und darin Räume enthalten, während der Kern des Gebäudes massiv ist. Die dortigen Teocalli neigen sich allmählig, ähnlich den syrischen Tell, und Gebhard findet eine Anknüpfung zwischen den phönizischen Monumenten der Nuraghen mit dem Thurm von Babel einer- und mit den Teocalli Mexicos andererseits. Dagegen glaubt Kugler in den Rundbauten mit einer cylindrischen Masse im Innern, deren Reste sich in Yucatan (Mayapan, Chichen, Uxmal) erhalten haben, eine Aehnlichkeit mit den Anlagen asiatisch-buddhister Dagopbauten zu sehen und in den Dachformen der Denkmäler in Palenque, sowie dem Bizarren der Sculpturen und Ornamente, chinesische und japanische Motive. Eichthal glaubt die Figuren der drei ersten Tage der fünftägigen Woche, der Panchawara (im javanischen Kalender), sitzende Buddhas, Garuda und Hanuman auf den Sculpturen Palenques identificiren zu können und stellt die Göttin Chantico, die sich (nach Aubin) nicht aus der einheimischen Sprache erklärt, mit Durga's Form als Chandica zusammen. Ferguson vergleicht wieder den Horizontal-Bogen in den Räumen der Casa de las Monjas in Uxmal mit den etruskischen oder pelasgischen. Die Nachahmung des Holzbaues, (wie sie unter den Architecturwerken des Alterthums, besonders bei den lykischen hervortritt) erkennt Kugler in häufiger Anwendung bei den Decorationen Yucatans, indem „Rundstämme senkrecht neben einander gereiht erscheinen, auch die offenen Zugänge mehrfach mit freistehenden Rundsäulen, welche eine Deckplatte tragen, versehen sind." In Mexico walten die Terrassenbauten vor, die sich in den Teocalli direct an die Morai's Polynesiens anschliessen und in einen excentrischen Verbreitungskreis über Java und Cambodia verfolgen lassen. In den Monumenten Yucatans, im Lande der Quiches und Chiapas erinnert Manches an die Massen-Architectur pelasgischer Structuren, obwohl die importirten Motive alle in den eigenthümlichen Abriss einheimischer Architectonik verarbeitet sind, ebenso wie der egyptische Kopfputz der Götterfiguren. Die Menschenopfer brauchen die Carthager den Mexicanern nicht gelehrt zu haben, denn sie sind häufig genug, ohne Lehrer gelernt und auch andere Gebräuche mögen ihre Erklärung in der Gemeinsamkeit einer psychologischen Grundlage finden, ohne dass man Entlehnungstheorien in Anspruch zu nehmen brauchte. Die zuletzt in Anahuac anlangenden (und dort eine Zeitlang in Knechtschaft gehaltenen) Azteken zogen auf ihren Wanderungen als blutdürstige Fanatiker umher, die jedes Wesen im Lande mit der Schärfe des

Schwertes schlugen, auf Geheiss ihres Zorngottes Huitzilopochtli, dessen Reliquien sie in geheimnissvoller Lade führten und auf den Rastplätzen unter einem Tempelzelt aufstellten. „Das heilige, im Lager der Carthager aufgeschlagene Zelt war der hebräischen Stiftshütte vergleichbar", bemerkt Gesenius.

Wenn ein amerikanischer Stanislaus Julien aus mexicanischer Lautverschiebung den Uebergang von Car oder Carth in Coatl constatiren sollte, so würde die identische Rolle, die beide Endsilben in mexicanischer und carthagischer Geschichte spielen, Beachtung verdienen. Von Melcarth oder Stadtbeschützer findet sich der Titel Car oder Stadt (Kaer im celtischen) in ehrenden Eigennamen, Bomilcar, Hamilcar u. s. w., und ebenso tritt Coatl in den verehrten Namen der Mexicaner auf, wie in Quetzalcoatl, Mixcoatl u. s. w. Da Coatl im Mexicanischen Schlange bedeutet, so würde sich hier eine ähnliche Beziehung zwischen Schlange*) oder Drache und Stadt finden, wie in Naga**) und Nagara der Indier, die, trotz später zugefügten Etymologien, diesen Zusammenhang deutlich und bestimmt festhalten, weil ihre ältesten Rundstädte auf die Windungen des Erddrachen und unter den richtigen Sühnungen desselben gebaut seien. Die Verknüpfung der eingeborenen Naga mit dem mystischen Zauberdienst der Naga und ihres Nakharaxa kehrt im mexicanischen Nahualismus wieder, da zugleich Nahuatl als Bezeichnung ältester Bewohnerschaft gilt, während die Carer ihre Namen weithin trugen, als Gründer von Städten oder (im Arabischen) von Dörfern. Das von den Carthagern (nach Pseudo-Aristoteles) jenseits der Säulen des Herkules entdeckte Gebirgsland, wohin sie die Tyrrhenier gehindert, Colonisten zu schicken, ist auf Central-Amerika gedeutet worden, wegen des dort häufigen Vorkommens der im mittelländischen Meer nur sparsameren Murexschnecke und von den Purpurfärbereien wurde Phöniziens Name als rothes Land erklärt, wie die Tulteken die mexicanische Küste, an der sie zuerst landeten, Huchuetlapallan (das rothe Land) nannten; wie Mahanamo von der rothen***) Erde, mit der sich Wijayo's Gefährten färbten, Taprobane, das Thule des Südens, auslegt. Ob einige der carthagischen Adelsfamilien die (wie bei der französischen Invasion von den Holländern) gehegte Absicht, bei drohender Gefahr ihres Staates auf den westlichen Colonien eine Zuflucht zu suchen, ausgeführt haben oder ob etwa die dortigen Colonisten nach dem Falle der Mutterstadt in ihrer neuen Heimath abgeschlossen wurden (wie die zu den Moxos gezogenen Incas bei der spanischen Eroberung Peru's), darüber liegen keine Berichte vor, da überhaupt mit Carthagos Zerstörung und der von

---

*) Le nom de Chan (serpent) appartient à une ancienne tribus lacandone des environs de Palenque (des Colhuas Nachan on la cité de serpents) ou Chanes (Brasseur).

**) Die Nahas sind schwarzbraun auf den Egyptischen Sculpturen, wo Brasseur (in den Roud) die Rothhäute wieder zu erkennen meint.

***) Cap Bonpland an der Humboldt-Bay wurde wegen der überall rothen Küste (von den Papuas) Saprop Mani (das Land des rothen Vogels) genannt. Auf der durch die sinkende Sonne gerötheten Insel Erytheia wohnte der dreileibige Geryon.

Scipio absichtlich vernichteten Documente, alle dort aufgehäuften Schätze geographischen Wissens verloren gingen, denn der Egoismus dieser Handelsmonopolisten hatte frühere Mittheilung verhindert und als später die Stunden des Unglücks nahten, boten sich diesem im barbarischen Afrika isolirten Staat keine civilisirten Nebenländer als schützende Asyle, um dorthin ihre Literatur oder doch ihre Traditionen zu retten, wie es bei historischen Umwälzungen in Asien meistens hat geschehen können. Auch möchten in der Zeit des Verfalles zwischen dem dritten und vierten punischen Krieg die fernen Seefahrten bereits eingestellt sein, so dass die Kunde von denselben verblasste, wie unter den Wirren der Völkerwanderung die von den Reisen nach Indien, die zur Blüthezeit des römischen Kaiserreichs regelmässig und in grossem Maasstabe unterhalten worden waren.

Die vorherrschende Neigung, die der Geschichte und Geographie beigemischten Mythen, in denen „die Wirklichkeit in dem Symbol mit einem mehr oder minder dichtem Schleier bedeckt ist" (Humboldt), in die „sentina fabularum" zu werfen, die Hauptschwierigkeit ihrer wissenschaftlichen Verwerthung, liegt in der verführerischen Bequemlichkeit, die ein abgerundetes System darbietet, und in dem natürlichen Wunsche, Alles fern zu halten, was neue Arbeit des Kopfzerbrechens kostet. Man wird darin unterstützt einmal durch die Ansicht, dass die aus dem Alterthum überlieferten Andeutungen allzu fragmentarisch und unvollständig seien, als dass sie auf einer soliden Grundlage ruhen könnten, und dann durch die scheinbare Unmöglichkeit, die aus ihrer Annahme fliessenden Folgerungen innerhalb der kurzen Zeitepoche zurecht zu legen, die bisher allein der Geschichte beigemessen wurde. Obwohl indessen den Zutritt neuer Thatsachen erwartende Vermuthungen noch nicht für eine praktische Verarbeitung reif sind, darf man doch der Möglichkeit ihres späteren Eintrittes in den Kreis mitredender Argumente nicht die Augen verschliessen. Wir stehen in derartigen Dingen erst in der äussersten Vorhalle der Gallerie, die zum Eingangsthore der darauf bezüglichen Forschungen leitet. Mit einer sicheren Begründung der Resultate, die sich aus der Entzifferung der Hieroglyphen oder der Keilinschriften ergeben, ist kaum seit 30 oder 50 Jahren ein Anfang gemacht. Lyell's und Darwin's epochemachende Arbeiten sind noch viel jünger und die anthropologische Palaeontologie, so Wichtiges sie auch für die Folgezeit verspricht, bewegt sich bis jetzt doch nur in unbestimmten und schwankenden Hypothesen. Es würde einen erstaunlichen Grad von Selbstüberschätzung und einen eben so grossen Mangel kritischen Talentes bekunden, wenn man die schwachen Lichtblicke, die uns hier und da entgegenschimmern, schon zur Beleuchtung eines Gesammtbildes genügend halten wollte. Wir gleichen einem Reisenden, der aus offenem Ocean die nebeligen Umrisse eines fremden Landes erspäht, das sich im gewaltigen Hochgebirge aufthürmt. Will er seiner Phantasie freien Lauf lassen, so mag er allerlei utopische Phantasiegebilde dorthin verlegen, ist er aber gewissenhaft auf Förderung seiner Aufgabe bedacht, so sucht er sich nur, so gut es aus der Ferne geht, schon jetzt über die Abdachung der Dämme und die hinüberführenden Pässe zu unterrichten, um dadurch einige Fingerzeige zu erwerben, die ihn später nach der Landung leiten mögen, wenn er die beschwerlichen und schlüpfrigen Bergpfade zu erklimmen beginnt und die mühsame Wanderung antritt, die ihn vielleicht erst nach vielen Umläufen der Monde oder Sonnen einem befriedigenden Ziele entgegenführen mag. Die heutige Forschung, zur Negation jeder Endgrenzen in Raum und Zeit gezwungen, hat ihre Kenntnisse nur aus den richtigen Proportionen relativer Verhältnisse aufzubauen, um aus ihnen das Gesetz sich entwickeln zu sehen; sie hat den lange verschleppten Fehler auszumerzen, der die Rechnungen durch Einführung des Absoluten und der Substituirung endlicher Werthe für unbekannte Grössen zu annulliren oder doch zu fälschen pflegt. Als möglich muss Alles gelten, auch ein schwaches Blinken am äussersten Horizonte ist (wenn keine optische Täuschung des Subjectiven) stetig im Auge zu behalten, da aus ihm ein neuer Stern aufgehen mag. Hinlängliche Sicherheit, um darauf eine Theorie weiter zu bauen, kann dagegen nur das durch die minutiös genaueste Prüfung fest und deutlich Erkannte bilden, denn jede andere Basis wird nachgiebig wanken und das ganze System zum Sturz bringen.

Von beiden Seiten setzen die Meeresströmungen nach der Küste Amerika's ein, von Osten sowohl, wie von Westen; im Norden leitet der Golfstrom nach Europa zurück und auch an der Behringstrasse ist der Uebergang von Amerika nach Asien leichter, als umgekehrt (während in dem äquatorialen Gürtel des stillen Oceans sich die nordöstlichen und südöstlichen Passate mit den gelegentlichen Westwinden ziemlich die Waage halten), aber indem man so gegenseitigen Wechsel-Einfluss annehmen kann, so muss doch der von der grossen Continental-Masse Europa-Asien-Afrika ausströmende als ein überwiegender gedacht werden, dem das in seiner langen Ausdehnung auf verschiedenen Punkten angegriffene Amerika keine genügende, noch weniger eine bewältigende, Resistenzfähigkeit hätte entgegensetzen können. Lassen wir also diese Verhältnisse in abstracto ihre Wirkung aufeinander ausüben, damit das nach den Naturgesetzen nothwendige Resultat daraus hervorgehe, so würde sich als dieses eine Modification amerikanischer Ursprünglichkeit durch europäisch-asiatische Einmischung zeigen. Aegypten hat zuerst historisch den Anstoss gegeben, der uns über den engen Cirkel eines sechstausendjährigen Weltbestandes hinausgeführt hat, und dieser Kampf ist jetzt siegreich von zoologischer und anthropologischer Geologie aufgenommen, welche beiden Wissenszweige bereits so weite Fernsichten zu öffnen beginnen, dass wir vielleicht in wissenschaftlichen Beweisen über unsere geologische Formation auf eine frühere zurückgeführt werden mögen, oder wenigstens auf die aus einer vorhergegangenen Weltperiode zurückgebliebenen Trümmer, wie es mythologisch ausgedrückt werden würde. Im verständigen Sinne der naturwissenschaftlichen Forschung ist man jetzt bemüht, die stattgehabten Veränderungen[*]) nur aus uns begreiflichen Pro-

---

[*]) Von dem Verfall Irland's durch klimatische Veränderungen und Naturereignisse spricht Torfans aus seinen Lebzeiten als Augenzeuge.

cessen zu erklären, und geht deshalb nicht gerne über meteorologische Ursachen, wie sie z. B. in der Eiszeit durch eine Gletscherperiode eingewirkt haben könnten, hinaus. In der Polargegend wird die geringen Entfernung zwischen Europa und Amerika durch das Halbwegehaus Irland noch verringert und schon in der kurzen Spanne der historischen Periode, die wir überblicken können, sind Fälle von dem Herübertreiben grönländischer Kähne (wie z. B. 1682 nach den Orcaden) bekannt (die Untersuchung bei Seite lassend, wie weit die schon von den Römern bei den Friesen gesehenen Indianer oder Indier auf die Esquimaux oder deren damalige Vorgänger Bezug hätten). Die geographische Configuration spricht hier zu Gunsten Amerika's als Ausgangspunkt, eine gleichwerthige Cultur oder Uncultur beider Erdtheile vorausgesetzt. Aendern sich die relativen Verhältnisse, rüstet ein kühnes Warägervolk in den Scheren Norwegen's seine Schiffe aus, lässt Madoc op Owen Guineth seine Segel blähen am grünen Erin, den Spuren des heiligen Brandon zu folgen, sticht der Abenteurergeist der Algrurim frisch gewagt in das Meer des Nebels und Dunkels hinaus, so mag dasselbe den von der Natur entgegengesetzten Widerstand besiegen, und auch in hohen Breiten von Osten nach Westen fahren, während nur die entgegengesetzte Richtung zugegeben werden kann, so lange noch nicht der Mensch durch thatvollen Eingriff der Lenkung des geschichtlichen Steuerruders seine Mitbetheiligung aufdrückte.

Wie oft nun im Laufe unendlicher Vergangenheiten ein solches Hin- und Herwogen von Völkerwanderungen zwischen Amerika und Asien stattgefunden haben mag, darüber würde es weder möglich sein, zur Entscheidung zu kommen, noch auch besonders nutzbringend, da wir die immer wiederholten Contact-Punkte doch nicht auszählen könnten. Wissenschaftlich ist es nur von Interesse, die Reste fremder Elemente, die von Europa nach Mexico, von Amerika zu den Basken getragen sein könnten, zu studiren, um die Gesetze zu entdecken, unter denen sie sich mit den einheimischen Bodenerzeugnissen verbanden, und welche neue Productionen dadurch gezeitigt wurden. Die Strassen zwischen Amerika und Europa, zwischen Meropern und Hyperboräern, oder deren Vorfahren und Nachkommen, mögen anf das vielfachste, zu den verschiedensten Epochen, wieder und wieder eröffnet und geschlossen sein, sie mögen, wenn wir uns der durch archäologische Chronologie beanspruchten Zahlenfreiheit bedienen, auf das häufigste breite Bahnen der Völkerzüge gebildet haben, ohne dass wir das Allermindeste direct darüber zu wissen brauchten, denn wie rasch eine solche Kunde verloren gehen und dem Gedächtniss entschwinden kann, dafür ist es nicht nöthig, weit nach Beispielen zu suchen, da uns das eclatanteste in den grönländischen Fahrten der Isländer selbst gegeben ist, die trotz ihrer zeitweisen Lebhaftigkeit doch nicht verhinderten, dass man nach zwei Jahrhunderten nichts mehr von Amerika wusste, bis Columbus es neu entdeckte. Da wir die Fahrten der Normannen an der amerikanischen Küste*) vor der

---

*) Arngrim's Bestimmungen der Tageslänge sind unsicher, aber Adam Berm. hörte von dem dänischen König Suenon Estridson, dass in dem neu

Hand bis Hvritammarland, in das Weissmännerland (in der Gegend des jetzigen Carolina und Georgien) verfolgen können und denselben die weite Erstreckung des Continentes nach Süden aus dem vermutheten Zusammenhange von Vinland de gode mit Afrika bekannt sein musste, so würde es eine etwas barokke Vorstellung sein, zu glauben, dass diese ritterlichen Seehelden, die sich mit fränkischen und byzantinischen Kaisern schlugen und ihnen Königreiche abzwangen, denen das mittelländische Meer bald zu enge war und die schon früh nach den Canarien segelten, in Amerika, wo sie es mit nackten Indianern zu thun hatten, auf halbem Wege stehen geblieben und nicht weiter nach Süden gezogen wären, wo die üppige Zunahme tropischer Vegetation ihren Entdeckungseifer um so mehr reizen musste. Vielleicht waren es gerade diese äquatorialen Verlockungen, die das eisige Grönland*) verödeten und die prahlerischen Siege der Skrälinger mögen sich auf die Niedermetzelung der zurückgebliebenen Alten und Kranken beschränkt haben. Der Zug nach Süden hatte keine Schwierigkeit, der Pfad war offen und anziehend, die Schwierigkeit lag hier, wie überall vor Entdeckung des Seekompass und richtiger Vorstellung von der Erdgeographie, in der Rückkehr (obwohl bei dem Votan**) der Chiapas auch von Hin- und Herfahrten gesprochen wurde, zwischen Valum Votan, (Wodan's Walhalla und Chivim) und aus Montezuma's Erzählung liesse sich selbst herauslesen, dass man sich gar nicht nach der alten Heimath zurücksehnte, da die verheirathet und zufrieden Lebenden ihrem zum Aufbruch mahnenden Führer den Gehorsam verweigerten (wie die durch die Reize Tahiti's gefesselten Meuterer der Bounty), so dass dieser drohend allein abzog, und wenn er den richtigen Weg verfehlte, umgekommen und verschollen sein mochte, ohne fernere Nachricht. Wären nun aber einige Hundert Normannen in die schon bestehenden Culturstaaten der mexicanischen Plateaus im XII. Jahrhundert eingetreten, so würde es nach den in der Zwischenzeit stattgehabten Umwälzungen, die mit der Gründung Tenochtitlan's durch die Azteken schlossen, geradezu unmöglich gewesen sein, dass die Spanier sie im XVI. Jahrhundert noch in ihren Abkommen hätten entdecken können, indem das Beispiel der Pitcairn-Insulaner (die doch nicht einmal von einer numerisch überwiegenden Urbevölkerung erdrückt wurden) schon in der ersten Generation ein solches Vorwalten der mütterlichen Nationalität beweist, dass dieselbe nach zwei Jahrhunderten das väterliche Blut (bei fehlender Erneuerung desselben)

---

entdeckten Vinland die Erdfrüchte spontan wüchsen, ohne des Anbaues zu bedürfen.

*) Unter Warnung vor voreiligen Schlüssen heisst es in der Antiquarisk Tideskrift (Kjöbenhavn 1864) Bemaerkes maa enduu, at Navnet Odin klinger igien ei blot i Landuddeleren Votan, men ogsaa Otomiernes Eponym Oton eller Odon, ligesom Toraseaerne foruden denne Heros tilbade cnanden Gud ved Navn Goras.

**) De Ansiedlungen in Garde und Albe sollen 1348 unter den Verheerungen des schwarzen Todes zu Grunde gegangen sein, wie das Reich der Tolteken in der Pestilenz, die die mexicanischen Annalisten so emphatisch beschreiben.

ganz absorbirt haben muss. Ob ohnedem der culturhistorisch von solchen Einwanderern geübte Einfluss gerade ein sehr weittragender gewesen sein würde, bleibt um so mehr fraglich, als uns alle Proportionsmaasse zwischen dem damaligen Bildungsgrad der Tolteken und Normannen fehlen. Die Letzteren waren zum Theil*) getauft und mögen vielleicht den Einen ihrer Mönche oder auch heidnischen Barden auf Kriegszügen mitgeführt haben, aber selbst in dem Falle würde noch nicht unbedingt folgen, dass diese von solchem Schlage und Charakteranlagen gewesen wären, um nun gleich als Culturheroen unter einem neuen Volke aufzutreten. Die Wahrscheinlichkeitsrechnung würde vielmehr entscheiden, dass geistig hervorragende Talente unter den Normannen in Amerika fehlten. Die Schule der alten Eddasänger scheint damals gebrochen und zerfallen zu sein, da sie selbst in der Heimath der proselytischen Religion so wenig Widerstand leistete und die Jünger Ansgar's und anderer begeisterter Missionäre hatten noch genug in Norwegen und Schweden zu thun, ehe sie daran gedacht haben würden, als Missionäre nach Grönland oder Vinland zu gehen. Die überwiegende Zahl der Auswanderer waren erbfreie Bauern oder Bondi (die Yarl gingen damals schon meist in die königlichen Beamten der Lendermen über), Soldaten und Matrosen, und wenn sie zu den Städten der alten Mexicaner gekommen sind, so mögen sie ihnen allerlei über ihre Landsleute oder auch über Europa im Allgemeinen erzählt haben, ebenso wie es die auf den Tonga und anderen Polynesischen Inseln fixirten Matrosen dort machen, aber wer diese Sachen nach einigen Jahren von den Eingeborenen wieder erzählen hört, hat jetzt schon Schwierigkeiten, ihren Sinn zu errathen, während die Autorität dafür noch am Leben sein mag, und nach 100 Jahren würden sie unzweifelhaft selbst für den Scharfsinn des Oedipus eine harte Nuss sein. Nur das einfache Symbol des Kreuzes, das in der damaligen Zeit dem Katholicismus mehr ein Zaubertalisman als religiöses Sinnbild war, könnte sich in unveränderter Form erhalten haben, und so bei Mictlan und in der Umgegend gefunden sein. Als eine bedeutsame Persönlichkeit wird indess in den irländischen Sagen der Name Ari genannt, der 983 p. d. nach Hvritamannaland (an den Grenzen Florida's, wo die Shawanee Johnston von früheren Bewohnern weisser Farbe erzählten) verschlagen und von den dortigen Irländern getauft wurde. Wollten wir uns ihn von dem Proselyten-Eifer eines Neubekehrten beseelt denken, so liessen sich sonderbare Anknüpfungspunkte finden mit jenem Ari der an die Muyscas grenzenden Musus, der als Propheten-Gott am Magdalenenflusse auftritt und gerade in solchen Gegenden Südamerika's, wo die Portugiesen spätere Spuren des Apostel Thomas anzutreffen glaubten. Der isländische Ari, Ari Marsson, war schon in seiner Heimath durch seine Weisheit berühmt und wurde beim Uebertritt zu

---

*) Die Colonie in Vinland scheint immer oder doch lange heidnisch geblieben zu sein und der sächsische Missionär Johannes, der sich dort hinbegab, wurde hingerichtet. Im Jahre 1121 suchte der grönländische Bischof Eric die Bekehrung zu unternehmen.

Christenthume in Weissmännerland an der Rückkehr gehindert, da ihn die Irländer in Amerika zurückzubehalten wünschten, um von seinen Kenntnissen Nutzen zu ziehen. Fyrst Ari prestr hinn frodi Thorgilsson ok Kokskeggr (Hoekus). Ein Nachkommen dieses Arius (Ari Marsson) war Arius Multiscius († 1148 p. d.), der mit Soemund Sigfusson in Cöln studirte und die Kistni-Saga abfasste, über die Einführung des Christenthums in Island. Die Irokesen schlachteten dem Geist Ari-eskoi's Menschenopfer, die Huronen marterten ihre Gefangenen zu Ehren des Kriegsgottes Areskouy. Die Reste normannischen Alterthums lassen sich durch die letzten Entdeckungen bis in's Ohio-Thal verfolgen und unter den Namen, die auf nordischen Runensteinen gelesen wurden, hebt Brasseur den Ilok's hervor, den Rafn in Schweden fand, indem er dem Baron von Sogn angehörte, dessen Nachkommen nach Island auswanderten. Das Geschlecht Ilokab zieht bei den Quiches im Gefolge und in Begleitung ihres ältesten Königsgeschlechtes, des Geschlechtes der Tan (Dan) oder Tamub, das auf dem Seewege anlangt und zu Tula in die Mysterien des Nahuatl-Dienstes eingeweiht wird (dessen von Votan eingeführter Cultus sich im haytischen Voudoux erhalten habe). Auch der Name Dan oder Tan soll auf den Runen entziffert sein, aus irländischer oder isländischer Herkunft. Die mexicanische Kalenderrechnung schliesst sich durch das Ineinanderschieben zweier Jahresreihen an die Methode der ostasiatischen Chronologie an, doch kehrt die für Mexico (bei den Chiapas) charakteristische Theilung mit dreizehn auch im skandinavischen Norden wieder, wo sich Reste derselben in dem Kalender auf der Insel Oesel erhalten haben.

Nach dem Islendingabok finden die Nordmannen in Grönland Spuren menschlicher Wohnungen, Reste von Schiffen und Steingefässen, indem früher die Vinland bewohnende Nation dort gelebt hatte, Skraelinger bei den Grönländern genannt. Wie sehr die Wandersagen der Quiches (bei denen die Familien Tamub und Jlocab die Auswanderung leiteten), auf einen früheren Aufenthalt in hohen Breiten zurückdeuten, ist schon mehrfach hervorgehoben worden. Sie klagen über die langdauernde Dunkelheit, in der sie wandern, ihre Fürsten erwarten unter Fasten und Büssungen auf Bergeshöhn den Aufgang des Morgenstern's, der das Erscheinen des Tageslichtes verkünden soll, wie man in den langen Polar-Nächten des Nordens am Ende des Yulfest nach der Wiederkehr der Sonne ausschaut. „Bitterlich weinte ihr Herz, als sie auszogen, als sie Tulan verliessen. Ach, nicht hier werden wir die Morgenröthe sehen, nicht hier sehen den Aufgang der Sonne, die das Angesicht der Erde neu belebt" (nach dem Manuscript Cakchiquel bei Brasseur). Die Insel Tula, sagt Beda (735 p. d.) lag so hoch im Norden, dass es im Winter nicht Tag wurde.

Auch die frühere Einwanderung Votan's, der (wie Lizana meint), von Haiti über Cuba gekommen sei und Tapire in den Tempeldienst Huehuetan's einführte, wird in den Ueberlieferungen der Tzendal mit den Nahoas zusammengestellt, da es heisst, dass damals die Nahuatl-Sprache zuerst eingeführt sei. Die Gefährten Votan's erhielten wegen ihrer langen Gewänder den Namen Tzequil oder Männer in Frauenkleidern (wie es zeitweilig die Delawaren waren.) Unter den von Votan gegründeten Städten wird auch Mayapan genannt, von Andern dem Zamna zugeschrieben, der in der Nohenial oder grossen Landung wenige Jahre später auf die Cenial oder kleine Landung Votan's folgte. Als das damals noch bis nach Mayapan reichende Meer auftrocknete, erhielt Yucatan den Namen Maayha oder wasserlos. Zamna, der mit einem Gefolge von Priestern, Kriegern und Künstlern erschien, tritt als Gesetzgeber auf, und belohnte seine Edlen oder Cocomes*) mit Ländereien gegen das Leisten von Feudaldiensten.

Die Milesier, die in den mythischen Chroniken als Abkömmlinge egyptischer Helden figuriren und, gleich den Liguriern, auf Afrika zurückweisen (wie die in den Pfahlbauten gefundenen Reste) werden in 40 Schiffen nach der Küste Irland's gebracht, wo Heber und Heremon das von den Tuatha de Danann**) eroberte Reich theilten. Späterhin erwähnen die irischen Annalisten keiner See-Unternehmungen, und auch den Einfällen der Dänen trat man erst während der Regierung Ceallachan's, der (919 p. d.) den Thron bestiegen, mit einer Flotte entgegen unter dem Befehle Failbhe's und, nachdem er gefallen, Fingall's. Als die Auswanderungen der auf ihre Freiheiten eifersüchtigen Norweger unter Harald Haarfagr begannen, schiffte zuerst Gardar (864 p. d.) nach dem 861 durch Nadodd entdeckten Island, dann Flakke (867) und (875) Ingulf. Die Einwanderer fanden auf der Insel Bücher (irske boger), Glocken und Krummstäbe, die den Paper***) gehört hatten, und diese, meint Arius Multiscius, seien Irländer gewesen. Auch die Faroer-Inseln wurden damals von den Vikingern entdeckt und König Harald vertheilte Lehen auf den Orkney, Shetland und Hebriden, nachdem er alle diese Inseln von Piraten gereinigt hatte (895 p. d.). Das von dem im Sturm verschlagenen Gunbiorn gesehene Land wurde von Eric dem Rothen wieder entdeckt und 981 wurde am Cape Farewell auf Grönland der Grund zu der Colonie gelegt, die später die Bedeutung eines Bischofssitzes erhielt und von 1124—1389 bewahrte. Als Königin Margaretha 1387 den Handel nach Grönland (sowie nach Island, den Faroer, Halogaland und Finnland) monopolisirte, hörten Privatunternehmungen auf und eine Wiederbesetzung des Bischofssitzes soll (1448) in dem Papst Nicolas V. zugeschriebenen Sendschreiben versucht sein, worin es heisst, dass die am äussersten Rande des Oceans wohnenden Colonisten 1418 p. d. von einer feindlichen Flotte angegriffen seien und grossen Schaden gelitten hätten.

---

*) Cocom signifie écouteur, croyant (s. Brasseur) von ihrer Bedeutung als Priester (wie Godar). Der Oberpriester Yucatans führte den Titel Akkin Mai.

**) Ptolemäos kennt neben den Damni die Darnoi oder Darinoi, und Hieronymos stellt die Damni mit den Attacotti zusammen. A woman supposed to be skilled in magic is called (in Irish) bean sighe and also bean tuathach, a north woman.

***) Im Landnamae heisst es gleichfalls: Men for Island belyggedes Normaendene vare der de Maend, som Nordmaendene kalde Paper, und Rafn fügt hinzu: Scriptores mediae Latinitatis quemlibet sacerdotem clericum Papam vocabant.

Eric der Rothe hatte sich zunächst in Brattalid niedergelassen. Sein Sohn Leif Ericsson entdeckte Helloland und Markland (Localitäten, die gewöhnlich auf New-Foundland und Neuschottland zurückgeführt werden). Von dort segelte er nach einer Insel und gelangte, die Fahrt nach Süden fortsetzend, zu einem Flusse, der aus einem See strömte. Dort gab die Entdeckung Tyrkers den Namen Vinland und das Klima war so milde (nach Peringskiold's Heimskringla), dass „im Winter kein Frost eintrat." Der Landungsplatz für die mit sieben Schiffen aus einem unbekannten Ostlande anlangenden Nahoas war (nach Sahagun) bei Tampico, wo der Fluss Panuco's sich mit dem aus der Laguna de Chairel abfliessenden Tamisi vereinigt. Sie schifften dann weiter nach dem Flusse Tabasco im Lande Xicalanco (am See Terminos) und in Yucatan wurde (nach Las Casas) die Tradition bewahrt von 20 Häuptlingen, die von Osten gekommen, mit starken Bärten, in weite und lange Gewänder gekleidet. Die in Xicalanco angesiedelte Colonie der Nahoas hatte so sehr von den Feindseligkeiten der Eingeborenen zu leiden, die die Lehren Quetzalcoatls zurückwiesen, dass sie sich zu einer Auswanderung entschlossen. Nachdem Exbalanque ein Reich in Utatlan gegründet, stürzten sie dann die Dynastie der Votaniden in Xibalba oder Palenque. Die Indianer rühmen von Votan, dass er sie zuerst mit dem Gebrauch der Essgeschirre bekannt gemacht.

Als Leif Ericsson nach Grönland zurückkam wurde sein wunderbarer Bericht über Vinland vielfach besprochen und eine Expedition dahin ward von Thorvald ausgerüstet, der auf seiner zweiten Reise im Kampfe mit den Skrälingern fiel. Als sein Bruder Thorstein den Körper zurückzubringen beabsichtigte, starb er in Ericsfiord und seine Wittwe Gudrid vermählte sich mit Thorfinn Karlsefne, ein reicher Norweger, der jetzt im grösseren Massstab eine Expedition nach Vinland ausrüstete, und wie die Sagas berichten, auch Rinder mitgenommen, wodurch die Pelzwerk und Häute nach der Factorei bringenden Skrälinger nicht wenig erschreckt seien. Der aus dem Handel gelöste Gewinn rief jetzt vielfache Nachahmung hervor, und zu den nächsten Expeditionen gehörte diejenige, bei welcher die Brüder Helge und Finboge auf Anstiften der Freydis durch Thorvald und seinen Anhang erschlagen wurden, während bei der Heimkehr angegeben ward, sie seien in Vinland zurückgeblieben. Mit den eingetauschten Gütern befrachtete Karlsefne sein Schiff, das reichste, das je Grönland verliess (s. Laing), und erregte grosses Aufsehn bei seiner Ankunft in Norwegen. Während seines späteren Aufenthaltes in Island wurde er durch einen Südländer besucht, aus der Stadt „Bremen im Sachsenlande", und von demselben um den Verkauf seines Hausgiebels angegangen. Er nahm den scheinbar hohen Preis, der dafür geboten wurde, merkte aber später, dass er übervortheilt sei, da die Balken aus Massur-Holz gefertigt waren, das aus Vinland gekommen war. Die Fundgrube der kostbarsten Luxushölzer ist an der Küste des südlichen Mexico. Der Codex Flateyensis erzählt von der grossen Pracht, mit der Thorfinn in Island lebte, von seinem in Vinland geborenen Sohn

Snorro und von den Pilgerfahrten nach Rom, die seine Wittwe unternahm und die sich in Yucatan wiederholen. Island's Feuerholz kommt vom Missisippi.

Die irischen Traditionen zeigen die gewöhnliche Verwirrung der Sagen, haben indess manche historische Körner treu bewahrt und lassen sie, trotz des höheren Alterthums, oftmals leichter herausheben, als aus dem phantastischen Wuste, der die historischen Persönlichkeiten Karl's und Arthur's erstickt hat. Interessant sind die Ueberlieferungen in Betreff der Einwanderung der Milesier, wegen ihres legendenhaften Anschlusses an die (nach Ephorus) auf lelegischen oder (nach Herodot) auf carischen Ursprung zurückgehende Colonie Milet, deren Schiffe, nach griechischen Mittheilungen, das Meer jenseits der Säulen des Hercules befuhren, obwohl die einheimischen Chronisten diesen Zusammenhang unberücksichtigt lassen, indem sie den Namen ihrer Milesier*), als Mac Mileadh, Sohn eines Soldaten oder Kriegers erklären, und also das römische Miles im Auge haben. Die trotz der Beilegung eines scythischen Ursprung's auf den alten König der Argiver zurückgeführten Gaodhal erhielten den Namen Milesier von Milesius, Sohn des Bile und Urenkel des Bratha, der sie aus Gothia nach Spanien**) geführt, und dort wird von lebhaften Handelsbeziehungen besonders mit Egypten geredet, wie sie vor römischer Eroberung durch milesische, phönizische und carthagische Schiffe vermittelt sein mögen. Das durch Ith (Onkel des Milesius) entdeckte Irland (die Schweine-Insel) wurde dann (nach dem Cormac Mac Cuileannain) durch die beiden Söhne des Milesius erobert, deren Nachkommen sich mit den Brigantes (b. Ptolemäos) gemischt hätten. Wie gewöhnlich sind die historischen Namen erhalten, aber von der Sage ohne Rücksicht auf chronologische oder geographische Anordnung durcheinander gemengt. Da ist zuerst Niul, Sohn des Fenius, als Führer seines Volkes, der mit Moses zusammengebracht wird und in mancherlei Gewaltthaten spielt, als die mythische Erinnerung des Neleus, unter dem die Jonier ihr Blutbad in Milet anrichteten. Nachträglich folgt Creta, und Sru der die Immigration dorthin leitete, mag seinen Namen dem Sarpedon verdanken, dem Haupte der Emigration. Dann folgen Kriege in Scythia, wie sie vor und nach scythischen Einfällen in Kleinasien geführt wurden, auch die nahgelegenen Amazonen oder Brustversengten sind nicht vergessen, und ebenso wenig die vielfachen Reisen auf dem Schwarzen Meere, deren die Milesier bei der Menge ihrer dortigen Colonien genug unternehmen. Schon in griechischer Mythe ist Miletus mit dem nordischen Wolfscultus des Apollo***) verknüpft. Die beiden Perserkönige, mit denen die Milesier in, ihrem Geschicke so bedeutungsvollen,

---

*) Μιλήσιον (Μιλήσιος), qui est ex urbe Mileto (Bernhardy).

**) Die Hispanier wagten es nicht, das westliche und nördliche Meer zu befuhren (nach Appian), nisi quando in Brittanniam una cum aestu maris transvehuntur (s. Beverus).

***) dem als Carneus von Carnus in Acarnanien verehrten Gott der Cairn bei den Cruim-thearigh keraunischer Eiche des Taranis und Thor (Tur). Nach Diodor wurde Apollo in der hyperboräischen Insel der Harfen verehrt (Belenus). σκηπός (Blitzstrahl) würde in der Wurzel sxm den Anschluss für die Kimmerier geben an äusserster Kimmung.

Beziehungen standen, sind von dem irischen Gedicht auf die deutlicheren Gestaltungen egyptischer Pharaone übertragen. Pharaoh Cingcris ist ebenso gnädig gesinnt wie Cyrus, und sein Wohlwollen geht sogar so weit, die hochgebildeten Fremdlinge zu sich einzuladen und am rothen Meer Land anzuweisen in dem Campus-cirit genannten District. Das Territorium, wohin die aufständischen Milesier gewaltsam durch Darius fortgeführt wurden, hiess aber Ampe und lag in der Nähe des persischen (erythräischen) Busen's. Sonst erscheint die Figur des Darius unter der Form des Pharaoh Intur (Nachfolger des Pharaoh Cingeris), der die (nicht durch Histiäus, sondern) durch den, für Bilder aus Egypten am Besten geeigneten, Moses zu verrätherischer That verleiteten Gäste aus dem Lande jagt, da sie sich (wie die Reste der flüchtigen Milesier) auf die Wanderung begeben mussten, um schliesslich nach Irland gelangen zu können. Höchst eigenthümlich ist jedenfalls die sonderbare Wendung, in der sich unter all' diesen Combinationen auf einmal das Wort „Glas" zwischendrängt, als ob noch eine dunkle Erinnerung in der Sage geschwebt hätte, von demjenigen Handelsartikel, der als das Glessum der Aestyer besonders nordische Seefahrten veranlassen mochte, und zwar ist diese verschwommene Tradition um so beachtenswerther, weil der Dichter selbst das Wort nicht länger versteht und offenbar nicht weiss, was er daraus eigentlich zu machen habe. Moses, der Schlangenkundige, ertheilte dem Sohne Niul's die Sicherheit gegen Schlangen, die sich das christliche Irland später von dem heiligen Patrick erhalten zu haben rühmte, und dann befestigte er sein Armband an den Hals Gaodhal's, weshalb dieser und seine Nachkommen fortan den Beinamen Glas geführt hätten (Gaodhal-glas). „Andere aber (heisst es im Leabhar droma sneachta oder dem schneebedeckten Buche) leiten dieses Wort (Glas) von dem grünlichen Schimmer seines Panzers ab," also unter allen Umständen ein Schmuckgegenstand. Grün(-gelb) heisst Glas im armorikanischen sowohl, wie im hibernischen Dialect des Celtischen. Dass die Stadt des Thales, Anaximander und Anaximenes ihre Auswanderer mit einem Philosophen versorgte, ist erklärlich genug, und als Repräsentant desselben tritt in der irischen Tradition Amerghin auf, der Bruder der Könige Heber und Heirimon, die dagegen wieder um den Besitz des Poeten und Sängers haderten, wie die jonischen Städte um die Vaterschaft des Homer. Dass auch der Landweg nach Milet sehr wohl bekannt war, geht aus Nicea's Liebesgeschichte (bei Parthenius) hervor (nach Aristodemus), worin Xanthus aus Milet eine Reise weit ins Celtenland hin unternimmt, um seine Gattin Frippe loszukaufen, die bei der Feier des thesmophorischen Festes vor den Thoren Milet's durch gallische Räuber fortgeschleppt war.

Der grössere Theil der japanisch-chinesischen Strömung verfolgt die amerikanische Küste bis Californien, und in diesem Wirbel wurde 1815 von der amerikanischen Brigg Forster ein japanisches Schiff angetroffen, das aus Osaka abgesegelt war. Solche Fälle haben sich seit der kurzen Gründung San Francisco's im Jahre 1848 öfter wiederholt, oder vielmehr sie sind seitdem öfter zur Kenntnissnahme gekommen, da sie früher ebenso oft stattgehabt haben mögen. Bei Cortez's Expedition nach Californien wurden dort, wie Gomara sagt, die Reste eines Schiffes aus Cathay gefunden. Die Eingeborenen legten allen vom Meere ausgeworfenen und ihnen zugetriebenen Gegenständen eine besondere Heiligkeit bei und haben noch kürzlich einige Thonkrüge, die aus einem gestrandeten Schiffe von Manilla herrührten, zu Gottheiten erhoben, wie auch Drake 1679 mit Opfergaben von Tobah (Tabak) empfangen wurde. Dass die Japaner mehrfach freiwillige oder unfreiwillige Entdeckungsreisen unternahmen, geht aus dem uns zufällig (durch den Sankokf tsu-san) bekannt gewordenen (aber darum nicht nothwendig allein erhaltenen) Bericht über die Mou-nin-sima-Inseln (die Woeste-Inseln der Holländer) hervor, und wenn sie auf solche Weise nach Amerika gelangt wären, so mag die Möglichkeit einer Rückkehr oder Mittheilung genauerer Berichte über Fousang, Ta-Han oder Nyomigok in Zweifel bleiben, aber darum ist die Möglichkeit nicht ausgeschlossen, dass die weit Centralasien auf Landreisen durchziehenden und den Archipelago bis zur fernen Lord-North-Insel durchschiffenden Apostel des Buddhismus, wenn sie sich zufällig auf einer solchen Expedition (also etwa nach Einführung des Buddhismus aus Korea in Japan) gefunden hätten, nun nicht nachher in Amerika weitergewandert seien und, wenn die richtige Persönlichkeit, durch das Aussergewöhnliche ihrer Erscheinung, durch das Ueberraschende ihrer Lehren einen nachhaltigen Einfluss auf die Eingeborenen hinterlassen hätten. Indess dürften sie auch im günstigsten Falle nicht als jene epochemachenden Civilisatoren betrachtet werden, in dem gewöhnlich daran geknüpfte Sinne, in welchem christliche Mönche Manche der barbarischen Grenzvölker des römischen Reiches auf eine neue Bahn des gesitteten Lebens führten, indem diese dem Sitze der alten Culturstätten nahe waren und in beständiger Verbindung damit blieben, um durch nöthiges Herbeiziehen neuer Gehülfen ihr Werk dauernd zu kräftigen. Ein nach fremder Küste verschlagener Missionär, der dort isolirt zu wirken hat, von seinem Mutterlande abgeschnitten, mag für die Dauer seiner Lebenszeit einen Anhang von Schülern und Jüngern bilden, aber einige Generationen nach seinem Tode wird das von ihm mitgetheilte System religiöser Dogmen, so eigenthümlich von den schon im Lande einheimisch vorhandenen Culturelementen zerarbeitet sein, um kaum mehr kenntlich zu bleiben, ausser an den Rudimenten heiliger Namen, die ihre in der fremden Sprache unverstandenen Lautformen bewahrt haben mögen, obwohl sie schon zur Deckung ganz verschiedener Vorstellungen verwandt werden. Beachtenswerth bleibt die Bemerkung Francisco d'Alva's, dass die zu Schiff nach Mexico gekommenen Tolteken in „japanischer" Weise gekleidet gewesen und unter den mongolischen Köpfen in Uhde's mexicanischer Sammlung glaubte Ritter, japanische Physiognomien unterscheiden zu können. Die, mit durchscheinendem Blut, weisse Haut, die dem Quetzalcoatl von den Mexicanern beigelegt wird, könnte, wenn asiatisch, nur den Japanern angehören, die darin den Europäern gleichen. Auch ist durch ihre Mischung mit den haarigen Ainos der sonst in Ostindien sparsame Bart bei ihnen mitunter voll genug, um das dem Quetzalcoatl gegebene Epitheton eines Bärtigen zu rechtfertigen. Jedenfalls hat man bei der Besprechung eines möglicherweise asiatischen Einflusses auf Amerika zu wenig beachtet, dass dieser, wenn er überhaupt bis zum Süden stattgefunden (und nicht etwa die Brücken der polynesischen Inseln gewählt) habe, von oder doch über Japan gekommen sein müsse, der natürlichen Bahn der Meeresströmungen folgend, während China durch die ganze Breite des Pacific abgetrennt ist, und die Völker Sibirien's (deren Uncultur ihre Wanderungen überhaupt bedeutungslos oder doch nicht kennbar gemacht haben würde), nach der Kreuzung der Behringsstrasse in den Polar-Gegenden geblieben sein würden, wie auch noch jetzt, während erst mit der Halbinsel Alaska das eigentlich amerikanische Völkergetriebe beginnt. Die peruanische Mythe vom knochenlosen Con, der mit seinem nachgiebigen Fleischkörper über die thonartig weiche Erde hinschreitet, und Thäler eindrückend, Berge erhebt, gleichsam geologische Hebungen und Senkungen symbolisirend, kehrt, wie bei Katchu in Kamtschatka, auch bei den Jakuten wieder, die unter den Schritten Arsogbotoch's das Land sich wölben, oder es sinken lassen, wo er tritt. Traditionen bei den Jakuten weisen auf ihre frühere Heimath im mittleren Asien zurück, und die Angabe, dass Arsoghotoch aus einer Himmelsterrasse auf die Erde gefallen sei, verknüpft sich mit den Mythen von dem Herabsteigen der ersten Menschen im Buddhismus, der die Erde durch die Fussstapfen seines Stifters stetigen lässt, wie sie Ceylon und Arabien aufgedrückt sind, beides Länder, wohin orientalische Schöpfungssagen das aus dem Paradies vertriebene Elternpaar führen. Wenn man, wie Brasseur es unternimmt, Can oder Con unter den ägyptischen Götternamen suchen wollte, so würde er sich am einfachsten an Canopus anschliessen, den Repräsentanten der bildungsfähigen Thonmasse bei der Landbildung, und die barokke Form des Topfes wiederholt sich in den peruanischen Hausgötzen der Canopen, so wie in der gezwängten Körperstellung mancher der japanischen Götter und populären Heroen.

Die Chinesen bezeichneten die Lieu-kieu-Inseln als Oghii, da sie ihnen die fernste Grenze des Bekannten im östlichen Ocean bildeten. Nach dem Ti-to-tsaung-yao wurden dort die Jahre nach den Pflanzenzeiten des Blühens und Welkens gezählt, eine Bezeichnungsart der Monate, wie sie bei den Bergvölkern der Pnom wiederkehrt und auch bei Rothhäuten (Mönnitarri, Dakota, Mandan u. s. w.), die ihre Mondmonate nach periodischen Naturerscheinungen (besonders nach nützlichen Früchten und Thieren) benannten. Die auf den Lieu-kieu-Inseln (und auch im Liki) erwähnten Streitwagen erinnern an die indischen, auf kambodischen und javanischen Sculpturen. An der Mauer des Königspalastes auf den Lieu-kieu (deren Prinz 640 p. d. in China erzogen wurde) waren Menschenschädel zum Schmuck aufgestellt und als die Spanier nach Mexico kamen, fanden sie solche von den Wänden der Tempel herabgrinsen. Wie schon die Karthager sich in Friedensverträgen zur Abschaffung von Menschenopfern*) verpflichten mussten, so verschwinden

---

*) Gleich den Mexicanern opferten die Normannen ihrem (punischen) Moloch das Herz besiegter Feinde, um selbst dafür Unverwundbarkeit zu

solche barbarische Gebräuche überall im civilisirten Verkehr und haben
sich jetzt nur in den Fetischhäusern Afrika's erhalten. Unter der Dynastie
der Thsi kam der Chamen Hoeichin von dem 20,000 Li im Osten von
Tahan gelegenen Lande Fousang nach Hingtscheou (499 p. d.) und berichtete, dass dieses Kupfer statt Eisen, und Papier aus der Mark der
Maguey-Pflanze gebrauchende Volk vor einigen Jahren (459 p. d.) zum
Buddhismus bekehrt worden sei, durch Bettelmönche, die dort Tractätchen
und Bilder ausgetheilt hatten. Der literarische Streit, der sich über dieses
Fousang erhoben hat, seit es Deguignes nach Amerika versetzte, ist bekannt
genug. Neuerdings ist Eichthal wieder in der Revue archaeologique gegen
Klaproth aufgetreten, der Deguigne's Irrthum siegreich widerlegt haben
wollte, und bemüht sich, nachzuweisen, dass dessen eigene Ansicht auf
zu schwachen Füssen stehe, um haltbar zu sein. Das Land Fousang wurde
in späteren Zeiten ein völlig mythisches für die Chinesen, als das beglückte
Reich, in dem die Sonne am frühen Morgen sich ziert und schmückt, ehe
sie ihren Tageslauf beginnt, als das Reich reichster Schätze, dessen Bewohner
im Goldglanz glänzen, wie ähnlich der Eldorado spanischer Abentheuer, den
man sich am See Paititi jeden Morgen in Goldstaub wälzen liess, eine Art
der Toilette, die Römer an der Fantih-Küste von dem damaligen König der
Ashantie gehört haben wollte. In dem chinesischen Itinerarium (bei Li-youtcheou) reist man von Lolung an der Westküste Corea's nach Nippon, dann
nach Jeso, das Land der Wenschin oder tättovirten Ainos und weiter nach
Tahan, das Klaproth für die Insel Krafto erklärte, Deguignes dagegen
für Kamtschatka und so die Uebergänge findet nach Fousang an der
Küste Amerika's. Oestlich von Fousang (in einer Entfernung von 1000 Li)
liegt das Königreich der Frauen, fügte der chinesische Bericht hinzu. Schon
vor der Entdeckung des Marañon, der von den Amazonen seinen Namen erhielt, hörte Almagro von dem Reiche der Frauen in Chili und (nach Zarato) besiegte der Inca Zopana die in Chuncara herrschenden Frauen. In
griechischer Mythologie ist es Atalante, deren „Exemplum zeuget, dass Courage und Tapferkeit nicht bloss Eigenschaften der Männer seien, sondern
sich auch wohl beim Frauenzimmer finden können" (Hederich).

Die Vertreter eines buddhistischen Ursprunges mexicanischer oder peruanischer Cultur haben dabei besonders die Sagengestalten der beiden Culturheroen dieser Länder im Auge gehabt, in deren Einrichtungen sich allerdings eine Menge interessanter Analogien finden, aber doch kaum irgend
welche, die nicht aus einer gemeinsam psychologischen Grundlage hervorgewachsen sein könnten. Allzu scheinbare Aehnlichkeit in Details macht im
Gegentheil eine historische Uebertragung eher zweifelhaft, da fremde
Culturelemente in der Entwicklung eines Volkslebens selten ihre Permanenz

---

erhalten (wie in Cassange). So z. B. Harald, Sohn des Haldan und der Guritha. Beim Holmganga fanden die Zweikämpfe in einer Umkreisung statt,
wie auf der beim Opfern gebrauchten Platform der Mexicaner, die als Omen
vor dem Feldzug einen Krieger des anzugreifenden Volkes mit einem der
ihrigen streiten liessen.

bewahren können, sondern nach einem neuen Typus verarbeitet werden, wobei dann aber die psychologischen Elemente allgemein menschlicher Gedankenbildung immer wieder gleichartig durchschlagen. Dagegen bleiben für stattgehabte Verbindungen werthvolle Fingerzeige in den fetzenweis erhaltenen oder auch dialectisch verstümmelten Namensresten, die durch die an ihnen klebende Scheu des Heiligen und Göttlichen vor Verwerfung geschützt wurden. Nun hat man aber bis dahin völlig übersehen, dass in den Namen der beiden Apostel Amerika's gerade die beiden wichtigsten Namen aus Indien's buddhistischer Vorzeit enthalten sind, und zwar fast unverändert. Die Sagengestalt mexicanischer Civilisation wird meist Quetzalcoatl genannt und mag so bei den spät eingewanderten Azteken, die den Spaniern von ihm erzählten, geheissen haben oder von ihnen mit anderen Mythen verwechselt sein. Bei den Mayas in Yucatan dagegen, wohin sich die Reste der Tolteken zurückgezogen hatten, nannte man ihn Kukulcan und ähnlich wurde er auch in Guatemala bezeichnet, als Gucumatz (Qucumatz in der Chronik der Quiches). Unter den fünf Buddhas der jetzigen Weltperiode ist indess für eine gewisse Epoche religiöser Neugestaltung in Indien der bedeutungsvollste Name der des zweiten, Kukusan, der durch das Symbol des Huhnes repräsentirt und dadurch an den verehrtesten Tempelplätzen Hinterindien's wiedererkannt wird, wenn er auch seinen Platz in der Götternische für den jüngsten Reformator Gautama (mit dem Bilde der brahmanischen Kuh) hat aufgeben müssen. Von Kukutapada durch Asoka erbaut und von Ptolemäo's Kokonagara an lässt sich sein Titel in vielen Städtenamen verfolgen, was hier zu weit führen würde. Kukusan's Vorgänger Gonagon trug die Schlange und Quetzalcoatl's Hieroglyphe, als gefiederte Schlange, ist aus Schlange und Vogel zusammengesetzt. Der heilige Vogel des Kriegsgottes war der Colibri, im mexicanischen Wappen tritt aber der Adler auf, und dieser vermeintliche Adler, von dem die Kunde bei der Einwanderung aus dem Nordwesten mitgebracht war, ist in der bei Purchas gegebenen Bilderschrift unverkennbar ein Hahn, sehr verschieden von dem Adler, der unter diesem Namen später bei der von den unterworfenen Stämmen der eingeborenen Indianer verlangten Tributablieferung abgezeichnet steht. Im Hafen Gonagamako auf Ceylon landet Panduwasadewo (Wijayo's Neffe). Ausser in der Form eines in langen Talar gekleideten Apostels, der unter Sonnenschirmen (wie sie auch in Celebes die Ankunft der Buddhisten versinnlichen) das Land durchzieht, tritt Quetzalcoatl in Tonacatepetl oder (in Pampaxil und Pacayala) Gucumotz (Kukulcan) in einer anderen Mythe, als Ameise*), auf, die den Gefährten essbare Feldfrüchte bringt und im Japanesischen heisst Kukumotz geradezu Getreide (Go-kuku sind die fünf Kuko oder Getreidearten). Kuknsan's Nachfolger Kasyapa ist durch die Schildkröte symbolisirt und dieses Thier kehrt in den Verzierungen der Sculpturen in Palenque ebenso häufig wieder, wie im Totem der Iroquesen und verwandten Indianer oder

---

*) Im Twrch Trwyth bringen die Ameisen dem Gwythyr neun Scheffel Flachssaat, die Yspaddaden gefordert.

auf dem Wappen Aegina's und anderer Inseln. Als alter König wird Qucumatz in allerlei Thier-Metamorphosen gedacht, worin entstellte Reminiscenzen aus den Jataka stecken könnten und der in Japan eine geheimnissvolle Gottesidee verbildlichende Fuchs wurde auch in Mexico verehrt, als Nezahuatl-Coyotl, in Bogota selbst unter dem Namen „Fo" oder Nencatocoa. Ebenso findet sich das in Japan stereotype Tempelgeräth des Sinto-Spiegels an mehreren Gottheiten Mexico's, wie z. B. Tezcatlipoca als Gott des rauchglänzenden Spiegels angebetet wurde. Nach Cyrill hatte der Moloch einen glänzenden Spiegel auf der Stirn und Dionysos schafft die Welt, als er sich im Spiegel schaute. Die mit japanisch-chinesischem Handel durch Ostasien verbreiteten Papierfetische waren auch den mexicanischen Kaufleuten bekannt. Der Apostel Peru's heisst Viracocha (der aus dem Meeresschaum Entstandene), und wenn man an den jainistischen Maha-Vira (Lehrer des Gautama) denkt, so könnte man nach Analogie des Allerweltsmissionars Buddhagosa (Stimme Buddha's) einen Vira-gocha daraus machen oder auf Pirhua, den früheren Namen des Illatici-Viracocha zurückgehend, die Pir herbeiziehen, beides Wurzeln von weitreichender Beziehung. Wie der centrale Bodhibaum in Indien, und das immergrüne Laubdach in Upsala, wurde in Centralamerika der Seiba verehrt, den die Chiapas in der Mitte jedes Dorfes gepflanzt hatten, und von den alten Seiba-Bäumen, die die indianischen Grabhügel zwischen Caramari (Carthagena) und Antioquia überschatteten, bemerkt Quesada, dass ihre Zweige mit goldenen Glöckchen behängt gewesen, deren Geläute in den Winden spielten (gleich dem der zahllosen Schellen, die auf jeder indischen Pagode an einander gereiht sind.) Montesinos nannte die zu Schiff nach dem entvölkerten Landstrich zwischen Tumbez und Arica kommenden Riesen Chimu's, als ob er ihrer bösen Natur wegen Schimnus hätte sagen wollen. Die von Diego de Landa mitgetheilten Geschichtssagen berichten, dass während die Itzaes in Yucatan herrschten, von Westen her Kukulcan zu ihnen gekommen sei, ein heiliger Weiser, der im Cölibat ohne Frauen und Kinder gelebt und die Stadt Mayapan erbaut habe, sowie ein Monument in Champoton auf seinem Rückwege. Wegen seiner weisen Einrichtungen sei er später vergöttert worden, als Cetzalcouatl (Quetzalcohuatl). Die Bücher*) Yucatan's wurden nach Art der Zickzack-Manuscripte beschrieben, (wie sie in Ostasien gebräuchlich sind), und das Papier sei aus den Wurzeln eines Baumes gemacht. In Tollan baute Quetzalcohuatl viele Klöster, die der Codex Chimalpopoca als Häuser der Fasten, der Reue und der Gebete bezeichnet und die zur Aufnahme von Kindern beiderlei Geschlechts aus edlen und priesterlichen Familien dienten. Ausser ununterbrochenen Reinigungen durch Bäder war den Mönchen (nach Torquemada) ein strenges Cölibat vorgeschrieben und jedes berauschende Getränk verboten. Den Neugeborenen wurde eine Art Taufe administrirt, bei der sie ihren Namen empfingen und exorcisirt wurden.

---

*) Escrivian sus libros en una hoja larga doblada con pliegues, que se venia a cerrar toda entre dos tablas, que hazian muy galanas.

Wie Europa und Asien hat man auch Afrika*) für Amerika auszubeuten gesucht, an der brasilianischen Küste (zwischen Cap St. Roque und Cap St. Augustin) von der äquatorialen Rotationsströmung getroffen, die nach der Magelhan-Strasse abfliesst und mit einem anderen Arme nach Guayana. Nach Columbus war Haiti früher von genta negra ans Südwesten angegriffen und werden diese Schwarzen von den Caraiben unterschieden. Gumilla spricht von Negern am Orinoco. Balbao sah in der Provinz Quareca auf Darien eine Neger-Colonie (nach Peter Martyr) oder Negersklaven von einem nahewohnenden Stamme (nach Gomara). Die schwarze Mischung der Mosquito-Indianer hat man auf ein gescheitertes Schiff zurückgeführt. Auch die Caraiben auf St. Vincent erhielten 1675 solche Kreuzung. Der peruanische König Titu-Yupanqui fiel gegen die aus Brasilien einfallenden Wilden, die von Schwarzen begleitet wurden (nach Montesinos) und durch ihre Verwüstungen die frühere Kenntniss der Buchstaben austilgten. Die am La Plata als Eroberungsvolk organisirten Guarini, die, den Continent durchziehend, in Orinoko als Caraiben wiedererscheinen, besassen neben dem Cannibalismus andere in Afrika einheimischen Gebräuche und die Knotenschrift Ardrah's, des vor Guadja-Trudo's Einfall blühendsten Culturstaats West-Afrika's, pflanzte einen Ableger in dem Quippus der Cordillere, wenn sie dort der Schriftzerstörung folgte, wie sie in China der Schrifterfindung vorherging. Unter den freigewordenen Negern Haiti's, die in die Orgien des Feticismus zurückgefallen sind, scheiden sich noch die Arrah- oder Ardrah-Neger als eine höhere Kaste ab. Am Alt-Calabar kennt man Inka als officiellen Titel und die Ashantie stammen aus dem Lande Inta, wie die Inkas von Ynti oder der Sonne.

Nur aus dem Berichte des Phoebolampten oder Phobaden konnte Herodot (geboren 464 a. d.) Nachrichten über die östlichen Völker schöpfen. „Sie sollen Alle, ausser den Hyperboräern, von den Arimaspen an, je auf ihre Nachbarn sich werfen, und so wurden von den Arimaspen die Issedonen aus ihrem Lande getrieben, und von den Issedonen (oder Massageten) die Scythen, und die Kimmerier, die am Meer im Süden wohnten, verliessen, von den Scythen bedrängt, ihr Land" (indem sie nach Erschlagung der Könige am Flusse Tyras nach der Halbinsel Sinope zogen). Wenn es heisst, dass jenseits der Arimaspen, der einäugigen Menschen, die goldhütenden Greife wohnten, und von da jenseits die Hyperboräer bis an's Meer hinab, so sind unter den letzteren (abgesehen von ihrer späteren Auffassung) deutlich genug die Chinesen verstanden, deren Drachen- und Greifenfahnen tragende Banner die Grenze hüteten. Durch die wie die Scythen aufgeblähte Drachenfahnen tragenden Indoskythen (besonders auch in Rajputana) verband sich der durch Nagarjuna repräsentirte Schlangencultus (nach Taranatha) mit dem der Eingeborenen im Buddhissmus Indien's. Wenn auch die in orbis speciem consertae celsorum aggerum summitates (s. Amm. Marc.)

---

*) Aracatscha heracleum tuberosum Molinae in Neu-Granada ist identisch mit der Wurzel des Atschu oder Aracatscha in Sus, südlich vom Atlas.

erst durch Shihoangti erbaut wurden, so bestanden doch schon zu Herodot's
Zeit die langen Mauern der Theilfürsten Jan, Tschao und Zi. In den Arimaspen sind die Namen der Ari und Asi involvirt und die Phoeben-Be-
sessenheit deutet auf schamanische*) Künste, wie sie auch den orgiasti-
schen Gebräuchen der aus dem Norden eingeführten Mysterien zu Grunde
liegen, mit den Gebräuchen der kahlköpfigen Agrippäer, die kein Lebendes
tödteten und unter ihren Bäumen von Niemand verletzt wurden, gemischt
(wie im Lamaismus), gleich den (nach Ammian) von Homer in den
Abiern**) gekannten Yaxartae und Galaktophagi. Die Heilighaltung des
von den Hyperboräern Apollo geweihten Schwanes dauert noch jetzt bei
altai'schen Völkern fort, und die Priester der Yeziden verkaufen dem Meist-
bietenden ihren Pfau. Die Personification der als Garuda getragenen Fahnen-
wappen mag auch in den goldhütenden Ameisen liegen (oder der faust-
grossen Ameise Persien's, die in den Mährchen der Araber gefürchtet wird),
indem solche und ähnliche Thiere noch jetzt in Hinterindien zu Siegeln
dienen. Die im V. Jahrhundert a. d. beginnenden Kriege führten in China
zur unabhängigen Constitution der mächtigsten Theilgebiete, wodurch zuerst
ein Druck auf die Nomaden-Völker geübt wurde.

Die durch göttlichen Zorn vernichteten Völker Süd-Arabien's werden
in dem gemeinsamen Namen Irem zusammengefasst. Nach Ktesias nahm
der arabische König Ariaeos an den Eroberungen des Ninus Theil, und
Justin sagt, dass Ninus durch Ariaeos von Arabien und Barzanes von
Armenien in dem Befreiungskampfe gegen die Scythen unterstützt sei. Unter
den Nachfolgern Joctan's (1817 a. d.) vereinigte König Harret-Arrajes die
getheilten Staaten Yemen's und unternahm Feldzüge bis zum Indus. Als
Milesius (nach Schifffahrten im rothen und schwarzen Meere) sich in
Spanien festgesetzt und für Handelszwecke Aegypten besucht hatte, wurde
ihm auf der Insel Irena bei Thracien sein Sohn Ir geboren, von dem
(oder von Eire, Gemahlin des Cearmada) die (zwischen Eibhear und Eire-
amhou getheilte) Insel Inis Ealga den Namen Irland erhielt. Eirin is com-
posed of jar or er (the west) and i or in (island). Irland hiess früher sus
($\nu\tilde{\eta}\sigma o\varsigma$ $\tilde{v}\eta\varsigma$ von Hu) im Zusammenhang mit den (Eber verehrenden) Ehsten
(s. Müller).

Homer setzt die Kimmerier an den Eingang der Unterwelt nach

---

*) Als solche erscheint noch jetzt (im Anschluss an die Verehrung der
Bhut) der Buddhismus im Norden Asien's und könnte auch nur in dieser
Form (nicht als das indische System) nach Europa getragen worden sein, um
dort scandinavische Namensähnlichkeiten zu erklären. Der Godar übte welt-
liches und priesterliches Recht. Toland erklärt die Quatas oder Vates der
Druiden als celtische Faidh oder Prophet (Watan). Snorro bemerkt von
Odin's schamanistischen Künsten, dass sie den Körper so sehr geschwächt
und durch ängstliche Aufregung zerrüttet, dass man später Frauen in der
Zauberei unterrichtete, weil für Männer unpassend.

**) Von dem idäischen Berge schaut Jupiter (b. Homer) die Abii, genus
piissimum (s. Amm. M.) *Ἄβιος τὴν ἀσκητικὴν καλύβην ἐπήξατο* (Suidas).

Westen. Bei dem Einfall der Scythen*) unter Madyas trennten sich die am Pontus ansässigen Kimmerier. Die unter der Herrschaft des Königs Midas an der östlichen Seite des Pontus einfallenden Kimmerier wurden (nach Strabo) von Kobos beherrscht, als Madyas sie vertrieb. Posidonius identificirte die Cimbri und Kimmerier und Appian erklärt die Cimbri für Celten. Plinius rechnet die Cimbri mit Teutones und Chauci zu den Ingaevonen. Die Kimmerische Bewegung liesse sich als der Ausgang derjenigen Wanderungen ansehen, die Namhidh, Führer der Nemedier, nach Irland und seinen Enkel Jobhath mit den Tautha de Danann nach dem Norden Europa's (s. Keating) brachte, in das Land der Cimbern, wo sich (nach Snorro) Dan Mikillati mit Waffenschmuck und Ross unter hohem Hügel begraben liess, so dass auch dort die abgeschiedenen Seelen in Zauberkünsten spukten, durch welche sich die Tuatha de Danann günstigen Empfang in Lochlann**) (Loka) schafften, um von dort nach dem Norden Schottland's und nach Irland zu gehen. Freyr's Körper wurde als Unterpfand günstiger Jahreszeit bewahrt. Müller idenficirt die irischen Danaanen und die Dänen mit den Δαναοί. Das irländische Schneebuch lässt Niul, Vater des Gaodhol, mit Moses aus Aegypten ausziehen, nachdem sie sich der Flotte Pharaoh's bemächtigt, und als dann Pharaoh Intur die zurückgebliebenen Gaodhelier vertrieb, zogen diese unter Sru nach Kreta und unter seinem Sohne Eibhear Scot nach Scythia, wo sie mit ihren Verwandten, den Nachkommen Niul's, in Streit geriethen und deren König (Refloir) erschlugen, aber zum Abzuge nach dem caspischen Meere gezwungen wurden und darnach als Milesier auftraten. In den Cenomani (Γονόμανοι oder Κενόμανοι), die nach dem Passiren der Alpen die Etrusker vertrieben, liegen die Cenomanni (Subdinum) bei Le Mans auf der Stätte von Notitia der Aulerci Cenomani, die nach Cato bei Massilia eine Niederlassung gründeten unter den Volcae. Die noch jetzt mit dem melancholischen Ausdruck der Naturvölker geprägten Manks auf Man (Monarina oder Monoeda) nahmen die nach dem Blutbad von Anglesea nach Mona flüchtenden Druiden (nach dem Angriff des Suetonius Paulinus)

---

*) Die Chinesen erzählen damals den Einfall der westlichen Nomaden, die Shun-di genannt wurden, und die 637 a. d. die Hauptstadt Chönanfu plünderten.

**) The ecclesiastical books denominated the Danes and Norwegians „the fair and dark offspring and also Lochlanig or Lake-landers" from the circumstances of their fleeing for safety or with plunder to the lake, wither they were in the habit of drawing their boats (Wood). Das Gebirge Lokaloka scheidet Licht von Dunkelheit. Ptolemäos erwähnt in Nord-Brittannien die Λόγοι oder Λούγοι (westlich von den Cornabii) und den Fluss Logia (Lagan) in Irland. Die Söhne Bor's schnitzten die Menschen aus zwei im Wasser schwimmenden Klötzen (Log: truncus arboris). Loki ist Sohn der Lovoa. Die durch Dorier und Phocier getrennten Lokrer, stammen durch König Locrus von den Lelegern und die epizephyrischen Lokrer in Italien (zu den Anhängern des Pythagoras gehörig) erhielten zuerst unter den Griechen ein schriftliches Gesetzbuch durch Zaleucus, den Aristoteles einen Schüler des Thales nennt.

auf. Zur Zeit des Ethicus war die Insel von den Scotten besetzt. Wie bei den Germanen als Nachkommen des Mannus, bildete Mannheim die Heimath der Eingeborenen Schweden's. Plinius setzt die Monesi unter den Saltus Pyrenaeus. Der Monoeci Portus (in Monaco) war (bei den Liguriern) von Herkules gegründet; *Μάνιοι* (bei Scylax), Manii in Illirien. In der Mancha kennt Plinius Germanen. In Maan und Maa als Bezeichnung für Erde*) stimmen Finnen und Ehsten zusammen und im Celtischen bedeutet Maen einen Stein (Maen-y-Druu oder der Druiden-Stein), so dass sich zwischen Mensch**) (men im Armor. und myn im Cambr.) und Stein, dieselbe Bezeichnung findet, wie zwischen *λᾶας* und *λαός*. Manes, der Gründer von Manesium in Phrygien, war (nach Stephan. Byz.) der Grossvater des Uranos und Vater des Acmonios (Grossvater des Saturn), der Acmonia gründete. Akmon ist der Donnerkeil und (bei Hesych) *'Ἄκμων οὐρανός* (açman im Zend).

In Thracien und den ältesten Schichten der über die Ligyer fortgeschrittenen Iberer stehen die deutlichsten Repräsentanten des sesshaften Volksstammes in Europa hervor, während jenseits der Donau die Geten (mit den verwandten Dakern) durch Tyrageten in Europa und Thyssageten in Asien mit den Massageten am Aralsee verbunden werden, oder den Dahae an der Ostküste des caspischen Meeres (die Strabo mit Sacae und Massagetae zusammengestellt, als die scythischen Stämme des Innern Asiens.) Die von den Nordgestaden des schwarzen Meeres ausströmenden Civilisationseinflüsse werfen ihren Reflex auf die Basileïoi und weiterhin auf die Georgoi, die dann durch die verwandten Scythenstämme allmählig wieder ganz in das allgemeine (oder, wie bei den vom armenischen Thorgomah, Sohn des Tiras beherrschten Sauromaten***), specifisch modificirten) Niveau der Nomaden ver-

---

*) Die *'Ολύμπια δώματ' ἔχοντες* schufen erst das goldene Geschlecht der redenden Menschen (*μερόπων ἀνθρώπων*), dann das silberne; aber das eherne ging aus den Eschen hervor (*ἐκ μαλιᾶν*). Ascr: baculus de fraxino (Wachter). Mons Asciburgius (Ptol.) videtur antiquitus dictus aescenbyrg a multitudine hujus arboris (asche oder fraxinus). In den aus Gott Geborenen bleibt (bei Johannes) *τὸ σπέρμα τοῦ θεοῦ* und bewahrt sie vor der Sünde der dem Bösen Angehörigen.

**) Dem Satz, dass Himmel und Erde alle Götter zeugten, liegt (nach Welker) die Mystik eines *ἱερός γάμος* zu Grunde. Es steht *γῆ*, die Erde der Japhetiten, zur *χθὼν* der Chamiten im geraden Gegensatz, aber in der Pelasgisch-Semitischen *ἱστία* sind sie zur Einheit vermittelt (Volkmuth). Nach Arngrim wurden der Erde für gute Ernten, als Goya oder Frigga Menschen in die Brunnen gestürzt. Die Norweger verbrannten bei Misswachs den ersten König von Vermland für Odin und der schwedische König Aune opferte seine Söhne für langes Leben (wie es in Indien verlangt wurde.)

***) Eine von den Scythen verpflanzte Colonie der Medier (nach Diodor), von Tod in Surashtra gefunden. Der Name Medier (Marder, Marner) spukt im Alterthum ebenso umher, wie der der Mauren im Mittelalter, und (nach Sallust) waren beide (in den Wurzeln von *μαρη* und Manes) identisch. Unter den sieben Völkern des vierten Erdtheils lässt Hamzah Isp. die Ariani in der Mitte wohnen, als Asier oder Medier. Die Mauryo bilden eine Dämonenklasse der Puranas.

schwimmen, während umgekehrt bei den Kallipidae schon directe Mischung
Statt fand. Auf den Zusammenhang zwischen Osten und Westen deutet die
Sage bei Trogus Pompejus, dass die Parther (parthi oder Flüchtling im
Skythischen) Reste der (von Orosius mit den Geten*) identificirten) Gothen
seien, als König Tanausis (Jandusis) erobernd Asien durchzog (s. Jordanes).
Die Massageten**) oder Maskout***) (der Armenier) ziehen sich an der nördlichen Grenze des sogdianischen Flusslandes bis nach der Regio Sacarum des
Ptolemäos hin, während im westlichen Scythia intra Imaum neben den Alani
die Alanorsi unterschieden werden und sich in Djungarien die Tapuri (Tapiri) finden. Der Fluss Oechardes†) in Scythia extra Imaum (mit den Abii)
wird mit der Selenga identificirt, an der der Khan der Hiongnu sein Hoflager hielt, und die Regio Auzacitis mit dem Baikalsee.

Mit Anschluss der Yueitchi, des westlichen Chanats an der chinesischen Mauer
(IV. Jahrh. a. d.), bildete der Getenstamm eine zusammenhängende Kette bis in
Europa hinein, ähnlich wie der mongolische zu Batu's Zeit, oder wie Indicopleustes den ganzen Raum Hunnien nennt. (Hounk bei Moses Chor., nördlich
vom Caucasus). Unmittelbare Berührung aller Glieder findet jedoch nicht statt,
ebensowenig wie jetzt bei den Tartaren, von denen wir neben den asiatischen
einen Zweig in der Krimm haben (oder hatten), einen ansässigen in Khazan,
Nogaier am Kaukasus u. s. w., und kann schon nicht Statt finden, da solche
Hirtenvölker nur die geeigneten Weideplätze zu bewohnen vermögen, und wenn
sie anderswo ansässig werden, mit dem Character auch den Namen ändern.
Die Yetha, deren Macht 558 p. d. durch die Toukhiou gebrochen wurde
(und die in den Djat fortleben sollen), wurden aus dem Stamm der Kaotche
(eine andere Altersstufe der Türken) hergeleitet. Noch bei Cherefeddin heisst
das Königreich der Uiguren Djeteh. Da die Scythen den Griechen das nächstliegende Prototyp der Nomaden geworden waren (in Folge ihrer Colonien
am Euxinos), so sagt Herodot, dass sie Sacae hiessen bei den Persern, die
mit den Sacae††) südlich von Scythia intra Imaum bekannt geworden. In

---

*) Den Araxes überschreitend erlitt der anfangs siegreiche Cyrus eine
Niederlage durch Tamyris, die Königin der Geten. Sed iterato Marte Getae
cum sua regina Parthos devictos superant atque prosternunt, opimamque
praedam de eis auferunt ubique primum Gothorum gens serica vident tentoria
(Jornandes). Die westlichen Nomaden (Shundi) hatten 687 a. d. die chinesische Hauptstadt Chönanfu geplündert.

**) Makot (siam.) ist Magadha (das Land der Maga). In den Rec. Cl.
heissen die in Medien, Parthien und Aegypten, besonders aber in Galatien und
Phrygien zerstreuten Perser die Magusaei. Die Armenier nennen Cappadocien (von der Hauptstadt Masaca oder Caesarea) Majak.

***) Aus dem Geschlecht Maghkhazouni herrschte Manasb, als Fürst der
Khorkhoruni.

†) Ptolemäos nennt die Oechardae unter den Stämmen der Serer.

††) Ultra sunt Scytharum populi. Persae illos Sacas in universum appellavere a proxima gente, antiqui Aramaeos. Scythae ipsi Persas Chorsaros et
Caucasum montem Groucasum, hoc est, nive candidum. Multitudo populorum
innumera, et quae cum Parthis ex aequo degat. Celeberrimi eorum Sacae,
Massagetae, Dahae, Essedones, Ariacae, Rhymmici, Paesicae, Amardi, Histi,

dem dialectisch*) zwischen Sigemuni und Sacyamuni (Segestan und Sacastan) bekannten Wechsel liesse sich das Unstäte bei der Namenserklärung der von den Ligyern Trödler, sonst Lanzen genannten Sigynna**) beachten, die Herodot in ihrer Kleidung den (nomadisirenden) Mediern beigesellt, oder den Arii***) (Asi), von denen später die (beim Abfall von, oder Einfall in Assyrien) durch Dejoces in Ansiedlungen Centralisirten den Namen Medier erhielten.

Herodot hebt die (den Römern später im Westen als Dacier bekannten) Geten hervor unter den Thraciern, die sonst durch Abneigung gegen den, verachteten Klassen überlassenen, Ackerbau und Lust zu Raub und Krieg, als ein ihren Adelstolz durch Tättowirung (bunt wie die Picten) markirendes Volk beschrieben werden. Von ihnen waren schon in alter Zeit die Propheten der Mysterien nach Griechenland gezogen, doch konnte bei den trunksüchtigen Thraciern die Reform des Zamolxis†) nicht durchdringen, deren Anhänger den in Athen in die Orgien eingeweihten Scythenkönig tödteten. Durch die Verdrängung der Triballer beim Einfalle der Kelten kamen auch die Geten wieder in Bewegung und wurden von Alexander auf dem linken Ufer des Ister angetroffen. Das Königthum bildete sich am festesten bei den Odrysae aus. Der Bund der Geten und Triballer wurde 295 a. d. von den Galliern besiegt. Eumolpus, Enkel des Boreas (der Hyperboräer) durch Chione (Schnee), kam mit Thraciern nach Attika, die Eleusinien einzusetzen. Ausser Ares, Dionysius oder Zabazius (als Sonnengott) und die durch die Baptae††) gefeierte Kotytto†††) oder Bendis (Artemis), ehrten die Fürsten den Hermes (nach Herodot) als Stammvater (wie die Germanen den Mercur), den in fortdauernden Wandlungen in die Welt rückkehrenden Weisen (als Trismegistos.)

Homer nennt die Thracier Rossemelker und Hesiod die Skythen rossemelkende Milchesser, die auf Wagen lebten, während von Hellanikos die (nach Pindar von Krankheit und Alter freien) Hyperboräer

Edones, Camae, Camacae, Euchatae, Cotieri, Antariani, Pialae, Arimaspi, antea Cacidari, Asaei, Oetei. Ibi Napaei interiisse dicuntur, et Appellaci. Nobilia apud eos flumina Mandragaeum et Caspasium.

*) Sisag, Nachkomme Haika, liess sich in Sisagan (Siounikh) nieder, wo der Arsacide Vagharshag das Fürstenthum Sissadjan gründete.

**) Word for word Sigynna is Zigeuner (or Gipsy).

***) Wenn man von Indien gegen Westen geht, und die Gebirge zur Rechten hat, so kommt man an eine ausgedehnte Gegend, spärlich bewohnt wegen Unfruchtbarkeit des Bodens von ganz ungebildeten, nicht zu einerlei Volk gehörigen Menschen; sie heissen Arianer und reichen von den Gebirgen bis nach Gedrosia und Karmania (Strabo).

†) Zamolxis oder Zalmoxis (mit Sam oder Sal in Verbindung gebracht) oder Gebeleizis, dann der locrische Zaleukus, Zarathustra u. s. w. Zagreus wird als der starke (ζα) Jäger (ἀγρευών) erklärt.

††) Die die levitischen Reinigungsgebräuche beobachtenden Nasiräer, als die aus den Assidäern hervorgegangenen Essäer (Aschai oder Assai), heissen ἡμεροβαπτισταί oder Toble Schacharit.

†††) Cods, als das arabische Wort für Heiligkeit wird von den Christen für den heiligen Geist, von den Mohamedanern für den Engel Gabriel gebraucht. In Altai hat sich Kudai wieder aufgefunden.

(zu denen nach Mnasea die Deleer*) gehörten) als ein gerechtes Volk beschrieben werden, die von Baumfrüchten leben (den Gegensatz des Siedelns zum Nomadenleben darstellend). Theopompus kennt in Merope neben der Stadt der kriegerischen Eroberer eine Stadt der Frommen. Μηλονόμοι δὲ Σάκαι γένυῆ Σκύθαι (bei Choirilos) des weizentragenden Asien. Von den Γαῦται (Geaten) erwähnt Procop die Verehrung des deus proeliorum, des Vigagudb (Vijaya) oder Tyr, wie Caesar und Tacitus bei Germanen. Wiegh quoque Mars est (Ermoldus Nigellus). Nennius lässt Finn den Vater des Fredulf (Vater des Frealaf, der Woden zeugte) von Folcwald stammen (wie im Scopes vidsidh oder travellers song, als Friesenkönig), dem Sohn des Geta**), der zum Gottessohn gemacht wurde. Ethelwerd führt Finn durch Godwlfe und Geat weiter bis auf Sceaf zurück. Die Heruler erscheinen zuerst unter den gothischen Horden, die in die griechisch-thracische Halbinsel einfielen (III. Jahrhundert). Nach Ptolemäos sassen die Rugier am baltischen Meer und Jordanes erwähnt der Rygier in Norwegen. Mit ihnen wird der germanische Stamm Turcilingi***) aufgeführt.

Plinius nennt die Hilleviones, die ihr Land als den andern Erdkreis, alterum orbem terrarum, bezeichnen, Bewohner von Scandinavien†), aber Tacitus unterscheidet dort neben den Suiones††) (dem nördlichsten Stamm der Germanen auf einer Insel im Ocean) die Sitones, die von einer Frau†††)

---

*) Nach Böckh sprechen delische Inschriften vom Eselsopfer und Pindar lässt die Hyperboräer dem Apollo Esel opfern. Dem von Agamedes und Trophonius aus Marmor auf Delos gebauten Tempel ging ein eherner vorher, wie man in Ceylon und Siam Lohaprasada aus Eisen kennt.

**) Während Gaf weder mit gaf (deus), noch mit gôds (bonus) zusammengehört, weisst Grimm bei Geta auf getas hin (in indigetes) und auf γένος. In Γηίτης (γηίτης), als agricola, rusticus zeigt sich die Beschäftigung des Γέτας (nomen servile), seit die Sklaven, besonders den Γέται entnommen wurden. Durch Mittelstufen könnte sich (nach Curtius) die homerische Form αἶα aus γαῖα (γῆ aus για) erklären; γείτων schliesst sich zunächst an γηίτης bei Doppeldeutung höchster und niedrigster Rangstufe. Γοτθος wiederholt Rajah in Indien und der Türkei (in seiner Doppeldeutung).

***) Die Heimskringla erwähnt bei der Entdeckung Vinland's, dass der Tyrker genannte Mann Thyrsko oder Thyrskr (türkisch oder teutonisch) geredet.

†) Xandeinoi, Gautai, Daukiones, Phauonai, Phiraisoi, Leuonoi (s. Ptol.)

††) Die Finnen werden aus den Fennen (Sümpfen) erklärt; ἴλος (Sumpf) oder Niederung (ἧλις oder Tiefland) hängt mit Vallis zusammen. Um nach Walhalla zurückzukehren, liessen sich Odin's Genossen (damit die Seele nicht am Grabe klebe) mit ihren Schätzen verbrennen und Cenotaphien errichten, während in Dau Mikillati's Hügel die Todten begraben lagen (wie nach Freyr). Die Sterbenden hofften zu Odin zu gehen und von Τέριζοι καὶ Κρόβυζοι sagt Suidas: credunt animarum immortalitatem et mortuos ad Zamolxin ire tradunt. Die Tericiae in Gallia narbonensis finden sich als Tuiciae.

†††) Cumque uxores Picti (de Scythia) non habentes peterent a Scottis, ea solum conditione dare consenserunt, ut ubi res veniret in dubium, magis de foemina regum prosapia, quam de masculina regem sibi eligerent (Beda). Picti ocupaverant insulas quae vocantur Orcades. Ammianus unterscheidet neben den Picten (als Dicalidones und Vecturiones) die Attacotti und Scotti.

regiert wurden (in der terra feminarum*) oder terra Quaenorum). Als
Vahalis (Waal) mündet der Rhein nach Vereinigung mit der Mosa (Maas)
beim Helium Ostium (Helfoet). Jenseits der Peucinorum Venedorumque et
Finnorum nationes (zwischen Germanen und Sarmaten): Helluseos**) et
Oxionas ora hominum vultusque, corpora atque artus ferarum gerere, ging
die Fabel (nach Tacitus). Die Helisycae grenzten an die Ligyer. Die
'Οξύβιοι mit dem Hafen Oxybius in Gallia Narbonensis gehörten zu den Ligyern
(nach Quadratus). Die Heloten bezeichneten im südlichen Peloponnes die
Eingeborenen. Das alte Hellas der Gräken lag (nach Aristoteles) um
Dodona. Die Oretani qui et Germani nominantur (s. Plinius) wohnten (als
Cusibi) in der Mancha, im östlichen Granada und westlichen Murcia. Aphro-
dite Ourania wurde (nach Aelian) als weisse Kuh in der Stadt Cusae
(Χοῦσαι) oder 'Ακούσσα (in der lycopolitischen Nome der Thebaide) verehrt.
Nach Strabo waren die Kissii in Susa von Kissia, Mutter des Memnon ge-
nannt (in Khuzistan). Kos (im Egyptischen) oder Kush ist Kusi auf den
Keilinschriften (nach Hincks). Als der König Naboukhodonisor die Stadt***)
Jerusalem zerstört hatte, kamen (nach Vaktbang) viele flüchtige Ouriani
(Juden) nach Georgien†). Im Shajrat-ul-Atrak heisst der auf Idris (den

In mehreren Titeln, die einer Reihenfolge von Verwandten sei es im Genuss
eines Rechtes oder zur Leistung einer Pflicht gedenken, zeigt sich (in der
lex salica) ein eigenthümlicher Vorzug weiblicher Verwandtschaft (s. Waitz).

*) „Von den Weibern beherrscht zu werden, sei stets die Wirkung ge-
waltsamer Erhebung des weiblichen Geschlechts gegen frühere ihnen ange-
thanene Schmach; bei den Lydiern wäre es Omphale, die solche Rache zuerst
geübt, und die Männer der Gynocratie unterworfen habe," sagt Klearchos
(bei Athenäus). Die Jagas schrieben diese Umwälzung der Königin Zingha
auf Ampungi zu. Ueberall sind in Afrika die Geheimbünde dahin gerichtet,
neben den Sklaven vor Allen das intriguante Geschlecht der Schönen in
Gehorsam zu halten, und wo im Norden Mumbo Yumbo unerbittlich mit der
Ruthe droht, sind die Widerspenstigen nach öffentlicher Execution auch bald
zur Ordnung zurückgeführt. Unter den Quojas aber haben bereits die Frauen
im Neseggo ihren eigenen Orden der dem männlichen des Belli-Paatto
herausfordernd gegenübersteht und im Süden ist die erlangte Uebermacht
mitunter bis' zur Einrichtung eines Amazonenreiches fortgeschritten. Schon
bei Diodor unterwarfen die Amazonen, die alle Städte, ausser Mena, erobert
hatten, die Atlantiden. Bei den Zauaken (neben den von Troja stammenden
Maxyern) führten die Frauen die Streitwagen (nach Herodot) und am
tritonischen See fanden Scheinkämpfe unter den Mädchen statt. Nach
Cailliaud nehmen in der Oase Siwah die Frauen an den Streitigkeiten
des Stammes Theil. Wie der König von Dahomey wird der König der
Dinkha (am weissen Nil) von Frauen-Regimentern bewacht.

**) Leif nannte die erste der von Biarn entdeckten Küsten Helleland
oder (wie Mallet übersetzt) pays bas (Hella, Stein oder Fels).

***) Les Sabires dans les steppes de la Kouma et du Kouban apparte-
naient à une nation hunnique (V. siècle p. d.) ou (selon Klaproth), à la
famille ouralo-finnoise (Vivien de St. Martin).

†) ἀπὸ τῶν ἐρυμάτων, ἃ πρῶτοι τῶν τῇδε οἰκούντων κατεσκευάσαντο, τύρ-
σεις γὰρ καὶ παρὰ Τυῤῥηνοῖς αἱ ἐντείχιοι καὶ στεγαναὶ οἰκήσεις ὀνομάζονται,
ὥσπερ παῤ Ἕλλησιν (Dionys). In der Burg der Aspurgier und dem indischen
Puri finden sich ähnliche Namensbildungen und noch heute wird diese
Methode auf weiten Gebieten verwandt, als Städter, wie bei Myang und Gam.

Ersten) folgende Hermes (als Zweiter) Uria. Josephus identificirt Iberien mit dem Lande der Söhne des Tubal. Orpheus erwähnt der Ourier (Syrier) neben den Khidneern (Chaldaeern). Ur (Gur) im Armoricanischen ist Mann (vári oder' Wasser neben οὐρανός und varunas von var oder von varsh). Neben der Sos genannten Silberpappel verehrten die Armier ihre Varietät Pardi (s. Langlois). Das baskische Wort für Stadt hat Anlass zu manchen Völkernamen gegeben und Aehnliches liegt in verschiedener Verbindung der Car oder Carier (Cer). Auf dem Wege nach Korinth fand sich das Grabmal des Königs Car von Megara, ehe Lelex aus Aegypten kam. Bei den Brygern oder Phrygiern wurde Kybele verehrt, die, als Städte schützend, die Mauerkrone trug und den Namen Ma (wie Lakshmi).

Die Nomadenverhältnisse Asiens unterscheiden sich zunächst in die der östlichen Steppen, (in alter Zeit durch die Sacae mit ihren Nebenzweigen, später durch die Tartaren repräsentirt) und in die der südlichen Wüsten auf der arabischen Halbinsel, in denen die Beduinen umherziehen. Beide Reitervölker haben in wiederholten Epochen die umliegenden Nebenländer bis auf weite Entfernungen hin durchlaufen, mit gelegentlichen Staaten- oder doch Dynastienstiftungen, und wie sich auf dem Areal der arabischen Beduinen die Verbreitung der semitischen Sprachfamilie bewegt, so wurde durch die Saca-Geten der europäische und indische Zweig der arischen zusammengeknüpft, was durch die jüngsten Untersuchungen über die Scythen bestätigt werden mag. Die zweite Periode*) der nördlichen Nomadenwanderungen, als durch die Constituirung des germanischen Europa die älteren Stämme sesshaft localisirt waren, tritt mit mongolischer Physiognomie auf und die chinesischen Annalen geben die bestimmtesten Data darüber, wie mit dem zunehmenden Verfall und schliesslichen Untergange der unter den Han gefährlichen Chanate, deren Reste nach Westen hin aus dem Gesichtskreis entschwinden, sich längs der chinesischen Mauer zur Occupirung der leer gewordenen Weiden andere Völkerschaften vorschoben, die sich dann durch eine fortlaufende Kette mit dem folgenden Hervortreten der Mongolen und Mandschuren verbinden.

Der Einfluss, den diese beiden Nomadenklassen auf die Geschicke der Culturstaaten im classischen Orbis terrarum ausgeübt haben, ist

---

*) Die bis dahin unter allen Wechseln permanenten Namensformen verschwinden dann bis auf vereinzelte Trümmer. Die päpstlichen Botschafter hörten noch von den Gothen der Krimm und selbst später sammelte der Gesandte des Kaisers in Constantinopel deutsche Vocabularien. Tamerlan erbaute am Gihon die nach seinem Sohne genannte Festung Sharohkiah gegen die Geten (Gethah oder Getai) und Kathaier jenseits des Imaus, die (bei Ahmed ben Arabshah) Al-Geta oder Al-Kata heissen. Mit den Cathaiern werden die Uiguren von den Orientalen sprachlich verbunden.

durch characterische Verschiedenheit markirt. Der Bereich der nördlichen erstreckt sich von China's serischer Grenzprovinz bis zu den Säulen des Herkules, mit den letzten Ausläufern nach Afrika hinüberschiessend und aus dem Centralknoten Bactriens einen Seitenzweig nach Indien entsendend. Die aus ihren dreiseitig vom Meer umringten Käfig in Zeiten hochschwellender Begeisterung hervorbrechenden Beduinen bedrohen dann die westlichen Reiche Asien's zunächst bis zum Zagros-Gebirge (gelegentlich auch bis Mawrelnaher auf der einen und den Indus auf der andern Seite) und betreten Europa, entweder nach dem Durchstreifen Nordafrika's bei Gibraltar, oder nach längerem Aufenthalt in Kleinasien über die Dardanellen oder auf beiden Punkten zugleich. Im Allgemeinen tragen die semitischen Erschütterungen, in die durch himarytische Vermittelung afrikanisches Blut aus Abyssinien eingeflossen ist, den Character gewaltsam fanatischer Aufregung, während die mit chinesischer Gelassenheit auf ihren Triften umherwandernden Nomaden des Nordens sich gewöhnlich schon längere Zeit um die Grenzen der Culturländer bewegt hatten und mit ihnen in Wechselbeziehungen*) getreten waren, ehe sie bei günstiger Gelegenheit einbrachen und sich dauernd festsetzten.

Derjenige Culturstaat Asiens, der als am meisten exponirt, desshalb auch am häufigsten die Einfälle der Beduinen zu erdulden gehabt hat und durch dieselben in seiner Geschichtsrichtung bedingt wurde, ist das durch seine zwei Flüsse umschlossene Mesopotamien, wo schon Berosus arabische Dynastien kannte, und die spätere Cultur der Chaldaeer mit der dunkeln Färbung eines Feticismus glüht, der im aegyptischen Geheimdienst seine mystische Weihe empfangen. Von Babylon und Assyrien mit syrischen Küstenländern aus, hat dann das semitische Element in verschiedener Weite, je nach den Epochen, die umliegenden Länder durchdrungen, in Kleinasien schon früh bis zu den Solymaeern hinauf, Elymaea und andere Provinzen des spätern Persien (wo damals in den Cophenes die Ausläufer eines in Indien wurzelnden Stamms ihre Schossen trieben), und ist mit iranischen oder turanischen Mischungen vielfache Halb- oder Dreiviertelkreuzungen eingegangen, wie einer methodischen Auseinanderlegung der Geschichte im Einzelnen nachzuweisen bleibt.

---

*) Oftmals in einem Vasallenverhältniss, und als Markgrafen zur Beschützung verpflichtet, in derselben Zeit des Kaiserreichs, wo dieses (wie Germanen an der Donau) von den Arabern die ghassanidischen Fürsten in Sold genommen, während die Lachmiten in Dienste Persien's traten. Die den Wall China's gegen Sold schützenden Hunnen hiessen Unguttī (nach Abulghazi). Für Bewachung des Chaiber-Pass erhielten die Euergetes Geld und Ehren.

Das Mesopotamien der nördlichen Nomadenvölker ist Sogdiana, das gewissermassen nur eine grosse Oase, eine rings von den Steppen umfluthete Insel darstellt, und deshalb auch am häufigsten von den wilden Reitern durchjagt wurde, bald durch die nach Europa eilenden, bald durch die von dort zurückgeworfenen, bald auch durch die von Norden herabdrängenden Nomaden der Polarzonen, die im südlichen Sibirien mit dem Typus der Kirgisen auftraten. Sogdiana bildete dann zugleich für die Eroberer einen neuen Mittelpunkt, von dem aus sich die Unternehmungen organisirten gegen die Bergländer Centralasiens, wenn es galt, Bactrien zu erringen, die Mutter der Städte, oder die Pässe zu erstürmen, die den Zugang zum reichen Indien bewachten.

Von Sogdiana weiter nach Westen blieben dann zwei Wege, der kürzere, aber gefährlichere im Süden des Kaspischen Meeres und der, weil offener, am meisten benutzte, um den Nordrand desselben. Dann durchzog man weiter die von jeher den Sarmaten und Scythen eignenden Länder*), durchbrach die Pässe**) des Kaukasus, wenn die Hüter fehlten, oder verkündete sonst durch die Erscheinung am Mäotis, dass für Europa neue Kriegswirren im Anzuge wären. Der Balkan pflegte in Durchschnittszeiten Griechenland und seiner Civilisation Schutz zu gewähren, und in Thracien traf dann die östliche Fluthwelle der Geten und Triballer mit der westlichen Rückströmung der Gallier zusammen, die sich jedoch selten weiter als bis Galatien nach Asien hinein erstreckte. Auch Daher oder Dacer***) sind auf diesem nördlichen Wege eingetreten, aber die Hauptmasse derselben blieb am südöstlichen Ufer des Caspi zurück, nachdem sie vergeblich versucht haben mochte, die südliche Strasse zu forciren. Neben ihnen, ebenfalls noch östlich vom Caspi, finden sich die Grossgeten, die aber durch das Zwischenglied der Thyssageten mit den westlichen verbunden werden.

Wie wir in der geschichtlichen Periode die stattgehabten Einwan-

---

*) Den Alanen wurde das eiserne Thor (72 p. d.) durch den Hyrkanischen König geöffnet, der seit seinem Abfall (62 p. d.) mit den Parthern in Fehden lag und im Frieden mit Byzanz (562 p. d.) verpflichtete sich Cosroes, keinem der Barbarenstämme die Pässe zu erlauben (weder Hunnen und Alanen noch anderen Türken).

**) In der Mitte des vom thracischen Bosporus gezogenen Kreises: Europaei sunt Alani et Cortobocae gentesque Scytharum innumerae, quae porriguntur adusque terras sine cognito fine distentas (Amm. Marcell.).

***) Tod setzt in das VI. oder VII. Jahrhundert a. d. den Einfall der Takshac und Naga (unter Sehesnag) in Indien, wo er die mit Alexander kämpfenden Paratekae für Berg-Tak erklärte und sowohl Taxiles wie Salivabana dem Geschlecht der Tak zurechnet.

derungen aus Asien und die dadurch für die Nationalitäten europäischer Länder resultirenden Veränderungen nachweisen können, so werden gleiche Motive und Effecte auch in langen Vorzeiten thätig gewesen sein, und müssen wir auf die damaligen Wirkungen aus den noch deutlich bekannten zurückschliessen. Die Traditionen der Griechen, die erst die Ereignisse beim Zusammentreffen der Kimmerier und Scythen genauer kannten, hatten doch die Erinnerung an weit frühere*) Einfälle bewahrt, und der in phrygisch-trojanischer Vorzeit bedeutungsvolle Name Ascanius giebt in bekannter Lautumstellung den Namen der Sacae (wie die Ashk der Orientalen in Identification mit den Parthern) und dürfte in seinen Beziehungen zum Priester Asios**) die Differenzirung zwischen Asen und Ask wiederholen, als Edelgeborene und Volk oder Godar und Mannen, in dem von Teutonen bewohnten Codanonia (b. Mela), das später Scandia hiess. Nach Strabo waren die Asiani***) das Herrschergeschlecht der Tocharer, zu Ammianus Zeit war dagegen der Name der Tocharer selbst (früher mit dem Hochlande Tokhara's zusammenhängend) die Bezeichnung der Herrscher geworden (ein vielfach nachweisbarer Stufenwechsel der Rangtitel), und die Turcilingi heissen ähnlich: die Fürsten der Sciren, während in Indien die Turushka-Könige auftraten. Die Thukiu (oder Türken des Altai) führen dann wieder den Namen As-se-na.

Nach ersten Eingeborenen darf in Europa eben so wenig gefragt werden, wie in keinem anderen Lande, aber so weit das Dämmerlicht der Geschichte zurückreicht, lässt sich in den sesshaften oder halbsesshaften Bewohnern, mit denen die asiatischen Wanderer zuerst auf europäischem Territorium in Berührung kamen, die auch noch später in denselben Sitzen angetroffene Modification des thracischen Stammes erkennen. Wie aus diesem unter pelasgischer Mitwirkung der hellenische

---

*) Strabo kennt von diesen vor der Zeit Homer's die der Kimmerier und Trerer in Kleinasien.

**) Ἄσιος, υἱὸς χότυος καὶ Μυιοῦς, Λυδῶν βασιλεύς, ὥς φησι κριστόδωρος (Steph.) Ἄσιος, ὄνομα κύριον (Suidas).

***) Im Chronicon Paschale (V. Jahrhundert) stehen die Asiani neben den Bosporanern in der Nähe Asgaard's (Asagarta in den Keilinschriften). Die Könige der (in Sprachen und Schrift den Huiku oder Uiguren gleichenden) Kirgisen in Kjan-Kuen führten (nach dem Thangru) den Titel Ase und residirten auf dem Berge Thing-san (s. Schott). Von den Alanen wird gesagt, dass sie mit ihren Karren als Herrscher unter den von ihnen besiegten Nationen in Asien umherzogen bis zum Ganges hin, und wie häufig die Alanen im Caucasus als Assen oder Asen aufgetreten, ist schon genugsam nachgewiesen.

Zweig*) hervorwuchs, ist bei Herodot, wenn ohne Brille gelesen, deutlich genug beschrieben, und dieser von dem Mutterstock abgelöste Schoss**) gewann mit selbstständiger Existenz rasch selbstständigen Typus, indem er nicht so sehr durch seine in einer Mannigfaltigkeit von Barbarenvölkern***) festigenden Wurzeln Nahrung aufsog, als wie durch die belebenden Brisen, die ihm über die mit Handelsschiffen schwärmenden Meeresfläche Cultureinflüsse zutrugen aus Aegypten, Phönizien, Kleinasien.

In den Reitervölkern der Ebenen liegt das unruhig bewegende Element der Geschichte, das die Culturstaaten beständig in Athem hält, sie zur Wachsamkeit zwingt und verhindert, in lässige Ruhe zu versinken, oder wenn es geschieht, als Rächer eintritt und durch frisches Wüstenblut das entartete der Stadt-Bewohner verjüngt. Dieses Reiterelement ist mit der Ebene und Fläche selbst gegeben, eine Auswanderung dahin aus Bergeshöhen widerspricht jedem Zusammenhange, denn obwohl die durch ihre natürlichen Burgen im räuberischen Vornehmen begünstigten Bergvölker, auch die nächste Umgegend des Flachlandes durchstreifen mögen, im engeren Kreise, wie die Tscherkessen, oder im weiteren, wie meist die Mahratten, so bleiben sie doch immer mehr oder weniger fest an ihre Heimath gebunden, und wenn das Ablösen von einzelnen Kreisen (wie bei Holkar, bei Scindiah u. s. w.) vorkommen mag, so hört dann bald der Zusammenhang mit dem Mutterstamm auf.

Einen ganz anderen Charakter tragen diejenigen Eroberungen, die von einem prämeditirten Plane aus durch die Einzelkraft eines hervorragenden Talentes unternommen oder, von dem historischen Berufe eines Volkes begründet, durch dessen organische Entwicklung herbeigeführt und eine lange Reihe von Generationen hindurch in derselben Richtung festgehalten werden — solche Eroberungen, die durch die heller und blendender aufsteigende Sonne eines erwählten Culturstaates den Schim-

---

*) Je nach den Mischungen mehr oder weniger tingirt. Als reinste aller Jonier in Kleinasien galten die Milesier, weil sie sämmtliche Männer unter den Eingeborenen massacrirt hatten. Sie hatten sich dagegen mit den Frauen vermählt und konnten also höchstens reine Halbkasten genannt werden.

**) Nach Aristoteles lag das älteste Hellas um Dodona und den Achelous in dem von den Selli oder (nach Pindar) Helli bewohnten Distrikt, welches Volk damals Graeci, später aber Hellenen genannt sei.

***) Und auch hier schon sind die (nach Athenäus) den herrschenden Cariern gegenüber die primitive Schicht repräsentirenden Λέλεγες, deren Stammherr Lelex den Laconiern (nach Pausanias) als Eingeborener galt, τὸ συλλέκτους γεγονέναι (nach Strabo).

mer der umliegenden Kreise in den Schatten stellen und den Reigen der vereinigten Nationalitäten weiter und weiter schlingen, um das in den Völkern Getrennte in der Menschheit zu vereinigen. Dieses für unsere relative Auffassung aus freier Selbstbestimmung entspringende Geschehen verherrlicht die Thaten des Geistes, die dem Studium der Weltgeschichte angehören, während es die Ethnologie nur mit den auf geographischem Boden bewegten und durch diesen mehr oder weniger bedingten Ereignissen der Geschichte zu thun hat.

Das für uns geschichtlich wichtige Asien zergliedert sich von seinen weiten Steppengebieten aus in die nach Westen vorgeschobenen Culturstaaten, bis zu deren Grenzen die Nomaden schweifen, während die innerhalb der Steppen eingeschlossenen Zwischenflussländer häufiger und leicht in kurzen Intervallen von einem Ende zum andern überfluthet werden und dann (besonders im Osten) Wirbel bilden, aus denen die Ströme wieder nach allen Seiten auseinander laufen. In der ganzen Ausdehnung der Steppenregion pflegt eine kleine Zahl von Namen zu dominiren, aus denen eine Mannigfaltigkeit besonderer Stämme dann und wann mit ihren Privatbezeichnungen hervortreten mag, aber immer wieder früher oder später in das allgemeine Niveau verschwindet. So weit wir die Geschichte überblicken können, hat in dieser Namensbezeichnung nur einmal ein Wechsel stattgefunden; im Alterthum walteten Generalisationen vor, die sich im Wortstamme der Saken und Scythen, sowie Geten und Yueitchi bewegten, in neuerer Zeit die unter Mongolen und Tartaren zusammengefassten, und trat die Aenderung ein mit der neuen Constituirung Europa's, wodurch manche der bisherigen Wanderstämme sesshaft und so durch andere ersetzt wurden. In den Jahrhunderten der Uebergangszeit folgt rasch eine Verschiedenheit von Benennungen, aus denen Anfangs besonders Alanen, Hunnen, Avaren hervortreten, später, nach den Khazaren, die, sich schon durch Turkomanen wieder an die Tataren anschliessenden, Türken.

Abgesehen von der Wüste von Ajmeer in Indien (mit dem Djat der Mandscha, dem südlichen Glied der Yueitchi-Geten-Kette*)) findet sich neben der syrisch-arabischen auf der einen Seite und der türkestanischen (von Kharizm, Khara khum und Kizyl-khum), die mit der östlichen Gobi so wie der Kirgisensteppe und der sibirischen (von Ischim und Baraba) zusammenhängt, in Asien noch die persische Wüste (von

---

*) Nach dem Verhalten der Laute zwischen griechischer, lateinischer und deutscher Sprache stimmt Γέται zu unserem Gutai oder Gutans, welche germanische Namensform die Gothi und Gothones römischer Schriftsteller (von Tacitus u. a.) folgern lassen (J. Grimm).

Irak Adschemi, Kerman und Mekran) um den Hilmond. Auch in den dortigen Nomadenvölkern liegt der Keim mächtiger Geschichtsbewegungen, und wie häufig der Knoten von Iran's Geschicke in den jetzt von den Belutschen durchstreiften Wüsten Sejistan's geknüpft wurde, ist in Ferdusi's Gedichten treu gezeichnet. Obwohl von höchster Bedeutung für die umliegenden Culturländer, pflanzten die dort aufgethürmten Wellen ihre Erschütterungen doch nur stossweise auf weitere Entfernungen fort, da dieses Steppengebiet eine völlig eingeengte Sackgasse bildet, die auf allen Seiten von Gebirgen oder Meeren umschlossen wird. Sollte es indess auch hier in verschollener Vorzeit einmal gelungen sein, die Barrièren zu durchbrechen und den Weg nach Westen (wie wahrscheinlich auch nach Osten) einzuschlagen, so würde die Wiederholung des bis in's Herz Spanien's tönenden Namens der in Karmania auch dem Welthandel in Ormuzd bekannten Germanen (oder dem persischen Stamm der Germanen) eben so wenig überraschen, als die der Geten im Anschluss an Massageten, und vielleicht könnte auch auf die frühen Sitze der Kimmerier am Pontus ein Licht geworfen werden, da das Leabhar droma sneachta Ibaath's Parther und Bactrier (nebst den Amazonen) in enge Beziehung zu den Gaodholier Scythia's setzt. Strabo giebt den Steppenwanderern in Gedrosia und Karmania noch den Namen Arianer*), während die früheren Arier beim Uebergang zum sesshaften Leben den Namen Medier annahmen, als sie, wie es scheint, auf friedliche Weise sich mit Dejoce's Erbauung Hamadan's oder Ecbatana's zum Königthum zusammenordneten (in Welcker's Auffassung des Kadmos als κοσμήτωρ λαῶν), wie in Europa die Litthauer, nach dem Modell des Bienenkorbes, in dem thracischen Bienenlande (b. Herodot) der Baschkiren. Ihre zweite Staatenstiftung unter dem Namen der Perser trägt dagegen wieder zugleich den Charakter nomadischer Eroberungen und bekämpften sich ver-

---

*) Ihre östlichen Sitze finden sich bei Amm.: Ariani vivunt post Seras, Boreae obnoxii flatibus, quorum terras amnis vehendis sufficiens navibus Arias perfluit nomine, faciens lacum ingentem, eodem vocabulo dictitatum. Abundant autem haec eadem Aria oppidis. Im Kriege mit Gotarzes drang Vardanes nördlich vor bis an den Fluss Sindes (Silis), der Daher und Arier trennte. Ἀριάκοι μὲν παρὰ τὸν Ἰαξάρτην (Ptolomäos). Die orientalischen Geographen begreifen Parthien unter dem Namen ihrer Provinz Arminiah (die sie in eine obere und untere theilen). Abulfarag nennt Arschak, den Stifter der Arsaciden, einen Armenier. Πάρθων πρὸς ἥλιον ἀνίσχοντα Χοράσμιοι οἰκοῦσι, sagt Hecataeus (b. Athen), als Kurus. Ehe Armanag sich unter den zerstreuten Bewohnern am Ararat oder Arakadzu ansiedelte, liess er im Norden seinen Bruder Khor zurück, als Ahnherr der Khorkhoruni oder Khoshorni (Maghkhazouni).

wandte Stämme, was vorher und nachher gerade keine historische Seltenheit geblieben ist.

Der Culturzustand dieser centralen Nomaden wurde und wird durch die politischen Conjuncturen bedingt. Auch der der übrigen hängt mehr oder weniger davon ab, und in den mongolischen Steppen ist mancher glänzende Hofstaat gehalten worden von dem an der Selenga residirenden Chan der Hiongnu bis zu dem der Thukiu am goldenen Altai, so wie dem späteren Bishbalig und dem Letzten der Yuen, ehe mit den Mandshu die jetzige Verödung eintrat. Bei den Arianern dagegen musste sich der Wechsel*) noch fühlbarer machen. Waren die einschliessenden Culturstaaten blühend und mächtig, von weisen und gerechten Fürsten regiert, die dem Eigenthume und der Person den Schutz der Gesetze sicherten, dann konnte es nur Geächteten oder Vertriebenen einfallen, die traurigen Steppen zu wählen, und dann traf man jene jämmerlichen Gesellen dort, von denen Strabo in der indischen Reisebeschreibung gelesen haben mochte. Zogen sich dagegen die Gewitter schwerer Kriegesnoth um die Residenzstädte zusammen, brachen die triumphirenden Barbaren über die Leichen der gefallenen Vertheidiger in die Thore ein, füllten sie mit ihren plündernden Schaaren das platte Land, die Dörfer mit Feuer und Schwert durchstreifend, die Burgen der Herren zur Uebergabe zwingend, dann flüchtete gerade die Blüthe der edlen und adligen**) Geschlechter in die Steppen und Wüsten hinaus, das Leben, die Freiheit, die Ehre der Frauen und Töchter zu schützen, und dann mochten sich dort auserwählte Schaaren zusammenfinden, die vielleicht unter der Leitung Veda kundiger Priester die schneeigen Pässe des Himalaya durchwanderten und hinabzogen in das heilige Indien, wo sie vorläufig durch natürliche Schutzwehren vor ihren Verfolgern gesichert waren und in der Zwischenzeit Gelegenheit finden mochten, sich zu neuer Vertheidigung zu organisiren.

---

*) Proximos his (Hyrcanis et Margianis) limites possident Buctriani, natio antehac bellatrix et potentissima, Persisque semper infesta, antequam circumsitos populos omnes ad ditionem gentilitatemque traherent, nominis sui, quam rexere veteribus saeculis etiam Arsaci formidabiles reges (Amm. Marc.). Plinius nennt in den vier Satrapien Gedrosos, Arachotas, Arios, Parapomisadas, quae omnia Ariorum esse aliis placet. Latus Mediae ad septemtriones conversum praetextunt Elymaei, Aniaracae (Ariaracae), sagt Polybius.

**) Bei Mose von Chorene heissen die Medier die Tapferen oder Arik (Aryaka) und der Gegensatz von Arik und Anarik wird von Quatremère als Meder und Perser gefasst (sonst Iran und Turan). Atropatene heisst Ἀριανία bei Stephan. Byz.

Ariana in seiner bei Strabo mehrfach und auch wieder bei Ptolomäos wechselnden Ausdehnung war eine ähnliche Bezeichnung in Mittelasien, wie Iran für die Orientalen, und begriff im weitesten Umfang das Gesammtgebiet der Cultur- und Steppenländer, soweit es von den Ariern bewohnt und durchstreift war (gleich der Tartarei im Mittelalter, die mit ihren Namen den ganzen Landstrich südlich von Altai deckte, unter Einschluss Bokharas, Urumtschi's und andern Städten sesshafter Bevölkerung). In Zeiten, wenn sich einzelne dieser Culturstaaten in geschichtlicher Bewegung emporhoben und scharf von ihrer Umgebung abzeichneten, wurden sie innerhalb des allgemeinen Begriff's Ariana mit ihren kennzeichnenden Namen belegt, und die Beziehungen zwischen Ackerland und Weide waren überhaupt wechselnder Natur, friedlich, wenn die Nomaden den Bürgern Tribut zu zahlen gezwungen worden, feindlich, wenn jene die Schwäche dieser zu Angriffen benutzten. Für Iran lag sein Turan zuweilen dicht vor den Thoren, in eben denselben Steppen, die in glanzvolleren Zeiten mit zu Ariana gerechnet wurden, und deren Reitervölker dann von den iranischen Fürsten gegen das in weite Ferne getriebene Turan jenseits des Jaxartes geführt wurden. Die nordöstlich von Persien im Süden von Hyrcanien und Margiana eingeengten Arier*) waren ein Wüstenstamm, der gleichfalls unter die Gesammtbezeichnung der Völker in Ariana fiel, der aber als am Besten unter den Nomaden bekannt (wie die Sacae unter den Scythen bei den Persern nach Herodot) durch eine Lautmodification seine Specialbezeichnung erhielt, ähnlich den nach Russland versetzten Mongolen (Mogulen), die dort als Kalmükken genau untersucht und beschrieben sind. In Xerxes Heer schlossen sich (nach Herodot) die Arier in der Bewaffnung an die Baktrier an, und als sich unmittelbar mit den Culturstaaten berührend waren auch sie diejenigen, die in dieselben eintreten konnten, um unter gegebenen Verhältnissen ein medisches Mittelreich zu stiften. Die Sacae, deren Tapferkeit von Arrian gerühmt wird, fochten in der Schlacht bei Arbela auf dem rechten Flügel des Darius und zwar auf Streitwagen, eine Kampfesart, die wie vor Troja in den indischen Epen die gewöhnliche ist, und im Mahabharata leitet Krishna selbst Arjuna's Wagen, während Rama's Vater Dasaratha (der Wagenlenker) heisst.

Von einer Ursprungsquelle der Wandervölker, gleichsam einen vagina gentium**), aus der sie nach einander hervorgeschossen, könnte nur in

---

*) Nach Plinius schloss Ariana die Arier mit anderen Stämmen ein. Manu's Aryawarta liegt zwischen Himalaya und Vindhya.

**) Uebrigens hat Jornandes darunter nicht etwa die Halbinsel Scanzia allein verstanden, das kleine Swithiod der Ynglinga-Saga, sondern,

mythischer Auffassung die Rede sein, denn sie ist um nichts besser, als die Ansicht der Amakosa- und anderer Zulu-Völker, dass die südafrikanischen Nomaden nach einander aus einer Höhle emporgestiegen seien, aus der noch mehr nachkommen können. Die Nomadenvölker sind uns geschichtlich gegeben mit den Ebenen, die sie bewohnen, mit ihren heimathlichen Flächen, auf denen sie je nach der Populationshöhe dichter oder weitläufiger zusammen leben, und wir haben sie zunächst nur in den durch die jedesmalige Localisation bedingten Unterschieden ihres characteristischen Typus aufzufassen. Sie markiren sich auf ihrem Boden ebenso deutlich, wie jedes Berg- oder Flussvolk, obwohl diese beiden letzten Classen, da sie gewöhnlich innerhalb des Areals von Culturstaaten fallen, und durch die psychische Atmosphäre vielfachen Wandlungen ausgesetzt sind, sich in einer grössern Menge specifischer Physiognomien zu zerbrechen pflegen, während bei den Nomaden die Decke eines gleichförmigen Niveau sich auf weiter Ausdehnung hinbreitet.

Da sich die Steppenländer Asiens in drei Gruppen gliedern, haben wir vorerst für jede derselben ihren klimatisch-geologisch gegebenen Localtypus zu suchen, um dann später unter den mit den geschichtlichen Veränderungen eingeleiteten Modificationen diese Normalform immer wieder auffinden zu können. Ohne schon jetzt in anthropologisches Detail einzugehen, und deshalb in der Terminologie allgemein verständliche und vertraute Ausdrücke beibehaltend, können wir in den Mongolen die Repräsentanten der östlichen Steppe finden, im Beduinen der der südlichen, und aus der arisch-persischen haben sich wahrscheinlich jene blonden Völker zwischengeschoben, die mit polaren Stämmen an den die sibirischen Ebenen abscheidendem Altai zusammentreffend, soviel Kopfzerbrechen verursacht haben. Wir hätten die Arier gerade an der rechten Stelle, wo sie sein müssten, um schon in frühester Zeit ganz Europa zu imprägniren und es so oft zu wiederholen, als es philologische Entdeckungen für weiterhin nöthig finden werden, wie sie auch dort auf der andern Seite die bequemste Gelegenheit haben durch Katsch-Gandawa in das Indusland und Pendschab zu gelangen, und ebenso der Bolan-Pass, wenn auch nicht von Räubern frei, doch für ein Heerdenvolk eine geeignetere Passage bietet, als der enge und unsichere Chaiber-Pass. Ihren breitesten Ausgang findet die persische Steppe nach Norden hin, in den

(indem die Wanderungen durch Jugrien von Norden eintreten) zugleich Svitbiod das Grosse oder das Kalte, d. h. das sarmatische Scythien mit seiner östlichen Verlängerung, in deren Namen Serkland (weil später von Saracenen besetzt) oder Godheim in den constanten Generalisationen der Saken und Geten wiederkehren.

Ländern des Oxus und Jaxartes und den ans jenseitige Ufer dieser Flüsse, wohl nicht freiwillig, Angelangten, aber durch politische Umwälzungen Getriebenen, boten sich nun zwei Wege, zur Rechten und zur Linken, von denen der eine nach den reichen Städten China's führte, der andere nach den staatlich getheilten, aber deshalb nicht weniger üppigen Fluren Europas und Kleinasiens. In späteren Zeiten, als das unter einem Herrscher vereinigte China sich durch seine dreifachen Zinnenmauern abgeschlossen hatte, wurde meistens der nordwestliche Weg eingeschlagen, da der Zugang zu dem nur durch Sümpfe und Flüsse vertheidigten Europa*) weniger erschwert war, aber in den Tagen chinesischer Zerrissenheit, besonders damals als die Tsao-Dynastie ihrem Ende entgegen ging, da spürte man die Kunde der lockenden Beute wohl bis Chorasm, denn die Nomaden sind mit starker Witterung begabt, und wie die Geier um ein Aas, sammeln sie sich an den Grenzen gesitteter Staaten, wenn die Sonne ihrer Cultur sich zum Untergange neigt und der prunkende Palastbau in Schutt und Moder zusammenbricht. Im Jahre 480 a. d., gerade damals als auch der Westen von dem Kriegslärm ertönte, den Xerxes umfassende Rüstungen erregt hatten, begann der blutige Krieg der sieben Theilfürsten in China und schon im IV. Jahrhundert a. d. erwähnen die Annalen (neben den ihnen bereits schon seit den frühern Zeiten des Kaisers Chuandi bekannten Hiongnu) im Westen der Ordos das Chanat der Jueitchi, ein Volk, das fortan immer in einer oder andern Beziehung mit den noch weiter im Westen lebenden Usiun bleibt und den übrigen der blonden Stämme, deren sonderbares Aussehen sie in chinesischen Augen scharf von dem östlichen Typus des Mongolischen abschied und den westlichen Nationen anreihte. So weit steht nichts im Wege die Yueitchi als einen Zweig der Massageten anzusehen, die schon in vorangegangenen Zeiten Europa überlaufen haben mochten, die aber in ihrer centralen Position ebenso gut, bei gebotener Gelegenheit, den Weg nach Osten wählen mochten. Wenn die Massageten als der Kopf der arischen Bewegung, als die Vorhut der aus der persischen Wüste nach Norden gedrungenen Nomaden anzusehen sind, so würden die Jueitchi nach ihren unglücklichen Kämpfen mit den Hiongnu nur den Rückweg nach der ursprünglichen Heimath eingeschlagen haben, als sie 130 a. d. Bactrien eroberten, und germanische Stämme am Pontus Euxinos zogen ebenfalls nach Thule zurück oder erkämpften sich durch feindliche Stämme den Weg nach der alten Heimath, wenn sie sich in ihren neuen Sitzen gefährlich bedrängt sahen.

*) Dadurch erklärt sich von selbst die medische Physiognomie, die die alten Geographen so vielfach in Sarmatien fanden und bis zu den Sigynnen verfolgten.

Die Jueitchi, obwohl als arisches Volk von dem mongolischen Typus getrennt, sind doch nicht die eigentlichen Repräsentanten der mit blaugrünlichen Augen und röthlichem Kopfhaar beschriebenen Stämme, (der Usiun, Hakas, Kian-kuen u. s. w.), so wenig wie die jetzigen Bewohner der persischen Wüste (während im Hindukush, wie so oft in Gebirgsländern, ein versprengter Rest isolirt ist). Die helle Modification in der Steppe der Seen findet noch heutzutage ihre Vertreter in den Kasaken (oder Kirgisen), die durch ihre verwandtschaftlichen Wurzeln nach Sibirien zurückreichen, und denen die von Schott am Kjan oder Jeniseisk nachgewiesenen Kirgisen näher stehen, als den übrigen Horden, die sich mit der mongolischen Fluth von Osten her über den Pe-lu ergossen haben. Vielfache Mischungen mögen Statt gefunden haben, (wie schon aus den erwähnten Verschwägerungen der Fürstengeschlechter der Usiun und Kangjui im Jahre 45 a. d. u. A. m. hervorgeht) und die Resultate derselben könnten in den Alanen erkennbar sein, die als erste Vorboten der heranziehenden Völkerwanderung an Europas Ostgrenze erschienen (schon vom Periegetes am Mäotis erwähnt und von Seneca am Ister), ehe ihnen nach Constituirung der gothischen Völkerbünde*) die Hunnen 375 p. d. folgten. Das Haus der nördlichen Hiongnu war, gleichzeitig mit den chinesischen Feldzügen bis zum Caspi, durch den Sieg des General Hyukchoi und dann durch die Ssänbier vernichtet worden (93 p. d.), und wurden die Gefangenen grösstentheils nach China zurückgeführt, um dort angesiedelt zu werden, (obwohl Viele nach Urumtschi und Tarbagtai entkamen). Dann aber erhob sich, von seinem Nebenbuhler befreit, das Chanat der südlichen Hiongnu, und aus ihm ging 302 p. d. die kaiserliche Dynastie Chan hervor, von Lju Juan gegründet. Unter Lju Ju, der den Namen der Dynastie in Chao veränderte, brach die Empörung des Schiloe aus, der sich an der Osthälfte des nördlichen China festsetzte und dort die Dynastie der jüngeren Chao stiftete. Lju Ju hatte seine Residenz nach Singnanfu verlegt, wurde indess, als die Provinzen Schun-tchän-fu, Sjuan-chua-fu und Tchai-juan-fu in die Hände des Gegenkaisers gefallen waren, (322 p. d.) mehr und mehr auf den Westen hingewiesen, und unternahm, wie die Chroniken berichten, im Jahre 323 p. d. einen Kriegszug nach dem Westen mit

---

*) Indem sich die Gefolgschaften zur festeren Constitution des Königthums zusammenschlossen. Die Gothonen, die (neben keltischen Gothinen) Tacitus im Nordosten Deutschland's kennt, unterschieden sich durch ihre monarchische Regierung, von der Freiheit der übrigen Germanen. Rurik und seine Brüder verbanden die in Dorfgemeinden zerstreut lebenden Slawen zu einem einigen Staat.

380,000 Hiongnu und Tanguten, um seine dortigen Eroberungen zu befestigen und anszudehnen. Bei seiner Rückkehr brach ein neuer Krieg aus, der eine Zeitlang mit wechselndem Glücke geführt wurde, bis der Kaiser in der Schlacht bei Chönonfu fiel, und dieser Sieg die Linie der jüngeren Chao zur herrschenden machte. Im folgenden Jahre (329 p. d.) fiel der Thronfolger Lju Si mit 3000 seiner Edlen und Fürsten in die Gewalt des Usurpator, der sie sämmtlich hinrichten liess, um jeden Nebenbuhler auszurotten. Die chinesischen Historiker beschliessen mit dieser Vernichtung des südlichen Zweiges die Geschichte der Hiongnu, die jetzt ihrem Gesichtskreis entschwinden. Es erfordert indess keine grosse Combinationsgabe um den Rest zu suppliiren, dessen es bedarf, um die 42 Jahre auszufüllen, bis beim Erscheinen der Hunnen in Europa die Nachrichten der classischen Schriftsteller zu Gebote stehen. Um ihrem blutdürstigen Verfolger zu entgehen, werden sich die Prinzen des gestürzten Kaiserhauses in ihre westlichen Besitzungen geworfen und dort ein selbstständiges Reich gestiftet haben, denn die Herrschaft der jüngern Chao blieb auf das nördliche China beschränkt. Die Stärke des Westreichs wird fortwährend durch zahlreiche Flüchtlinge vermehrt sein, da Kaiser Schi-Min im Jahre 350 ein Edict erliess, alle Hunnen innerhalb seines Reiches zu erschlagen und im Jahre 352 erzählen die Chinesen, dass die Dynastie der jüngeren Chao, die selbst noch in einer entfernteren Beziehung zu den Hunnen stand, vor dem Hause Jan der zu den Ssänbiern gehörigen Mushun fiel. So wird die Hiongnu und Hunnen trennende Zwischenzeit auf 23 Jahre reducirt, nicht zu lange für den weiten Weg, wenn ein Wandervolk auf stete Kämpfe vorbereitet sein muss und ihn nicht in wilder Flucht durchmisst, wie die Kalmükken des vorigen Jahrhundert's.

Von östlichen Stämmen gedrängt trieben die Avaren (462 p. d.) die Sabiren[*]) und diese die Hunnen der Stämme Saraguren, Uroghen und Onoghuren (die Hunnen Ugorien's) in das zerfallende Reich des 454 p. d. gestorbenen Attila und liessen sich zwischen Tanais und Caucasus nieder mit den Akatziren oder (nach Herodot) den Agathyrsen, die Länder Armenien's durch die Pässe mit ihren Einfällen bedrohend. Unter Toba-Dao aus der Kaiserlichen Dynastie Wöi erwähnen die Chinesen um das Jahr 446 p. d. vielfacher Unruhen und Empörungen im Westen, und weitere Zerrüttungen folgten unter den Thronstreitigkeiten bei der Ermordung des aus seinem Feldzuge gegen das südliche China zurückge-

---

*) Die Sapiren (Herodots) bewohnen die späteren Länder der Iberer und Albanen. Nach Abdias schickte der assyrische König die Israeliten (Heber's) nach Sapurad (Saspiren oder Sber) oder Cparda (neben Kappodocien).

kehrten Toba-Dao, besonders als sein Nachfolger Toba Sjun († 465 p. d.) die Klöster der Foisten wiederherstellte, die von Toba-Dao zerstört worden waren, zu Gunsten der auf westlichen Ursprung zurückgeführten Religion des Lao-sse. Die Absetzung des Nestorius auf der Synode von Ephesus fällt in das Jahr 431 p. d. Durch die Thoukhiu, die 551 p. d. den Khan der Youanyouan besiegt hatten, wurden die Avaren aus Ugrien vertrieben und liessen sich (nach Unterwerfung der Basilier, Onoguren oder Hunnoguren und Sabirer) westlich von der Wolga nieder. Aus dem Lande Ugrien oder Yugrien (am Ural zwischen Ob und Wolga) ging (nach Nestor) das Volk der Ungarn hervor. Nach Procop wohnten die Alanen (später die Ghyzr oder Khazaren) nördlich von dem Thor der Alanen (El Bab ve El Ebwab oder das Thor der Thore) oder Tzour (Saoul). Justinians Gesandte passirten das Land der Alanen (562 p. d.) Bei den Chinesen hiessen die Alanen (435—480 p. d.) Southe oder Sut (als die Aeussersten). Die Provinz Ghazni führt 1222 p. d. den Namen Alaanar.

Im Haus Toba (der kaiserlichen Dynastie Wöi im nördlichen China) empfing Tchai-pun Toba Zy Gesandte von den Manischen Völkerschaften (die von ihrem anfänglichen Wohnsitz zwischen den Flüssen Chuai und Czän sich nach allen Seiten ausgebreitet hatten), nachdem sich Chölön-Schipan, der König des Westens, unterworfen (423 p. d.). Die persische Geschichte berichtet dagegen, dass der mit Hülfe der Araber auf den Thron gestiegene Vararanes V. (420 p. d.) die Hunnen (als deren Nachfolger die Ssänbier in ihren Zweigen Mushan und Toba eingetreten waren) besiegt habe, worauf er in Yemen (das Königreich der Tobba) eingefallen. Ricque findet in Oman Nachkommen des Tan-chu oder Phut unter dem Namen Man. Mani (Manes), der Hausmeister der Yuthian (Yueitchi und Yudia) brachte Krystallvasen und Seide nach China (s. Remusat). Der ursprüngliche Zweig des von der Ostseite des Baikal stammenden Hauses Toba (der königlichen Dynastie Dai) war zwischen 376—386 p. d. zu Grunde gegangen, und der aus China zurückkehrende Manes wurde unter Artaxerxes Bahram (380 bis 387) hingerichtet, welcher König zuerst den Titel Schahenschah[*]) führt, von Khondemir als Nikuhiar (der Wohlwollende) erklärt, aber zugleich eine Uebersetzung des östlichen Khakhan. Bei den Toba wird zuerst das Wort Khan (Khakhan) angetroffen, während früher (nach Hyacinth) der Titel Shanjui in Gebrauch war. Der chinesische Kaiser Toba Dao († 452 p. d.) führte zuerst die Lehre des Lao-sse (des nach dem fernen Westen gereisten Philosophen, wie die Tradition sagt) in die Zahl der

---

*) Nach Massudi war Filansbah der erbliche Titel der Könige von Seris.

Staatsreligionen ein und ertheilte dem Stifter der Secte den Titel Tchen-Schi (des Himmel's oder Gottes Lehrer). Seine Eroberungen wurden bis zum Tarbagtai-Gebirge in Sungarien ausgedehnt.

Mit Chuandi beginnen die Eroberungen der Chinesen im Norden unter Vertreibung der Chunjui (2700 a. d.), und wie der Theilfürst Hun-lju (dessen Enkel Schanfu nach Zischan wanderte) sich (1797 a. d.) bei dem Stamme Schundi (des Westens), liess sich (1764) Schun-wai, Sohn des Zse-kgui (des verbannten Herrschers aus dem Hause Ssa), in der Wüste nieder, als Ahnherr*) der Fürstengeschlechter. Die Huifan wurden (von den Chinesen) 1293 bekämpft, die Janjuen (im Norden) 1168, die Zjuan-Shun 1140, die Zjänen (Tanguten um den Kukinoor) 771, die Böi-Shun 706, die Schan-Shun 664, aber die inneren Kriege (480 a. d.) öffneten den Nomaden den Eintritt in China, bis die nördlichen Reiche Jan, Tschao und Zin ihre Gebiete befestigten und dann Schihoanti die lange Mauer (Tschan tschen) erbaute. Als sich das chinesische Reich auf diese Weise selbstständiger abschloss, bildeten die Nomadenstämme drei Chanate, von denen Chunnu das Territorium der Ordos und Chalcha einnahm, Dunchu östlich und Jueitchi westlich lag. Nachdem Modo-Schanjui (Sohn des Toman) das östliche Chanat Dunchu (die späteren Ssänbier, aus denen die Manchun und Toba hervorgingen) unterworfen hatte, zerstreute er die Jueitchi und gründete das Kaiserthum der Chunnen, welches sich von den Grenzen der Mandschurei nach Westen bis zu den Horden der Kasaken und Kirgisen, von der grossen Mauer des Nordens bis jenseits des jetzigen Gouvernements Irkutsk, Jenuisseisk und Tomsk erstreckte (s. Hyacinth). Im Jahre 177 a. d. unterwarf Modo ganz Turkistan, Buchara und andere Länder bis zu den Ufern des Kaspi. Ihm folgte (179) sein Sohn Zsijui (Laoschan-Schanjui). Nach Matuanlin kämpften die Jueitchi als Bogenschützen**) (die auch in Indien berühmte Streitweise Saca-Dwipa's) und

---

*) Ueberall finden sich in Asien zurückgebliebene Reste chinesischer Heere, bis sie sich mit den Nachkommen Alexanders oder Iskanders berühren. Saxones reliquias fuisse Macedonici exercitus, wusste man (nach Widukind) auch in Europa, während sich bei Fredegar die Trojanersage findet.

**) Nach Chabas sind die auf den Hieroglyphen durch einen Pfeil repräsentirten Sati (Sok oder Snkti) die Skat oder Skythen. Nach den Chinesen gehören die den Jueitchi verwandten Usier dem Geschlechte der Sai (Sacae) und die Hakas entsprechen den Hai. Zur Zeit des Tschingiskhan campirten die Sariniguren zwischen Issikul und Aral. Scot signifies the same as archer (in Scythien). Astr. ist Schütze im Sanscrit, von der Wurzel as

zogen nach dem Flusse Wei, als (nach Kämpfen mit dem Tchenjui Maothun) ihr König dem Tchenjui (Schanjui) Laochang erlegen war, der aus seinem Schädel eine Trinkschaale fertigen liess. Nach Herodot vergoldeten die Issedonen die Schädel ihrer Ahnen. Während die Siao-Jueitchi sich unter den Schutz der Khiang stellten (an den Quellen des Hoangho), durchwanderten die Ta-Jueitchi die Wüste Shamo nach Dzungarien und trieben die Sze von Ili aus in die Steppen des Jaxartes (162). Bald aber mussten sie selbst den Usiun weichen, die von den Hiongnu aus ihrer Heimath an der Grenze Tangut's ausgetrieben waren und gleichfalls den Weg nach Nordwesten eingeschlagen hatten. Der Kuenmi oder König der Letzteren residirte am Issikul, als Tchangkhiang (116 a. d.) die Jueitchi in Transoxiana antraf, während die Sze nach den Bergen Kipin's (Kophenes*) oder Kabulistan) gezogen waren, und vielleicht nach Sakastene (Segestan).

Die offenen Steppen der Nomaden stehen überall in gegenseitiger Wechselbeziehung zu den umschlossenen oder grenzweis berührten Culturstaaten, und haben entweder activ Einflüsse darauf entsendet oder passiv empfangen. Auf dem breiten Heerweg, der von der chinesischen Mauer nach den Marken Europa's führt, haben sich beständig Völker von drei verschiedenen Typen bewegt, die sich (wenn auch unter veränderten Namen) jetzt in den vom Norden hereindringenden Kirgisen erkennen lassen, im Westen in den Turkomanen und im Osten in den Mongolen, die wieder in zwei vom tungusisch-mansburischen Stock und von Tangut ausgehende Zweige zerfallen. In den alt-chinesischen Berichten bilden die Ssänbier das östlichste Chanat der Dunchu, wie die Jueitchi das westliche und die Hiongnu das mittlere, aber ausserdem werden noch die (von allen Barbaren des Sy-yu verschiedenen**) Usiun

---

Abaris kam (nach Himerius), Bogen (τόξα ἔχων) und Köcher tragend, nach Athen.

*) Bei den Armeniern wird der Koubau als Kophen bezeichnet. Kophenes war Stammesname der Perser vor Ankunft des Perseus, der die Medusa, die Grossmutter des dreileibigen Geryon (auf spanischer Insel), getödtet. Der persische Stamm der Germanen liess seinen Namen in Caramania. Die Carier kehren in Arabien als Dorf- oder Städtebewohner wieder. Kaer ist Staat im Armorikanischen und Stadt im Irländischen (Caer Dreuin oder Stadt der Druiden in Anglesea).

**) und (nach Ssemathien) von den Affen (den Ahnherren der Tibeter) hergeleiteten (da sie diesen durch ihre rothen Bärte und blaugrünen Augen sehr ähnlich sähen). Schott meint, die Gothen würden sich für die angemuthete Verwandtschaft schönstens bedankt haben, aber ihren Epigonen scheint sie aus dem Herzen gesprochen. Nach dem Khitan kuoei waren

beschrieben, mit den Characteren der rothhaarigen und blauäugigen Serer des Ceylonesen Rachas, und bei ihrer Auswanderung nach Ili kamen sie vielleicht von Urumtsi im Keile Kangsu's, wo ihre werthvollen Industrieproducte die Handelsbeziehungen mit den Hyperboräern angeknüpft hatten. Nach El Rasy hatten die Sirchgerau und Terseran blaue Augen, und dieselben Kennzeichen die Iri (Irou-chaghe) oder Ossi. Den Uiguren legen die Chinesen (nach Visdelou) tiefliegende Augen und lange Nasen bei. Nach Ammian zogen die Alanen, deren Häuptlinge meist blondhaarig waren, auf Wagen einher. Die Kirgisen galten (Kilikisze in Juan-sze) als Nachkommen der Kian kuen (der, als blond oder roth, grün oder blauäugig für Indogermanen angesehenen Haka), in Mischung mit dem Türkenstamme der Hoci-He oder Hoei-Hu (X. Jahrhundert p. d.). Schott hat die Kasaken (Ha-sa-khi), genannten Kirgisen, von den in den Burut (b. Radloff) am Issikul zurückgebliebenen Kirgisen am Kjan oder Jenisei (des Thangsu), mit glänzend weissem Gesicht, getrennt. Die (nach Plinius) von den Serern geführten Waaren bringen im Mahabharata die Saka, Tukhara und Kanka (s. Lassen). In Kanka kehrt der Stamm Kangsu's wieder, sowie der von dort ausgezogene Kangjui. Nach ihrer und der Usiun Entfernung wurde dann Serica mit den von Ptolemäos genannten Stämmen neu bevölkert, wie die Chinesen die Mongolen in die früheren Sitze der Hiongnu führten. Der Westhandel mit den Serern wurde durch die Parther vermittelt, die selbst früher im Nomadenstande Sogdiana bewohnt hatten und den Chinesen als Asi bekannt waren, unter welchem Namen (neben Pasianern, Tocharern und Sakaraulern) Strabo die Reitervölker kennt, die aus Sogdiana hervorbrachen. Die chinesischen Berichte lassen eigentlich nur die Jueitchi an der Eroberung Bactriana's Theil nehmen, aber diese Yueitchi (die wie die übrigen Geten auf Togharma zurückzuführen blieben) waren, als Tocharer von Königen der Asiani (nach Trogus Pom-

---

die (von den Chitan als Berserker zur Vorhut verwandten) gelbköpfigen Cucen (der Tungusen) durch gelbes Haar, grüne, gelblichröthliche oder hellgrüne Augen ausgezeichnet. Die blondhaarigen Sojoten sind (nach Erman) mit Russen gemischt und die Sajanen unterscheiden (nach Castren) einen gelben und schwarzen Stamm. Der als Affe (sowie als Bock oder Lamm) dargestellte Götze, den die aus Hemath nach Samarien gezogenen Auswanderer mitbrachten, hiess Asimah. Assaratum apud antiquos dicebatur genus quoddam potionis ex vino et sanguine temperatum, quod Latini prisci sanguinem assir vocarent (Paul). Eine solche Mischung wurde im Freundesbund getrunken, um mit der fanatischen Wuth des Amok zu kämpfen, wie die in den Schlachtgliedern zusammengeketteten Assir (oder Wachabiten) oder die löwenkühnen Assadi. Im Sanscrit ist asrj (asan) Blut (sanguis).

pejus) beherrscht, vielleicht eben seit ihrer Besiegung durch die nachfolgenden Usiun, von denen die Hauptmasse mit dem Fürsten in Sogdiana zurückblieb, während unternehmungslustige Edle den Kriegszug des Gefolges leiteten. So herrschten die (wie meist die Scythen) ein nacktes Schwert*) (nach Ammian) verehrenden Alanen (die Alass oder Assen) über die Neuren und die sonst von ihnen besiegten Nationen, unter denen sie bis zum Ganges (IV. Jahrhundert p. d.) mit Karren umherzogen. Die Turcilingi waren der königliche Stamm der Sciren, wie Astingen und Hasdingen der Vandalen. Elisäus nennt das Land nördlich von Derbend (am caspischen Meere) Kaïlenturk (V. Jahrhundert p. d.) Nach Simocatta wurden die Hunnen auch Türken genannt (IX. Jahrhundert) und in scandinavischen Sagen kommt der Name mehrfach in Bezug auf germanische Nationen vor. Bei Agathias stehen neben den Ultijuren oder Utiguren die Βουρόγουνδοι, aber die Burgusioni gehören zu den gothischen Völkern, die Burgundionen (nach Plinius) zu den Vandalen. Nach Arrian kämpften die scythischen Alanen gleich den Sarmaten (wie polnische Lanciers). Polybius nennt die Aspasianer (Pferde-Assen**) unter den Völkern in Transoxiana. Strabo erwähnt in den Kriegen mit Mithridates die Roxolani, die für Mischung mit den Rossi gelten, wie die Vandalen für eine Mischung der Alanen mit den Wenden. Nach Procop waren die Alanen ein gothisches Volk. Lucan († 65p.d.) erwähnt die Alanen am Euxinus und Josephus (80p.d.) sah sie nördlich vom Caucasus. Neben Agathyrsen und Alanen stehen Alanorsi in Scythia extra Imaum, τῶν Ἀλάνων Σαρμάτων ἔθνος (Marcian). Ebenso Martial. Ammianus giebt, wie den Alanen, auch den Persern scythischen Ursprung. Auch Ptolemäus bezeichnet die Alanen als Scythen und ebenso Josephus (am Tanais). Plinius setzt die Essedoni in die Mitte des caspischen Isthmus Bei Herodot sitzen die Issedoner östlich von den Argippaei und Ptolemäos nennt Issedoner unter den Stämmen der Seres. Aus der Völkerbewegung im Norden Transoxiana's (40 a. d.) folgte die erste Wanderung der Alanen nach Westen (von Ili aus). Aehnlich der Zusammenstellung der Albanen mit Schneegebirgen, sagen die Chinesen, dass die Yuuthsai im Altai von Alin (Berg im Mandschu) den Namen Alanna erhalten. Die Armenier lassen Torghamah,

---

*) Die Asen-Pferde waren Sleipnir, Goldtoper, Gladr, Glenr u. s. w. 12 an Zahl, den Helden zugehörig, wie in Ungarn die Tatos, deren Ungeheuerliches (wie Manika in Phrygien) ausdrückender Name in den Thaten der Tata nachlautet. So adika im Sanscrit (in alto Titane).

**) Nach Castren steckt ein Schwert in der Hütte des Tungusenhäuptlings und Eliwlod nennt Arthur Wunderschwert.

den semitischen Vorfahren der Türken, als Neffen Gomer's (oder Comari's, von dem auch die Kimmerier abgeleitet werden), die früher seinem Bruder Askenez zuertheilten Länder besetzten, und in den Ask der Orientalen könnte die dialectische Aussprache der Sakae liegen, wie die griechisch-christlichen Aas oder Acias (als weisse Asen) Ak-Yas hiessen. Mirkhond's Bedenken, sich mit Sicherheit über die Geschichte der Muluk-i-tawaif unter dem Ask ben Askan und seinen Nachfolgern auszusprechen, erklärt sich von selbst aus dem Mangel klarer Anschauungen über die westlichen Verhältnisse, so dass bei der unbestimmten Chronologie jeder leitende Faden verloren gehen musste. Tabari lässt Ashk, Sohn des älteren Dara, den römischen König Antiochus besiegen und auch den zur Rache heranziehenden Constantin durch den König von Hadhr geschlagen werden, so dass nach der folgenden Zerstörung Rom's die neue Hauptstadt Constantinopel gegründet werden musste; doch ist dieser Wirwarr nicht viel schlimmer, als man häufig genug in unseren Geschichtsbüchern über chinesische oder indische Verhältnisse angerichtet sieht, und, wenn nicht jetzt, doch früher auch über die halbvorgeschichtlichen Weltreiche Asien's, wo es um ein Paar Jahrhunderte mehr oder weniger nicht gross anzukommen pflegte. In den Hauptzügen ist der von Mirkhond gegebene Bericht indess klar genug, und er ergänzt sich auf das Beste mit den chinesischen Chroniken. Mit den Völkerkönigen sind zunächst Alexander's Generäle gemeint, die sich die Länder theilten, und der (250 a. d.) von Ask ben Askan besiegte Statthalter war (nach den Griechen) Pherekles. Es bestanden nun also zwei Machtverhältnisse neben einander, die zersplitterten der macedonischen Fürsten, und die durch Empörung oder Einfall begründeten der Parther, diese im steten Wachsen, jene im zunehmenden Verfall, und die allgemeine Auffassung dieser Verhältnisse spiegelt sich ganz gut in der Darstellungsweise Mirkhond's, wenn er sagt, dass Ask ben Askan als der Edelste unter den Völkerkönigen hervorgeragt und durch sein Ansehen über sie geherrscht habe, ohne aber Tribut oder Steuern zu empfangen. Die Griechen leiten ferner die Brüder Arsaces und Tiridates aus dem Volk der Parnischen Daher her, und die Parni werden mit den Derbiceae, Tapuri, Mardi unter den Margiana (mit Ariaca und Nisaea) bewohnenden Stämmen aufgeführt, während die Pasianer auch an dem späteren Ausbruch aus Sogdiana Theil nehmen, mit den Sakaraulac (Sarancae). Die Pasicae werden in die Montes Oxii (das Pamer-Gebirge) versetzt, während sich die Τοχαροί nach dem Osten des Jaxartes und über einen Theil Sogdiana's bis Serica verbreiten. Unter Arsaces, Sohn des Valarsaces, der von seinem Bruder Arsaces in Parthien eingesetzt war und die Bulgaren in dem Vanant genannten Lande organisirt hatte, entstanden grosse Bewegungen in Bulgarien, wodurch Viele zum Auswandern nach Armenien veranlasst wurden.

Die chinesischen Quellen melden, dass die Yueitchi bei ihrer Ankunft in Dzungarien (162 a. d.) die Sze oder Szu dort angetroffen und sie von den Ufern des in den Balkasch einmündenden Ili in die Steppen am Jaxartes, also nach dem sogdianischen Zwischenflusslande, getrieben, ohne dass ein anderes Volk, das sie ihrerseits dort verjagt hätten, genannt wird, woraus sich wenigstens indirect schliessen liesse, die Sze könnte schon vorher ihre Wanderungen bis dorthin ausgedehnt haben, und zwar, da sie für die chinesische Ausgabe der herodotischen Sacae gelten, schon in alter Zeit. Fasst man also die Namen Sacae oder Sze*) als den (eben so wie Tocharer) unbestimmt allgemeinen Ausdruck für die dortigen Nomaden (wie z. B. Ptolemäus auch die Massageten unter die sakischen Stämme stellt), so hätten sie den Ursprung der Ask abgeben können, und bei der Unmöglichkeit, zwischen den Streifgebieten der dortigen Reitervölker scharfe Grenzlinien zu ziehen, kann es nicht Wunder nehmen, wenn sie von Einigen statt auf die Scythen auf die Dahae zurückgeführt werden, und wäre es bei der noch ungelösten Schwierigkeit über die Mündung des Jaxartes oder über den periodisch vermutheten Zusammenhang zwischen Aral und Caspi um so nutzloser, darüber zu streiten, da die Dahae östlich vom Caspi oder zwischen Caspi und Aral gesetzt werden. So lange genügende Facta fehlen, scheitert apodictische Beweisführung an factischer Unmöglichkeit, aber es bleibt doch immer rathsam, bei den gegebenen Data, soweit sie ausreichen, zu bleiben, wenn ihre Annahme nicht in Widersprüche verwickelt. Ausserdem kann wechselnde Benennung der Nomadenstämme**) bei den Griechen nicht überraschen, da es uns in unseren Büchern, trotz aller Verbesserung geographischer Hülfsmittel nicht besser geht, und man die Namen Kalmükken, Eleuten, Mongolen,

---

*) Der Zusammenhang der Parther mit diesen von den Chinesen mit ihrer damaligen geographischen Auffassung Tibet's in Verbindung gebrachten Völkern zeigt sich auch in der jenen von Bardosanes beigelegten Polyandrie. In Parthia multae mulieres unum habent virum (Rec. Clem.); ἐν δὲ τῇ Παρθίᾳ πολλαὶ γυναῖκες ἕνα ἄνδρα (Eusebius).

**) On doit entendre par ce mot de Turcs (Atrak), selon Ben Alvardi, tous les peuples qui habitent au-delà du fleuve Gihon on Oxus jusque au Cathai, partie Septentrionale de la Chine, qui s'étend jusque à l'Océan. La nation Turque est divisée en 24 grandes Tribus et comprend les Mongols, les Tatares et les Turcomans (s. Herbelot). Die Armenier heissen Thorgomatzi (bei Ezechiel), von Thogorma, Sohn des Thira (Sohn des Gomer oder Comari).

Buräten und selbst Tataren mit völligster Gleichgültigkeit verwandt sieht, wenigstens bis noch vor ganz Kurzem. Häufig genug ist ja auch der Verwandtschaftsverhältnisse wegen ein unbedingt nothwendiges Festhalten scharfer Scheidungen gar nicht einmal indicirt. Unter den neun Stämmen der Turkmannen der Wüsten findet sich noch heute der Stamm Sakar (neben Salar Saruk). Ihre Häuptlinge heissen Ak-Sakal (Weissbärte) oder (nach Wolf) Aga-Sakal (Bartherren). Ein Vorposten der Sacae oder Sze mag sich also in Hyrcanien (mit Margiana) festgesetzt haben, während die Yueitchi sich im folgenden Jahrhundert in die Gebirge warfen, und das bactrische Königreich stürzten. Unter den Wirren dieser Einfälle turanischer Stämme wurden auch die Parther in den Krieg hineingezogen, in welchem (126 a. d.) Phaortes II. fiel, der sie gegen den Seleuciden Antiochus VII. zu Hülfe gerufen und die Soldzahlung weigerte. Als Artabanus II. gegen die Tocharer gefallen war, wurde Parthien durch die turanischen Völker verwüstet. Auch hatte Euthydemus von Bactrien mit Antiochus ein Bündniss gegen die Einfälle der nordischen Barbaren geschlossen (205 a. d.).

Schon 120 a. d. tritt Mayes, König der Saka, als Eroberer der Länder am Indus*) auf, während der griechische König Menandros seine Eroberungen 144 a. d. bis Surashtra ausgedehnt hatte. Bei Dionysos Periegetes heissen die Indoskythen die südlichen Skythen. Der chinesische General Likuangli besiegte 101 a. d. die Hunnen am Belurtag und gegen sie erhielten 70 a. d. die Usiun chinesische Hülfe. Der Untergang des letzten Königs im griechisch-indischen Reich, Hermaios, war das Werk des Kozoulo kadphises im Jahre 85 a. d. und damals (124—88 a. d.) setzte Mithridates II. in den von den Skythen eroberten Ländern parthische Statthalter ein, aus denen sich eine parthische Nebendynastie (ausser den Beherrschern des grossen Arsaciden-Reiches) bildete. In den Thronstreitigkeiten (88 a. d.) zwischen Moakines und Sinatroukes wurde dieser (nach dem Tode jenes) mit Hülfe der Sakarauler auf den parthischen Thron erhoben (76—69 a. d.). Die Chinesen sagen, dass die Yueitchi nach Besiegung der Tahia (Bactrier) auch die Anszu (Parther) unterwarfen. Nach Unterhandlungen mit den hyrkanischen Königen, als Herren des Eisernen Thrones, brach das skythische Volk der Alanen (am Tanais und Maeotis wohnend) in die parthischen Nebenreiche (Medien und Armenien) ein und verwüstete

---

*) Während die monumentale Schrift der ältesten Münzen Kabul's von rechts nach links geht (bei Eucrates und seinen Nachfolgern), zeigen die Pali-Inschriften von Dhauli und Girnar die Richtung von links nach rechts und ebenso das älteste Manuscript des Sanscrits im Devanagari.

dieselben (72 p. d.), so dass die bedrängten Parther den Kaiser Vespasian um Hülfe baten (75 p. d.), ohne dieselbe indess zu erhalten. Die Armenier erklären die Namen der Pehlevane oder der Pahlwaniden-Dynastie aus der parthischen Besetzung Balkh's (Bactra's) oder Pahl's (Hauptstadt von Kouchan). Des Mithridates' Eroberung Bactrien's, mit dem Fall des Archebios, des letzten Königs der griechischen Ansiedler, wird in das Jahr 140 a. d. gesetzt und der Einfall der turanischen Völker hatte 130—126 a. d. statt. Der chinesische Gesandte fand sie 116 a. d. schon völlig ansässig.

Die Armenier erzählen (nach Pseudo-Agathanges), dass unter der Regierung des Antiochus Theus eine Empörung der Parther ausgebrochen sei, und dieselbe wäre geleitet worden durch Arsaces, den Sohn des in Pahl-Schahasdan oder (nach Mos. Chor.) in Pahl-Aravadine (Pahl oder Stadt wie Bali in Indien) residirenden Königs der Thetalier im Lande der Kuschiten. Diese Darstellungsweise bestätigt sich in bester Ergänzung mit den aus der Classicität erhaltenen Berichten, denen gemäss die Asaioi (oder Usiun, deren Könige oder Kuenmi in Ili regierten) die Fürstenklasse für die Tocharer abgegeben hätten und so diese in den Steppen zerstreuten Nomaden zu Gefolgschaften vereinigten, von denen eine in ihrem Namen Parther (Vertriebene) zu ähnlichen Deutungen Anlass geben konnten, wie sie orientalischer Scharfsinn auch an den Namen der Kalmükken und Eleuten versucht hat. Wenn auch Arschag oder Arsaces (wie es in der indischen Geschichte so häufig vorkommt) ein verbannter Sohn des Königs gewesen, der sich ein neues Reich gestiftet, so scheint er doch (nach der armenischen Darstellung) später den väterlichen Thron zurückerworben zu haben, denn Agathanges in seiner Genealogie der einheimischen Dynastie erzählt weiter, dass der parthische König Arsaces, der zu Pahl Shahasdan geherrscht habe, im Lande Kouschan, das Reich unter seine Söhne getheilt und dieselben zu Herrschern über die Thetalier, Cilicier, Parther und Armenier eingesetzt. Vivien de St. Martin hat den Zusammenhang der Ephthaliten (oder Thedalier) mit den persischen Haithelaïan nachgewiesen, aber in der armenischen Auffassung der Nomadenverhältnisse würden die Haïk (Hakas oder Hayas) auf eine weit ältere Schichtung zurückgehen, die im eigenen Lande schon längst ihren geschichtlichen Cyclus abgelaufen hatte, ehe die mit den Thedaliern (Idalagan bei Laz. Parb.) verknüpfte Dynastie der Arsaciden eintrat (obwohl dieselbe durch Ketura wieder an Abraham, den Erbauer eiserner Städte, angeschlossen wird, bei Mos. Chor., wie die Parthi bei Trogus an die ältesten Scythen und ihre ruhmvolle Vergangenheit). Es würde hier chinesische Nomenclatur auf ein Gross-Ilium (oder auf Ta-Ilier) führen, womit das dort begründete Reich der Usiun vorübergehend bezeichnet sei, unter Wiederbelebung eines schon in frühester Vorzeit gefeierten Namens, der mit der westlichen Wanderung der blonden Stämme weiter getragen wurde. Bei den Türken ist Ili in die allgemeine Bezeichnung für Land übergegangen, wie Roum-Ili oder Roumelien, Anatolien u. s. w.

Mit Ardewan-ben-Balas (der nach chinesischen Moralgrundsätzen*) während der Dürre büsste, um Regen zu erlangen) schliesst Mirchond die Liste der Ashkanier**), da ihnen von den Asganiern***) die Herrschaft entrissen wurde (35 a. d.), obwohl diese Dynastie das sonstige Verhältniss zu den Völkerkönigen unverändert bewahrt hätte. Diese

---

*) Aeacus, für den Zeus auf Aegina Ameisen in Menschen verwandelte, legte, auf Orakelspruch, Fürbitte bei den Göttern ein, um durch seine Frömmigkeit die Dürre abzuwenden. Während des Aufenthalts in Asien hatte er am Bau der Mauern Troja's Theil genommen.

**) Khondemir lässt Alexander auf Rath des Aristoteles die Provinzen (ausser dem eigentlichen Irak) unter die Prinzen des persischen Hauses vertheilen. Bei Firdusi ist Ashk der Erste der von Aresh stammenden Theilfürsten (der Moulouk el Thewaief oder Stammkönige), die auf Iskander folgen. Als Kayomorts von Demavend nach Osten gegangen war, um eine Stadt zu gründen, nannte er, als er dort mit seinen vom Westen zum Besuch gekommenen Bruder zusammengetroffen, dieselbe (nach Mirchond) Bal-Akh (mein Bruder ist in der That gekommen). Das Bild des Nisroch (in dessen Tempel Sennacherib erschlagen wurde) heisst Arascus (Asarak oder $M\epsilon\sigma o\rho\alpha\chi$) bei Josephus. Die Ashkan (Arsaciden), als Herrscherfamilie der Parther, hiessen Asi bei den Chinesen. Nach Johann Catholicos war der Herrscherstamm Armenien's ursprünglich Askenez genannt. Phrygien hiess (bei Homer) Askanien, ehe die Bryges oder (nach Hesychius) die Freien dort einwanderten. Mit seinem Vater Aeneas kommt Ascanius nach Italien und in den Traditionen der Saxen wird er als Stammesheros besungen. Le nom d'Askan chez les Parthes est toujours écrit Arsak (chez les historiens grecs). Les Formes intermédiaires d'Arskhan, Arsekhan ou Arsakhan rendent raison de l'altération finale Arsak (s. V. de St. Martin). Les traditions des Parthes placent le point de départ de ce titre royale chez les Dahes voisins du Palus Maeotis (v. Strabon). Hieronymus (IV. Jahrhundert) identificirt die Askenaz (des Propheten Jesaias) mit den nördlichen Barbaren, die von den Riesen stammten. Nach den Syriern war Askhenaz Vater der Sarmaten. Eusebius bezeichnet die Aschanaz als gentes Gothicae. $\text{}\!\!A\sigma\kappa\alpha\nu$ (bei Procop) ist der Häuptling eines dacischen Stammes der Massageten nördlich vom caspischen Meer.

***) Unter Ardesan ben Asgan sandte Gott den Girgis unter die Völkerkönige (nach dem Tarih Gafari). Der Bruder des heiligen Gregorius begab sich (nach Zenob) in's Land der Djen. Hertche, Neffe des Jacob, wurde König im Lande der Keth (als Sohn des Askedne oder Saktene) oder Ask und Sak.

Ereignisse fallen mit den Umwälzungen zusammen, die damals in den Horden der Hiongnu Statt fanden, wo sich gegen den durch den ussunischen Fürsten in Verbindung mit den Uchaniern auf den Thron gesetzten Chuchanje-Schanjui zuerst (mit Hülfe des westlichen Tuzi-Fürsten und Dulunzi), der Shitscho-Fürst Bossitan erhob, als Tuzi-Schanjui, und dann sich nacheinander der Chuzse-Fürst zum Chuzse-Schanjui erklärte, der westliche Jugän-Fürst zum Tscher Schanjui und der Uzsi-Heerführer zum Uzsi-Schanjui (57 a. d.). In den fortdauernden Wirren sah sich der Chuchanje-Schanjui genöthigt, um seine Existenz zu retten, das Protectorat Chinas anzurufen, und in Folge dessen zog der Tschitchi-Schanjui weiter nach Westen, um mit den Ussuniern in Verbindung zu treten, die noch immer die Länder am Ili und weiter nach Westen bis zum Balkchachi-Nor bewohnten. Da seine Vorschläge keinen Anklang fanden, begab sich der Tchitschi-Schanjui nach Norden und setzte sich in Chagass fest (an den südlichen Grenzen des Gouvernements Tomsk). Der Fürst der Kangjui*) (im Gebiete der grossen Kasaken-Horden) schloss aber bald darauf ein Bündniss mit ihm, um sich seiner Hülfe gegen die Ussunier zu versichern, und es folgten nun langdauernde Kriege, unter welchen der Tchitschi-Schanjui zu verschiedenen Malen die Ussunischen Länder (trotz der von China dem Kuenmi geleisteten Hülfe) verwüstete und bis zu ihrer Horde Tschi-hu vordrang. Der mächtigste Anstoss zu neuer Auswanderung wurde aber im Jahre 36 a. d. gegeben, indem der chinesische General-Gouverneur von Ost-Turkestan, der sich durch die wachsende Macht des Tschitschi-Schanjui bedroht sah, mit Aufgebot aller Kräfte einen Feldzug gegen die Nomaden unternahm und den Widerstand der Kangjui vernichtete (s. Hyacinth). Der Tschitschi-Schanjui wurde selbst bei der Belagerung seines letzten Zufluchtsortes getödtet.

Bei Moses Chor. heissen die Länder der Arsaciden (und der Parther) Kouschan oder Kouschank, und Elisäus nennt die Hunnen*) (des nörd-

---

*) Nach den Chinesen glichen die Alanen in Gewohnheit und Kleidung den Khangkhiu (Khangjui) von Sogdiana. Aus der Völkerbewegung im Norden Transoxiana's (40 a. d) folgte die erste Wanderung der Alanen nach Westen. Dionysos von Kharax erwähnt zur Zeit des Augustus der Alanen in den Steppen nördlich vom Mäotis und 374 p. d. wurden sie von den Hunnen besiegt. König Toba-Juilju eroberte Ili 318 p. d. Als der mongolische Stamm der Topa oder Youanyouan bei seiner Ausbreitung bis Transoxiana die dortigen Nomaden nach Westen trieb, überschritten die am Yaik wohnenden Hiongnu (des Ural in Ugrien) die Wolga 376 p. d.

*) Nach Lazarus P. erstreckten sich die hunnischen Völker und Kouchunen (Kouchank) am caspischen Meer von Khorassan bis Derbend.

lichen Persien) Kouchan. Die Ephthaliten*) (Idalagan oder Thedalatzi) oder (nach Abulfaradsch) Hounnih wurden von Deguignes mit den Tiele genannten Türken identificirt, aber Vivien de St. Martin leitet sie von den Haiathelah (Haïatheliten) oder (bei den Armeniern) Hephthal her, die im V. Jahrhundert mit den Persern kämpften und 550 p. d. durch die Türken unterworfen wurden. Sich selbst nennen die Armenier Haiasdani von Haig**) (Sohn des Thorgomah), welcher Name auch wieder als ein Patronymicum von Haik gilt, in volksthümlicher Bezeichnung der Armenier. Als Koueitseu (Bischbalig) von den Assenacheni erobert wurde, erbat der König von Yuthian (Yueitchi) die Hülfe Siwanpei's, des Gouverneurs der Tartarei, damit er den Tribut nach China senden könne. Die Chinesen unterstützten (665 p. d.) Yuthian gegen die Koungyouei von Kaschgar und die Tibeter. Die Toufan, deren Macht sich im VII. Jahrhundert in Tibet erhob, führten (IX. Jahrhundert) Kriege mit Türken und Chinesen, nachdem sie Khotan, Yarkhand und Kaschghar (bis Farghanah, dem Jaxartes oder Gihoun) erobert hatten. Beim Vordringen der Thang nach dem Aral und Caspi (VII. und VIII. Jahrhundert) suchte sich der König von Yetha durch Bündnisse mit ihnen gegen die Khalifen zu schützen (in Khoundouz). Die Abassiden eroberten (VIII. Jahrhundert) Transoxiana (Ma-waran-nahar).

Die von der der Hiongnu***) verschiedene Sprache der Jueitchi war (nach den Chinesen) mit dem Tibetischen verwandt, (seitdem der durch den vorgeschobenen Keil der Hiongnu abgetrennte Stamm der kleinen Yueitchi sich in die Berge geworfen). Nach Klaproth theilten sich die Yueitchi in die Stämme der Hieou-mi, Chouangmo, Kouetchouang, Hytun und Toumi, und nach Eroberung des Landes Tahia erhob sich Kieou-tsien-khio, der Fürst von Kouei-chouang, zum Gesammtkönig, vernichtete die Fürstenthümer von Pota und Kipin und eroberte Thientchou (Indien). Im eroberten Khangkiu (dem Land zwischen Jaxartes, Dzungarien und Altai) setzten die Yueitchi-Könige von Kouetchouang Haupt-

---

*) τὸ Οὔννων τῶν Ἐφθαλιτῶν ἔθνος, οὕσπερ λευκοὺς ὀνομάζουσι (Procop). Die Avaren, die die Gepiden (565 p. d.) aus Dacien vertrieben, werden weisse Hunnen genannt. Cosmos kennt λευκοί Οὔννοι in Nordindien.

**) Mit dem Sternbild des Orion identificirt, dem (nach griechischen Mythen) ἀπὸ τοῦ οὐρῄν Geborenen (wie indische Heroen), dessen Gemahlin Side (ähnlich Rama's Site) nach der Unterwelt entrückt wurde.

***) Der Chinesische Minister Wan-man änderte (15 p. d.) den Namen Chunnu (böser Sklave) in Hunnu (ehrenwerther Sklave). Die Franken schrieben ch (chunnas in Wehrgeld) statt h bei den andern Deutschen Stämmen und Gregor. Tur. sagt Chuni für Huni (H. Müller). Russland hiess bei den Dänen Ostrogard oder (von den Hunnen) Chunigard (nach Helmold).

linge fürstlichen Geschlechts unter dem Titel Tchao-vou ein. Aehnliches berichten die Chinesen von der Regierung der Yueitchi in Indien. König Kieou-tsieu-khio wird mit dem Siva-Verehrer Kozoulo Kadphises identificirt, der (nach Besiegung des Hermaios) die Herrschaft der Könige von Uggajini im Induslande und Kaschmir stürzte (85—10 a. d.). Mit dem Tode des Kauerki oder Kanischka zerfiel das scythische Reich in Indien. Im Kriege mit Gotarzes drang Vardanes nördlich bis an den Fluss Sindes (Silis oder Jaxartes) vor, der Daher und Arier trennte. *Ἀρσιαχοὶ μὲν παρὰ τὸν Ἰαξάρτην* (Ptolem.)

Während der Regierung Kianwou's (und der unter Nero fortdauernden Partherkriege) unterwarf Hian, der mächtig gewordene König der So-Khiu, den König des Landes Yu (Yueitchi) oder Yuthian (55 p. d.), aber unter Kaiser Mingti (58—75 p. d.) empörte sich Toumo und dann, ihn ermordend, der General Hicou-mou-pa gegen den Fürsten der So-Khiu und nahm nach Besiegung der Tataren den Titel eines Königs von Yuthian an. Ihm folgte sein Sohn Kouangte, der das Reich der So-Khiu zerstörte und seine Eroberungen bis Kaschgar ausdehnte, indem gleichzeitig der König von Chenchu mächtig wurde. Die Parther führten (unter Volagases) Krieg mit den abgefallenen Hyrcaniern*). Im Kriege mit den Hiongnu zwang der General Pantschao (73 p. d.) den König von Yuthian zur Unterwerfung (s. Remusat). Im Jahre 48 p. d. theilten sich die Hunnen in das nördliche und südliche Chanat und in den Kriegen zwischen denselben wurde das nördliche durch den Sieg des chinesischen Bundesgenerals Hyn-Kchoi oder Teuhian (am Irtisch) vernichtet, worauf der Schanjui entfloh, ohne dass man wieder von ihm hörte (dagegen stammten aus den durch eine Wölfin gesäugten Ueberlebenden die Assena oder Thoukiou) und 97 p. d. stand Pantschao am kaspischen Meer. Zur Zeit des Periplus**) verdrängten sich an der Indusmündung Parther und Indoskythen (70 p. d.) und etwas früher traf Apollonius von Thyana den indischen König Phraortes, der von Kophen aus über Taxila regierte, aber den benachbarten Barbaren Tribut zahlte, um ihre Einfälle zu hindern.

Unter den spätern Han zogen die von den Youan-youan im Norden bedrängten Yueitchi nach Polo (Balkh), und von dort machte ihr König

---

*) Chorasan, das mit Kuhistan und Taberistan das eigentliche Parthien bildete, führt einerseits auf die Chorasmier in der Wüste Chorasm und erinnert zugleich an die persischen Beziehungen der Kuru in Indien, während der Pandu Arjuna den Namen Partha trägt.

**) Taranatha erwähnt Turushka- und Perserkönige gleichzeitig in Indien (nach der Zeit des Buddhapaksha).

Kitolo einen Einfall in Indien, die fünf Königreiche nördlich von Kantholo unterwerfend. Sein Sohn herrschte in Fou-leou-cha über die kleinen Yueitchi, die wie die Khiang der Tibeter gekleidet gingen. Damit begann die auf die Epoche Vicramaditya's und Salivahana's folgende Herrschaft der Indoskythen in Polo-mňen-kůe (Brahmanenreich) oder Mokiato (mit der Hauptstadt Kiapili am Hengho), von wo in den Jahren 428 und 503 Gesandtschaften nach China geschickt wurden. König Siladitya wurde den chinesischen Pilgern genauer bekannt. Die Yuthian (Yueitchi) erbaten in einer Gesandtschaft (466 p. d.) chinesische Hülfe gegen die Youan-Youan, die in ihr Land eingefallen. Nach Matuanlin sind die Yenyen oder Youan-youan ein Zweig der Hiongnu. Die Toukhiou unterwarfen (555 p. d.) die Youanyouan und zwangen dann die 563 von Noushirwan besiegten Yetha*) (in Tokharistan und Kabulistan) zum Tribut. Die Hunnen des Nordostens wurden von den Persern Türken benannt, wie Theophylactes Simocotta bemerkt. Die Turcae oder (nach Herodot) Jurcae wohnten am Palus Mäotis. Die Alanen vermittelten bei Kaiser Justin die Aufnahme der vor den Türken fliehenden Avaren. Die Chinesen berichten, dass im Hause Tulga oder Ta-hiui (der nördlichen Hunnen oder Aschina**)) Tumyn im Jahre 552 p. d. den Titel Ili-Chan annahm, nachdem er die Shushaner besiegt hatte, deren Chanat (in Chalcha und Tarbagtai) durch Tscheluchu, Sohn des Monguljui, gestiftet war, (aus dem Hause Hao-hiui). Muhan-Chan-Zybin, der Nachfolger des Ili-Chan Tumyn, machte der Herrschaft der nördlichen Shushaner 555 p. d. ein Ende, (der in chinesischen Schutz geflüchtete Chan wurde zur Hinrichtung ausgeliefert) und unterwarf die ganze Mongolei von dem gelben Meere bis Chuchunor, von Schamo bis zu den nördlichen Wüsteneien von Irkutsk und Jeniscisk (s. Hyacinth) Im Jahre 558 p. d. wurden die byzantinischen Gesandtschaften ausgetauscht, als die Ansi***) (Parther oder Perser) den Seidenhandel störten.

Im Sommeraufenthalt residirte der Fürst der Uiguren in Pething (bei Urumtsi). Die Kaufleute aus Tufan fürchteten die Räubereien der Huiku oder Uiguren und warteten deshalb bei den Kolo, bis sie sicheres

---

*) Yetha liegt wahrscheinlich in Keth oder Gothen, in derem Lande der Neffe Jacob's (der Grossneffe des heiligen Gregorius) König wurde, nach Zenob (von Glag), der dabei auf die Geschichte der Hephthaliten verweis't, sowie auf die vom Königreiche Djen oder China (in Edessa bei Bardesanes erhalten). Mit Hratche, König der Gothen, führte Tiridates Kriege.

**) Assena, als asana, (im Sanscrit) das Sitzen oder Thronen als Herrscher; Vishnu heisst Asandas, als der Sitzgewährende (s. Wilson).

***) An-si (beruhigter Süden) hiess das Gebiet Kutsch (Kui-sze) in Turkistan.

Geleit für ihren Handel mit den Ta-si (Arabern) in der Escorte der Kirgisen erhielten (nach dem Thangsu).

Der Hiongnu-Fürst Çiçi zerstörte den Staat der Kjankuen (Kirgisen), aber nach seiner Neugründung verschwägerte sich derselbe mit den Thukiu durch die von dort erhaltenen Fürstentöchter. Als er nach dem Fall der Thukiu, durch die (nebst den Hiuku oder Uiguren) mächtig gewordenen Sjejento mit Unterwerfung bedroht wurde, suchte man sich durch Gesandte an die Thang zu schützen. Von den Hiuku (758 p. d.) unterworfen, empörte sich der Anse (839 p. d.) und besiegte (841 p. d.) seinerseits die Huiku (Uiguren), ihren Herrschersitz in Tuman einnehmend. Später erhob sich das Reich der Uiguren zu neuer Macht und unterjochte die Kirgisen, die (1125 p. d.) von den Karachitaiern abhängig und (1209 p. d.) durch Tschingiskhan besiegt wurden (s. Schott). Als die Chagassen (denen eine Adlernase, rothes Haar und blaue Augen beigelegt werden) oder Hönhun (Hehu) die Choichoren (Uiguren) besiegt hatten, flüchtete Umuss (der Bruder des Kössi-Chan) nach China. Die dort angewiesenen Niederlassungen fielen (XI. Jahrhundert) in die Gewalt der Tanguten, aber die Choichoren beherrschten während dem (nach Hyacinth) die Bezirke Urumtschi und Chur-chara-ussu, so wie die Fürstenthümer Komul, Pitschan, Charatschar und Kutscha, die Turkestaner dieser vier Städte zur Annahme des Namens der Choichoren zwingend. Von Tschingiskhan wurde das Chanat Choicho 1209 erobert.

Die Kirgisen südlich von der Westgrenze Sibirien's sind das Türkenvolk der Kasak, und werden diese auf der Strasse nach Chalti plündernden Kasak-Tataren (bei Hagi Chalife) von den Kasakken am Don und Dniepr unterschieden. Wer sich durch die „Sirene des Gleichklanges" verführt fühlt, in den Kasakken die schwarzen (oder dienenden) Askh zu finden, wird besser thun, den hier in das Dickicht ableitenden Fusspfad vorläufig nur zu markiren, um nach ihm zurückkehren zu können, wenn sich auf der breiten Heerstrasse der bisherigen Forschung keine Heimath findet. Wenn auch Nichts als scheinbar werthlos zu verwerfen ist, dessen Werth sich vielleicht im Gange der Untersuchung herausstellen könnte, so dürfen doch die Abschweifungen nicht die Hauptrichtung verlieren lassen.

Die Bewohner des Landes der Uiguren oder Iguren (an den Quellen des Irtisch) redeten Ost-Türkisch. U oder Wei bildet den mittleren Distrikt Tibet's und umschliesst den Sitz des Dalai-Lama in Lhassa. Nach Zemarch wohnten die Οὐγουροι (Wy-guren) westlich von der Mündung der Wolga, als Hunno-guren (nach Menander). Im Baskischen bezeichnet Uria oder Iria (bria im Thracischen) Stadt, und ein solches Wort geht dann leicht in die Indifferenz einer geographischen Volksbezeichnung über, wie Myang oder Puri, wenn es nicht selbst schon daraus hervorgegangen ist. Im aussereuropäischen Handelsjargon des Englischen wird town in ähnlicher Weise verwandt. Das Chanat der Tulöh genannten Choichoren (Uiguren) der Haohiui wurde 744 begründet und obwohl die Tanguten die in China gelegenen Sitze zerstört hatten, bewahrt der in Urumzi (und Charaschara) oder in Kutscha residirende Chan den Titel Schi-Zsy-Wan oder Arslan-Chan (Löwenherrscher). Auch nach dem Uebertritt zum Islam fuhren sie fort, sich der von den Kidanen 920 p. d. erfundenen Schrift zu bedienen.

Wenn wir durchgehends in einem bestimmten räumlichen oder zeitlichen Umkreis As als königlichen oder göttlichen*) Titel finden, wenn wir auf den Sculpturen Assyrien's den König (wie Layard bemerkt), hauptsächlich in seinen Beziehungen zum Löwen**), hervortreten sehen und wenn wir wissen, dass im Arabischen Assad (oder Asad) einen Löwen bedeutet (woher Ali bei seinen Verehrern Assad Allah al-Galab heisst), so sind uns mit diesen, immerhin beachtenswerthen, Analogien noch in keiner Weise genügende Data gegeben, um irgend einen für beweisenden Zusammenhang genügenden Schluss daraus zu ziehen. Treten nun aber von allen Seiten neue und unerwartete Mittelglieder hinzu, vermehrt sich die Zahl der Analogien in fast unübersehbarer Menge (obwohl dieselben für die langen Zeitläufte, in denen sie zerstreut sind, für die weiten Räume, die sie decken sollen, dennoch nicht in naturwissenschaftlicher Forschungsmethode als deckend betrachtet werden können), dann müssen wir anfangen, Reihen aufzustellen, und bei den Variationsrechnungen mit denselben in solcher Weise operiren, dass jedes noch später zwischengeschobene Factum nachträglicher Auffindung leicht seine natürliche Stellung erhält, ohne immer jedesmal den angesammelten Complex über den Haufen zu werfen und es nöthig zu machen, dass das ganze Exempel wieder von vorne angefangen werden muss.

*) Wie Hesus (der Eichengott) mit Teutates von den Galliern durch Blutopfer gesühnt wurde (Luc.), gehört Iswara der zerstörenden Wandlung an. Assabinus, der äthiopische Sonnengott, schützte die Ernte. Aspelekji waren die Hausgötter der Polen.

**) in späterer Auffassung die Majestät dieses Thierkönigs zum symbolischen Wappen des Sonnengeschlecht's wählend, in ursprünglicher Darstellung aber, der primitiven Verpflichtung des Königs gemäss, als Nimrod den mächtigen Feind der Ansiedlungen bekämpfend. In späteren Culturvölkern, besonders bei Stämmen, die schon auf besiedeltem Boden einwandern, gerieth die letzte Erklärung in völlige Vergessenheit, während sie deutlich genug in den Sagen Kayomorts, in hinterindischer Vorgeschichte bei Pyuming, unter amerikanischen Indianern, in Afrika und sonst geläufigen Traditionen bewahrt ist.

Die durch so viele Sprachen hindurchreichende Bedeutung der Wurzel As, die sich ursprünglich vorwiegend mit der Sonne und dem Osten*) verknüpft hat, ist allmählig in die Form eines als unverletzlich bewahrten Titels übergegangen, und in derselben noch weiter fortgepflanzt, obwohl es längst unmöglich geworden sein mag, den Sinn etymologisch wieder zu cruiren. Liesse sich indess auch der vermuthete Werth der Silbe As in Assyrien**) feststellen oder andererseits die Herleitung von Assad und Löwe, so wäre damit noch wenig gewonnen, da einmal das semitische Element in den Reihen der Keilinschriften zwar manche Aufklärungen durch die Entzifferung, aber noch keine feste Umgrenzung erhalten hat, und andererseits das jetzige Vorkommen Assad's als semitisches Wort, darum nicht die Möglichkeit früherer Entlehnung in den der Forschung unzugänglichen Vorzeiten ausschlösse (wie bei Al in chaldäischen Königsnamen). Wir haben in unserer eigenen Sprache***) Hunderte von Worten, in denen die philologischen Mikroskope der letzten Decennien den fremden Ursprung zur Gewissheit erhoben haben, die aber bis dahin als rein deutsche Worte galten, und leicht an radikale Lautähnlichkeit angelehnt wurden. Andere Hunderte und Tausende mögen, wenn in dem Mund des tagtäglichen Verkehrs umherbewegt, auch bereits so völlig abgeschliffen sein, dass es nie gelingen dürfte, die Grundform des Achsenkreuzes herzustellen. Bei den Titeln geben meist geschichtliche Hülfsmittel gewünschte Aufklärung, aber der damit nicht Vertraute kann Priester für ein deutsches Wort halten, ohne es in seinem Zusammenhang mit Presbyter festzuhalten, oder der weiten Beziehungen mit priscus und vielleicht Wurzel $\gamma\varepsilon$, $\gamma\varepsilon\nu$ zu gedenken. In allgemeiner Volksansicht gilt Kaiser für heimischen Klang, und erhält sich als solcher unverändert, ebenso wie Czar bei den Slawen, und obwohl geschichtliche Prüfung einen Caesar aufdecken mag, philologische einen aus dem Mutterleibe

---

*) Die Jonier und zumal die Milesier verbreiteten zuerst den Namen des asischen Landes, der $\mathit{Ἀσία}\ \gamma\tilde{\eta}$ bei den Griechen für das Ostland (K. Ritter); die Athener waren (nach den Egyptern) Rest eines grossen Volkes, das in Attika gewohnt hatte.

**) Der Name Assyrien wird (P. Steph. Byz.) auf Assorakus (Bruder des Ilus und Ganymed) bezogen, den Sohn des Tros, Sohn des Ilus (Sohn des Dardanus, den Zeus mit Electra zeugte). In den Inschriften heissen die Assyrier Assur, die Tyrier (von Fels) Tsur-ra-ya. The root of the Syrian is Tzur, of Assyrian Asshur in Hebrew (s. Rawlinson). Aeneas heisst Assarakus (Orac. Sib.)

***) Der Zusammenhang von Kaufja mit $\varkappa\acute{\alpha}\pi\eta\lambda o\varsigma$ caupo ist wohl nicht zu bezweifeln. Aehnlich findet sich jetzt überall unter australischen oder indianischen Stämmen das Wort Store recipirt, oder tienda (tenderos) im spanischen Amerika.

Geschnittenen, so hat doch weder die eine noch die andere Erklärung die mindeste Rückwirkung auf den Gebrauch des Titels als solchen, oder auf seine weitere Fortpflanzung in andere Sprachen aus denen, die sie bis jetzt recipirt haben, und die dann wieder für die secundäre oder (wenn der Rückblick bis auf das Primäre verdeckt ist) für die einzige Mutter gelten könnten. Bei der späteren Tobba-Dynastie ist vielleicht ein Anschluss an die arabischen Toparchen denkbar, der die phantastischen Erklärungen der Orientalen sehr vereinfachen würde. Caesar als Kaiser hat jetzt bald 2000 Jahre hindurch seine Permanenz als Titelform bewahrt unter den verschiedensten Völkern, und eine ungefähr gleiche Zeit ist es uns möglich, das Vorwalten der Asform (die sich in Sueton's Blitzstrahl selbst damit verbindet) zu verfolgen, und als im Osten der Titel Shanjui durch Khan ersetzt worden war, hat das letztere Wort eine gleiche Zähigkeit der Existenz gewonnen, die (wie bei Schah) bis heute fortdauert.

Von dem Magus Asios, der Troja's Palladium verfertigte, nannte Iros sein Land Asia nach der herrschenden Stadt von Askanien, und in der scandinavischen Mythe wächst den Asen*) gegenüber der Dienststamm Ask aus dem Baume, während in localer Sage der Herrscher Aschan selbst ein steingeborner ist. Wenn die Modificationen der so vielfach zur Bezeichnung des Edelsten und Höchsten**) wiederkehrenden Wurzel As (Es, Is) zum Ausdruck der mit Askan (Ask) beabsichtigten Modification schon in Ostasien stattgefunden hat, würde sie sich dort (wenn nicht an die sanscritische Endsilbe des Patronymicum) an das Wort Kha anschliessen, was überall gebraucht wird, um einen socialen Gegensatz zu bezeichnen, als As-Kha in Ask oder Saka (wie Ankor statt Nagara). Dienend gefasst wurde der Ka-Biren (und Kamilus), Cacus, als Prototyp der auszurottenden Ureinwohner mit dem Nebenbegriff***) des Schmutzigen und Verächtlichen, wie caco im lateinischen und griechischen

---

*) Der Name Ansi oder Parther wird chinesisch erklärt. Nach der Ynglingsaga führte Odin in Schweden die in Asaland gültigen Gesetze ein und die Asen liessen sich auf dem Todtenbette für Odin ritzen, wenn sie nicht auf dem Schlachtfeld fielen. Parthos ita certamina juvant et bella, ut judicetur inter alios omnes beatus, qui in proelio profuderit animam (Amm. Marcell.)

**) wie auch bei den Ostjäken. As (isländisch) bildet im Plural Aesir und Aesar hiessen (nach Sueton) die etruskischen Götter, während Hesychius Ἄσοι als Götter der Tyrrhenier bezeichnete, und die über Domitian siegreichen Feldherren der Gothen als Ansen deificirt wurden.

***) Dem Silius Italicus gelten die Massageten als Prototyp, wenn er die Rosseblut trinkenden Concani in Spanien characterisiren will.

κάκκη, sowie im Litthauischen sziku; Kâka als jämmerlich Unglücklicher. Doch kann die erklärende Bedeutung solcher Zusammensetzungen im Laufe der Geschichte vielfach wechseln und auch geradezu in den entgegengesetzten Sinn umschlagen, eine der Kritik nicht angenehme Unbestimmtheit, deren Läugnung aber nichts nützen würde. Die Tradition doppeltgeschichtlicher Spaltung, wie sie in Ask und Embla liegt, hatte die griechische Mythe bei ihrem Eichengott Asios (als Zeus) bewahrt (in Asia auf Creta). Creta, auf dessen Boden im Durcheinanderlaufen der Pelasger und Philister sich Juden und Spartaner in den Verhandlungen der Maccabäer zusammenknüpfen, ist auch das Eingangsthor des Nordens für die von Egypten kommenden Gaodhil Irland's, und Snorro sieht Minos im scandinavischen Mimir. Die Vorstellung der zwerghaften Daktylen*) (des idäischen Bergwaldes phrygische Männer, des Zaubers kundig, nach Phoronis) an den eisenreichen Idäen**) Creta's (mit Gortyn als ältester Stadt) und Mysien's entspricht ganz den nordischen Sagen von den zauberischen Höhlenzwergen, und wie Manen zur Bezeichnung des Dienenden wurde, obwohl im verehrten Urahn Mannus liegend, so war Manes der königliche Ahnherr der Phrygier, aber Manes später der allgemeine Sklavenname (Μάνης bei Aristoph. und Manius bei Cato) in einem ethnologisch leicht verständlichen Bedeutungswechsel, wie er bei Rajah hervortritt, bei den Pronominis der Rangsprache und bei vielen anderen Fällen. Zum Wahrsagen bedarf es (nach Plato) der μανική in der Mantike (s. Cicero).

Phrygien's alter Name Askanien mit der Stadt 'Ασκανίη (nach Hesychius), Ascanius (bei Homer) am ascanischen See in Bithynien, 'Ασκανία πόλις Τρωική (Steph.) deuten auf die schon in vorhomerischer Zeit in Kleinasien gekannten Einfälle der Nomaden, die auch damals

---

*) Die Idalier, als allgemeine Bezeichnung der Nomadenstämme, treten bei den Armeniern als Thedalier auf, und in der Uebersetzung des Euripides bei Mos. Chor. heisst Thessalia ebenfalls Thedalia, vielleicht mit Justin's Erklärung der Parthi in der Beziehung von ἀπόθεστος zur Wurzel θες. Die nach Norden verbannten Rassen der Mlekha stammen im Mahabharata von Anou (Sohn des Dsaiati) oder Anava (Anoushavan der Parther). Die Thedaliten erhielten sich in den Ephthaliten. Helladius leitet Ida von ἰδεῖν (sehen). Beziehungen zwischen Ida und Odin zeigen sich in König Ida der Angeln (aus Wodan's Geschlecht), der 51 p. d. in Flamburg landete, und andern Namen.

**) Nach Strabo waren die δάκτυλοι am troischen Ida (γοητες καὶ φαρμακεῖς) von den Chalybern oder aus Kolchis eingewandert. In Creta dagegen nennt Diodor die Daktylen am Ida die ersten Bewohner der Insel und Pythagoras wurde in ihre Mysterien durch Margus eingeweiht.

den allgemeinen Namen der Sacae geführt haben mögen. Aus ihren Angriffen auf früheste Colonien der Griechen erwuchs vielleicht der Keim des Haders*) in dem Kriege vor Troja, an dessen Befestigung**) Aeakos mitgearbeitet hatte und für dessen Schutz Phorkys askanische***) Bundestruppen herbeiführte. Dass Troja (später mit Asgard identificirt) mit einem im weiten Umfange gestifteten (und also wahrscheinlich durch geschichtliches Auftreten von Reitervölkern, wie meistens in Asien, in's Leben gerufenen) Reiche zusammenhing, geht aus den Traditionen über die von dem assyrischen Grosskönig durch seinen indischen Vasallen Memnon gewährte Hülfe hervor. Bei ihren späteren Kriegszügen liessen die Scythen oder Saken ihren Namen in Ascalon†), wo sie den Tempel der Derketo plünderten, und wo sich ein Ascanius portus zwischen Phocäa und Cyme (b. Plinius) findet. So konnte die, wie bei den Franken temporär stattfindende Umwandlung der Ritter in Wasserpiraten zu den mit Ulysses verknüpften Sagen über die Gründung von Asciburgium Veranlassung geben, im späteren Anschluss an Saxen. Der von den Kaufleuten am steinernen Thurme überstiegene Gebirgszug hatte seinen Namen den den Handel vermittelnden Saken entlehnt. Neben den Saviri unterscheidet Jornandes bei den Hunnen (ad arcus sagittasque parati) die Ultziagiri, die den Handel vom Chersones vermittelten. Herodot leitet von den Phrygiern (den Askaniern, als Saka††) oder Haya die Armenier (der Haik oder Haig) her und (nach Eudoxus) war die Sprache beider Völker ein und dieselbe. Die Stelle des Jeremias, der das Königreich Ararat und die Horden der Ascenaz gegen Babylon in Waffen ruft, wird von Mar Apas Catina auf Armenien bezogen.

---

*) weil Ilus nach Phrygien kommend, Ilium gründete und Tantalos mit seinem Sohn Pelops aus Paphlagonien vertrieb (am Tmolus geboren, als duldende Atlantiden, die nach Westen zogen).

**) Die berühmten Festungsbauer (Bog, Robog, Rodin und Ruibhne) in den irischen Traditionen stammen von der afrikanischen Rasse der Foghmhoraicc, die sich vor den Nachkommen Sem's zurückgezogen.

***) Neben Phorcys, dem Sohn des Phaenops (Sohn des Asios) vermittelt der Meergreis Phorcys durch die (wie die Yakscha in Arracan) mit Eberzähnen versehenen Gorgonen den Anschluss an die indische Bildung des dreileibigen Geryon.

†) wie dort die Scythen, wurde Alyattes wegen Plünderung des Tempels der Assesia bestraft. Die Lydier liessen Ascalus (Feldherr des Aciamus) Askalon erbauen.

††) Wie die Scythen der Saken wegen, nennen die Russen die Kasaken in dem Stamm der Kirgisen, die die Russen als Oruss (Olosha der Chinesen) bezeichnen (gleich der Umstellung von Saken in Asken).

Plinius setzt die Asaeer an den Fuss des Taurus, als Asioten (bei Ptolem.), von Steph. Byz. Aspurgitani genannt (in der Nähe der Ossen) und Strabo kennt die Stadt Asgard der isländischen Chroniken. Marco Polo glaubte in Cashgar die Heimath der Schweden zu finden (als Su). Der indische Kriegsgott Kumara wird bei Rajputen, sowie im Dekkhan. als Scanda verehrt, und auch Alexander's Name hat eine lautähnliche Umdeutung erhalten in Iskander. Neimhidh segelte vom Euxinus nach Irland (wo die Colonie des Partholan oder Bartholomäos durch Pest untergegangen) und sein Enkel Jobhath führte die Tuatha de Danann oder Damni nach dem Norden (Keating), wo Plinius in Scandia (neben Nerigos und Bergi) Dumna kennt. Snorro Sturleson erzählt in der Heimskringla die Geschichte der Häuptlinge, die im Norden geherrscht und dänisch geredet. Dem Auszug der Tuatha de Danann aus Böotien oder Attica gingen Kämpfe mit den Syriern vorher, mit Solyma und Selli, als die Hellenen Böotien, Doris, Phocis und Locris besetzten, die Auswanderung der Danann nach Lochland*) (Lokaland) veranlassend. Von Cynus stammte der Locrer Ajax und der salaminische von Aeacos. Die Oceanide Asia (b. Hesiod) hatte als Mutter des Prometheus (b. Apollodor) dem Welttheil Asien den Namen gegeben. Das eigene Land sollen sie El Asi, die Mitte, genannt haben, sagt Karl Ritter von den Phöniziern, denen die älteste Benennung der Erdtheile zugeschrieben wird (Daniel). Die φυλή Ἀσίας in Sardis (b. Herodot) war genannt nach dem König Asias (Sohn des Cotys und Enkel des Manes), dessen Heroon**) (neben anderen Kapellen) sich (nach Strabo) am Cayster fand. Cotys herrschte in Phrygien. Hengistus et Horsus (Angastus und Arsus) werden bei Beda durch Vetgiclus und Vecta von Voden hergeleitet. Nennius fügt Guectha in die Reihe ein (Guictgils, Guitta, Guectha, Vuoden) und geht dann in Woden's Stammbaum durch Frealaf, Fredulf, Finn, Folcwald zurück bis auf Geta, qui fuit, ut ajunt, filius dei, non est ipse deus deorum, Amen, deus exercituum, sed unus est ab idolis eorum, quae ipsi colebant. Ethelwerd setzt die Ahnen-

---

*) The Belgaeare by the figure prosopopoeia made by the bards the sons of Deala (kindred), who was the Son of Loch (the sea), he of Teachta (possession) who was the son of Tribhuad (plowing), the great grandson of Oir-teachta (east possession). This was the son of Simeon, who was the great grandson of Stairn (history) and he of Neimheadh or poetry (s. Wood). In ähnlichen Allegorien hört Gangler die Namen Odin's aufgezählt. Orosius spricht von den Luceni (Luc-scena oder Luchd na sionna) am Fluss Shannon der (bei Aethicos) Sacana heisst, und Scena bei Orosius.

**) Αἴσων, ὁ ἥρως, παρὰ τὴν αἶσαν δοκεῖ ἀπὸ πλεονασμοῦ γεγονέναι (Etym. mg.). Αἶσα καὶ ἡ Ἤπειος τὸ παλαιὸν οὕτως ἐκαλεῖτο, καὶ οἱ κατοικοῦντες Αἴσιοι.

reihe noch fort (in scythischer Einwanderung) bis Scef, während Tacitus bei Mannus, dem Sohn Tuiscon's, für die Eingeborenen stehen bleibt. Kudai (in Verbindung mit dem thracischen Cotys) findet sich im Altai (wie Choda in Persien) als Gott*). Jornandes macht Gaut zum Stammherrn der Gothen, die sich selbst Gut*h*iuda nannten oder das Volk der Gutans. Auf der Insel Go*th*land herrscht das Gutalagh, während die Gautar (Gotnar im altnordischen) das Festland bewohnen.

Wie Alp Arslan (der muthige Löwe) führen mehrere Sultane der Seldjukken den Titel Malek Arslan und Arsh ist der Glanzesthron des Islam (in der Beziehung zur Sonne). Arshac oder Arshec, den Arsaciden (Arminiah's), fassen die persischen Historiker als Ashek**), Stifter der Ashkanier oder Muluk Thavaif. Die gewöhnlich in Beziehung zur Sonnendynastie stehenden Singa-Könige Indien's (sinha oder Löwe***), als importirte Modification im Anschluss an einheimische Titel) liessen sich bei Ausdehnung der alanischen Wanderungen bis zum Ganges mit den fürstlichen Hasdingern (Arsingern oder Assingern) der aus Alanen und Wenden zusammenconstruirten Vandalen verbinden. Als ehrendes Epithet hängt Singa mit der Wurzel von singuli ($\ἅπαξ$, sakrt u. s. w,) zusammen (sonst sahas oder Stärke im Sanscrit). Sinhika oder Sinha ist Mutter des der Sonne gefährlichen Rahu†), des in Indien bösen Dämo-

---

*) Gott (deus), goth (goth.), god (angls.), got (Franc.), cot (Alam.), god (isl.), choda (Pers.), cot (Gloss. Ker., cotes, dei), Apkutiohus (Gloss. Pez.) fanum (s. Wachter). Αἴσιον: μέτριον, δίκαιον, ἀγαθόν (Etym. mg.) Ἡ Κοτύττω ἥτις καὶ Κότυς, καί οἱ κονίσαλοι θεοί ἦσαν τῶν αἰσχρῶν ἔφοροι (Steph.) Θιασώτης τῆς Κότυος (Strabo), Σεμνὰ Κότυς. Wie in Thracien waren der Kotys in Sicilien Kotytia sacra errichtet und dem Dämon zu Corinth; Κόδρους, τοὺς ἀρχαίους (Photius). Cotiaium war die Hauptstadt von Kermian oder Germijan (Kjutahia). Das Neutrum go*d* dient im Plur. für Götzen und Ulfilas spricht von Galiugagu*t*, sowie afguda, im Gegensatz zum gu*t*s (gotr. isl.). Davon leiten sich die gy*d*jar oder Priester (Gottmänner). Die Gödar sind die Guten, Go*t*, go*t*a die Mächtigen (regin) und uppregin die Obermächtigen. Die Turkomanen, die ihre Sänger Bahrchi nennen, feiern (nach de Bloqueville) das Cauda-Yoli oder der Weg (Yoli) Gottes (Cauda) genannte Jahresfest. Auf Wegen der Luft (wo in Nicaragua das Yule schwebt) streift das Yulefolk der Lappen besonders um die Zeit des scandinavischen Juelfestes.

**) Ashk (Arsaces) obtained the aid of his countrymen, by pretending, that he was possessed of the Dirafshee Gawani, which had been saved by his uncle, when Darius had been defeated and slain (Shea).

***) Nicht nur der Bär (ἄρκτος), sondern später besonders der Wolf gab im Norden manchem berühmten Geschlecht seinen Ursprung, wie noch unter den Koloschen und einst in Arcadien.

†) Aus der vom Himmel herabgestürzten Feuerkugel entnahm Perseus

nen, während in Griechenland Herakles den Löwen der Nomaden erwürgt. Weil von Anto, dem Sohne des im Löwenfell gekleideten Herkules abstammend, wählte Antonius (nach Plutarch) den Löwen zum Wappen. Proclus nennt den Löwen ein solarisches Thier und nach Aelian wurden im Tempel zu Heliopolis Löwen gehalten, um Meineidige sogleich zu strafen (wie es unter den Khamen boran die Tiger besorgen). Nach Macrobius hatten die Egypter der Sonne den Löwen geweiht und ihn wegen seiner feurigen Stärke dahin gesetzt, wo die Sonne im Jahreslauf am heissesten glühe. Die Iamischen Esaeen walten als Schutzgeister über Land und Volk. Isa ist Ibn Miriam als Jesus. „The Asian are the people of the sun or the people from the East" bemerkt W. Smith, um den Gegensatz des von Pott phönizisch erklärten Namens Asien (noch jetzt als Levante oder Orient gefasst) zu Europa, als westliches Maghreb, herzustellen (der im Dunkel wohnenden Skoten). Der Japhetite Askenas gilt als Stammvater der Deutschen (s. Knobel). Das Dabistan schliesst die vier Dynastien vor Kayomort mit den Yassans. „Von dem Asengeschlecht, das sich vielfach in die älteste Geschichte der Völker des hohen Mittelasiens und des alten Europa's verzweigt, erhält die alte Heimath bei allen westlichen Völkern, die von dort ausziehen mussten, den Namen: Land der Asen, Asia terra, asisches Land, 'Ασία γῆ, heiliger Boden" (Ritter).

Nach Alexander Polyhistor (80—60 a. d.) lebten Samanäer oder buddhistische Mönche in Bactrien und ebenso fand Hiuenthsang dort im VII. Jahrhundert buddhistische Klöster (als Sitz der Pali-Literatur). Schon unter Asoka sollte der Missionär Madhyantika nach Kabul gekommen sein. Von Bactrien aus verbreitete sich der Buddhismus nach Parthien und Hyrkanien und seit Einwanderung der Indoskythen und Turanier blühte der Buddhismus in den Provinzen Eran's auf. Indische Werke, besonders Mährchensammlungen, wurden in's Persische übersetzt. Als palästinischer Ausläufer zeigen sich (seit Gründung von Bethsan oder Scythopolis) die Essener. Ilk (titre turc) signifie le premier (princeps). Der Is-khan oder Ir-khan (Irle-khan) herrscht in Ganga (später als Dämon). Die, allein unter den Hunnen weissen Ephtaliten waren nicht Nomaden, wie die den Römern bekannten, sondern ansässig, in der Stadt Gorgho (Gorghan in Hyrkanien) an der persischen Grenze woh-

---

das heilige Feuer, das er den in die gorgonischen Geheimnisse eingeweihten Magiern übergab, als er (nach Gründung der Stadt Iconium) die Medier besiegt, und ihre Namen in Perser verändert hatte. Das überall als geheimnissvolles Symbol in den Tempeln wiederkehrende Medusenhaupt heisst der Kopf des Rahu in Indien.

nend (Procop). Auch im griechischen arim (ur im Germanischen) liegt das Erhabene der Wurzel Aram. Die Ossi geben den Namen Assi den Stämmen im Kouban. Die Keilinschriften des Darius setzen Asagarta zwischen Parutia und Partçava. Bei den Georgiern werden die Alanen als Assi bezeichnet. Nach Vakthang nannte Oubos, der Sohn des durch die Meerespforte (Zghwis-Kari) eingefallenen Khazaren-Königs sein Volk Ousi (Ossethen). Im Siamesischen ist Asat oder Asa-Burut ein Ungläubiger, *aša* ein Pferd, Asoka (trauerlos) meint Baum und König. Die Alanen nördlich vom Yaxartes beissen Yanthsai (Gansi) bei den Chinesen (s. Vivien de St. Martin). Ptolemäos kennt am unteren Tanais die 'Οσιλοι und in den sarmatischen Steppen die Ἀσαῖοι.

Die Geschichte der Hyksos wird sich im Fortgange von Mariette's Ausgrabungen wahrscheinlich bald deutlicher herausstellen, zumal sich die Berichte des Manetho, Apion, Josephus, wenn nicht durch Conjecturalinterpretationen verwirrt, ganz gut ergänzen, trotz ihrer theilweis polemischen Natur und gerade wegen derselben manche Puncte desto besser aufhellend. Die Beziehungen zwischen den Juden und Hyksos (oder doch Abtheilungen derselben) erhielten sich sowohl bei der (wenn auch nicht gleichzeitigen) Einwanderung, wo sie spätere Noth als verwandte Stämme einigte, als auch nach dem Fortzuge, wenn sie von verschiedenen Richtungen auf einem von Beiden begehrten Gebiete als Streitende wieder zusammentreffen, und gegen einander sowohl, wie gegen die Eingeborenen und andere Rivalen, die Besitz zu ergreifen suchten, kämpften. Ueber diese und mancherlei verwandte Verhältnisse vermögen die armenischen Chroniken (so sparsam und wenig von der Kritik geläutert sie leider bis jetzt auch noch sind) das deutlichste Licht zu verbreiten, da sie von ihrer centralen Position aus am richtigsten die gegenseitigen Beziehungen semitischer und turanischer Verhältnisse zu überschauen vermochten und zugleich von ihrem Vorposten aus weiter nach Osten zurückblickten, als die Classiker. Auch die Bibel führte die Vorfahren der Hebräer*) von den armenischen Ländern herab, und vorzüglich beachtenswerth sind also diejenigen Punkte, worin die armenischen Quellen, als die älteren der einheimischen Tradition, von den heiligen Genealogien abweichen, die sie später aus dem semitischen Judenthum zurückbehielten.

Die assyrische Geschichte, die Mar Apas Catina in Niniveh durchforscht hatte, begann (nicht ohne Anschluss an die Darstellungen bei Berosus) mit Zervan, Titan und Japetos, als den drei Urvätern des Menschengeschlechts.

---

*) Nach Heber, der die Flüsse passirt hatte, schieden sich die Israeliten von den Nachkommen des in Arabien (auf untergegangene Stämme) festgesetzten Joctan (Bruder des Peleg) ab (später, bei der Scheidung zwischen Israel und Ismael, einen neuen Zweig dahin sendend), aber in Arphacsad, Sohn des Sem, waren sie noch (nach Josephus) in einem gemeinsamen Stammvater mit den Chaldaeern verknüpft. Arphacsad est le medecin spirituel, le restaurateur (Rapha) des Sages (Casd), qui connaissent et devinent les choses sacrées, l'Orphée des Casdim ou Chaldéens (Rougemont).

Japetos repräsentirt darin den Ahn des armenisch-phrygischen Stammes, damals mit Einschluss des Hebräischen, weshalb die Localsage des letztern seine wichtige Figur (nach einer bekannten Liebhaberei der Mythenschöpfung) in dem spätern Japhet, dem Sohne Noah's wiederholt. Die in kreuzender Doppelrichtung eingeleiteten Beziehungen Phrygien's mit Thracien, lassen Japetos auch in der hellenischen Sage erscheinen und verbildlichen sich dort durch seine Auffassung als einen der bestraften Titanen, denn eine solche Verkehrung in den directen Gegensatz tritt bei den auf (ob geographisch oder ethnologisch) fremden Boden verpflanzten Dichtungen beständig hervor. In der ursprünglichen Ueberlieferung der Armenier stehen sich Japetos und Titan im ausgeprägten Dualismus als feindlich gegenüber, und die aus Babylon unter Haig*) fortgewanderten Nachkommmen des Japetos kämpfen mit dem Titanengeschlecht des Belus**), das in Babylon herrscht und die Flüchtigen verfolgt. Die dritte Figur, die des Zervan***) hält sich in der Indifferenz eines zwar aus ruhmvoller Kunde gekannten, aber fernen und deshalb gleichgültigeren Volkes, das mit der späteren Auffassung der Serer†) zusammenfallen mag, aber (nach seiner Aneignung durch die medisch-persische Sage) nach Bactrien geführt wurde und so geschichtlicher Helle näher rückte. Bei den weit im Süden isolirten Hebräern verblich natürlich dieses schwankende Nebelbild des entlegenen Osten's ganz und gar, ihre Ueberlieferung kennt keinen Zervan, und sie findet es selbst nöthig, nachdem der Durchbruch des Semitismus zum Bewusstsein gekommen ist, den eigenen Ahnherrn in Sem von Japhet zu unterscheiden, obwohl sie fortfährt freundliche Beziehungen mit den früheren Verwandten zu unterhalten. Die Abtrennung von denselben fand entweder vor den Kriegen der Zurückgebliebenen mit den Titaniden statt, oder sonst wurden diese einstigen Feinde vor den jetzt näheren††) und gefährlicheren vergessen, die sich in Chemi†††) oder Egypten

---

*) In der Nähe des Ararat werden die Gatmeagan erwähnt, die den nach Haigaschen in Hark (wo die Väter der Thorgamiden wohnten) gezogenen Haig gegen den Titaniden Belus unterstützten und dieser wurde (nach Agathanges) von Haig (den Mos. Chor. einen Sohn des Thorgom nennt) mit seinem Pfeil erschossen.

**) Ktesias kennt den babylonischen König Belenys.

***) In einer den persischen Bruderkrieg wiederholenden Sage spricht Moses Chor. von einem Bündniss zwischen Japhet und Titan gegen Zervan, und nach dem Siege habe dann Titan die Herrschaft an sich gerissen. In den medischen Worten zeigt sich das Vorwalten des L-Lautes. Bei Syncellus leitet Zoroaster die medische Dynastie ein.

†) Der schon von den Usiun im Westen getroffene Stamm, der äusserste, den die Chinesen genauer kannten, waren die Sze (Sae oder Ser), und ihr Name diente als Serer zur Bezeichnung der Ersten im Osten gekannten. Zervan ist wörtlich Fürst (Van) der Ser oder Zer.

††) Wie sonst die Beduinen, stammen bei Catina die Parther des Arsaces von Abraham durch Keturah.

†††) Und die Griechen wieder setzten die nicht aus χαμαί (χθών) oder humi (durch zend. zao, zem oder Erde, dann in Zar oder Zer übergehend), sondern von χιών abgeleiteten Kimmerier in den Norden. In geschichtlicher Zeit verloren sich die Kimmerier ganz in Schnee und Eis. Die Orientalen

fanden und deshalb mit dem Fluche des Cham beladen wurden. Dieser einmal adoptirte Name zeigte sich dann auch für neue Feinde passend, als die nach Palästina hin rückgängige Bewegung wieder Beziehungen einleitete, mit Babylon und Niniveh*), wo damals die von den armenischen Chroniken nur in eine indirecte Beziehung zu der vorangegangenen des Belus gestellte Dynastie des Ninus**) herrschte (die unter den Intriguen des Statthalters Zoroaster zu Grunde ging).

Abgesehen nun von der Verschiedenheit, dass die semitischen Genealogien mit Sem***), Cham und Japhet beginnen, die armenischen mit Zervan, Titan und Japet oder Japhet, findet sich die wichtigste Differenz in der nachherigen Einschiebung des Thyras zwischen Gomer †) (dem gemeinsamen Stammvater der Kimmerier und Türken) und seinem Sohne Thorgom, der Repräsentation der Türken, da die Kimmerier, die ihre Fürsten am Flusse Thyras getödtet hatten und vielleicht eine Zeitlang in den Sitzen der Thyrageten verweilten, bald darauf nach Westen entschwinden, und erst nach Erweiterung geographischer Kenntniss mit ihren heiligen Namen Thyr, Tur, Tor, Thyrrhenus (von O. Müller aus der lydischen Stadt Tyrrha abgeleitet), Taranis u. s. w. wieder gefunden werden. Als die Armenier durch die nach ihren Grenzgebieten deportirten Juden wieder mit der semitischen Version ihrer eigenen Sage bekannt wurden, und besonders als sie nach Annahme des Christenthums zur Heilighaltung derselben verpflichtet waren, suchten sie nach einer

---

haben sich durch eine Dicke reihenweis gelagerter Schichtungen mit paläontologischen Resten untergegangener Völker durchzuarbeiten, bis sie in die Geschichte der jetzigen Epoche an's Tageslicht gelangen. Déjà nous savons assez de cet homme quaternaire pour affirmer, que par son physique il était mongoloïde, meint Pruner-Bey.

*) Während Belus oft mit Nimrod zusammenfällt, und auch Ninus bei Ariston ein Sohn des Cham heisst, wird Assur, als Gründer Ninivehs, mit Sem zusammengestellt und seiner Genealogie angeschlossen.

**) Die von den Armeniern mitgetheilten Genealogien der Chaldaeer begannen mit Ninus. Die Armenier setzten die Chaldaeer in das Land der Chalyben, wo sich bei Trebisond das Χαλδαία des Porphyr. findet. Dem Auftreten des Ninus in Niniveh gehen die Kriege des Aram mit dem Medier Mates voraus, der das Reich der Kouschan zu erneuern beabsichtigte. Berosus spricht nach den Chaldaeern von den Tyrannen der Maren. Bei feindlichem Zwiespalt zwischen Kuschiten und Titaniden wären die in Cusae (γύσαι) der ägyptischen Thebaide besonders hervorgehobene Verehrung der (Aphrodite) Ourania zu beachten. In Kutatisium (Cytae) war Medea geboren. Cusa ist ein Fluss in Mauritania Tingitana. Die Cusibi wohnten in Hispania Tarraconensis. Num verehren die Samojeden.

***) Alle zur Zeit der Abfassung befreundeten Stämme wurden unter Sem, als den begünstigten Namen gestellt, und Arphachsad zum Grossvater des Eber gemacht (Vater des Peleg und Jaketan).

†) Von Japhet's Söhnen (unter denen Camari als siebenter gezählt wird) war Tasiuk der Ururgrossvater des Mogul (nach Abulghasi). Wie Iran an Shem gab Noah das Land Kuttup Shamach (zwischen Caspi und Indien) an Japhet. Nach Rabbi Yehuda-Hindoa baute Abraham den Söhnen der Ketura eine eiserne Stadt, wohinein die Sonne nicht kam, so dass sie sich mit Edelsteinen und Perlen erleuchteten.

Vermittlung und lösten die Hauptschwierigkeit dadurch, dass sie (nach Merod, Sirat neben Taglat) einen zweiten Japhet schufen, um so mit dem biblischen Vater des Kamir oder Gomer (Bruder des Magog, Madai, Javan, Thubal, Thiras) überein zu stimmen. Es fanden sich indess noch andere Abweichungen, die nicht so leicht ins Gleis gesetzt werden konnten. Es hatten sich praehistorische Traditionen bewahrt von einer mächtigen Herrschaft der Couschan*), deren Reich für die Armenier in ebenso unbestimmten Umrissen schwankte, wie das des Cepheus für die Griechen und das, wenn der Name der Kuthäer**) auf Kathai führt, sich mit Zervan an die Serer anschliessen und den chaldäischen Thineus***) als Eponymus der Thinae und egyptischer Thiniten erklären würde. In Couchan liegt der aus den Namensbezeichnungen der Nomadenvölker vertraute Klang, und das Wort dient auch dazu, um bei Vartan das ganze Land zu bezeichnen, das sich von Persien bis nach Djen (China) erstreckte, während Mos. Chor mit Couschan die Länder Parthiens oder Bactriana's begreift. Die Rüstungen des Valarsaces gegen die Macedonier aufzählend, nennt Catina die Couschar neben den Sissag (Sikken oder Saken). Erst den Geboten orthodoxer Autorität nachgebend, folgt Michel der biblischen Erklärung der Cuschiten als Ethiopier, (mit denen sie auch die egyptischen Hieroglyphen identificiren), denn die versprengten Hebräer hatten die aus ihrem Gesichtskreise entrückten Cuschiten in nächster Nachbarschaft der neuen Heimath gesucht und sie in den Nomaden Arabien's gefunden oder (nach der Version der Septuaginta) in Aethiopien†), wie gewöhnlich übersetzt. Ausser diesem Dilemma machte den armenischen Chronisten ein anderes manche Sorge. Ihre Annalen erzählten bei dem Zuge des Armenag, Sohn des Haig, nach dem Ararat, dass er unterwegs in Hark seinen Bruder Manavaz und dessen Sohn Paz zurückgelassen hätte, als die Patriarchen der Manavazier, Peznouni und Vortuni oder Kenuni. Genaueres konnten sie über diese Stämme nicht ausmachen, sie waren abgezogen und lagen nun ausserhalb ihres Gesichtskreises (wie die des Zervan jenseits des semitischen),

---

*) Nach Renan gründeten die Cuschiten Niniveh und Babylon und K. Müller identificirt sie mit den Cephenern, die das chaldäische Reich gestiftet. Knobel sieht in den Kuschiten oder Kuthaern die Kissier (bei Herodot), neben den Elymaei an der Küste und in den Bergen der Cossaei. Strabo leitet den Namen der Kissii von Susa (in Khuzistan) von Kissia, Mutter des Memnon her. Die Cossaei oder (bei Plinius) Cusii als die Bakthiari-Stämme, unterstützten die Elymaei gegen Babylon und Susa (nach Strabo).
**) Die von Sancherib nach Samaria geschickten Kuthaeer stammten (nach Josephus) aus Medien und Persien. Nach dem Siege über Zervan setzte sich Titan (Didan) in Babylon fest (s. Ardzrouni). Haig zog nach dem Ararat, wo Zervan mit seinen Brüdern gelebt.
***) O. Müller stellt Tina (der Jupiter der verhüllten Götter bei den Etruskern) mit Διός, Ζεύς, deus zusammen, weisst aber die Aehnlichkeit mit Othin (dessen Asen die dii consentes, nach Andern, entsprechen) als zufällig zurück.
†) Kush (kisch) is the ancient, and Ethaush (Tosh or frontier) the Coptic name of Ethiopia, bemerkt Wilkinson, und der Name Kush für Aethiopien soll schon auf den Monumenten am Anfang der XII. Dynastie vorkommen, (ungefähr gleichzeitig mit den Streitwagen der Wandervölker).

und die Historiker mussten sich desshalb mit der Versicherung des heiligen Dertad (Tiridates) beruhigen, dass diese heidnischen Völker untergegangen seien (wie so viele in arabischer Vorgeschichte). Aber, siehe da, die Sache hatte einen Haken. Nicht nur fand sich in Armenien ein hochangesehenes Geschlecht, das den Namen Kenouni führte und von den Arsaciden zu den wichtigsten Aemtern befördert war, sondern die Geschichtsbücher brachten auch die Notiz, dass ihr Ahn, der edle Cananitas als Flüchtling in Armenien angelangt sei, und zwar zu derjenigen Zeit, als der Räuber Josua die Cananäer nach Akras*) getrieben habe. Waren also diese Völker aus dem Hochlande Armeniens hinabgezogen, die Manavazier nach Edessa, die Peznouni nach Basan (im Bellad Arabi**), die Kenouni nach Canaan, so waren Trümmer der letztern, nach unglücklichen Kämpfen mit den aus Egypten zurückkehrenden Hebräern, in ihre armenische Heimath zurückgeflohen***), während die grössere Masse des Volkes einen andern Weg hatte einschlagen müssen. Der Auszug der Juden aus dem Norden (wo die Reste des zurückweichenden Semitismus noch später in den Solymern kenntlich blieben), war vielleicht durch die Einwanderung des Haig veranlasst, und würden sie dann mit um so grösserer Erbitterung die denselben Gegnern entsprossenen Stämme angegriffen haben, die sie bei Rückkehr aus Gosen in den Besitz ihrer temporär verlassenen Ländereien in Palästina antrafen.

Wie die Gupta- oder Gutta-Dynastien in Indien meistens auf fremde Eroberer deuten, so könnte auch der bei den Joniern (nach Herodot) auf das Delta beschränkte Name des Nils (bei Homer) und des Landes Aegypten das auf den Monumenten Chemi, bei Aristoteles Theben†), (sonst Aetia heisst), auf die nomadisirenden††) Hyksos zurückzuführen bleiben, die mit

*) Als Afrika erklärt durch Langlois, wegen der Identität der von Catina citirten Inschrift mit der des Procopius in Nord-Afrika.
**) Wenn sie von dort weiter ziehend, sich als Joktaniden in Arabien vorschoben, so würde in Moses Frau der Name Cuschite seine allgemeine Bedeutung bewahrt haben, sowie bei Jesaias (wo er neben Parther, Elymaeer, Hamath u. s. w. steht) und ebenso bei Habakuk. Durch seinen Sohn Nimrod wird Chus auch nach der alten Stätte Bel's zurückgeführt.
***) Abrahams Sklavin Marsiog aus dem Hause Isaac flüchtete von Damascus nach dem Berge Arakadz in Kegh am Arai (Araxes), als Azad (frei). Die Nachkommen ihres Sohnes Parokh (Eleazar) als Parngan mischten sich mit der Rasse Armaniack.
†) Hieroglyphisch durch 3 Throne oder als Scepter erklärt.
††) Auch bei dem alten Hausirervolk der Zigeuner hat sich der traditionelle Anschluss an Egypten, der dann eine christliche Ausmalung erhielt, bewahrt. Nach dem Mircat heissen die von der Stadt Coptos oder Kift genannten Kibthi (Ahel Mesr oder Egypter) bei den Türken (als Abkömmlinge der Pharaonen) Tubengheneh, und Herbelot findet darin die Zigeuner (aus der Nomos Coptica). Das Haus Naiman bewahrte die westlichen Traditionen des kidanischen Reichs. Der Gesetzesgebrauch in νόμος führt durch das Wort νεμ auf νίμω (weiden) und die Nomaden. Die Kopten schliessen sich an die Cophenen. Gapt (Gaut oder Geat) ist der Ahn der Asen, die von den Gautagothen zu den Geten zurückkehren. Von Ayuthia heissen die Siamesen die Yudia-Shan und der Kaiser von China wird Oudih-Boah (Herr von Judih) in Birma genannt.

den Türken Thorgama's verwandten Haik, die von Haig geleiteten Eroberer Armenien's, deren Namen sich noch spät in den Hakas (Sacas, da die Verwandlung eines σ in Spiritus asper als „regelmässige Erscheinung" auftritt) erhalten und schon früh in *Αἶας ὄρος* zwischen Ober-Aegypten und Rothem Meere, als Grenze ihrer Besitzungen, fixirt hat. Bei den Georgiern (s. Vakthang) theilt Thormagos, Sohn des Tharchis (Enkel des Japhet) sein Reich mit dem ältesten Sohne Hhaos und sendet die anderen Sieben zu Ansiedlungen aus. Nach Manetho führte Sethos den Titel Aigyptos und Poole erklärt Aegypten (wie Ai Caphthor) aus *Aĭa**) (Land) und *Γόπιος* (bei Apollonius findet sich *Αἶα-Κόλχις*) und Cappadocien war Kuptadesa, als von den Nomaden überlaufen. Aigyptos von Ha-ka (ki-ptah ou endroit du culte de Ptah) porte le nom de Kemi ou le (pays) Noire (Brugsch). Die Kipschak waren den Haka-Mongolen verwandt. Die XIII. Dynastie handelte mit den nomadisirenden Haq des Landes Deser. Das Scythische der Akka**), die den Stamm der Chaldaeer einschlossen, ist (nach Rawlinson) mit dem Afrikanischen sowohl, wie mit dem Turanischen verwandt, und würde die Idee eines ursprünglichen Volkes wiederholen, wie sie in der Beziehung der Aditen zu Adi liegt. Wie bei Sacae, Assyriern, Asioi u. s. w. wurde der Name der Meder zum Titel***). - Nach Palas und Napas, Söhne des (mit einer aus der Erde geborenen Schlangenjungfrau gezeugten) Scythes, theilten sich die Scythen (mit Sacas, Massageten und Ari-aspier) in Palier und Napier, bis zum Nil in Aegypten erobernd und die Unterjochten aus Assyrien und Medien, als Sauromaten verpflanzend (Diod.). In den Pali vermitteln sich Parther und Scythen. Die irischen Traditionen stellen die Vertreibung der (nach Kreta und dann über Scythia und Gothia nach Spanien, Tubal's Rasse vernichtend, so wie als Milesier nach Irland ziehenden) Rasse der Gaodhelier aus Aegypten durch Pharaoh Inturf†) (Nachfolger des Cingris oder Zengh) in derselben Verbindung zu den Juden, wie die Hyksos gestanden haben sollen (s. Wood).

---

*) Vom Flussgott Phasos verfolgt, wurde die Nymphe Aia in eine Insel verwandelt, die dann die Erde bildete (aus dem Wasser geboren, gleich Kamphuxa). Wie Apia wurde Ops verehrt.
**) Parties of the Chaldaean Akkad were transplanted VIII und VII cent, from the plains of Babylon to the Armenian mountains (II. Rawlinson).
***) *Μίδων* (regnator, imperator) von *μέδο* (impero). *Μηδέων: βασιλεύς, ἢ φροντίζων* (Hesychius). *Μηδίοντες: βασιλεῖς.* Nachdem Medea aus Athen zu ihnen gekommen, lässt Herodot die *Μῆδοι* ihren Namen aus *Ἄριοι* verändern. Als Madai ist Medien das biblische Mittelreich (Madhyadêça in Indien). Der Mederkönig Sornus wurde (nach Jornandes) von den Gothen (unter Tanausis oder Jandausis) besiegt, nachdem sie von Vesosis (Sesostris) zum Rückzuge aus Aegypten gezwungen. Diodor erklärte die Colchi für Reste aus dem Heer des Sesostris. Colchis hiess früher Aia, als Residenz des Königs Aietes. *Αἰαίη, ἡ Μηδία, ὡς τὸ 'Αἰαίην δολόεσσαν.*
†) Das mythische Stammland am östlichen See, aus dem die Ashantie nach der Westküste zogen, heisst Inta. Ynti war den Peruanern die Sonne (wie Indra), Inte-Nattenties der Polarstern in Nordamerika.

Die Ebene von Damascus heisst als einer der vier Himmelsorte des irdischen Paradieses Gautah Demeschk, in Mekkha herrschten die Cotadah und Cotai galt für den Verfasser des Ackerbaus der Nabathaeer.

Auf den Hieroglyphen zeigt das Symbol des gebogenen Beines in Ouar ein Ueberschreiten und die Erklärung stellt so die Abariten mit Iberen, Ebraeern, Sapiren, Tupiren u. s. w. zusammen, aber auf den iranischen Ursprung der Hyksos hat man geschlossen, weil im Namen eine indoeuropäische Wurzel läge. Ebenso gut liesse sich beweisen, dass die Tannen zu den Rosen gehören, weil beide stechen. Wenn eine Pflanze anerkannt unter die Gattung Rosa gehört, so mögen die hakigen Stacheln der Rosa cinnamomea, die zusammengedrückten der Rosa moschata, die rothen der Rosa semperflorens gleichfalls mit zur Bestimmung verwandt werden, aber ausserhalb dieser Klasse hat das Vorhandensein der Stacheln nur den Werth eines zufälligen Appendix, wie Lautähnlichkeit in den Worten verschiedener Sprachklassen. Warum liegt sonst nicht auch in den Nubiern die Wurzel von nubere? Was die Nubier gewesen und ob sie vielleicht zu den arischen Wanderstämmen gehörten, bleibe vorläufig dahin gestellt, wenn indess Abaris philologisch betrachtet werden soll, so würde es ungezwungener auf eine andere Ideenverbindung führen, als die Beziehung zum Wasser einschliesst. Da die Hyksos in der egyptischen Geschichte deutlich als feindliche Fremde betrachtet wurden, so wird Avaris zunächst das sein, was es durch seinen Namen giebt, die Stadt der Barbaren, in derjenigen an das indische Vorvata anschliessenden Form, die auch später mit den Avaren aus dem Osten zurückgebracht wurde. Die heimischen Barbaren waren den Aegyptern (wie den Arabern die Agem) die Berber, und so mochte eine Lautmodification um so erwünschter sein, wie wir sie im Deutschen zwischen Indiern und Indianern herstellen, was Franzosen und Engländer zu ihrem eigenen Nachtheil übersehen haben. Die Anderssprachigen der Deutschen sind die Wälschen, von denen wieder die Wallonen eine besondere Art markiren. Die Franzosen werden absichtlich von den nachbarlichen Franken unterschieden, neben den Galliern fanden sich früher die Galater; die Mongolen heissen in Indien Mogulen und werden mit gutem Recht unter dieser veränderten Bedeutung festgehalten. Im Namen Tanais hat sich eine Erinnerung aus dem Nomadenleben erhalten (jetzt Tzan im Arabischen). Die (nach Bakoui), wie die Alanen (des Ammian), blonden*) Waffenschmiede der Zirhgueran am El-

---

*) Shaw glaubt in den blondhaarigen Bewohnern der Aures-Berge (Algerien) Nachkommen der Vandalen zu sehen und Jackson in dem Berberstamm der Showiah. Nach den Tartaren Sibirien's räumten die Aqquasak (Weissen oder Helläugigen) das Land der Kirgisen vor deren Ankunft, und die Syrjänen erzählen (nach Koskinen), dass die Tschuden in ihre geräumigen Grabhügel zogen, wo sie jetzt in allem Frieden leben. Die Bewohner an der Quelle des Ganges und der Jumna (im Rajathum Garwahal) haben blaue Augen und oft krause Bärte von heller oder rother Farbe (Fraser). Les Thamou sont cités sur les monuments égyptiens (XVII. et XVIII. Dynasties) où ils sont répresentés par le type tout caucasique d'un homme blanc (Aucapitaine). Der Sonnenverehrer Amenophis zeigt eckigen Typus. Von der Vertreibung der

burz, die von Rubruquiis Alanen genannt werden, heissen (bei Reineggs) Couvetschi oder Serkuwan und waren an den Gebrauch von Tischen und Stühlen, so wie an Messer und Gabeln gewöhnt, da sie sich aus Europa herleiteten. Aber das nördliche Europa ist darin nur der Reflex des chinesischen Ostens, am anderen Ende der nomadischen Steppenbahn, auf der die noch jetzt von den Mongolen benutzten Karren umherfahren, eine Kopie der auf den Strassen Peking's gebrauchten Droschken. Die yucatanesischen Indianer wollen den gesitteten Gebrauch der Essinstrumente von ihrem Prophetenkönig Wotan erhalten haben. Nimmt man in Eravisci oder Arabisci die noch jetzt in Dorfnamen erhaltene Endung als slavisches vicus, so zeigt sich das von Tacitus zwischen ihnen und den Osi hergestellte Verhältniss, in ähnlicher Beziehung, wie sie Iron und Ossi verbindet. „Die Osseten sind die Jasen, Asen, Asan der slavischen Chronisten, die Alanen des Mittelalters" (Ritter). Ptolemäus setzt die Jasi in Ober-Pannonien. Gaut (ahd.), Koz vergleicht sich (nach Grimm) mit (altn.) gautr (vir sagax, inventor) von gutam (gignere, fundere). Goth.: guitan (fundere), ags.: geotan, alth.: kiozan (fundere), altn.: giota (parere), alth.: kiozo (fusio fluminis), altn.: giota (ovarium piscium), mhd.: goz (susura), goth.: usgutnan (effundi), ags.: gyte (inundatio), mhd.: guz (fusio, imber). In der Grundbedeutung des Ursprunges, der Vagina, des Stammes stimmt das Galla-Wort Zimba oder Stamm überein, während die auch unter dem Namen der Jagga im Mittelalter auftretenden Wandervölker den Namen Zimbes führten, und ihre Könige den Titel Zimbo (Löwe im Suaheli). Durch eine andere Wandlung des Umlautes wurde der Name für das Land gebildet, und ähnliche Bezeichnungen konnten zwischen Gaut, Gothen, Godar u. s. w. bestehen, wenn dieselben auch, als unzusammenhängende Reste aus verschiedenen Epochen der Sprachbildung zufällig neben einander fixirt, sich jetzt nicht unter ein gemeinsames Gesetz der Lautverschiebung fixiren liessen. Gudräs: impetus und gudrinc: heros von gunt (pugna). Der Ablaut bildete aus dem Vater die Vettern, als zunächst die gesammte Verwandtschaft in den Nachkommen bezeichnend. Vetter cognatus et omnis sanguine vel affinitate junctus et per synecdochen generis patrius et avunculus, patruelis et matruelis, nepos

---

von Arabien nach dem Hochlande Abyssinien's gezogenen Völkerschaften der Thamuditen (und Aditen) aus Aegypten (als Hyksos, wenn nicht als Aethiopier) wird der Stamm der Thamou-Berber hergeleitet. De leur fusion autrefois avec la race Cocama, les Omaguas (sur l'Ambiacu) ou (en Brésil) Umauas ont laissé certain produit facile à reconnaitre à la grosseur de la tête et à l'arrondissement singulier de la face, d'où les angles et les méplats semblent bannis, à des traits mous et chiffonnés et a une expression bonnasse et souriante, qui fait le fonds de leur physiognomie (Marcoy). According to the doctors Mackinnon and Spilsbury, Europeans born in tropical climates, and not reared in cold countries, die out in the third generation, or if not, become idiotic or at best, so physically and intellectually weak and degenerate, as to be devoid of every trace of that energy, enterprise and vigour, which are the distinguishing characteristics of the Anglo-Saxon race (Lees). Die Dooms in Kumaon sind schwarz und ihr Haar neigt zum Wolligen (Traill).

ex fratre et nepos ex sorore (Wachter). Den Umlaut der organischen Kürze a bezeichnet bald e, bald ä, je nachdem er nicht mehr oder noch gefühlt wird. Bei Heer, Meer, legen, setzen u. s. w. ist die Erinnerung an das ursprüngliche a erloschen, in wählen, zählen, Väter, Härte u. s. w. steht das a lebendig daneben (woher die Comparative älter, wärmer u. s. w. a bekommen). Bei Eltern, parentes, Vetter, patruus, war nur die Abkunft vergessen (Grimm). Vetere oder vetter (patruus).

Die auf aegyptischen und assyrischen Monumenten die Könige führenden Streitwagen deuten auf Eroberungen der Wandervölker, die die Griechen überall auf Wagen umherfahren lassen, und kehren in fast gleicher Form in kambodischen Sculpturen wieder, sowie in den indischen Epen, wo Rama's Vater der Wagenlenker heisst, und im Mahabharata der Gott Krishna Arjuna's Wagen leitete, wie es in der Ilias geschieht. Die bei Homer aus jedem Thor in Thebae Aegypten's ziehenden Wagen werden von Diodor auf 20,000 geschätzt. In der Götterstadt Theben erschienen die himmlischen Deva oder (siam.) Thepha zur Hochzeitfeier der Harmonia mit Kadmus, der, der heiligen Kuh folgend, den Drachendienst der Eingeborenen abschaffte, von deren kriegerischen Sparten die fünf Stämme der Thebaner sich herleiteten. Der assyrische Kriegswagen diente (nach Layard) sowohl zur Belagerung, als auch in offener Schlacht. Der assyrische König Saosduchin besiegt Phraortes bei Rhages durch Umstürzen der medischen Streitwagen. In Hellas erhielt sich der Wagen später in den Spielen und die Römer liessen im Circus Wagen erscheinen, wie sie in Britannien üblich. Nach Baumgarten hatten unter den griechischen Völkern nur die Macedonier Streitwagen. Homer feiert besonders die Streitwagen der Thessalier und Achilleus übertrifft in Gespann und Geschirr alle übrigen Fürsten. Nach der heroischen Zeit treten griechische Wagen nur bei den Salaminiern und bei Delium auf (Kambly). Nach Sissera kämpfen auch andere Fürsten der Kananiter auf Streitwagen. Strabo spricht von dem Gebrauch der Streitwagen bei den Galliern, und ebenso Polybius, Caesar von der Wagenburg der Helvetier. Mit einer Wagenburg umschanzten sich 279 p. d. die Gothen in Mösien und auf solcher versuchten die Weiber der Ambronen und Cimbern eine letzte Vertheidigung. Die Gallier griffen 297 a. d. bei Sentinum auch Kriegswagen an, und 279 a. d. die Römer, wie es heisst, bei Asculum. Alexander stürmte die Wagenburg der Cathäer in Indien. Bei der Niederlage des Porus gingen die meisten seiner Streitwagen verloren, da sie in dem sumpfigen Boden stecken blieben. Mithridates gebrauchte Sichelwagen, wie Darius. Nach Stevechius bedienten sich die Römer der Sichelwagen im Kriege mit den Parthern. Nach Deguignes führte die chinesische Armee ausser den Transportwagen auch Wagen zum Rennen. Die Lou genannten Wagen waren vierrädrig. Herodot lässt die Sklavenjagden in Afrika auf Rennwagen anstellen.

Ritter erklärt die 'Ασπουργιάναι, die (von milesischen[*]) Colonien umge-

---

[*]) Milesiorum Panticapaeum est colonia, qui magistratum ibi constituere nomine Archaeanactidae (Rambach).

ben, mit dem bosporanischen König Polemo kämpften, als Asa-Burger. *Ασκιβούργιον ὄρος* (bei Ptolemäos), als Riesengebirge gefasst, bildete eine Station nach den zwei Asciburgen am Rhein. Die Aspisii-Scythae werden von Ptolemäos westlich von dem aspischen Gebirge gesetzt Von den Aspasiacae*) Nomades zwischen Oxus und Tanais erzählt Polybius, dass sie bei dem periodischen Ausbleiben des Oxus das Flussbett nach dem anderen Ufer hinüber zu passiren pflegten. Die Aspasii wohnten (nach Arrian) zwischen Choes und Indus. In der parthischen Stadt Aspa (b. Ptolemäos) findet man Ispahan. Asoni trium urbium incolae. Caput eorum Bucephala, Alexandri regis equo ibi sepulto conditum (Plinius) in Indien. *Ἀσαί, κώμη κορίνθου* (Steph. Byz.) *Ἀσία, κώμη τῆς Ἀρκαδίας* Asacenen am Pontus (nach römischen Geographen). Als der empörte Partherkönig gegen Babylon zog, flüchtete Antiochus Theus nach Asiasdan und auch bei der Niederlage des Demetrius, erzählt Pseudo-Agathanges, dass sein Bruder Antiochus sich der Herrschaft in Syrien und Asiasdan (Centralasien, wie es Langlois erklären will) bemächtigt habe. Auf Ninyas folgt in der Chaldäischen Genealogie Ariosa (Arios) oder Arisa (Arsa) und die Etrusker nannten sich (nach Dionys) von ihrem Fürsten Rasena. Neben den Aorsen erwähnt Ptolemäos die *Ἀσιῶται*. Bei Bagradas in Nordafrika stand die römische Garnisonstadt Assurae. In Mauritanien fliesst die Asana (Anâtis). Im nubischen Volk der Asachaei sieht Ritter die Agaazi in Abyssinien. In Chalcidice (nach Macedonien) lag die Stadt Assa, in Sicilien die Stadt *Ἄσσωρος* der Siculi. Neben den Taxillae (oder Osii) setzt Plinius in der Ebene Amanda die *Ἀσοί* mit Peucolitae, Arsagalitae und Geretae. Das sarmatische Volk der Asaei wohnt (nach Plinius) an der Wolga, das Volk der Asoi und Peucelaitis in Indien. Un territoire voisin du Bosphore Cimmérien, où il confinait à la Sindique, portait le nom d'Asie et ses habitants celui d'Asii ou Asiani (Vivien de St. Martin). Die Bewohner der heiligen Erde Asien's (*ἁγνᾶς Ἀσίας*) beklagen Prometheus (bei Aeschylus). Asiah, die Gattin des Pharaoh, wird im Koran deificirt. Viele Ueberreste des Namens Asien finden sich (nach Ritter) an der Küste Indike (zwischen Kolchiern und Scythen) am Palus Mäotis. Die äusserste Colonie der Milesier im Osten war Amisus, und der lapis Assius (von Assius in Mysia) war unter den Handelswaaren Kleinasien's bekannt, zu denen auch jetzt der Salpeter gehört. Weder die Feuerkünsteleien des Syrer Eunas (bei Florus), noch das griechische Feuer nach dem Recept der Anna Comnena scheinen indess Salpeter enthalten zu haben (doch nach dem

---

*) Der Name des Hystaspes wird erklärt aus aspa (Pferd) und hysna (wiehern). Nach Herodot opferten die Massageten das Schnellste der Geschöpfe. The Aswas were chiefly of the Indu race, yet a branch of Soorya also bore this designation (das Aswamedha übend, wie ähnlich in Skandinavien). Every Rajput adores Asapoorna (the fulfiller of desires) or as Sacambhari-devi (goddess protectress), she is invoked previous to any undertaking (Tod). Die Aswin entsprechen den berittenen Dioskuren.

**) In dem im Südosten der Patakih-Berge liegenden Lande Han-too-szetan (Hindostan) oder Wan-too-sze-tan fand sich zur Zeit der Han die an die fünf (Woo) Yintoo (Hindu oder Gentoo) stossende Nation der Ke-pin.

Marcus Graeco), dessen erste Verwendung (nach Beckmann) erst mit der Erfindung des Schiesspulvers Statt hatte. Feuerwerke mit Naphtha werden bei Plutarch und Galen erwähnt. En las guerras era como fuego vivo, muy terrible á sus contrarios, y asi la divisa que tracia (Vitcilupuchtli) era una cabeza de dragon muy espantable, que echaba fuego por la boca (Sahagun), wie der als Wendethurm gebrauchte Drache in mittelalterlichen Büchern. Graeci naphtam oleum Medeae vocant (Suidas). Die Issedones hiessen bei Aleman (671 a. d.) Assedones und ebenso bei Hecataeos, der sie ein scythisches Volk nennt. 'Ασίης (bei Homer) galt als Eponymus der sardischen Phyle 'Ασιάς (bei Herodot). Am 'Ασίω λειμών lagen die Capellen der Helden Kaustrios und Asios (am Flusse Kaustros) und Suidas kennt die lydische Stadt Asia am Tmolus oder Bozdag (wo die lydische Leier erfunden wurde). Als der cimmerische Stamm der 'Ασιονιίς (bei Strabo) Sardes erobert, sei der Name Mäonien in Asia umgewandelt, als 'Ασίς αἴη (bei Diog. Perieg.). Lydia hiess früher Asia, nach Demetrius, der 'Ησιονήϊς (bei Callinus) für die jonische Form von 'Ασιονηΐς erklärt, die von den Cimmeriern aus Sardes vertrieben. Von den Lydiern lässt Dionys. Hal. die Etrusker stammen. Nach Silius Italicus stammten die Asturicani in Spanien, deren conventus Asturicanus in Αὐγούστα 'Αστουρικά tagte, von Astur, Sohn des Memnon. In Thracien findet sich das Volk der Asti, das der Astabend (nach Ptolemäos) in Hyrcanien und über die Astacener zwischen Cophen und Indien herrschte in Massaca der Fürst Assacenus. Aehnliche Lautentsprechungen finden sich in Ostafrika: Mazimba ist das Land der nach dem Königstitel*) Zimbo genannten Zimba; vielfach zwischen M. und B. u. s. w. Sechuana ist die Sprache der Moschuana (Plur. von Beshuana). Wie der Grosstürke oder Sultan der Türken, der Grossmogul der Mogulen war, so vertritt der Thao thai, als König oder Thaii, die Thai oder Siamesen. Der Asien durchziehende Gegensatz von L und R kehrt in Afrika wieder in dem Vorwalten des Ersteren bei den Zulus, des Letzteren bei den Herero. Die bithynischen Könige residirten in Astacus (in Kodscha-Ili). Wenn der „Laut t unzählige Male in d übergeht", nicht nur „durch den Einfluss eines nachbarlichen i oder v" ausserhalb der indoeuropäischen Sprachklasse (wie Benfey asinus vom hebräischen athon herleitet, und sich Aturia findet neben Assyria, die Parsi neben den Parthern u. s. w.), so liesse sich in Asen (Assen oder Ansen) gegen den Urlaut des Atavismus (attae avus) nicht viel einwenden. Attam pro reverentia seni cuilibet dicimus, quasi cum avi nomine appellemus (Paul.), und ebenso in den deutschen Dialecten der Schweiz (nach Rongemont). Attis hiess auch Papas, die Scythen nannten ihren höchsten Gott Pappaeaus, die Bithynier Pappa und Atta Αἴγαι ἄνεμοι. Die Türken, die die Mannigfaltigkeit der arabischen Wortformen nach der Entlehnung zum Excesse gesteigert haben und bei ihren ausserdem ineinandergeschobenen Constructionen die künstlichste Grammatik herstellen würden

---

*) El vocable Otomitl que es el nombre de los Otomies, tomaronlo de su caudillo el cual se llamaba Oton (Sahagun).

(besonders wenn der Ursprung der arabischen, persischen und anderer
Suffixe, die sie verwenden, vergessen sein sollte), verwenden häufig für at
(Pferd) das persische asp. In Afrika sind die Atta die Könige der grauen
Vorzeit, wie die Atua auf Polynesien's Inseln; ἄττα (Väterchen) entspricht
att im Gothischen, atta oder Vater (ot im Altböhmischen) und attâ (Mütter-
chen) im Sanscrit. Auf Hayti war Atta-beira die Urahnin des höchsten
Gottes und in Indien erhielt der ursprüngliche Atterien durch die Gunst der
Göttertrias geistige Nachkommen. Atz hiegade, der Aelteste ihrer Götter,
donnerte den Lappen als Toraturos bodne. Als Atagartes war Astarte aus
dem Wasser geboren und Atesch war das aus den Naphta-Quellen hervorbrechende Feuer, über welches die Perser die Attusch-Kutta bauten. Am
Grabe der in dunkler Urzeit verstorbenen Ate hatten sich die Mauern der
Stadt Ilion erhoben und in Athribis war die Urmacht, als Keim der Dinge,
in der Göttinn Athor (Athyr) symbolisirt. Mit Attes trat der Frühling ein
in Cybele's Tempel am Tage des „Arbor intrat". Brahma schuf die Unterwelt Atalam als die höchste unter der Decke des Erdbodens. Der Titel
eines Adipati pflegt staatliche Gründungen der Mythenzeit einzuleiten.
Curtius stellt arhas oder arhan (sanscrit) mit ἄρχω, als der Erste sein, zusammen. Der in düsterer Entfernung flimmernde Planet Sanis (Saturn)
heisst Asitas, der Schwärzliche, und bösgesinnt wie später die Asuren. Ascle-
pius (Sohn des Hermes) oder Aesculap gilt den Orientalen als Lehrer des
Minos (Mimir bei Snorro). Seine Geheimnisse sind im Asrar Hermes begriffen (s. Herbelot). Wie im Sanscrit âsa (der Bogen) auf as (werfen) zurückgeht, so verbindet sich auch bei den Orientalen der Begriff des Schleu-
derns mit Asious Baroud, später auf das daraus bereitete Pulver übertragen,
als Thelg Sini oder chinesischer Schnee, weshalb das daraus entzündete
Feuer ein Sarcophagos war, Alles verzehrend, ausser den auch in Indien
als Reliquien bewahrten Zähnen. Als mit dem Zurücktreten des Brennzeit-
alters das Verständniss fehlte, erklärte man die Wirkung aus dem Alaun-
schiefer. Assa ist das Scepter des Moses und âsâda der von Ascetikern ge-
tragene Stab. Asta ist (im Sanscrit) der Berg des Westens, wo die Sonne
untergeht, açman ein Fels, aç Besitz ergreifen, açva das Pferd und açvâri
ein Büffel, açôka. Bei den Koreischiten wurde Assaf verehrt. Im neunten
Cirkel des ersten Klimas liegt (b. Edrisi) Aschura (der Zehnte). Asuman,
der Todesengel der Perser, ist Asrael der Araber. Die Athar oder Aadith
werden in der Elmalathar (Lehre der Traditionen) verstanden. Die Atabeg
sind die Fürstenväter, wie die Rajputen die Fürstensöhne. Frigga hiess Astagod,
als Liebesgöttin (Astarte). Atta (dvadja): duorum (der Ehe oder Zwillinge).
Wenn art (goth.) azd war, müsste das gothische asding (bei Dracontius) alth.
arting lauten (Grimm). Asneis (servus) im Gothischen. Asega oder judex (im
altfr.) entspricht (im alts.) eo-sago (qui legem dicit) in sagga oder saga. Ans:
trabs, aus (heros) im Plur.: anzeis. Ans (ahd).: vir divinus. Die Ascomänner erschienen als Piraten (auf Schlauchböten). Asconia: pique ou épreu (im Roman
de Faufre). Gott schafft als Gans (hansa der Brahmanen) im Altai (s. Radloff).

Buttmann erklärt Asci oder Asgi in den Pelasgern aus ihrem asiatischen

Ursprung und wie die cyclopischen Bauwerke der Pelasger in Griechenland waren die Festungswälle Troja's berühmt, als dessen Bundesgenossen Homer die Pelasger nennt. Als der aus altem Groll genährte Zwiespalt zwischen den wiederholt die Hafenstädte bedrohenden Nomaden und den Sesshaften zum Bewusstsein kam, hatte sich bereits der hellenische Zweig, den Doros (Hellens Sohn) aus Phthiotis nach Histiaeotis führte, von dem pelasgischen Stamm zu selbstständiger Existenz abgetrennt oder (nach Herodot) abgezweigt (unter Mitwirkung der Leleger, Cureten, Cauconen, Dolopen, Dryopen, Böotier, Thracier u. s. w., sowie phönizischer, ägyptischer, libyscher Einwanderungen), denn in früherer Zeit hiess ganz Hellas (nach Herodot) Pelasgia und bei Aeschylos herrscht Pelasgos als König in Argos. Wie die Geschichte Nepals und Kaschmir's wird die Thessalien's mit dem Abfluss des See's vom Tempe-Gebirge eingeleitet, als König Pelasgos das Scepter führte. Die hellenische Sprache sei unverändert geblieben, bemerkt Herodot, seitdem nämlich ihre dialectische Variation aus pelasgischer Grundlage einen selbstständigen Typus gewonnen hatte und deshalb das, fortan barbarisch genannte, Pelasgische nicht mehr verstand. Das Letztere wurde von den Athenern jonischer*) Herkunft in Attika geredet, die aber ἅμα τῇ μεταβολῇ ἐς Ἕλληνας die hellenische Sprache annahmen. Die, oberhalb der Tyrrhenier, Creston bewohnenden Pelasger hatten früher in Thessaliotis neben den Doriern gelebt und in Italien galten (dem Dionysius) die Peuceter, Oenotrier und Japygier als Pelasger. In Suidas Notiz πελὸν γάρ τὸ μέλαν καὶ οὐργὸν τὸ λευκόν, liegt der symbolische Gegensatz von Schwarz und Weiss**), wie er überall in den geschichtlichen Bewegungen der Wandervölker, der schwarzen und weissen Hunnen, der schwarzen und weissen Avaren, der schwarzen und weissen Bulgaren, der schwarzen und weissen Türken u. s. w. hervortritt, und da das Ephithet bald vorgesetzt ist, bald dagegen nachfolgt, liesse sich vielleicht in Kontourgen, Outigouren, Uiguren, oder in Liguren (Ligyraeer in Thracien bei Aristoteles), Siluren u. s. w., eine Wurzel auffinden die Ἄργος der Argiver mit Arguna (rág) verbände. Wenn πηλός***) (πελλός, πελιδνός) die Pelasger nicht nach dem Blaland der Gothen, sondern unter die schwarzen Saker versetzte, so würden sich weitere Betrachtungen über den celtischen Bel, den chaldäischen Belus, den scandinavischen Baldur, den phönizischen Baal anknüpfen, da derselbe als Bali in Indien allerdings das

---

*) Bei Zulassung eines asiatischen Ursprung's der Pelasger würden sich also neben denselben die Jonier stellen (im Gegensatz zu den aus localen Mischungen in Thracien hervorgegangenen Doriern), wie sonst die Javanen die Saken begleiten. Athen (ἄστυ) bewahrte die vorhellenischen Jonier.
**) Grimm erklärt den Lichtgott Ballr oder Baldr aus der Analogie (im litt.) baltas (balts oder weiss), wie sich aus ἀργός (weiss) auch die Vorstellung der Schnelle (bald oder celer) entfaltet. Wie in Bal und Phol wurde auch in Indien Bali in den Gegensatz von Phala verkehrt. Die schwarzen Araber oder Kara-Arab sind bei Türken die Libyer, Maurer, Abyssinier u. s. w.
***) Ueber den wurzelhaften Zusammenhang mit πέρκος (der auch Perkuns herbeiziehen würde), bleibt Curtius zweifelhaft. Auf W. πελ, πλε führen puri (pari) und πόλις zurück.

von den Lichtgöttern bekämpfte Princip des Schwarzen und Feindlichen im dunkelen Reiche der Unterwelt darstellt.

Hier finden wir uns an einem jener labyrinthischen Kreuzwege, wo es fester Wegweiser der Kritik bedarf, um sich nicht auf schlüpfrigen Nebenwegen zu verlieren, oder etwa durch äffende Irrwische im Kreise umhergeführt zu werden. Wer nach jedem Klange in Lautähnlichkeit haschend aus den Fetzen mythologischer Gewandung, die daran hängen geblieben sein mögen, ein neues Kleid zusammen flickt, putzt sich als Harlequin auf, und wird sich von der Bühne wissenschaftlicher Forschung vertrieben sehen, wenn dieselbe für die Aufführung ernster, und den Anforderungen eines ästhetischen Kunstgeschmackes mehr Genüge leistender Dramen vorbereitet und reservirt bleibt. Indess muss der streng methodische Forschungsgang, dessen Arbeiten als solche in keiner Weise gestört werden dürfen, doch mitunter erinnert werden, auf der Hut gegen subjective Täuschungen zu sein, in denen man, ohne es zu wissen und zu wollen, mitunter befangen sein mag. Schon die so oft ventilirte Frage über die Pelasger ist eine der intriguantesten in dem ganzen Bereiche der Alterthumskunde und ihre vielfachen Behandlungsweisen haben sie durchgängig mehr verwirrt als aufgeklärt. Für Manche mag die Erklärung aus Pelos*) und Aski mehr Anziehung besitzen, als die von den $\pi \acute{\iota} \lambda \alpha \rho \gamma o \iota$**) (oder was sich sonst in der Jedem zugänglichen Literatur findet), doch wird man darin bei dem augenblicklichen Stande unserer Kenntnisse über eine subjective Vorliebe nach der einen oder andern Seite kaum hinauskommen, da die Thatsachen für eine objective Feststellung eben noch nicht genügen und ihre Ergänzungsbedürftigkeit ein weites Zuwarten verlangt. Es wird nöthig sein sich in der Wissenschaft an dieses Operiren mit in suspenso gehaltenen Fragen zu gewöhnen, gewisse practische Formeln aufzustellen, wodurch sich verwickelte Aequationsrechnungen erleichtern. Mitunter scheint es, dass man die Wichtigkeit solcher Regeln nicht immer genugsam im Auge gehabt hat. Von dem Wunsche geleitet, ein abgerundetes System herzustellen, unterbrach man den Fluss der Entwickelung, ehe er zu seiner natürlichen Reife gelangt war. Nehmen wir, um bei dem gegebenen Objecte stehen zu bleiben, den

---

*) O. Müller erklärt Pelasgoi aus $\pi \epsilon \lambda$ und $\ddot{\alpha} \rho \gamma o \varsigma$, was, wie Curtius bemerkt, durch die jetzige Methode der Philologie verboten wird. Obwohl Hunderte von Beispielen des täglichen Lebens beweisen, dass die feinen Scheidungen der Grammatiker für die Praxis im Volksmunde keine unüberwindlichen Barrieren aufstellen, so muss doch die Wissenschaft jedesmal bei den soweit von ihr niedergelegten Regeln bleiben, nicht weil diese unbegrenzt variationsfähigen Formeln etwa gar stabile seien, sondern weil sie durch Missachtung derselben an sich selbst ein selbstmörderisches Attentat üben würde. So muss denn aber das soweit aus den Regeln nicht Erklärbare vorläufig unerklärt bleiben, und entweder auf neue Phasen jener warten, die sie den Thatsachen adäquat machen könnten, oder auf Zutritt neuer Thatsachen, die die Regeln ergänzen werden.

**) Oder durch pelischti von den Philistern (nach Röth und Gfröer), während Andere den Namen aus Peleg erklären, unter dem die Welt getheilt worden.

Fall, dass ein halbes Dutzend Erklärungen des Namens Pelasger vorliegen, alle von gleichwerthiger, aber keine von absolut genügender Gültigkeit, und dass jetzt eine derselben durch das Gewicht einer hohen Autorität überwiegend gestützt wird. Es hat dann viel Verführerisches, die Sache dadurch als erledigt zu betrachten, man mag die die Entscheidung stützenden Gründe einer abermaligen Prüfung unterwerfen, bei den späteren Untersuchungen bleiben dieselben indessen meistens im Hintergrunde und man registrirt nur das Endurtheil als fait accompli in die wissenschaftlichen Annalen ein. Diese Methode empfiehlt sich durch viele Vorzüge, sie ist bequem und deutlich, ja sie ist nach Ansicht Vieler sogar eine gebotene, um nicht immer wieder mit denselben Erörterungen Zeit zu verlieren. Die Methode exacter Forschung, wie sie in der Naturwissenschaft verstanden wird, ist sie gewiss nicht. Diese erfordert rastlose Gedankenarbeit, ein ununterbrochenes Schaffen und Umschaffen, sie verbietet uns geradezu jeden räumlichen Ruhepunkt stabilen Verharrens, da wir die Ruhe nur im gesetzlichen Gange der Entwicklung zu finden haben. Die Fehler der dogmatischen Methode liegen auch klar genug zu Tage. Wir nehmen beispielsweise den Fall, dass sechs Erklärungsweisen eines klassischen Volksnamens vorliegen, alle gleich schwer wiegend, so dass die Entscheidung für die eine oder andere nur durch subjective Idiosyncrasie bedingt sein könnten, so lange nicht ein neues Factum zu der Einen oder zu der Andern hinzuträte und so für die dadurch vermehrte den Ausschlag gäbe. Ein verdienstvoller Lehrer unterwirft den Gegenstand einer neuen Bearbeitung, und er entscheidet sich peremptorisch für eine dieser Erklärungsweisen, vielleicht weil er für dieselbe neue Facta gewonnen hat. Die Thatsache, dass ein gründlicher Kenner für eine specielle Erklärungsweise sein Votum abgibt, fügt schon ein Item dem Gewicht dieser zu, das ausserdem nun noch durch das specielle Gewicht der etwa zugefügten Facta vermehrt wird. Genau genommen erhebt sich also damit diese Erklärungsweise nur um das barymetrische Niveau der zugefügten Gewichtsmengen über die übrigen, und wenn sie dadurch nicht soviel an Schwere gewinnt, um die Gesammtmasse der fünf übrigen völlig zu balanciren, so ist sie noch keine objectiv gewisse, sondern nur eine temporär die andern durch Wahrscheinlichkeit übertreffende. In den Schulen liebt man nun aber, diese Erklärungsweise zur definitiv gültigen zu erheben. Die andern sind damit ein für allemal abgemacht und brauchen nicht länger berücksichtigt zu werden, dürfen es vielleicht nicht einmal. Mit Aufschluss neuer Hülfsmittel treten wohl Facta hervor, die eine dieser verworfenen Methoden gestützt haben würden, aber da die Discussion über diese Angelegenheit längst geschlossen ist, können sie nicht weiter zur Abstimmung kommen. Der Gesichtskreis erweitert sich, bisher unzugängliche Gebiete öffnen ihre Literaturschätze, man sammelt eine reiche Ernte ein, viele der noch schwebenden, besonders die gerade brennenden Fragen, mögen die wichtigsten Umgestaltungen erhalten, aber die einmal abgethanen Probleme können wenig oder nichts profitiren, da Niemand rechte Lust hat, die alten Gerichte aufzuwärmen, und es ihm auch vielleicht schlecht gedankt werden möchte. Manchmal mag der Eine oder Andere durch unwillkührliche Gedankenassociation zwischen neu gewonnener Beobachtung und einer der längst verworfenen Erklärungsweisen getroffen werden, Beide mögen die von ihnen aufgefundene Beziehung im ersten Augenblicke sonderbar finden, sich aber bald überlegen, dass die Sache ja bereits erledigt sei, und das Auffällige entweder stillschweigend bei Seite legen oder vielleicht in einem Schriftwinkel versteckt andeuten, ohne dass es wieder zu einer öffentlichen Besprechung und Notizenvergleichung käme. Macht sich dann einmal ein Antiquitäten-Liebhaber daran, die staubigen Rumpelkammern ausgelebter Hypothesen zu durchstöbern, fasst er wieder alle Einzelnheiten unter ihren jedesmaligen Rubriken zusammen, und legt er dann auf's Neue die obigen sechs Erklärungsweisen neben einander, so findet er vielleicht eine der verworfenen in der unzweifelhaftesten Weise als die richtige angezeichnet, da die allmählig und nacheinander hinzugetretenen Facta in ihrer Zusammenfassung eine überwiegende Gewichtszunahme zufügen, obwohl man diese Accumulation nicht bemerkt hatte, da sie, wie allmählig und nacheinander hinzugetreten, auch ebenso consequent allmählig und nacheinander verworfen waren. Solche Versehen werden sich für die Zukunft nur dadurch vermeiden lassen, wenn man sich aller schwebenden Fragen immer in der ganzen Tragweite ihrer Factoren bewusst zu bleiben gewöhnt hat, und sie im Zustande flüssiger Empfänglichkeitsfähigkeit gehalten werden, damit sie jedes zur Aufnahme angemeldete Motiv sogleich in ihre Masse verarbeiten und so auf breitester Basis ihrer naturgemässen Entwicklung entgegenreifen mögen. Es muss der Forschung klar sein, dass die Formeln ihrer vermeintlichen Systeme immer nur practische Nothbehelfe bleiben, dass sie, um noch die letzten Decimalen zu berücksichtigen, erst wieder in Gleichungen aufzulösen sind, und dass die durch diese Gleichungen repräsentirten Grössen sich nur in ihren relativen Verhältnisswerthen bestimmen. Diese Rechenkunst will etwas geübt sein und die Lösung der Exempel ist nicht immer so leicht, wie man sie zu oft sich machen zu dürfen geglaubt hat. Gleichzeitig muss mancher Schwäche der menschlichen Natur dabei Rechnung getragen werden, die auch dem redlichsten Forscher zu überwinden unmöglich sein würde, und die er deshalb als seine subjectiven Fehler kennen muss, um darnach die Rectificationen anzubringen. Jede Thätigkeit erschöpft sich früher oder später, die geistige sowohl wie die körperliche. Zum Gleichniss diene ein Forscher, der alle die verschlungenen Irrgänge durchmessen hat, auf denen vor ihm die Pfadfinder im pelasgischen Alterthum gewandert sind, der auf den Zügen der Arier bis nach Indien hat hinein blicken müssen, der durch die Tyrrhenier nach Italien gerufen wurde und dann von Rhätien, mit celtisch-scandinavischem Hintergrund im Norden, nach Lydien zurückkehrte, unter unvermeidlichen Ausflügen nach Cappadocien, Phrygien, Armenien mit nur halb-zugänglicher Literatur, der Thracien, Thessalien, Arcadien, Carien, Cyzicus nach einander die Revue hat passiren lassen, und der jetzt endlich (ob mit Recht oder Unrecht ist seine Sache) bei der Aussicht stehen bleibt, dass die Ask in den Pelasgern mit der weiten Bezeichnung der Sakae zu-

sammenhängen möchten. Jedenfalls wird er ermüdet und ermattet an diesem
Ziele anlangen, und sich, durch die gehoffte Entdeckung etwas erfrischt,
wahrscheinlich die Befriedigung gönnen, sagen zu können, dass es damit vorläufig genug sei. Wenn er nun als unerwartete Zugabe in Pel eine zweite
Reihe unabsehbarer Kettenglieder sieht, die ihn bald nach Mesopotamien,
bald nach Syrien, bald nach dem Dekkhan, bald nach Schweden, und der
Bernsteininsel Abalus*), bald nach Gallien hin- und herzuzerren drohen, so
wird ihm Niemand die Entschuldigung des Homo sum verdenken, um nicht
des lang ersehnten und fast erreichten Hafens verlustig zu gehen. Auch ist
es vielleicht der Sache selbst wegen für ihn rathsam, den Forschungsgang vorläufig zu sistiren, um nicht die Untersuchungsmethode dieses neuen Feldes nach
derjenigen zu tingiren, die sich bei dem früheren als brauchbarste empfohlen
hat. Das subjective Abbrechen der Forschungen muss jedoch nicht als ein
objectiver Endpunkt betrachtet werden. Für die bisherige Richtung mag
der Endpunkt immerhin als reeller festgehalten werden. Es ist wahrscheinlich empfehlenswerth sich dem neuen Gegenstande auf ganz verschiedenen
Wegen**) zu nahen, und sollten diese, obwohl völlig unabhängig begonnen,
doch in derselben Richtung mit den früheren zusammenlaufen, so würde sich
aus der doppelten Sicherheit eine Controlle ergeben, um die man sich bei
weniger Umsicht selbst betrügen könnte.

Die Wiederkehr altnordischer Götternamen in lappischer Mythologie
liegt zu klar vor, als dass man wagen dürfte, vorgefasster Hypothesen
halber, deren Beeinträchtigung dadurch zu fürchten wäre, Einspruch
dagegen zu erheben, und zwar schliessen sich solche gemeinsamen Vorstellungen mehr oder weniger innig an den Mythenkreis Thor's an, der
in seinem Jotunheim deutlich eine schon in früher Vorzeit des Nordens
heilige Götterfigur repräsentirt, die es den Asen wünschenswerth machte,
sie sich zu vergesellschaften, die aber auch Schwierigkeiten in vorüber-
gehender Opposition bereiten mochte, wenn sich Oller, Thor's Sohn, als
Mitodin zum Primat im Göttercollegium von Byzanz (b. Saxo) vor-
drängte. Bei den Lappen trägt Tiermes den donnernden Hammer,
während bei den Scandinaviern Tyr und Thor getrennt bleiben, als Thur
in den Gebirgen des Taurus auftretend, und in dem Taranis der Gallier.

---

*) *Βάλ γὰρ καλεῖται τῇ Σύρων φωνῇ ὁ τῇ Ἑλληνίδι Βῆλος* (Etym. Gud.)
Βάλλις, plantae seu Floris species quae reducere in vitam mortuos videtur,
dicta nimirum *ὡς βίον ἄλλον ποιοῦσα* (Steph.) Xanthos Historiarum auctor in
prima earum tradit, occisum draconis catulum revocatum ad vitam a parente
herba, quam balin nominat. *Βαλὸν* (Hesych.) *οὐδὸν καὶ οὐρανόν*. Die Pflanze
mit der die Gallier ihre Pfeile vergifteten, hiess Belenion (Elenion); wie
bei Dacern und Dalmatern (nach Galenus) *Βίλινος* war (bei den Aquilejensern)
Apollo (nach Herodianus) *Βῆλος, οὐρανός καὶ Ζεύς*.

**) Man muss auf tausend Wegen dem Mythus näher zu kommen suchen,
ehe man den Grundanlass desselben, den eigentlichen Mittelpunkt und Kern,
das punctum saliens, zu finden hoffen darf (O. Müller).

In Storjunkare verbildlicht sich deutlich die Autorität des fremden Erobervolkes, und daneben sind dann viele primitive Formen polaren Schamanendienstes erhalten, aus denen die Gudjas*) ihrerseits nicht verschmäht haben, Manches für ihre Ceremonien zu entnehmen, um die magische Wirksamkeit derselben zu erhöhen. Diese Wechselbeziehungen sämmtlich zugegeben, ist damit noch nicht das Mindeste über die Urbewohner des Nordens, über etwaigen Zusammenhang der Schweden (Suionen oder Suomi) mit den Lappen**), oder über die Herkunft der Asen ausgesagt. In Discussionen über die Abstammung eines Volkes ist gewöhnlich die ganze Fragestellung eine von vornherein so durchaus unrichtige, dass das Kreuzgefecht des Hin- und Herredens durch leeres Wortgeklingel täuscht, ohne jemals den Sinn der Sache zu treffen. Zur Probe sei ein Beispiel gewählt, auf das von einander unabhängige Quellen einige Lichtblicke werfen, die zwar durchaus ungenügend sind, den langen Zeitraum der Geschichte, in dessen praehistorischem Dunkel sie hier und da flimmern, genau zu erhellen, die aber doch der Controlle einigen Anhalt gewähren, und so dem Forscher mehr Selbstvertrauen geben, als wenn er nur durch subjective Hypothesen allein geleitet wäre.

In der Ynglinga-Saga wird das nördliche Swithiod†) das Grosse

---

*) Wod sono convenit cum Saxonico God (deus). Et homo consecratus solet vocari deus. Gothica lingua wod est demoniacus, anglosaxonica vero wod etiam ferum, furentem significat (s. Wachter). Woden end Saxn-ote.

**) Das Lappische enthält nordische Worte und Wortbedeutungen, die älter sind, als die älteste Quelle des Altnordischen (Dietrich). Aehnliches bemerkt Schiefner von dem Finnischen. Das Altschwedische auf der Insel Gautland steht dem Gothischen näher, als das des Festlandes (dialectisch verschieden vom Altnordischen).

***) Asele in Angermanland (des nördlichen Lappland) wird (nach v. Schubert) aus den stillen Wassern (sel) erklärt, an denen es läge. Saccala als esthnischer District (mit Fellin). Ascanius führte den Namen Julus, der als Ulysses in den Namen Asciburgiums nachklingt, als schweifendes Jule (ule, noctua), wie der umherstreifende Deinias schliesslich in Thule eine bleibende Stätte fand (nach Photius). Suidas (Δινιαδαι, als Stadt und Ort) nennt den dacischen König Decebalos δινος. Septentrionalibus Hela dea mortis et Slevicensibus. Der Hell, mors, pestis, spectrum ferale, in Formulis vulgi: der Hell kommt, der Hell geht umher (Wachter). London hiess Dinas Belin (urbs Belini). Hölle von hol (inferus). Dinia in Gallia Narb. heisst jetzt Digne (digeni als Königtitel).

†) Später Godheim genannt im Gegensatz zu Klein-Schweden oder Mannheim der Nachkommen des Mannus, denen die aus Odin's zwölf Diar her-

oder Kalte (im Gegensatz zum Blaland oder Süden, dem afrikanischen Schwarzland) von dem Tanaquisl*) oder Vanaquisl (Don) durchflossen, der Vanaheim oder Vanaland von (Asaheimur) Asaheim oder Asaland (mit dem in den Keilinschriften Asagarta genannten Asgaard) scheidet. Ob dieser Name der Vanen mit den Nomaden der armenischen Provinz Vanant, die der arsacidische König organisirt und nach sich bezeichnet hatte, weiter getragen wurde, bleibt vorläufig dahingestellt, jedenfalls aber ging Vanen oder Wenden schon früh in die allgemeine Bezeichnung (der Berber oder Barbaren) für ausländische Fremde an den Grenzen des Landes über, und kann also für sich allein nicht zur Specificirung einer bestimmten Nationalität dienen. Welcher Art jedoch die Völker**) waren, die westlich vom Tanais lebten, ist aus anderen Nachrichten bekannt und können wir als schematisches Prototyp derselben die durch Detailberichte besonders bekannten Aestyer wählen. Der von ihnen verehrte Eber war das heilige Thier des Freyr, der von den Vanen den Asen als Geissel***) gegeben wurde, zusammen mit Niodhr†),

---

vorgegangenen Godar gegenüberstanden. Der Sinus Codanus bildete das baltische Meer. Die eingewanderten Völker stellen bei höherer Bildung die Deva dar, die auch jetzt an einzelnen Plätzen in den Europäern gesehen werden, und die Pelasger werden von Homer gleichfalls als δῖοι geehrt.

*) Der Fluss des Tanais (wie Guadalquivir) von quisl, Ast oder Zweig (beim Baum und Fluss).

**) Zu der Venetarum natio populosa rechnet Jordanes hauptsächlich die Sclaven und Antes, am Ocean die Vidivarii nennend und dann die Aesti.

***) Der von den Asen als Geissel gegebene Mimir wurde von den Vanen getödtet und nur gegen Einsatz seines Auges konnte Odin aus dessen Brunnen Weisheit trinken. Bei den Neuseeländern liegt die Seele im linken Auge und die Häuptlinge, die früher das linke Auge des Feindes assen, pflegen es jetzt wenigstens in die Hand zu nehmen und zu betrachten, um daraus „Weisheit zu gewinnen". Jenseits des Grabes trifft (bei den Koranas in Südafrika) die Seele zwischen zwei engen Felsblöcken eine Frau mit einem Kinde auf dem Rücken, die dem Abgeschiedenen sein linkes Auge ausreisst, ihm zurufend: „hab' ich dich! du bist es, um dessentwillen mein Kind so weint" (indem nun die Seele bei der Geburt auf Erden wieder auflebt). Zusammenschlagende Symplegaden drohen auf manchem Todesweg den Naturvölkern, wenn keine orphischen Weihen schützten sollten.

†) Da Niodhr sprachlich die masculine Ergänzung zur Göttin Nerthus taciteischer Zeit bildet, mögen Snorro's Quellen bis dahin zurückverfolgt werden. Hochverehrte Götternamen pflegen stets ein weites Areal zu durchdringen, und wenn sie Tacitus oder Snorro nur von einer Localität namentlich aufführt, so folgt daraus noch nicht, dass sie darauf beschränkt gewesen. Freyr lehrte die Seid der Vanen. Singi ist Sonne in der Sprache der Ho.

der, an die friedlichen Sitten der nordischen Fischervölker gewöhnt, die Wolfsjagden der kriegerischen Asen nicht liebte. Als Odin seine Besitzungen im Turkland aufgebend, über Gadarigo und Saxland nach Odinsö zog, trat der asische Stamm (wie später der Ruriks) in die Stellung der Herrscher ein, ohne bei numerischer Minderzahl die grosse Masse des Volkes gerade tief verändern zu können, und blieben die Unterworfenen bei der Verehrung ihrer Nationalgottheiten unter Zufügung des Neuen, indem sie fortan schwuren: „Bei Frei, Niordh und den mächtigen Asen." In stürmischer Zeit trat dann die Heldengestalt Odin's überwiegend in den Vordergrund als Gott der Schlachten. Nach zauberischem Wettstreit mit Gylfe liess sich Odin in Sigtun (der Siegesstadt des Saka oder Schige) nieder, und in Jotunheim wurde die Verehrung Thor's dem Pantheon zugefügt, obwohl derselbe in seiner Residenz Thrudheim verblieb, wie Frey in Alfheim, dem Himmel der Eingeborenen.

Es wäre nun ein nutzloses Gerede, darüber streiten zu wollen, ob die den Bernstein Glessum nennenden Aestyi Vorfahren der Scandinaver gewesen oder ob die Aestyer nicht die Ehsten wären, oder wenn man nun weiter die Argumente aus der subjectiven Schöpfung einer finnischen Rasse mit anderen Theorien secundärer Bildung über Germanen, Celten, Sarmaten u. s. w. in Discussion nehmen wollte. Alles dieses sind fliessende Begriffe, die temporär unter bestimmte Wortbezeichnungen zusammengefasst werden, die aber selbst allzusehr der allernothdürftigsten Ausstattung durch thatsächliche Stützen ermangeln, als dass sie irgendwie bestimmte Werthe zu repräsentiren vermöchten, die im Gegentheil nur, indem sie beständig wieder aufgelöst und analysirt, immer auf's Neue in comparative Gleichungen gesetzt werden, irgend wie Hoffnung lassen können, dass sich aus ihren fragmentarischen Bruchstücken ein mehr oder weniger richtiges Resultat herausrechnen lässt. Wie können wir vernünftigerweise erwarten, über die Vorgeschichte von Völkern zu klarer Entscheidung zu kommen, über die uns nur alle zwei Jahrhunderte hier und da eine abgerissene Notiz erhalten ist, wenn wir selbst über die Vorgeschichte der am besten bekannten und alljährlich durch Literaturen, die ganze Bibliotheken füllen, erörterte Völker noch völlig im Dunkel bleiben. Das Einzige, was geschehen kann, beschränkt sich darauf, die wenigen Bemerkungen, die bei den alten Schriftstellern erhalten sind, als kostbare Werthstücke anzunehmen und in ihrer gegenseitigen Uebereinstimmung (unter Herbeiziehung aller sonstigen seitdem durch die Wissenschaft gelieferten Hülfsmittel) zu prüfen. Erweisen sich die überlieferten Facta als falsche, dann ist die ganze Untersuchung überhaupt eine hoffnungslose, und das indische Gleichniss von der Schildkröte und dem Joch im Ocean dürfte auf solche anzuwenden sein, die sanguinisch genug sein sollten, in derartig weitem Meere der Möglichkeiten durch Conjecturen das Richtige treffen zu können.

Vor Allem ist festzuhalten, dass die Züge, wie sie in der Völkerwanderung verzeichnet stehen, nicht immer (ja wahrscheinlich nur höchst selten) eine Remplacirung der in den besetzten Ländern vorhandenen Eingeborenen eingeschlossen haben, sondern dass es meistens nur ein herrschender*) Stamm war, der auf alten Schichtungen einwurzelte. Der alte oder neue Name des Landes mag oft einen werthvollen Fingerzeig geben, ist aber immer nur unter Verklausulirung verwerthbar. Mitunter bewahrt das Land seinen alten Namen, trotz fremder Eroberung, als in China die Mandschu-Dynastie eben so wenig daran geändert hat, wie in Persien die der Kadjaren. Aber doch hatte früher der Name der Parther (und auf die Cophenes zurückgehend, wahrscheinlich schon der der Perser) den alten ersetzt, und ebenso bildete sich erst die Bezeichnung China's aus der Erhebung der Tsin. Bei Historikern und Geographen finden sich die verschiedensten Nationalitäten in einem, fortdauernden Stammwechsel**) ausgesetzten Gebiete mit dem Namen der Djagataier belegt, ohne dass sie sich stets (eben so wenig wie bei den Eleuten) der Herleitung des Namens von dem mongolischen Fürsten***) bewusst waren, oder ohne dass sie durch die Kenntniss dieser Etymologie†) gerade jedesmal verpflichtet gewesen wären, genauer darauf einzugehen. Was würden also unsere Nachkommen daraus machen, wenn zufällig nur ein davon redendes Buch erhalten wäre, nachdem unsere geographische Literatur von dem Schicksal der alten betroffen wäre? Wenn die Chinesen heute ihre alten Kriegszüge nach Westen erneuern könnten und vielleicht bis Syrien vorrückten, so würde nach einer oberflächlichen Occupation die Chronik die Besiegung der Türken einregistriren, und alle

---

*) So lässt die Sage Odin seine Söhne als Könige einsetzen, Suarlami in Russland, Baldeg in Westphalen, Segdeg in Sachsen, Sigge in Franken. Die Rückwanderung der Asen aus Scandia zu den Geten wird bei Jornandes zu der des ganzen Volkes erweitert.

**) Von dem Stamme Qyrghyf giebt es jetzt nur Wenige, aber Mongolen, und Andere, die aus Wassermangel in ihr Land zogen, haben den Namen angenommen, obwohl anderer Herkunft (Abulghasi).

***) Die Uzbegen werden gleichfalls auf einen Eponymus zurückgeführt; oder weil sie sich einen „eigenen" Fürsten gesetzt.

†) Wie die Djagatai von dem Sohne Tschingiskhan's erhielten die Eleuten ihren Namen vom Fürsten Olotai, der Buīn-Schara an die Stelle des Usurpator Holzi einsetzte. Nicht nur die Panhellenen bildeten sich ihren Eponymus, sondern auch jeder einzelne Stamm.

sonst aus demselben Lande mitgebrachten Nachrichten über Palästiner, Phönizier, Syrer, Philister, Griechen u. s. w. darunter zusammenstellen, da ihnen die uns mögliche Scheidung dieser für sie entfernten Völker durch mikroskopische Analyse fehlt.

Wie vielfach ferner in denselben Localitäten die Sprachen gewechselt haben, liegt zu offen zu Tage, als dass es vieler Beispiele bedürfte. Die Bedeutung der Philologie kann von den Ethnographen nicht hoch genug geschätzt werden, aber sie liegt in der genetischen Entwicklung, in der Ausbildung der Sprache Schritt vor Schritt mit dem National-Charakter, nicht in dem stabilen Verharren, zu dem man den lebendigen Redefluss hat verknöchern wollen. Sprachen ändern beständig, ohne oder mit Mischung von Nationalitäten, obwohl im letzteren Falle am mannigfaltigsten. Als ursprüngliches Naturproduct trägt die Sprache den Localcharakter der Rasse, wie die Schädel- und die Gesammt-Erscheinung, und sie mag dann ihrer ganzen Structur nach bei Negern eben so verschieden von den europäischen und asiatischen sein, wie die Anatomie des Insectes vom Wirbelthier, um die von Steinthal gewählte Vergleichung festzuhalten. Beginnt die Sprache zu variiren, so variirt sie eben von dem gegebenen Stamme aus, so dass wir noch für viel spätere Phasen hinaus immer die grammatikalische Organisation jenes in den abgeschossenen Zweigen wiederfinden werden. Vielleicht liegen in den erörterbaren Gegenständen keine Beispiele vor, die auf weitere Perioden zurückgehen, doch fehlt vorderhand so ziemlich Alles, um diese Sache statistisch zum Abschluss zu bringen, und geben die beständig neu auftauchenden Hypothesen in der Philologie mit Streifzügen auf incongruentesten Feldern Warnung genug, sich vor Uebereilung zu hüten. Der physikalische Habitus, der durch den Localcharakter des Landes markirt wird, erlaubt ebenso wenig aus sich allein irgend welche Schlüsse zu ziehen, um hinsichtlich historischer Veränderungen, die über solche Länder dahingezogen sein mögen, ein zustimmendes oder negirendes Urtheil abzugeben. Der heutige Kosakke Süd-Russland's ist genau der Scythe der alten Monumente, aber er redet einen erst neuerdings fixirten Dialect des Russischen und tritt erst mit der Verpflanzung in seine jetzigen Sitze in historischen Zusammenhang ein. Betrachten wir dies von den Aestyern genommene Beispiel ethnologisch, so liesse es sich durch eine aus der Botanik entnommene Parallele erklären. Die physikalische Schilderung der Aestyer zeigt den localen Schlag der geographischen Provinz, der auch heutzutage in den Esthen*) auftritt, wobei

---

*) Aus dem Quellengebiet des Ob, Irtisch und Jenisei zogen die Finnen nordwestlich in das Dwinagebiet, wo sie sich von dem nördlichen Zweig

das Vorwalten der einen oder anderen Sprachform von geschichtlichen Wechselfällen bedingt wird (nicht dass es einer fremden Sprache möglich war, die heimische zu ersetzen, aber indem sich die fremde durch allmähligen und accumulirend fortwirkenden Einfluss auf den heimischen Grundstock unterschiebt und an seiner organischen Entwickelung umändernd mitwirkt). Dieser örtliche Typus kann nun auf zweierlei Art verändert werden, einmal indem er im Gefolge eines durchziehenden Eroborervolkes auf einen fremden Boden verpflanzt wird, oder indem er durch die künstliche Züchtung eines unter ihm ansässig werdenden Culturvolkes in veredelte Gebilde übergeführt wird. Den veränderten Typus für den ursprünglichen zu erklären. wäre ein logisches Paradoxon, da sie sich dann wohl nicht unterscheiden liessen, und von Herleitung oder Abstammung zu reden, bleibt höchst bedenklich, wenn die Unmöglichkeit, allen mitwirkenden Factoren genau Rechnung zu tragen, apodictisch gewiss ist. Wir mögen alle Arten unserer essbaren Aepfel*) von einer wilden Stammform herleiten und für wissenschaftliche Zwecke dadurch schätzbare Einblicke in die Naturgesetze gewinnen, aber dem practischen Gärtner dürfte es Zeitvergeudung scheinen, spitzfindig zu untersuchen, ob sie verschieden seien. Man schmeckt es ja, wird er denken. Vielleicht stammt Amygdalis communis von Amygdalis nona, aber jene ist jetzt eben so typisch selbstständig, wie diese; vielleicht darf man selbst die Pfirsiche von den Mandeln herleiten, während es der gegenwärtige Stand der Botanik durchaus nicht erlauben würde, den Kreis solcher Untersuchungen bis auf Kirschen, Pflaumen u. s. w. zu erweitern. Zwischen den alten Fenni und den jetzigen Finnen mögen (oder mögen

(Lappen und Finnen), so wie den südlichen trennten, den (von den zwischen geschobenen Slaven Fremde oder) Tschuden Genannten (im Norden) oder den Yemen (am Ladoga- und Onega-See) und den Ehsten (im Süden). Die später auftretenden Karelier bewahrten die Sagen der Tschuden (aus den Tschuden-Schürfen). Die nach Westen bis zur Ostsee ziehenden Finnen wurden von den Deutschen die Oestlichen (Ehsten) genannt, wie die Celten und Slaven östlich von der Weichsel (Ma-mees oder Mann des Landes), und Aestyer (s. Cröger), Livisch wie Ehstnisch, gehören als Glieder der weit nach Süden und Norden verbreiteten Sprachfamilie des Finnischen an in der Altai-Gruppe.

*) Dem Wildling steht in der Kunstgärtnerei der Edling gegenüber als das dem Auge aufgepfropfte Edelreis. Zur Veredlung für den Garten bildet die Hagebuttenrose (Wald- oder Hundsrose) die beste' Unterlage, beim Apfel der Kernwildling, Johannisstamm, Heckapfel, Zwergapfel, Pyrus prunifolia (Kirschapfel) und so bei den übrigen Fruchtbäumen, je nach richtiger Auswahl befriedigende Resultate versprechend.

nicht) Zeitperioden gelegen haben, wann ein unter geschichtlichen Conjuncturen verändertes Volk dieselben Stätten temporär bewohnte. Mit dem Vorübergange dieser Fluthwellen brach der locale Typus wieder hindurch oder veränderte sich nur oberflächlich durch Wechselbeziehung mit angrenzenden Nachbarvölkern, je nach der Nationalität derselben. Der heutige Schwede (als selbstständige Existenz eigener Lebensfähigkeit gefasst) hat weder mit Lappen, noch Gothen, noch Finnen, noch Ehsten irgend etwas zu thun, er repräsentirt eine bestimmt markirte Nationalität, deren Beschreibung in ihrer Geschichte zu lesen ist, und der von möglichen Radicalen ebenso verschieden ist, wie Roth von Gelb oder Weiss, obwohl die verbesserten Analysen in der Chemie es ermöglicht haben, nachzuweisen, dass der Zinnober aus 101 Theilen Quecksilber und 16 Theilen Schwefel besteht. In jedem organischen Körper können wir durch Verbrennen desselben die vier Grundstoffe oder einige derselben in ihren Zahlenwerthen bestimmen, aber über den eigentlichen Charakter wird nicht durch jene Aufschluss gegeben, sondern durch die innere Constitution, die man vor dem Verbrennen zu studiren hat.

Wie die physikalische Erscheinung den räumlich gebildeten Abdruck der geographisch-meteorologischen Umgebung zeigt, so die Sprache den zeitlichen. In Wortbildungen und den zur Differenzirung nöthigen Umänderungen ist zunächst der Ablaut thätig, in lebendiger Schöpferregsamkeit des Geistes, der die Modulationsfähigkeiten der Stimme zur Herstellung der Bezeichnungen verwendet und aus angeborenem Ersparungssinn keine nutzlose Arbeit verschwenden, also nichts durch Zusammensetzungen ausdrücken wird, was sich durch einfache Lautumänderung sagen lässt. Die schärfsten Gegensätze stehen deshalb meist am nächsten zusammen, da eine kleine Modification zur Unterscheidung beim Entgegensetzen genügt, und mag diese Modification in Consonantenverschiebung, in Vocalersetzung oder in Tonvertretung bestehen, als den drei am directesten gebotenen Mitteln, je nach dem Character der Sprache. Die specielle Wortbildung wird von einer Menge Nebenumstände regiert, und ist schon bald willkührlichen Eingriffen und gewaltsamen Reformen ausgesetzt. Die grammatischen Formen stehen anfangs unverbunden neben einander, da für jede derselben das auftretende Bedürfniss den deckenden Ausdruck hervorruft. Der Zusammenhang ist nicht in Ueberlegung verstanden, sondern unbewusst klar, da der fortschaffende Geist ihn beständig im Durcheinanderwirken seines Gewebes erhält, an demselben ununterbrochen fortspinnt und, in voller Autorität zum Bilden berechtigt, Fehler unmöglich macht, denn das ins Leben Gerufene erhält mit der Existenz auch zugleich das Diplom seiner Bestätigung durch democratische Abstimmung, die allerdings nur in engsten Kreisen die Herrschaft führen kann, und wenn auf weitere übertragen, sich rasch in die Unverständlichkeit mit jedem Dorfe wechselnder Dialecte verliert.

Tritt in das Territorium eines solchen, noch unmittelbar aus dem Hersen redenden Volkes ein fremdes ein, ein anders sprechendes, ein barbarisch tönendes, ein stummes, dann werden an die Sprachbildung neue und veränderte Ansprüche gestellt, und zwar meistens solche, die einen den vorigen Bedürfnissen diametral entgegengesetzten Weg einschlagen. Während es bisher die Freude am Spiel des Wohllautes war, die Worte schuf und in dem Melodischen des Klanges gerne neue Nüancirungen einführte, im Wettstreit mit den feinen Nüancirungen des an Differenzirungen gewinnenden Gedankens, während bisher der lebendige Laut von Mund zu Munde schwebte, das Ohr den Sinn des Lautes aus dem Blick des Freundes auffasste, aus dem Verständniss seiner Individualität, aus der Detailkenntniss des Gegenstandes, steht jetzt dem Fragenden ein unverständlicher Responser gegenüber, ein fremder kalter Blick schaut aus unheimlichen, weil fremden Augen, und das heimische Gemüth entbehrt aller gewohnten Anklänge in einem unter fremden Himmel, fremden Interessen, fremden Sitten und Anschauungen aufgewachsenen. In verfehlten Versuchen des Verständnisses wird die Sprachbildung von wiederholten Schlägen getroffen, Schlägen, die tief in den üppigen lebensfrischen Stamm des Ablautes einhauen, und ihn bald seiner organischen Reproductionskraft berauben. Die zarten Markirungen seiner Unterschiede in Gegen- und Seitenstücken, woran die Sprache soweit ihre grösste Lust hatte, werden jetzt wie die Pest gemieden, gerade sie geben am Leichtesten zu Missverständnissen Veranlassung; jetzt kommt es den fremden Zungen nur darauf an, sich überhaupt zu verstehen, schon die Noth der Existenz drängt dazu, und gerne gebraucht man beschwerliche Umschweife, führt auf holprigen Nebenwegen, um wenigstens der Gefahr zu entgehen, vielleicht auf der Strasse verhungern oder verschmachten zu müssen, weil man weder Brod noch Wasser zu benennen verstand. An Stelle des sinnumdeutenden Metrum dienen jetzt weitläufige und umständliche Zusammensetzungen, Wiederholungen, Verdoppelungen und der radebrechende Jargon bricht den vorher lebendigen Organismus der Sprache in todte Stücke, um aus ihnen in Ableitungen und Flexionen (worin constituirende Theile der Composita als bedeutungslose Partikeln nachbleiben) das Gebäude der Grammatik zusammenzufügen, das dann in der Symmetrie seiner Propositionen die überlegte That des Menschengeistes zur Schau trägt, nicht mehr den unmittelbaren Naturausdruck organischen Wachsthums. Wie viele der Trümmer aus der früheren Herrschaft des Ablautes sich in der Sprache dauernd forterhalten mögen, hängt von der Periode ab, in welcher die Fixirung der Sprache durch die Schrift Statt hatte, indem alle Reste, die in dem Augenblicke noch nicht völlig ausgemerzt sind, sobald sie die feste Form ihres Buchstabengerüstes erhalten haben, fortan durch dasselbe stereotyp conservirt werden, und als Ruinen einer untergegangenen Vergangenheit, in die durch andere Gesetze regierte Epoche der Grammatik hineinragen.

Das vocalische Gesetz des Ablaut's (bei dem der Vocal in einen ganz andern überspringt, ohne dass dabei irgend äussere Einwirkung waltet, wogegen beim Umlaut der Laut biegt und sich umwendet, jedoch derselben Art bleibt) überwiegt an Bedeutsamkeit selbst das der Lautverschiebung (nach

J. Grimm) und dringt bis ins innerste Mark der Wortverhältnisse. „In diesen Ablaut setze ich das eigentliche Leben, gleichsam die athmende Kraft der deutschen Wurzeln, und finde in seiner anmuthigen Abwechselung die Fülle unsers vocalischen Wohllaut's." Wortbildung geschieht entweder durch innere Abänderung oder durch äussere Mehrung der Wurzel. Innere Wortbildung hebt die Einfachheit des Wortes nicht auf, ein Wort, dem aussen etwas zuwächst, ist kein einfaches mehr (als Zusammengesetztes oder Abgeleitetes). Innere Wortbildung beruht auf den Verhältnissen des Laut's und Ablaut's, sagt Grimm und: Ableitungen und Zusammensetzungen nehmen zu, ja lassen sich nach nüchterner Analogie fortsetzen, und auf diesem Wege neugeschaffene Formen, würden, wenn auch misslungen und lästig, doch an sich selbst verständlich sein. Die echten Ablaute hingegen nehmen ab, neuerfundene würden fehlschlagen, weil sie geradezu Niemand verstehen könnte. Während alle andern Vocalveränderungen auf der Oberfläche der Sprache geschehen, führt uns das Gesetz des Ablaut's in die innere Werkstätte unserer Sprache ein und lehrt den Blick auf tiefere Geheimnisse wenden. Der Ablaut durchdringt fast gleichförmig alle deutschen Dialecte, von der frühesten bis in die jüngste Zeit. Er ist uralt und geht weit über alle unsere historischen Denkmäler hinaus, je höher wir aufsteigen können, desto reicher tritt er entfaltet vor unsere Augen. Er stimmt genau zu der Eigenheit aller Laute, der vocalischen, wie consonantischen und erschöpft sie. Alle Wortbildungen sind von ihm beherrscht und fügen sich seiner Regel, durch welche zugleich Anmuth und Wohllaut bedingt erscheinen. In der Regel gibt der Ablaut nichts als das Geschehene, d. h. den erfolgten und bleibenden Eintritt des unveränderten Wurzelbegriffes an (s. Grimm).

Wenn mit dem Verlust des intuitiven Verständnisses ihrer Bildungsfähigkeit, die Um- und Neubildung der Sprache abgeschnitten ist, wenn nicht länger durch das Ohr, sondern durch das Auge gelernt wird, so treten neue Gesetze in Wirksamkeit, die auch das in den Schriftsprachen permanent Gewordene zu organischen Gesetzen verknüpfen, obwohl die Thätigkeitsäusserungen derselben unter andern Formen erscheinen, als in den Processen des Werden's, die die Lautsprachen in Flüssigkeit erhielten. Die Grammatik dieser beiden Sprachklassen verlangt desshalb eine durchaus verschiedene Methode ihrer Behandlung, um der Eigenthümlichkeit einer jeden derselben zu entsprechen. Was die Classification angeht, so würden sich für dieselbe die Lautsprachen der Naturvölker nur dann verwenden lassen, wenn der genetische Moment ihrer Umbildung psychologisch erfasst wäre; und bei der Schwierigkeit diese verwickelten Vorgänge auf handlich einfache Formeln zurückzuführen, wird es bei den Naturvölkern immer empfehlenswerth bleiben, der physikalischen Classification den Vorzug zu geben, da sich in ihr genau und bestimmt das Resultat makrokosmischer Einwirkung aus der geographischen Umgebung durch den Geist im Körpergerüste abdrücken muss. Gerade bei den Cultur-Völkern dagegen, wo mit dem Eintritt in geschichtliche Bewegung sich der zu freier That erhobene Geist von seiner materiellen Unterlage selbstständig loszulösen beginnt, bieten sich seine sprachlichen Schöpfungen, die hier in den fest umschriebenen Wandlungen einer schriftlich fixirten Grammatik auftreten, als das werthvollste Hülfsmittel für Eintheilungen in der Ethnologie, und lösen die der physikalischen Auffassung durch die Völkermischungen in den Weg geworfenen Schwierigkeiten gerade dadurch, dass sie ihre höhere Potenzirung und Vollendung zu neu geeinigter Nationalität im gesetzlichen Wachsthumsgange nachweisen.

Wie lebendig noch in trojanischer Zeit Kleinasien's alte Erinnerungen waren (ehe die Herakliden die Atyden in Lydien verdrängt hatten) zeigt sich in den an Astyanax (etymologisch mit Hestia oder Vastu in Stadt zusammenhängend) oder Anax, der auch (vielleicht in einem Asamal der Skalden) Skamandros*) genannt wurde, geknüpften Sagen, indem dieser Sohn Hector's prophetisch als der einstige Wiederhersteller des trojanischen Staates**) angesehen und deshalb durch die Griechen von den Mauern herabgestürzt wurde. So erschaute im Göttersenat zu Asburg Odin, der Forspar (Prophet) und Fiölkunugur (Hexenmeister) den künftigen Glanz der Herrschaft, den die Asen in Scandia zu begründen berufen. Uns scheint der Zusammenhang zwischen dem Asios des phrygischen Ascaniens und den Asen oder Asken im hohen Norden ein völlig unvermittelter. Nur von dem frühesten Dichter hellenischer Zunge hallen einige mythische Anklänge an diesen Namen zu uns herüber, dann erstirbt er im völligen Schweigen. Keiner der Klassiker belebt ihn, oder höchstens in beiläufiger Wendung, und dann erst, nachdem mehr als anderthalb Jahrtausende vorübergegangen sind, schallt er laut und kräftig aus dem Norden herab und hält dort viele Hundert Jahre hindurch die Aufmerksamkeit rege. Eine objective Betrachtung der Verhältnisse erkennt jedoch leicht, dass es gerade so sein musste und dass die eingetretene Pause nothwendig zu erwarten war. Dass dasselbe Wort Sacae, Aska***)

---

*) Sohn des Skamandros (Mendere Su) und der Nymphe Idäa war Teucer, der älteste König von Troas (bei Virgil). Mit dessen Tochter Batea erhält Dardanos (aus Samothrace) einen Theil des Landes, genau in derselben Weise, wie die malayische Sage sich die Nachkömmlinge Iskanders in Sumatra festsetzen lässt. Servius lässt Skamandros und Teukros wegen Hungersnoth aus Creta nach Troas wandern und verknüpft den Dienst des Apollo Smintheus mit erdgeborenen Mäusen, wie sonst die Eingeborenen in Ameisen allegorisirt werden. So mochte der Name der Skythen als Skoloten auf σκόλοψ (Maulwurf) bezogen werden.

**) Neben Dardania, (dem Reich des Aeneas), lag das von Aeoliern gegründete Dardanus. Andromache war in ἡ Θήβη Ὑποπλάκιος geboren, im thebischen Gefilde (τὸ Θήβης πεδίον) zwischen Atarneus und Pergamum.

***) Der prothetische Vocal, der sich im Vorschub vor Doppelconsonanten stellt und für das Griechische (zum Unterschiede vom Lateinischen) characteristisch ist, findet sich besonders vor Sibilantengruppen, wie ἀ-σκαίρω neben σκαίρω u. s. w.

und ähnliche Namensformen*) aus einer über unsere Geschichte hinausliegenden Ursache einst ganz Asien füllte, findet schon im Namen dieses Continentes seine Bestätigung. Ueber die Zeitdauer fehlt uns jeder chronologische Anhalt (wenn er nicht später aus den chinesischen Annalen über die Sze oder Szu suppliirt wird). Wir hören von jenem Namen nur, wenn er im Westen zurücktritt, als er dort in demjenigen Momente (und gerade wegen desjenigen Momentes) verschwindet**), mit dem die ersetzende Aera der hellenischen Geschichte eintritt. Es geht dann eben die Sonne eines neuen Tages auf, die Sonne geschichtlicher Helle, und mit ihr werden alle jene Nebelgestalten vergessen, die sich in der frühesten Dämmerung noch aus der vorigen Nacht der (den Bewohnern jenseitiger Hemisphäre vielleicht als klare Geschichte verständlichen) Mythe erkennen liessen, und die sich deshalb unter den vielen mit Ask oder As verbundenen Heldennamen in Homer's Gedichten umherbewegen. Von jetzt ab handelt die Geschichte auf einem anderen Terrain, oder vielmehr es sind andere Actoren auf die Bühne eingetreten. In Lydien erscheinen die Heracliden und dann die Memnaden, Troja fällt und wird vergessen, der Schwerpunkt der Geschichte wird nach Griechenland verrückt, die Beobachtung nach Westen gerichtet, oder doch im Osten nur bis in diejenige Entfernung, die eben in die neue Geschichtssphäre

(s. Curtius). Bei dem mehrfachen Abfall von σ, oder „Erleichterung des σκ zu blossem κ" (σκάπετος und κάπετος) ist der Name Kandia auffällig bei Kreta, das in den nordischen Sagen so vielfach in directe oder indirecte Beziehung zu Skandia gestellt wird. Auf der von Phöniziern bebauten Venus-Insel Cythera kennt Homer den Namen Σκάνδεια.

*) Die Sakaraxa in Indien, die grosse Epochen stiften, schliessen das Heilige des Sancus (in Sacer, dessen Beziehungen mit ἅγιος Curtius abweist) ein und die Sacae-Feste der Perser mögen je nach der Partheiansicht verschieden erklärt (wie das schiitische Aschaver) und auch von der ausgelassenen Trunkenheit mit den Weinschläuchen in Verbindung gebracht sein, auf denen bei den Ascolien die attischen Hirten umhersprangen, weil der böse Riese Ascus von Hermes geschunden sei, wegen seiner Unthaten gegen Dionysos. ἀσκίον ist ein mythisch bedeutsames Wort, von Hesychius mit σκότος (Schatten oder Todesnacht) übersetzt (Müller). Die Verbindung der Angli mit den ἄγγελοι wurden schon zu ihrer Heidenzeit hergestellt. Als heraclisch, wie Dork, heisst der persische Rustem (bei Mar Apas Catina) Sakdjig und der armenische Hercules Sissag in Siunik (Sacassene bei Strabo oder Sacapene bei Ptolem.) wurde von den Persern Sissagan genannt.

**) Von den Zügen des Memnon hatte sich nur das Andenken an die Denksäulen erhalten und bis zum Mittelmeer erstreckte sich das Reich der Cophener, dessen jähen Untergang die Sage in der Versteinerung des Königs Cepheus mit seinem Hofstaat allegorisirt. Die Pandu entschwinden im Schnee

hineingezogen ist, und aus der also eo ipso die Namen*) der Vorzeit**) einer nach dem anderen entflohen. Unsere heutige Geschichte hat sich soweit eigentlich einzig und allein aus den Mittheilungen der Classicität aufgebaut, und wir müssen uns immer gegenwärtig halten, dass diese nur einen kleinen Erdenwinkel umfasste, der culturhistorisch allerdings von der höchsten Bedeutung ist, der aber nicht im Mindesten darauf Anspruch machen kann, in seiner Geschichte die „Weltgeschichte" zu geben. Soweit der Gesichtskreis der griechischen Historiker reichte in dem ihnen genau bekannten Orbis terrarum, war der Name der Asen oder Asken verschwunden (und eben deshalb verschwunden, weil Dieser Bereich jetzt jenem angehört), so dass Herodot, Strabo u. s. w. nur unverstandene Bruchstücke***) desselben aus mythischer Vorzeit kennen,

des Himalaya und ähnlich erzählt die mexicanische Sage: Yendóse de camino, Quetzalcoatl, mas adelante al pasar entre las dos Sierras del Volcan y la Sierra nevada, todos sus pajes, que eran enanos y cocabados (als kunstreiche Zwerge und Dactylen), que le iban acompañando, se le murieron de frio y el sintió mucho la muerte de los pajes, y llorando muy tristemente, cantando su lloro y suspirando, miró la otra Sierra nevada, que se nombra Poyauhtecatl, que esta junto á Tecamachalio (el volcan de Orizaba) y asi pasó por todas los lugares y pueblos y pusó muchas senales en las sierras y caminos de su transitu. An der Küste fuhr er im Schlangenboot nach Tlapallan zurück.

*) leicht in den mythologischen Gegensatz verkehrt, besonders durch semitischen Einfluss. Nach Osten verbannte der Talmud die in Menschenleiber eingeschlossenen Engel Asa und Asael, die dann die zauberischen Künste in Berghöhlen lehren. Der Geisterkönig Aschmedai auf Berg Horeb suchte Salomo in den Schatten zu stellen. Asmodius war Widersacher des Raphael, Aschmoph wird von Ahriman im Gegensatz zum guten Bahman geschaffen und Asmag gegen die Amschaspands, böse wie Asasel. Wie Baldur durch Loki, wird Proserpina durch Ascalaphus verrathen. Aus einstiger Götternatur der Asuren mag sich Asuman als guter Geist erhalten haben, doch ist der Schutz nur kurz, den er auf Zoroaster's Autorität gewähren kann. Dagegen bleibt es rathsam, um Gunst bei Grossen zu erlangen, Astaroth anzurufen, und zwar am Mittwoch, wie den Grössten der Asen. Die Königin Aso verbindet sich mit Typhon gegen Osiris. Assuriti ist die syrische Göttin (Talbot).

**) Mit Sos (Sohn des Ara) oder Anoushavan fiel die Dynastie der Haykas (in Armenien) vor Zamassis. Mar Apas Catina macht Isaac, Sohn des Abraham, gleichzeitig mit Ara, Sohn des Aram (b. Armeniern) und Arios (Arisa) oder Ariosa, Sohn des Ninyas (bei Chaldaeern).

***) Der furchtbare Zeus der Eide bewahrte den Namen Asbamäus in Cappadocien. Im Mittelpunkt der Erde wurzelt den Mongolen der Baum Asambu Barascha. Der zweideutige Mythus der Niobe geht auf ihren Vater Assaon zurück. Asopus ist Vater des Pelasgus (autochthon in Arcadien).

und als sie über die Grenzen ihres eigentlichen Gebietes hinaus wieder von den Sacen hörten, die Beziehungen derselben zu den Scythen wohl ahnten, aber keine weitere Folgerungen anknüpfen konnten, die bei der noch jetzt so unsicheren und unter demselben Namen eben so häufig, wie unter dem der Türken und Mongolen, veränderten Nationalität auch sehr unsicher gewesen sein würden. Spanien heisst noch heute Hispanien, ist deshalb aber nicht von Iberern bewohnt und über die Basken wird Niemand obenhin etwas aussagen wollen. Die heutigen Californier sind keine Indianer, die Britten keine Celten; nicht Griechen wohnen in Philadelphia, noch Egypter in Kairo am Mississippi, die Namen Ugrier und Ungarn werden oft mit, oft ohne gegenseitige Beziehungen gebraucht. Die Uiguren haben schon manche leichtsinnige Finger verbannt, Deguignes identificirt Yueitchi und Geten, aber vor ihm wie nach ihm haben Andere beide Namen getrennt erhalten und wenn ein chinesischer Historiker der Mingdynastie von Gallien und Frankreich als Namen desselben Landes gehört hätte, so möchte es ihm schwer genug geworden sein, die Beziehungen des ersten Stammes zu Wälschen, Wales, Wallonen, Celten u. s. w. zu motiviren oder die ebenso weit reichenden des letzteren (ganz abgesehen von etwaigen Etymologien*)). Für die griechischen Geographen war aber ihr Scythia intra Imaum oder extra Imaum ebenso verschleiert, wie Europa den chinesischen Geographen, in denen wir höchst ergötzliche Sachen darüber lesen mögen. Der temporäre Ausfall**) des Namens der Saken oder Asken für einige

---

Astrabaeus ein alter Landesheros in Lacedämon, Astylus, der Centaur, mit Sehergabe bedacht. Asterion, König von Creta, vermählt sich mit Europa, von den Eteokreten verehrt als Zeus, und Asacus, der Seher, verfolgt die Geliebte Hesperia (von Osten nach Westen). Mit den gigantischen Aloaden verbrüdert, erbaute Öoclus die nach seiner Mutter benannte Stadt Ascra in Böotien und auf der Insel Lade bei Milet fand sich das Riesengrab des Asterius, Sohn des Anax. Ashur-resh-Ilim (Ashur is the chief of the gods).

*) Bei Völkernamen ist ausser der sich mit den verschiedenen Nachbaren ändernden Bezeichnung (wie Peguer, Talain, Mon u. s. w. für dasselbe Volk) noch die Entstellung in der Fortpflanzung zu beachten. Der Name der Eloikob verändert sich zu Akabi (Mukabi in Plur.) im Munde der Wakamba, klingt aber schon Wakuafi im Plur. oder Mkuafi im Sing. (Kekuafi als Sprache), wenn er das Ohr der Missionäre an der Küste erreicht.

**) Gleichzeitig verschwindet das bei assyrischen und aegyptischen Königen, ebenso wie bei homerischen Helden, gewöhnliche Kämpfen auf Streitwagen, die (wie in den indischen Epen) von den (auf Wagen umherziehenden) Sacen in der Schlacht bei Arbela gebraucht wurden und in Brittannien, wie Jornandes spricht von bigis curribusque falcatis, quos more vulgari essedas vocant. Das chinesische Buch Sen-li handelt von Kriegswagen.

Jahrhunderte kann deshalb nicht überraschen, da er in den damals die griechische Geschichte beschäftigenden Gegenden fehlen musste. Er taucht indess in demselben Augenblicke wieder auf, als weitere Beziehungen mit dem Osten eingeleitet wurden, wo er in der Zwischenzeit immer fortbestanden hatte, und strömen uns schon beim ersten Beginn die Nachrichten sogleich aus drei völlig unabhängigen Quellen zu, so dass keine bessere Controlle gewünscht sein kann und die Ueberfülle der Belege in Erstaunen setzt. Am weitesten lassen sich jetzt durch die von den Chronologen gelieferten Hülfsmittel die Usuin der Chinesen, ihre Ansi, Asi u. s. w. zurückverfolgen, dann liefern uns die Orientalen ihre Ashk ben Ashk und gleichzeitig Strabo die Asiaioi mit zugehörigen Völkern. Jetzt reisst die Kette nicht wieder ab. Die zerstörenden Kriege des Mithridates wirkten als mächtige Saugpumpe auf die asiatischen Steppen ein, die Nomadenvölker herbeiziehend, und es bleibt immer ein höchst bedeutungsvoller Zug der scandinavischen Sage, dass auch sie ihre Wanderung*) der Asen**) an diesen Wendepunkt der Geschichtsbeziehung zwischen Europa und Asien anknüpft, von den Saken oder Scythen zu den $\Sigma\kappa\alpha\nu\delta\iota\alpha\iota$ $\nu\tilde{\eta}\sigma o\iota$ (b. Ptol.). Neben den Asiamenn (dii qui cum Odino in Scandiam revertebantur) erscheinen im Norden die Askyndur (divinae originis, ex origine Asarum) oder Asinnen***). Dort entstanden die Nordmannen, während am Euxinus die secundäre Scheidung eintrat zwischen Vesae oder Visi (Vesegothi oder Visigothi) und Austragothi†). Der Auslaut †† ist hier in die Bedeutungs-Indifferenz eines Suffixes übergegangen, so dass er eben Alles bedeuten, oder unter Umständen jeder Bedeutung zugefügt werden kann, von der des Gottes an bis zu der des Sklaven †††), für den Geta eben

---

*) Longum post intervallum lässt Jordanes, in den Kriegen unter Domitian, das durch ihn von Gapt hergeleitete Heldengeschlecht der Ansen auftreten, die in der Zwischenzeit unter den Gothen oder Geten sich Geltung erworben und ihre Auswanderung auf drei Schiffen zu allgemeiner Volkssage erhoben hatten.

**) Die Aesen (des Jornandes) entstanden (nach Nyerup) aus einer volksthümlichen Aussprache der Asen (Ausen, Aisen) oder Ansen.

***) Asyniur oder Asynior als Göttinnen. Ase als aus oder aûs im Isländischen.

†) Nach den vier Zwergen (Austri, Westri, Nordri und Sudri), wurden auch noch die Normänner unterschieden, während die Südländer in den feindlichen Gegensatz Surtur's traten.

††) Aehnlich walla (fellow) im hindostanischen Jargon.

†††) Nach Strabo hiess in Phrygien der Diener Manes (Steph. Byz.) und so in Attica, $\mu o\nu\eta$ als servus, in Phrygien $\mu\alpha\nu\eta\varsigma$ (Aristophanes) $\check{o}\nu o\mu\alpha$ $\delta o\nu\lambda\iota\kappa\acute{o}\nu$.

so gewöhnlich wurde, wie Manius, seitdem der Glanz der gesetzgebenden Manos, Minos, Manus u. s. w. verblichen war. Der Process dieser in allen Sprachen nachweisbaren Veränderungen liegt besonders klar in den monosyllabischen Hinterindien's zu Tage, in denen Worte und Silben noch zusammenfallen. Neben den East-folc (angelsächsisch) finden sich die Osterlingi (Saxones orientales), Austria (pars Pannoniae), Estonia (pars Prussiae), Osterlant (terra orientalis). Ostana (ab oriente) kommt bei Tatianus vor, Ostarriche bei Otfridus. Ost (Franc.), oost (Belg.), est (Gall.), öster (Suec.), austr (Isl.). „As, Asa, Asen sind bei allen Völkern heilige Namen, Asia wird sehr oft bei den ältesten scandinavischen Autoren solum divinum, Sacra terra, Asia pars mundi divina, Patria deorum genannt. In diesem Sinne eines geheiligten und eines hoch und erhaben liegenden Ursitzes zahlreicher herrschender Völkerschaften tritt überall der Stamm Asia in Mythen und Historien auf, selbst weit nach dem Westen hinein, bis an das Mittelmeer, bis zur Austrasia der Frankenvölker" (K. Ritter).

„Von den Askenas der mosaischen Urkunden und dem Bergnamen des Kauk-Asos*) bis auf die russisch-slavischen Namen von Asow und As-ow-schen Meer (Asa-Meer), hat sich dieselbe Wurzelsilbe durch alle Wechsel der Zeiten, Länder, Völker und ihrer Sprachen, an der Localität des Asalandes (östlich vom Mäotis), wie in der Nachbarschaft umher, in vielfachen Spuren eines gerade hier einheimischen Localnamens erhalten", sagt Karl Ritter, der Tscherkessen, Ab-assen (Abasci unter den Colchi), Chor-assen, Ph-asis, Ossi (Alanen) aufzählt. Die Jasi setzt Ptolemäus in Pannonien nach Osten. Jassus (Askem oder Askem Kalesi) bei den Kariern wurde erst von Argivern, dann von Melesiern colonisirt. In Kasius-Mons (Zeus-Kasius) treten, wie in Kasi, Beziehungen zu dem vorweltlichen heiligen Kasyapa**) hervor, Vater der Daitja

---

Von man (servus) mansal, (mancipium). Man: plures. Geta als Sklave bei Terenz. Mani-al-Coran ist der geistige Sinn des Buches.

*) Da bei verschiedenen Sprachen Asien's in Kao der Begriff des „Alten" liegt, ebenso wie in Ka (wobei der Rabe als Gleichniss langen Leben's gilt), so möchte die für einheimisch gegebene Erklärung des Kaukasus (als „grau vom Schnee") nicht ohne Erwägung zu lassen sein. Etymologien dürfen nicht angestrengt werden, da sie leicht zu Tode gehetzt sind. Sie treffen in entscheidenden Punkten kurz zusammen und springen dann rasch wieder weit auseinander, so dass nur ein für das zusammenhängende Gespinnst des Ganzen im Zustande empfänglicher Reizbarkeit gehaltener Gedankengang den schwachen Contact bemerken mag, obwohl seine Auffassung, so wenig wie irgend ein anderer, für fehlerfrei gelten darf, ohne Controle.]

**) Auch das indische Recht gründet sich auf Kasyapa und Parasu-

(Danawa) sowohl, wie der Aditji. Die Stadt Kasch rivalisirte mit dem benachbarten Samarcand an Pracht (nach Al-Bergeni) und Cashdani oder Chasdan sind die Chaldaeer. Die dämonischen Beziehungen des Kasbeg knüpfen sich auch an den Elburz.

Ueber die Grundbedeutung*) der Wurzel As in Sein, Athmen und Leben ist man noch nicht einig, doch hat gerade sie der vergleichenden Philologie werthvolle Beiträge geliefert in Nachweisung des Grundstammes, der fast alle indogermanischen Zweige durchzieht, in εἰμι, asmi, sum, ist, esmi. Die Chaldäer liessen das Asoron, das Unerschaffene, mit Kisara aus dem Chaos hervorgehen und der indische Eros (Kamas) hiess Is, weil von keinem Andern gezeugt. Aristoteles erklärt den Götternamen Aesan, als ἀεὶ οὖσα im Hinblick auf die göttliche Einheit. As, deus, αἶσα (ἀεὶ οὖσα). Als Nachhall aus archaistischer**) Vorzeit hatte sich unter den Griechen der Titel der Aesymneten***) (mit αἶσα in Beziehung gesetzt) in griechischen Traditionen erhalten, obwohl man später über seine eigentliche Bedeutung im Unklaren blieb. Nach Aristoteles (der seine Beispiele besonders aus ionischen Staatsverhältnissen hernimmt) waren die Aesymneten den Königen zu vergleichen, weil sie mit Bewilligung des Volkes allein geherrscht hätten, den Tyrannen aber, weil sie nach eigenem Gutdünken verfuhren. In den Missionen der Hosthanes (Osthanes oder Asthanes) verbreitete sich die Religion der Magier über den Westen und die Mithrassteine an römischen Stationen sind unzählig, wie (nach d'Anville) die Fines (Ziel) genannten Plätze auf

Rama's Schenkung der Erde (nach der Nerasinha-purana), indem der Commentator daraus das Besitzthum der Kshatrya und das Eigenthumsrecht des Königs an dem Boden herleitet, während dem Anbauer nur jährliche Cessionen gegen die von ihm bezahlten Abgaben gemacht werden. Das mohamedanische Gesetzbuch erkennt gegenseitigen Vertrag.

*) Asus, der Lebenshauch, asuras, lebendig, os (as) der Mund u. s. w. (s. Curtius). Asti ist Thron im Assyrischen; ās, sedere (sanscr.) und „ita stå" (s. Bopp).

**) Als in Athen an die Stelle der Könige (lebenslänglicher Herrschaft) gewählte Archonten traten, führte der Zweite noch den Beinamen βασιλεύς fort, um, wie der rex sacrificulus der Römer, die früher dem Könige aufliegenden Opfer zu bringen.

***) αἰσυμνάω, regno, impero (Eurip., ut docet Hesychius). Von αἴσιμος (fatalis) abgeleitet (nach Müller). Aristoteles quattuor βασιλείας genera constituens, tertium locum τῇ αἰσυμνητείᾳ tribuit, quae est, ut inquit, αἱρετή τυραννίς (Steph.) Eustathius ex Aristarcho docet, αἰσυμνητὴρ esse dictum παρὰ τὸ αἴσιμον νέμειν. Die Kymaeer nannten den Archon, als Tyrannen, αἰσυμνήτης. Dionys. Hal. vergleicht die Aesymneten mit den römischen Dictatoren (wie bei Pittakos in Milet). Mit dem Dienst des Dionysius, als Aesymnetes (Herr), endeten die Menschenopfer in Aroe.

den Itinerarien. Finn Magnusson erklärt Mitras oder Mithras (dessen Verehrung als Sonne und Feuer unter Trajan in Rom eingeführt wurde 101 p. d.) aus dem Irländischen als Maetras (Maituraus) oder der herrliche Ase (maetr oder vorzüglich, als Meister). Oaxos oder Asos (in Creta) hatte ein sehr altes Heiligthum, in welchem Zeus verehrt wurde (Hoeck). An die Nakh oder Naga Indien's schliesst sich die im hellenischen und semitischen Alterthum gleichzeitige Herrscherbezeichnung der Anakten oder Anax an. Die Phrygier sprechen von Nannac oder Annac, um eine undenkliche Vorzeit anzudeuten (sprüchwörtlich). Ἄσιος, οὕτω γὰρ ὁ Ζεὺς ἐκεῖ τιμᾶται, καὶ Ἀσίου Διὸς ἱερὸν ἀρχαιότατον (Steph. Byz.). Kreta galt, wie Creuzer bemerkt, als der Ursitz hellenischer Religion. Die Wurzel des kretischen Ἀβέλιος oder Sonne (bei Hesychius) wird von Selden mit Bel (Hel) und Helios in Apollo zusammengestellt. Wie beim Nahen Apollo's (θεῶν ὤριστος) sich alle Götter von ihren Sitzen erhoben, so galt Baldur, der Gute (in Breidablik), als der Edelste der Götter. Bala-Näls heissen bei den Karaiben die Europäer, als Meermänner, böse und tückisch. Schigemuni verwandelt sich in das Pferd Balacho, um seine durch Verführung gefallenen Schüler in das Paradies zu tragen, und neben Xanthus zeugte Zephyrus mit der Harpye Podarge das unsterbliche Pferd Balius, während in Siwa's befruchtendem Lingam der Bal-Eswara an das Ufer des Kamudvati (Euphrat) gepflanzt wurde. Belbog wurde als Lichtgott in Jüterbogk verehrt und Belis in Aquileja, Baaltis in Byblus. Baal war stierköpfig, Belus die Sonne und König Belus trocknete in Babylon die Sümpfe auf, während (nach Diodor) der ägyptische König Belus eine Kolonie dorthin führte. Nach Abulfaradsh waren die Prophezeiungen des Bileam oder Balaam, Sohn des Beor („de la race des Anakim ou Giababera") weit im Orient verbreitet. Die Mohamedaner lassen das Götzenbild des Bal*) in Baalbek durch den Propheten Elias umgestürzt werden. Bal-Rama entschwand als Schlange und in Mahabalipuram liegt Bali begraben. Ila ist Gott der Assyrier und Bel der syrische Bal (Talbot).

Während die westlichen und nordwestlichen Ausläufer atlantischen Charakter tragen, bildet der Osten Europa's nur eine unmittelbare Fortsetzung Asien's, dessen Völkergeschiebe sich, schon durch die vorliegende Kenntniss derselben, bis zu den Geten verfolgen lassen**). Sie treten

---

*) Bal.: non bonus, pravus, φαῦλος, fal tho: maleficium (vox Malebergica). Balmund: pravus tutor (vox Carolina), bal: scelus (Otfridus), bol et boluch: dirae et imprecationes, bal: dolor, balkni (goth.): libertas, palds (ahd) fiducia, belde (mhd) audacia u. s. w.

**) Zusammenknüpfung von Ungehörigem zerreist von selbst, aber Ab-

mit dem Mysterium alter Culturen, die von ihren und den scythischen Prophetengestalten getragen werden, unter den Thraken auf, bei welchem, nächst zu den Indiern grössten Volke, die asiatischen*) Wanderstämme in das sesshafte Leben der Ackerbauer übergingen. Neben den westlichen**) Cyneten und den vielleicht wie diese mit Hunden oder haarigen Ponies hausirenden Sigynnen***) (die kaum auf bestimmtem Terrain localisirt

neigung, deutlich Zusammengehöriges aneinander reihen zu wollen, muss, wenn Folge von Kurzsichtigkeit, als Fehler subjectiver Irrungen gekannt sein. Wenn wir auf derjenigen Bahn, auf der von jeher die Völker gewandert sind und die sie auch in geschichtlichen Zeiten mit ihren Nameninseln bestreut haben, schon in fernen Vorzeiten, wo das Lückenhafte und Unvollständige der Ueberlieferungen kaum die geringste Hoffnung auf Lichtblicke geben dürfte, dennoch genau in derselben Richtung und in den immer wieder markirten Plätzen vier (oder mit Zuziehung der Yueitchi) selbst fünf Kreise gleichartiger Völker finden, so wäre es doch ein sonderbarer Eigensinn, aus vorgefassten Meinungen, deren theoretischer Werth sich erst aus den weiteren Folgerungen ergeben kann, den hypothetischen Zusammenhang abläugnen zu wollen. Wenn wir hier einen vorläufigen Analogieschluss aus Superkritik zurückweisen, so blieb uns mit gleichem Maassstabe der Strenge gemessen, nicht gerade Viel in der alten Geschichte, was auf Zulassung Anspruch hätte. Auf der andern Seite muss aber freilich dieser Analogienschluss immer nur ein vorläufiger sein, und der Rectification durch später hinzutretende Thatsachen offen bleiben. Wer den Kopf mit wälschen Triaden voll, vom mexicanischen Sprichwort: Es un Merlin hörte (dem Sahagun die Erklärung giebt: Este adagio se dice de aquel que responde con facilidad) könnte ohne Bustamente's Andeutung die Vermittlung durch den weisen Merlin in Cervante's Don Quijote übersehen.

*) Der Pontus im Westen, Caspi und Aral im Osten blieben zurück mit dem Auftrocknen des Binnenmeeres, dessen Rand noch markirt wird durch das Schuttgebirge des Obstschei Syrt mit asiatischer Steppenlandschaft der Nomaden im Osten und Süden, im Westen und Norden dagegen mit einer fruchtbaren Hügellandschaft (s. Ritter). Pferde und Wagen fehlen auf den ältesten Monumenten Aegypten's (nach Wilkinson) und Kameele überhaupt. Neben seiner Stellung im Gottesdienste und in religiösem Volksgebrauch (als Träger der Gottheit oder ihres Bildes) gaben die Wagen (im altnordischen Leben) das Vorbild zu den ersten festen Häusern, nachdem durch Jahrhunderte das Hirtenvolk ihn zur beweglichen Heimath gehabt (Weinhold). Die Thje (auch Eisen) sind an den Seiten bewaffnete Wagen (Schott).

**) Jervais und Brinckmann schliessen aus ihren Funden in der Caverne de Bise auf eine Ausbreitung der Finnen bis zu den Pyrenäen in der Rennthierzeit.

***) medischer Kleidung. Odin zog aus dem Lande Medumheime (Medien), in Khorasan (Uttarakhuru), bemerkt Ritter bei den Budiern neben den

werden dürfen, da sie in Macedonien bis Massilia angetroffen werden und im orphischen Gedicht als Sigummi an die Sapiren grenzen) nennt Herodot dann die Celten*), über die seine Vorstellungen in bestimmungslosen Schatten schwankten, da sie ausserhalb der Säulen des Hercules wohnen sollten (aus der den Griechen geläufigen Rückbiegung des Continentes erklärt). Der griechische Geograph kannte natürlich besser seinen näheren Osten und der Westen trat erst deutlicher hervor, als sich auch in Italien eine Literatur für wissenschaftliche Studien bildete, und aus dieser wieder die hellenischen Forscher schöpfen konnten. Die nächste Anknüpfung wird auch dann durch den Namen der Cynesier**) gegeben, die sich im westlichen Lusitanien wiederfinden und auf hispanischem***) Boden durch die Turduli mit den Turdetani verknüpfen, dort ebenfalls die Hüter einer alten Cultur†), die aus sechstausendjährigen Vorzeiten heraufsteigt. In dem bisher

Mediern. „Die hyperboräischen Attakori (bei Plinius) gehörten zu den nordwestlich vorgerückten Asen."

*) Nach Plinius kamen die Celten von den Celtiberern in Lusitanien, während die Gallier (die Caesar den Brittanniern ähnlich findet) ein älteres Volk waren (nach Lucan).

**) an den πείρατα Ὠκεανοῖο. Auch jenseits der Friesen hatte Drusus von den Säulen des Herkules gehört. Finis erat orbis ora Gallici litoris (Solinus). Ultimi hominum existimati Morini (Plinius).

***) Aben-Adhari de Marruecos lässt als erstes Volk nach Andalusien kommen: die Ab-Andalux, que eran magos (Gonzales). Dann folgten die Afaracas, que hizo emigrar el Señor de Ifriquia (Cartago) por causa del hambre (Medina Talica gründend). Luego fueron vencidos estos pueblos por los Ixbaniah und dann kamen bárbaros de Roma, zu deren Zeiten Ixbahan (Hispan oder Vespasian) herrschte, sowie schliesslich El Godo. Pruner-Bey und Quatrefages wiesen die Brachycephalie nach bei den Basken, aber die Schädelfunde auf den Kirchhöfen der Provinz Guipuzcoa erklärten sie für Dolichocephalen. Unter der Anführung eines Fürsten der Rebu oder Libyer, Maurmiu, Sohn's von Titi, fand unter Merentptah (Sohn Ramses II.), eine Invasion der Inselvölker (mit den Libyern verbunden) statt (in Unter-Aegypten). Sie bestand von afrikanischen Völkern aus den Rebu, den Maschuas (Maxyes) und den Kehak, von den andern Regionen des Meeres aus den Turischa (Tusker), Schakalasch (Siculer), Schardaina (Sardinier) und Akaias (Achäer), sowie den Leka oder Lycier (s. v. Rougé). Die Neger in den Bergen von Quarequa unterscheiden sich von den negerartigen Cuchares (Ashanti-Neger) der Küste (nach Valentyn).

†) Auch die aus dem Norden in die italische Halbinsel hineinragende Cultur Etrusciens hat die ihr auf dem Seewege zugeführten Einflüsse der Fremde nach der Schöpferkraft eines selbstständigen Typus umgestaltet. Wegen der Hungersnoth auswandernd, wurde die Colonie aus Mäonien oder

leeren Zwischenraum begannen sich nun deutlicher die einzelnen Nationalitäten zu scheiden, Ligurer mit sardinischen Ilienses und Silurer in libyscher Färbung (auch an den Manks haftend), Celten und Celtiberer (Celtae miscentes nomen Hiberis), Aquitanier, Belgae, Germanen, Veneti. Die Helisyci, die bei Avienus als älteste Bewohner des Landes um Narbo galten, waren (nach Hecataeus) ein Ligurischer Stamm und die griechische Kolonie Massilia, die im Namen Beziehungen mit den Carthago oftmals feindlichen Stämmen Nordafrika's andeutet, lag in Liguria. Nach Thucydides hatten die Ligyes oder Ligystinoi den iberischen Stamm der Sicaner vom Fluss Sicanus in Iberien*) vertrieben und als Laevi oder Libici lebten die Ligurer am Ticinus. Strabo stellt die Bevölkerung Corsica's zu dem Stamme der Ligurer, aber nach Dionysius war der Ursprung dieser ein gänzlich unbekannter. Wenn sich die Ligurier im Heere des Marius, wie Plutarch berichtet, Ambrones**) nannten, so würde der Name eines griechischen Colonienheros im einst cimmerischen Sinope auf weitgehende Handelsbeziehungen hinweisen, wie die Traditionen der in weiten Schifffahrten erfahrenen Milesier sich vielfach mit den phönizischen gekreuzt haben mögen, die sich an die Punt des heiligen Landes am erythräischen Meere anschlossen. Pausanias lässt Sardinien***) durch Libyer bevölkert werden, die Hercules als Sardus geleitet habe, und dieser Name mischt sich in Sardes mit Sandes, da Strabo als älteste Bewohner Sardinien's die Tyrrhenier herbeiführt. Die Hypothese lydischer Einwanderung nach Tyrrhenien würde deshalb nicht den Grundstamm einheimischer Bevölkerung ausschliessen, der mit den Nationalitäts-Verhältnissen des nordwestlichen Europa†) zusammengehangen.

Lydien durch Tyrrhenus geführt, dessen Sohn Tuscus seinen Namen den Tusci gab, die Gunrar Paulson für denselben Volksstamm hält mit den Tuisken oder Tusken. Nach Kayssler waren die Etrusker gleichen Ursprungs mit Tuitonen und Tuisken. Monumenta et tumulos quosdam Graecis litteris inscriptos, in confinio Germaniae Rhaetiaeque adhuc exstare (Tacitus).

*) Die (nach Ammianus) den ganzen Westen Europa's besetzenden Celten wurden durch die Iberier, die von ihren Verwandten in Afrika verstärkt wurden, vorwärts gedrängt (s. Niebuhr). Nach O'Flaherty kamen mit Nemedius africanische Piraten (Fomorier genannt) nach Irland.

**) Ambe: rivo (nach dem gallischen Glossar in Wien).

***) Aus dem durch Neptun's Dreizack zerschmetterten Lyctonien entstanden (nach Orpheus) die Inseln Sardinien, Euboea und Cypern.

†) Alpinis quoque ea (tusca) gentibus haud dubie origo est, maxime Rhaetis, quos loca ipsa efferunt, ne quid ex antiquo praeter sonum linguae, nec eum incorruptum, retinerent (Livius). Scylax nennt die Libyer Xanthoi.

An den Küsten, wo die Karavanenstrassen in ihre Endpunkte auslaufen, kehren gleichartige Namen wieder, Veneti in Armorica am atlantischen Meere, und Veneti an der Adria, die für Paphlagonier gehalten, aber durch Strabo von jenen abgeleitet wurden. Die Sindi sassen am Ausgangsthor*) der aus Indien (Hind oder Sind mit Zendj oder Zind in Afrika) heraufführenden Handelsstrassen, die zu Pompejus' Zeit das schwarze Meer verbanden mit dem caspischen, wo noch Humboldt in Astrachan Brahmanen sah. Die vier Tetrarchien (Thessaliotis, Pelasgiotis, Histiaeotis und Phtiotis) in Thessalien standen unter dem Tagus als Oberhaupt und Thessalien (Pyrrha oder Aemonia), das nach der Eroberung der Aeolier (von Thesprotia in Epirus) Aeolis genannt wurde, trug kenntlich den Charakter eines durch Reiter oder Ritter eroberten Landes, indem die Landbesitzer der Thessalier die oberste Klasse bildeten, die Schutzbürger, die an den Sitzungen der Amphictyonen Theil nehmenden Bürger (der Perrhaebi, Magnetes, Achaeer, Doloper, Malier) die nächste, worauf dann die Penestae oder Leibeigenen folgten. Unter Thessalus, Sohn Jason's und der Medea, wurden die Böotier am Arne vertrieben. Achilles herrschte in Achaea Phthiotis. Kaikaus bekleidete den in Arabien siegreichen Rustem mit der Taga (Tiara).

Unter den die Insel Thule**) bewohnenden Völkern waren (nach Procop) die Finnen die wildesten (Σκριθίφινοι) in Sarmatien (b. Ptolem.). Die in Felle gekleideten Fenni (der Sümpfe) gebrauchten in Ermangelung von Eisen Fischknochen für ihre Pfeile (Tacitus). Saxo Grammaticus beschreibt die Finnen in Dänemark als eine abgehärtete Kriegerkaste,

---

*) Wenn wir Schwaben (aus denen längere Zeit die deutsche Auswanderung allein bestand) im XVIII. J. in Pensylvanien finden, so ist für uns, bei genügender Detailkenntniss, der Zusammenhang klar. Der Rhein bildet eine tief aus dem Innern Deutschland's kommende Wasserstrasse bis an die Küsten der Nordsee, so dass seine Anwohner leichter als die Deutschen anderer Binnenprovinzen über Holland London erreichen können, um nach Amerika weiter befördert zu werden. Von den Anwohnern des Rheines werden aber nicht so sehr die Dörfer des reichen Gaues (ausser wenn politischer Druck, wie bei den Verwüstungen der Pfalz, ausgeübt wird) oder die durch Handel und Gewerbe bereicherten Städte des unteren Rheines zur Auswanderung geneigt sein, sondern eben Würtemberger und Badenser in Gegenden, wo der der Quelle noch nahe Fluss durch ärmere Gebirgsgegenden fliesst.

**) Tul (s. O'Clery) is every naked thing (gach ni nocht). Auch Ila unter den Inseln West-Schottland's wurde für Thule gehalten. Skie ist die beflügelte Insel (Scianach). Diogenes beschreibt Thule hyperboräisch. Der nach Buttmann durch Tubalcain erklärte Name der Telchinen bezeichnet (nach Rougemont) les Cainites des collines (Tel in teocattischer Form). Tula und Zuywa (bei Quiches).

die oftmals das platte Land, so wie die Städte mit Brand und Mord durchzogen. Der District Magh Feine (oder Fir maighe Feine) im südlichen Irland führte seinen Namen von den Finnen, die als Fingal's Genossen die Küste (nach dem Catha Fionntragha) schützten gegen die Piratereien der Dänen. Sie bedienten sich der Kochmethode mittelst heisser Steine (woher die archäologischen Funde der Falachda na bhfeine rühren) und gruben zugleich eine zweite Grube für ihre Abwaschung (s. Keating). Da O'Connor in Phenius*), der die iberischen Scot (Scuit) in der Buchstabenschrift unterrichtet, die Vertreter der Phönizier (durch die Hieroglyphen in den Punt Arabien's gefunden), sieht, so würden sich die orientalischen Anknüpfungen Nilson's für das Bronze-Zeitalter leicht erweitern lassen. In Finnsburg kämpft Hengist mit Hnäf und (nach dem Beowulfsliede) fällt er als Führer der Eoten (Asioten) oder Yoten in Friesland ein und zwingt Finn zur Unterwerfung, wird aber von dem verrätherischen Hunlafingen erschlagen. Hengistus majoribus potens (gast wie gise, posse in Segestes) a celtico hyn, majores, progenitores (Wachter). Wie bei Anderen diente Wodan oder Godan**) als Ahn.

Der Stamm der Ynglinger***) leitete sich (nach Snorro) von Yngvifrey, Sohn des Fiölner, den die Schweden mit Opfern verehrten.

---

*) Forchern führt auf diesen älteren Phenix (Fenius farsaidh) die Erfindung der Ogum oder Ogham geheissenen Geheimschrift zurück, deren Namen Lucian (nach Toland) in Ogmius, als Beiname des beredten Herkules, hörte (mit Melkarthes). Snorro leitet Vodden (Enkel des Finner) von Tros (Enkel des Priamus durch Memnon) ab, der, als Thor, nach dem Norden Europa's (Enea's) gegangen und sich mit Sif oder Sibylle (neben Jarnsaxa) vermählte.

**) Γούθος, ὁ ἄρχων Σκυθῶν τῶν καλομένων Γούτθων, ἔοικε γὰρ ἀπὸ τοῦ ἡγεμόνος αὐτῶν κληθῆναι τὸ γένος, τὰ γὰρ πολλὰ ἔθνη ἀπὸ τῶν ἡγεμόνων κάλουνται (Etymolog. m.) Gotos: goutheux (Leys d'amors). Kudai (im Persischen), Kutai (bei den Türken), Chudai (bei den Samoyeden), Codom (bei den Siamesen), Kutka (bei Kamschadalen) als Gott. In den Beziehungen des Gott zu den Gütern: de Deus oder divus: divitiae, dives, de dewa: duvina, de Bog oder Boh: Bohactwy. Im Baskischen ist Chouri (Lamm) weiss. In Gad oder Ket (Derketo's) meint Rougemont, dass sich das ursprüngliche Wort Qadatha (im Zend), Khoda (im Persischen), Goth oder Gott erhalten habe. Khot (Khoti) sind die Geschlechter oder auch Khot-Khao im Siamesischen.

***) Anguis (anguilla) oder (im Sanscrit) Ahi (unc im ahd und öglir im altn.) hängt etymologisch (in angis im Litthauischen) mit Ἴγις (Ἴχιδνα) oder Otter (ἔγχελυς oder Aal) zusammen (s. Curtius). Freyr repräsentirt die Sonne, wie der Inka in Inti, und der von den Schlangen stammende Negus führte das Sonnensymbol des Löwen. The sungod Thor becomes Sor or Surya (Tod); Thuringi (b. Sid. Apoll.). Nachdem die Encheläer in

Auf Fiolner, Sohn des Freyr oder Yngwe, folgte König Swegder von Schweden, der, um Odin (Votam oder Godam) in Godheim zu suchen, für mehrere Jahre Türkland durchzog und eine Gattin aus Vanaheim heimbrachte, aber dann auf's Neue fortwanderte (nach den alten Sitzen am Palus mäotis oder Azak-deniz-i). Die Fürsten der Ynglinger hatten den Titel Drotti*) geführt, aber Dyggve wurde zuerst bewogen, den dänischen Königstitel Rig's (Vater des Daup) anzunehmen durch seine Mutter Drott, Schwester des Königs Dan Mikillati, von dem Dänemark genannt wurde. Saxo macht Dan, Swend dagegen Skiold (Odin's Sohn) zum ersten König Dänemarks. König Agne durchzog siegreich Finnland. Der dänische König Hake eroberte Schweden, bis durch die Ynglinger wieder vertrieben. König Frode fuhr nach Osten, König Adil in Raubzügen nach Sachsenland und Rurik's Geschlecht wird von den Rüstingern hergeleitet.

Von Ibaath stammten die Amazonen**) Bactrier und Parthier, von Fathachta dagegen Partholan oder Bartholomäus (Führer der irländischen der Eroberung Illyrien's unterstützt waren, wurden Cadmus und Harmonia (die aus Theben gezogenen Eltern des Illyrius) in Schlangen verwandelt. Thabion (Theba, als Arche oder Höhle, oder im Koptischen Tape, als Tap oder Kasten) führte in die Religion des Thauth (bei den Phöniziern) die Weihen der Mysterien ein (nach Sanchuniathon). Die am Boden kriechende Schlange, der aus der Höhe herabkommende Adler, das vom Boden zur Höhe emporstrebende Gewächs repräsentiren die Naturreiche, denen der Mensch bei der Ansiedlung entgegentritt. Der scandinavische Weltbaum der Esche mit Schlange und Adler wiederholt sich (bei Nonnus) in der von Schlange und Adler bewachten Oelpflanze auf der Insel Tyros (Tur oder Tul), die den Sterblichen unzugänglich, erst durch die Künste des phönizischen Herakles auf gezimmerten Fahrzeugen erreicht wird, und der in den Seen Anahuac's auf einer Erhöhung Schlange und Adler tragende Cactus bildete den Azteken das Ziel ihrer Wanderungen, als prophetisches Symbol.

*) Drotten oder Dominus im Isländischen. Mallet sieht in den zwölf Drottar (Odin's) Druiden. The Irish word Drui is (in the nom. pl.) Druidhe. Artemidorus erzählte von divinatorischen Raben bei den Celten und auf Odin's Schultern sitzen Hugin und Munin. Die Vögel, die die Gallier (nach Trogus) zu den illyrischen Buchten führten, leiteten auch die Normannen auf ihren Seefahrten. Sigge, der den Gottesnamen Odin annahm, war Sohn des Fridulph. Das mhd trehten könnte, verglichen mit dem alth. truhtin, „altn. drottinn (dominus) auf Wechsel des e und o zu beruhen scheinen."

**) Als die Milesier Irland eroberten, kämpften viel edle Frauen in den Schlachtreihen der Tuatha de danann (s. Wood). Wie diese durch ihre Zaubereien Irland zu schützen suchten, so erzählt Snorro Sturleson, dass Gylfe den magischen Künsten der Asen nicht zu widerstehen vermochte. Die milesischen Kaufleute nannten Irland die schweinische Insel, aber von den Nachkommen Neimbeadh's, der personificirten Dichtkunst, war Ith belehrt worden, dass

Colonie), dessen Geschlecht Attila in Pannonien einbegriff, und war Baath der König von Scythia*) (Fenius Farsuidh, als Abu des Gadelischen Stammes oder Gaodhal), wohin auch der hunnische König Zeliorbes, der mit Kaiser Justinian kämpfte, gehörte (nach dem Leabhar dhroma sneachta). Den Namen der Sycambri (Sycambrer) leitet die Sage von der brittischen Königstochter Cambra her. The Gadelians glas-Gaill (Gaidhil, Gaodhil, Gaoidhil, Gaidhilic, Gaedhilic, Gaoidhilic) may with the same right be called Scythians or Scuit from Scythia (Scots), as the old English are called Goill from Gaul**) or Frances, whence they came. Als Vater wird dem Gaodhal König Argos oder Cecrops gegeben. Buchanan derives Gaodhal from gaothin, noble, and al, all. Nach O'Connor werden in den Liedern Eochaid's die Skoten als Clanna Breoghain bezeichnet, nomen suum Midiae, quae et Bregia appellatur, reliquisse dicuntur.

Nach dem scandinavisch-gothischen Volksstamme wurde Jütland als Reidgotaland (das feste Land der Gothen) und die dänischen Inseln als

---

der eigentliche Name Inis Ealga sei, die Insel des Edelthums, und Snorro bezeichnet Europa als Enea (im Anschluss an die trojanischen Mythen). Boetticher lässt die Schiffe der Carthager bis nach Guinea und den Kasseteriden segeln. Die beiden Bedeutungen „Herabsteigen und Herrschen" findet Rougemont, wie in Jared, auch im chaldäischen Daonus oder Daos. Theenfangkwo (das himmlische Land) heisst Lokwo, als Arabia felix (Morrison). Das Römer-Reich heisst (bei den Rabbinern) Malcout Edom oder das Königreich der Idumaeer, von den Caiasserah oder Caesaren beherrscht, indem (nach dem Hamdi Tschelebi) die Roumila von Roum oder Roumios, Sohn des Ais oder Esau, benannt waren, als Bani al Asfar oder die Kinder des Blonden (Afrange alaschkhar oder die Kinder des Blonden). Indem Abulfaradsch den Esau im Kriege mit Jacob durch einen Pfeilschuss desselben tödten lässt, so wiederholt sich hier der Kampf zwischen Haig und Bel. Obwohl Gott die Prophetenschaft den Nachkommen des Jacob zugestanden, erhielt Isaak doch die Gunst, dass von Esau Könige und Eroberer stammen sollten. Im Tarikh Montekheb heisst Jacob (Sohn des Isaak oder Ben Ishak) der Vater der (zwölf) Asbath oder Stämme (als Israel). Usous unternimmt zuerst die Schifffahrt (bei den Phöniziern).

*) Nach Diodor zeugte Heracles mit der Tochter eines Galliers (die bei Parthenius den Namen Celtina von Bretannus führt) den Galates (oder Celtus).

**) In Herleitung der Britten aus Gallien (Armorica, Germanien) stimmt Beda mit Hesychius, Dionysius, Eustathius, Plinius überein. Nach d'Ocampo zog der biscayische Stamm der Siloros (Siluri) mit den dort schon angesiedelten Briganten nach Irland. Estevan Garibay lässt durch die Irland unter König Brigo besiedelnden Spanier die Städte ihre mit Briga zusammengesetzten Namen erhalten.

Eygotaland (das Inselland der Gothen) bezeichnet (s. Worsaae). Die Gotonen an der Ostsee gebrauchten (nach Tacitus) runde Schilde und kurze Schwerter, wie sie im Bronze-Zeitalter üblich waren, das nach dem Steinalter der Aestyer eintrat. Gautar incolae Vestro-*) et Austrogotiae in Succia (s. Grimm), Gotar incolae insulae Gotlandiae. Der in Upsala (aus dem Stamm der Ynglinger) residirende König Ingiald von Schweden heirathete die Tochter Algaut's, des Sohnes des Gautrek (Sohn des Gaut), woher Gotland (das schwedische Königreich in Ost- und West-Gothland) seinen Namen erhalten hat. Neben nördlichem Adogit nennt Jordanes Reucfennae, dann Finnaithae, Gautigoth, Ostrogothae, Suetidi, Ariochi etc. Die Jettestuer identificirt Laing mit den „Picts' houses".

Die Verbindung der Gothen mit den Sueven (des Ariovistus) findet sich auch in der Notiz des Jornandes, dass auf Anregung des vom König Burvista aufgenommenen Dikeneus**) (Dignes oder Digenes***) die Gothen die später von den Triballen besetzten Länder der Germanen verwüstet, ohne dass Caesar sie zu besiegen vermocht. Der Volksname Gothonen, Γότθοι, würde gothisch Gutans, ahd. Kozon, Gozon lauten, wie im ags. Gotan, altn. Gotar erweislich ist (J. Grimm).

Die Asen†) setzten sich unter den Suiones fest, die Tacitus den nördlichsten Stamm der Germanen nennt, und neben ihnen die von einer

---

*) Ordinant super se regem Alaricum, cui erat post Amalos secunda nobilitas Baltharumque ex genere origo mirifica, qui dudum ob audaciam virtutis baltha, id est audax nomen inter suos receperat (Jornandes).

**) Zeutam primum habuerunt eruditum, post etiam Diceneum, tertium Zalmoxem (Jornandes). Diceneus gab den Gothen die Belagines genannten Gesetze. Praetor oris Richter vel Dinggrewe proprie praepositus vel primas in civitate (Gloss. Lat. Teut.). Elegit (Diceneus) nobilissimos prudentioresque viros, quos theologiam instruens, numina quaedam et sacella venerari suasit, fecitque sacerdotes, nomen illis Pileatorum contradens, ut reor, quia opertis capitibus tiaris, quos pileos alio nomine nuncupamus, litabant, reliquam vero gentem Capillatos dicere jussit, quod nomen Gothi pro magno suscipientes adhuc hodie suis cantionibus reminiscuntur (Jornandes). Nach Comosicus (der als rex et pontifex dem Diceneus gefolgt war) regierte König Corillus in Dacia über die Gothen (mit den Geten nach Orosius identificirt).

***) Nach dreijährigem Studium ertheilten die Druiden den Titel Disgi-Bhysbas, nach sechs Jahren den des Disgi-Bldisgybliaidd, als dritten Grad den des Disgi-Blpenkerddiaids, und den höchsten Rang nahm der Athro oder Penkerdd ein (Toland).

†) As (deus verus et summus) etiam unus esse possit, qui Barbaris dicitur as, quia omnibus ex uno ducendis sufficit Unus. Hansa (anser), als Gans oder Schwan, repräsentirt den im Anfange allein über den Wassern des Chaos schwebenden Vogel (bei Finnen, Karen, Indianern, Polynesiern

Frau regierten Sitonen erwähnt. Snorro führt die Rechte*) der Frau, als Haus-Frau, bei den Schweden auf Freya zurück, die alle Götter überlebt habe, und ebenso findet ein Hervortreten der Frauen**) bei

u. s. w.). Die Athener sollten aus Sais stammen, weil sie allein unter den Griechen ihre Stadt Asty nannten. Die Astarani gehören den älteren Stämmen der Pathan an, die nicht zu den von den Ghoriden später angesiedelten Afghanen gezählt werden. Die Grenzen des Stammes Usiim, zu den Kirgisen der grossen Horde gehörig, zogen sich (nach Schneegass) im Bogen um Taschkent (XVIII. Jahrhundert p. d.). Die Bewohner Turfan's (unter Asmil-Hodja) wurden nach den Städten Ansi-Cheu und Sha-Cheu an der chinesischen Mauer deportirt. Im Ansab bewahrt seine Genealogien der Araber, der die Schützer Mohamed's Ansari nennt. Die Länder Turkestan's hiessen früher Essi. Das von den Badakshan und Andiani bewohnte Quartier in Yarkand heisst Aksakal. In Aksu concentrirt sich der chinesische Handel. Die Nachkommen der Dioscuren oder Cabiren kamen auf Flössen und Kähnen zum Berge Kasius und bauten nach der Landung einen Tempel (s. Philo). In Ashi Zohak oder Dahak wiederholt sich die Schlange Ahi. Ar (Ir, Er) hält Tur oder Tor gegenüber das Verhältniss fest, wie es zwischen As und Sak oder Ask besteht. Angelsachsen und Normannen benennen das a auf sehr verschiedene Weise, doch bezeichneten beide diesen Laut (dessen alter Name ans ist) ursprünglich auf dieselbe Weise. Die àç-rune, als aus der àsc-rune hervorgegangen, ist späteren Ursprunges. Im altn. wie in ags geht a,in o über, wenn ein n darauf folgt. Ans lebt im altn. in der Gestalt von ås fort. Als bei den Angelsachsen für den neu entstandenen Laut o durch Differenzirung aus der a-rune ein neues Zeichen (os genannt) im alten Platz geschaffen wurde, wurde die versetzte a-rune mit einem neuen Namen, asc, versehen (Kirchhoff). Die Jakuten leiten sich von den Tataren Sachalar ab (Wrangel). An der Bija im Altai herrscht neben dem Glauben an Gott (als „Arlik") der an Asa, den bösen Geist (s. Tshivalkoff). In der Schöpfungssage steht Arlik als Böser dem guten Gotte Kurbystan gegenüber (Radloff). Les Etrusques et Scandinaves disent As pour dieu et Gaz en hébreu est synonyme d'El, le fort (Rougement). Les Lydiens, issus de Lud (frère d'Assur et fils de Sem), sont venus s'établir avec les Thérabéniens ou Tyrrhéniens au milieu d'une ancienne population japhétite, les Phrygiens ou les Ases, descendants d'Askénaz, fils de Gomer, fils de Japhet. Edrisi nennt Afrika den äussersten Westen (Maghreb al Acsa). Die Asen bauten auf Idafeld Haus und Hof (s. Lüning).

*) Nach Nymphodor rührte das Hervortreten der Frauen in Aegypten von der Verweichlichung der Männer durch weibische Arbeiten unter Sesostris her, und auch der Tyrann von Abomey schützt sich durch weibliche Leibwachen. An die ἄῤῥενες ἔρωτες knüpft Socrates die erste Erhebung des Menschen an (s. Bachofen). Adam kennt Polygamie in Scandinavien.

**) Bei den in 100 Häuser (wie die Chinesen) getheilten Lokrern lag der Adel auf der weiblichen Seite (in Italien). Unter den Illyriern, denen

den Tuatha de Danann statt, die, nachdem sie den Norden Europa's durchzogen, Island besetzten, bis sie von den Gaodhil*) unterjocht wurden. Ausser den Gothones an der Ostseeküste fanden sich Guthae im südlichen Schweden und das Königreich Gutland wurde erst durch Algaut's Tochter mit dem Upsala-König Ingiald verschwägert, nach dessen Tode Ivar Vidfadme (Stammherr der schwedischen und dänischen Könige) Schweden eroberte, sowie Saxenland, den ganzen Osten und einen Theil England's. Die Nachkommen des Thielvar's, der die Insel Gothland unter seine Söhne (Guti, Graipr und Gunfiaun) theilte, zogen über die Insel Dagaithi Dago (Ehstland gegenüber) die Düna hinauf durch Russland nach Griechenland und brachten (nach dem Gutalagh) den christlichen Priester Botair zurück (s. Schildener).

Appian den Illyrius zum Stammherrn giebt (Sohn des Cyclopen Polyphemus, wie seine Brüder Celtus und Gala) hatten (nach Scylax) die Frauen grossen Einfluss, wie noch heute auf der Insel Man oder (nach Plinius) Monapia. Nach Suidas sollten die thracischen Illyrier Perser sein, während die Pannonier zu ihnen gerechnet wurden und ebenso die von den Teucri in Ilium stammenden Paeones Macedonien's. Als Abkömmlinge galten die 'Αλβανοί (des Ptolemäos). In Thracien lag der Hafen Phinopolis. Nach Strabo heiratheten bei den Stäbe tragenden Arabern die Brüder Eine Frau.

*) Der lautlich den Kao-che angenäherte Name hat dann durch dialectische Auffassungen oder Entstellungen eben so viel Formen erhalten, wie Mogulen, Mongulen, Mongolen, Monkut, Tartaren, Tatta, Tata, Tataren u. s. w. Die Verwirrungen zwischen Kaschgaren, Kokhanen, Chiwaern, Kirghisen, Kosakken, Tataren, Türken, Mongolen wiederholen sich beständig bei Deguignes (s. Hyacinth) ebenso confus, wie orientalische Berichte über Jagiouge und Magiouge oder Magog. Chunsak ist Hauptstadt der Avaren im Caucasus, obwohl die Beziehungen der Namensanklänge fehlen sollen. Als der Friede zwischen den Brüdern Terk und Turk gestört war, flüchtete der geschlagene Terk in die Berge des Caucasus (nach Tsorajew). Hammer findet in alten deutschen Türkengeschichten das Wort Sackmann für plündernde Banden. Die Asiakmüten vermitteln den Handel Amerika's und Asien's (von der Insel Asiak aus). Bei Besetzung durch die Saracenen wurde den scanzischen Geographen Gross-Swithiod zum Serkland. Les Seclables (d'Ebn Alovardi) sont les Chalybes des Anciens, que nous appellons Sclaves ou Esclavons (Herbelot), von denen Strabo die kunstvollen Dactylen (die zauberischen Zwerge) herleitet. Von den, gleichwohl verachteten, Eingeborenen lernt überall das Eroberungsvolk (wie von den Diw in persischer Sage), in Neuseeland auch das Netzeverfertigen, das die Asen dem Loki absahen. Die Litthauerinnen verdanken ihre Geschicklichkeit im Stricken und Nähen den Laumen. Die als Bhutagana oder Bhutaschaar den Göttern dienenden Bhuta werden beschrieben (in Malabar) als roth, klein, dick, den Kopf mit Haarzöpfen umhängt. Loki ist Farbauti.

Heeren will in den Agrippäern die Mongolen erkennen, Erman die Baschkiren, Bergmann hält die Hunnen für Mongolen, Desguignes die Hiongnu, die Remusat als Türken erklärt. Eine directe Identification der Geten und Gothen wird durch das Geschichtsbild, das die Thatsachen von diesen Völkern zu entwerfen zwingen, zurückgewiesen werden, die Frage aber, welcherlei Beziehungen zwischen beiden neben und unter einander wiederkehrenden Namen bestanden, würde für ihre ethnologische Lösung eine Detailkenntniss voraussetzen, die, so lange sie mangelhaft bleibt, sich durch keine Theorien suppliren lässt. Die von den asiatischen Geten (in ihren immer neu angeknüpften Verbindungen mit den Sacae) ausgespielte Rolle wurde in späteren Jahrhunderten von den Mongolen aufgenommen, die in Tibet (neben den Chor oder Scharaigol) Sok oder Sok-bo heissen, und sich ihren einzelnen Zweigen nach als Chalkas-Mongolen, Eleut-Mongolen, Burjät-Mongolen u. s. w. unterscheiden, gleich den Geten in Massageten, Thyrageten, Thyssageten (oder auch in der Wüste Gobi sich in Südmongolen und die vier Fahnen der Nordmongolen trennen, wie West- und Ostgothen ihrer Lage nach bestimmt wurden). Aehnlich den für längere Zeit in Thracien ansässigen Geten, finden sich neben den Nomaden ackerbauende Mongolen in den Chorinzen bei Nertschinsk, den Burjäten des Baikal u. s. w. Nur aus der Lautähnlichkeit zwischen Geten und Gothen auf einen anthropologischen Zusammenhang schliessen zu wollen, wäre müssige Spielerei, da schon ein Blick auf das naheliegende Beispiel der Mongolen und Mogulen das Trügerische zeigen würde. Timurlenk war seiner Herkunft nach mehr Turkmane*) als Mongole, er stand aber dennoch in entfernterem Verwandtschaftsverhältniss zu Dschingiskhan und als er nach Besiegung der Geten, den Thron von Dschagatai bestieg, führte er die Traditionen der mongolischen Dynastien fort, in einem damals schon nicht mehr von den eigentlichen Mongolen bewohnten Lande. Als nun der Sohn seines Urenkels das Reich von Delhi stiftete, schmückten sich seine Nachkommen mit dem ehrenden Epithet der Mogulen, während die Mongolen in ihrer Heimath den Chinesen für ebenso verächtlich galten, wie die den Sklavenstand repräsentirenden Geten einst den Römern, obwohl dagegen wieder der Titel der Gothen im Norden mit Stolz bewahrt wurde gleich dem der Godos in Spanien, deren Joch die Unterdrückten mit verbissenem Ingrimm trugen, ebenso wie die Brahmanen das der Grossmogulen. Die Ethnologie mag mongolische Wurzeln in Mogulen auffinden, wenn es sich aber nicht länger um die Embryologie handelt, so kann sie nicht gut diese Mogulen für Mongolen erklären, da das anatomische Messer Nichts Mongolisches mehr nachweist in den Mogulen, welche die auf einheimischen Stamm gepfropfte Physiognomie der

---

*) Les Turcs nomades ont une forme de crâne qui les rapproche des Mongols, tandis que les Turcs Osmanlis depuis, longtemps civilisés, ressemblent presque entièrement au type caucasien le plus parfait. Des changements analogues ont eu lieu chez les Finnois et chez les Magyars actuels (Joly). Nach Lenormant waren die egyptischen Schädel vor der sechsten Dynastie Dolichocephalen, nach der elften Dynastie Brachycephalen. Davis scheidet bei 80.

arischen Indier, sowie die Religion der mahomedanischen Indier semitischer Herkunft angenommen und ihre Muttersprache gegen das Urdu vertauscht haben. Die Anwendung auf Geten und Gothen kann sich Jeder selbst leicht genug machen. Je häufiger der Name der Mongolen für Specialbezeichnungen abgeschlossen constituirter Kreise in Anspruch genommen wird, desto mehr empfiehlt sich als allgemeiner Ausdruck der Name der Tataren, unter dem im weitesten Sinne auch Türken und Turkmanen mitbegriffen werden können, und ähnlich zeigte es sich im Alterthum vortheilhafter in Generalisationen von Saken zu reden, seitdem sich mit den besser bekannt gewordenen Geten-Stämmen schon individualisirende Vorstellungen verknüpft hatten. Wollte man die vermeintliche Ableitung der Tataren*) von den Ta-Yueitchi (Grossgeten) festhalten, so würde dies den etymologischen Gesetzen der Philologie widersprechen, die nur bei anerkannter Gültigkeit der Kernwurzel eines Wortes ihren Aussprüchen Rechtsgültigkeit verschaffen kann. Im bäuerischen Völkerverkehr kommen aber den Kunstsinn verletzende Verstümmelungen häufig genug vor, und wenn uns die rohen Papuas aus Dewata nur die abgerissenen Endsilben Wata als ihren Gott anbieten, müssen wir auch diesen annehmen, obwohl sich das Ohr lieber des anmuthigen Gefälles freuen würde, mit denen die Modulationen der glänzenden Deva in so manchen Umläufen der Zeiten und Culturen spielen.

Ausser der Schlange Sruvar, erschlägt Sam mit seiner Keule den Wolf Kapat, der auch Pehan heisst, den Diw Gandarf, den Vogel Kamak, den Diw der Verwirrung, noch viele andere grosse und würdige Handlungen ausführend, die Welt von Plagen zu befreien, und sollte auch nur eine einzige derselben in der Welt geblieben sein, so wäre es unmöglich gewesen, die Auferstehung und folgende Einkörperung zu bewirken, sagt das Minokhired mit einer Wendung, welche der Edda entnommen sein könnte, deren auf fremden Boden verpflanzte Götter aber schon die Kraft verloren hatten, ihre gefährlichen Feinde zu besiegen und denselben deshalb am Ragnarökr unterliegen mussten oder doch gleichzeitig mit ihnen zu Grunde gehen. Im ärztlichen Character preist der Vendidad den Thrita als den „Nützlichsten der Sam," während der scandinavische Thridi bei der nördlichen Auswanderung der Asen in Asgard zurückgeblieben zu sein scheint. Trita (Aptia) der Vedas wird mit Thraetona (in Feridun) identificirt, dem Sohn Athvia's, und Feridun war Ahn der persischen Könige, wie Pharamund der Fränkischen. Sam, dessen Körper durch die von den Jzed und Amschaspands aufgestellten Feruer gegen die Diws gehütet wird, liegt im Todesschlaf am Demavend, bis er sich beim Losbruch des gefesselten Zohak neu erheben wird, um durch Sosiosh im wahren Glauben gestärkt, den Widersacher niederzuschmettern (nach dem Bundehesh). Ausser der Stierkeule, wie sie auch Guerschasp (Sohn des Thrita) im Kampfe mit der Sruvar gebrauchte, diente zugleich der

---

*) Die Chinesen nennen in Gesprächen die Mongolen in der Abkürzung Ta-zsy, nur mit der ersten Silbe des Wortes Tatan, als Myngu-Tazsy, Kalka-Tazsy (südliche, chalchaische Tatanier) (s. Hyacinth). Tangri-Kutu (Sohn des Himmels) war Fürst der Hiongnu. Tungusisch ist guto (chutto) Sohn (s. Schott).

(bei den Sagartiern erwähnte) Lhasso als Waffe dem Rustem, der (in Sedjestan) mit Sam und Sal zu den Pehlwaniden gehört.

In ihren verschiedenen Einkörperungen verbreiteten die (gebotenen Falles auch, wie Vishnu, in herculischen Avataren auftretenden) Sam die geistigen Heilmittel, wie sie in den (von Samos oder Parthenia gebrachten) samothracischen Mysterien geboten und von Zamolxis (in Scythien) den Thraciern und Geten gelehrt waren. Ptolemäos setzt die $\Sigma\alpha\mu\mu\tilde{\imath}\tau\alpha\iota$ in das nördliche Scythien. Die Samniten waren eine Colonie der Sabiner unter den Oscern und von den Sabinern war Semo (Sancus) auf quirinalischem Hügel eingewandert (als Hercules Sabinus). Die Semones werden (von Fulgentius) als Götter zwischen Erde und Himmel beschrieben. Im priesterlichen Charakter werden in Indien die Samanäer früher als die Schüler Buddhas genannt, dessen dritte unter den 28 Incarnationen als Sambhawa durch das Symbol des Pferdes auf die Reitervölker führt, wie die Legende des auf dem Garuda reitenden Religionsreformators (des Sonnencultus) Samba auf den sibirischen Schamanenvogel, welcher der, die heilige Sprache des Pehlvi oder Pali überliefernden, Familie der Fürsten von Sacastana als hülfreicher Schutzgeist (in Firdusi's Gesängen) gewogen bleibt. Neben dem Lama finden sich die Oberhäupter der Schammar unter den Rothmützen. Khondemir bewahrte eine Tradition von Sam ben Souri (dessen Heiligkeit seinen Sohn Houssain ben Sam vor dem Tiger schützte), Sohn des Mohammed ben Souri, letzten Königs der Nachkommen Zohak's, die, von Feridun besiegt, sich ein Fürstenthum in den Bergen Ghor's gründeten, später aber von den Ghazneviden unterjocht wurden. Die durch die Ghoriden angesiedelten Afghanen würden in ihren jüdischen Genealogien auf Sam ben Noah führen, während Sammael einen gefallenen Engel zeigt und das treffliche Schwert Samsam (des Amru) oder Samsanah ($\sigma\alpha\mu\psi\tilde{\eta}\varrho\alpha\iota$: spathae barbaricae nach Suidas) an den persischen Riesen Semendun, der, nach dem Kajomorath-Nameh, den Kajomorth bekämpfte, erinnert. Die Dynastie der Samaniden in Transoxiana wurde von Ismael (Bruder des Nasser) gestiftet, als die Einigkeit unter den vier Söhnen Assad's (Sohn des Saman) gestört war. Aboulfarah feiert die Herrschaft der Samgiur in Khorasan. Der arabische Stamm der Saman wohnte in der Stadt Meru in Khorasan. Samarcand wurde nach Abulfeda) von dem Tobai gegründet und die Citadelle (nach Khondemir) durch Lorasp erbaut. Ein künstlicher Hügel ist bei Samosata (Schemisath), Hauptstadt von Commagene, erhalten. Das Tarikh-Samari setzt die Trennung der Samari (Schemsin) oder Samaritaner in das Prophetenthum des Elias, nach dem Tode des Samson oder Simson, indem sich damals die Ridhal oder Gnade von Allen im heiligen Lande (ausser von den auf den Berg Garizim Zurückgezogenen) entfernt hätten und Samuel mit seinen Nachfolgern ein Magier gewesen sei. Syrien heisst als links (dem rechten Jemen gegenüber) Schams (in Beziehung zum Sonnenkultus). Die dem Altare Zugehörigen heissen bei den arabischen Christen Schamamessah (Schammas), und dem Schamas oder Diacon gegenüber stellt der Saheb al Codas (oder der Eucharist) den Priester dar. Im Caherman Nameh heisst Sam, Sohn des Caherman, (der Siegreiche oder

Catel) wegen seiner Tapferkeit der zweite Caherman oder Caherman thani. Die weibliche Leibwache der Abassiden hiess Cahermaniah. Nach dem Leb Tarikh erhielt Sam oder (nach dem Thamurath Nameh) Neriman von Manushcher den Titel Pehlevani du Jehan (Held beider Welten) und er liess seinen Sohn Sal (Zalzer) aussetzen, weil er geboren war, tout couvert d'un poil blond et doré (s. Herbelot). Sam oder Sem (Noah's Sohn) heisst (im Tarikh Montekheb) Aboul Arab oder Vater der Araber (und der Propheten).

Der Soma-Dienst (dessen Priester Somyas im Rigveda noch vor den das Feuer wahrenden Bhrigus zurückstehen) führt auf Hom oder Haoma, und dieses weiter auf Omanus, Ammon und eine lange Kette von Religionsvorstellungen, die man bisher nur nach dem Maasstab dessen gemessen hat, was jetzt in den Schulen unter dem System des Buddhismus, Zoroastrismus etc. verstanden wird, um sie bei leichter Einfügung zuzulassen, sonst zu verwerfen, oder sie Einem jener Fanatiker zu überlassen, die aus dem Zusammenhang gerissene Liebhabereien in einseitige Monstruositäten zu übertreiben bemüht sind. Die nach dem jetzigen Standpunkt unserer Studien von den orientalischen Religionen entworfenen Bilder, bedürfen indess noch zu vieler Rectificationen, als dass ihnen schon eine objective Realität vindicirt werden könnte, und um zu dieser zu gelangen, liegt die erste Bedingung in der Aufgabe, objectiv alle in den vorzeitlichen Jahrtausenden umher zerstreuten Facta nebeneinander zu stellen, und ihre Zusammenordnung zu einem System nicht eher zu versuchen, als wenn dasselbe von selbst aus dem organischen Gesetz des Verständnisses hervortritt.

Der in Kabil mit kabulischen Kophenern verknüpfte Name Kain's (dessen in Bergwerken kundiger Sohn Mahalehl die Städte Schuster und Babel baute) wird später von der Sage in der (gleich dem seine Schwester Aklima zur Ehe verlangenden Kain keine trennenden Grade der Blutsverwandtschaft beobachtenden) Kainiden-Dynastie Persien's wiederholt, und immer vom Standpunkte der erobernden Nomaden-Völker aufgefasst, die (im Gehad und Gaza) die von Enos gelehrten Sklavenjagden gegen die verhassten Nachkommen Kain's gern als heiliges Gebot übernahmen und die Ackerbauer von jeher in derselben Weise verachteten, wie noch heute die Turkmanen die Karakalpaken, denn auch unter den Kirghisen wird der Ackerbau nur nebenbei getrieben und wer sich ihm ganz ergiebt, zeigt dadurch, dass er völlig verarmt ist und alle seine Heerden verloren hat (wie auch bei den Indianern Nordamerika's nur der durch Schwäche oder Krankheit Untüchtige dem lästigen Zwange nachgab, als Ansässiger mühsam den Boden zu bestellen, statt kühn und ritterlich dem Waidwerk zu fröhnen). Zu den trotz ihres angeborenen Stolzes dem Kampfe mit den mächtigen Culturstaaten nicht gewachsenen Hirtenvölkern*), den Söhnen Habil's oder Abel's, trat eine durch ihre

---

*) Die mit ihren Heerden auf weite Strecken hingewiesenen Kirghisen können sich nie zu genügendem Widerstand vereinigen, und die Art und

wunderbare Erscheinung aus unbekannter Herkunft zum göttlichen Range erhobene Rasse der Asen oder Tengrisöhne in den, dichterisch mit dem Peri (wie die Cainiten, mit den Div) zusammengestellten, Bani algiann oder Beni Elohim, für deren Stammvater dann spätere Abrundung der Sage, nachdem sie mit den Habiliten als Ben Beni Adam oder Doudash zusammengewachsen waren, einen Repräsentanten in Seth schufen, dem drittem Sohne Adam's (der den Gegnern deshalb auch für das typhonisch Böse in Schlangenform galt und in der Modification Scheitan selbst nachher unter solcher Form von den eigenen Sethiten unter Missverstand seiner Ableitung adoptirt würde). Ursprünglich waren sie aber eine präadamitische Rasse, eine Rasse der Jeni duniah oder neuen Welt, aus dem Osten gekommen, von dem, (als durch Wüsten unzugänglichen) Jabaschah (arida in der Vulgata) genannten und auf dem (von Lokman gekannten) Wundersteine Sakhrat gegründeten, Berge Kof (der Gupten oder Kopten), wo unter dem Drachenbanner*) des, Tahmurath davon erzählenden, Simorgh im Kanoun oder Fanoun die (in chinesischer Indifferenz atheistischen und deshalb, nach Abulfarag, der Secte des Empedocles oder Deherit angehörigen) Könige der Solimane geherrscht. Als Herrscher seines Jahrhunderts (als raddrehender Kaiser) besiegte (nach der im Schadukiam gefundenen Inschrift in bialbanischen Charakteren) Soliman Hakki den Div oder Riesen Anthalus (s. Herbelot), als den von Aegyptern gekannten Atalanten des Westens (mit Hülfe Athene's**)), und mit den von den Solimanen ererbten Waffen warf Tahmurath, als Div-Bend oder Dämonenzwinger, die Feinde nieder in schweren Kämpfen mit Arghenk, dem Riesen, in der Stadt Aherman (dem falschen Soliman auf dem Berge Kaf). Gian ben Gian der Letzte der

---

Weise wie sie (vor dem russischen Protectorat) von den in ihren Forts concentrirten Khiwanen oder Kokandern unterdrückt wurden (nach Butakoff) lässt verstehen, wie in der Auffassung der Hirten alles Schlechte und Hassenswerthe sich mit dem Begriff der Cainiten vereinigt.

*) Wenn in den ossetischen Märchen (bei Schiefner) die Heerden von Terk und Turk durch einen eisenmauligen Wolf und einen eisenschnabeligen Raben beschützt werden, so sind das die Paniere der von diesen Thieren (wie bei Koloschen) abgeleiteten Stämme der Türken und ein eisenmauliger Hengst tritt in der Aspa hinzu.

**) Sic dea vocatur, femina vero ἀστή, sagt Suidas bei Ἀθηναίη (s. Bernhardy). Megaclides in commentariis in Homerum dicit feminas non Athenaeas, sed Atticas vocari. Ἀστός: πολίτης, ἀστοί peculiariter vocati cives Athenienses, Ἀθηνᾶ (Παλλάς) Minervam dictam esse ab Aegyptiaca Neitha sive Netha, inverso literarum ordine, quum Aegyptii veteres a dextera ad sinistram literas scriberent. Ἀσκός (utris) de hominis corpore etiam dicitur vel vivo vel mortuo. Ἀίσπι annotat Hesychius pro ἀῆσαι, flare (ἀῆται).

Solimane, hatte das Palladium des himmlischen Schildes an Adam gegeben, auf der das Sererland mit dem durch den Besuch des Jina geheiligten Ceylon verknüpfenden, Insel Serandipa, wo es Kayomorth (nach dem Kayomorath-Nameh) nach langen Reisen fand und seinem Sohne Houschenk überliess, nachdem er von dem Gesetze des Propheten Seth oder Scheith gehört, das sich im Mittelreiche der bewohnten Länder, im (später nach Mekkha versetzten) Beith Allah befände. Mit der Schöpfung Adam's traten jetzt neue Völker auf den Geschichtsschauplatz, der chinesische Osten verschwand in dem Nebel mythischer Vorzeit, vergebens frägt Kayomorth nach dem Volke der Gian ben Gian, es ist verschwunden, aber noch bleiben Zweifel in Erinnerung der alten Macht und alten Herrlichkeit, es kann selbst im Ruhme eines (verdächtig an Irrlehren des Götzendienstes streifenden und deshalb von der ächten Prophetenreihe semitischer Orthodoxie ausgeschlossenen) Salomo wieder aufleben, während man mit den gottlosen Riesengeschlechtern der Ghibborim (Nephulim), der Aditen, Thamuditen u. a. m. weniger Umstände macht und sie von der Erde vertilgen lässt, da sie in den schon occupirten Sitzen nicht wieder emporsteigen dürfen. Aber noch stehen als unvergängliche Zeugen einstiger Grösse die Pyramiden hervor, die lange vor Adam (nach dem Nametallah) Gian ben Gian gegründet, als Al-Eheram (Ehrem oder Haram), oder Al-Hermani, und an welche Edrisi die im Westen (wie in China von Chin-nong*) verkündete Wissenschaft knüpft, als Hermes Trismegistus oder Thoth. Noch hausen dort die Djin, die in Jin (Chin im Chinesischen) ebenso (in Anknüpfung an gignere) eine primitive Götterwurzel im Buddhismus bilden, wie die durch Antagonismus verkehrten Bhut (bhu oder sein) in Buddhismus. Bhuta ist der zusammengebildete Rudra. Nach Sanchuniathon führt Aeon oder Aion (Vater des Gen) gesittetes Leben ein, wie der zuerst aus den Halbgötterreihen hervortretende Kaiser China's. Die chinesischen Gin-hoang werden 10 an Zahl angegeben, die Gian ben Gian oder Solimane 40 oder 72.

Salah, der Prophet des Kameels bei den Thamuditen, gilt als Vater des Houd (Ahn der Jahud oder Juden) oder Heber (der gegen den Regengott Sakiah, den Gesundheitsgott Salemali, den Wegegott Hafedhah und den Reichthumsgott Razecah predigte), als Sohn des Arphaxad (Sohn des Sem) oder (nach dem Tarikh Montekheb) Sohn des Asaph. Salah (mot arabe) signifie sain et saint (Herbelot). Assaf war der Stammgötze der Coreischiten. Der vom Propheten Buradsch als Diw bezeichnete Sam (Vater des Sal oder Zalzer) bestieg den wilden Soham,

---

*) Bei californischen Indianern wird die Einführung des Tempelcultus dem Chinigchinig zugeschrieben.

um als Neriman (Tapferer) oder General des Feridun den Fürsten Kus (Fil dendan oder Elephantenzahn) zu bekämpfen. Kusi sind die Uigurer. Philipp von Macedonien heisst Filikus, Filibah Vilaieti die Provinz Philippopolis. Der Elephant, als Fil (im Arabischen) oder Pil (im Persischen) wurde erst seit König Abrahah den Arabern bekannt. Nach dem Tarikh Cozideh wurden die Elephanten zuerst durch Feridun gezähmt. Elia und Ariha (Jerusalem und Jericho) waren Hauptstädte der Falasthi (Philister) in Falasthin oder Filisthin (Palästina), dessen alte Könige (nach Ahmed al Fassi) den Titel Gialout (Goliath) oder Gialouthiah führten. Die Aegypter setzten die Erbauung der Pyramiden in die Zeit des Hirten Philitis. Der Körper Adam's wurde von Noah zum Begräbniss nach Salem (Jerusalem) gebracht. In Salivahana kämpft der Prophetenkönig der Indoskythen mit Vicramaditya, als Vertreter der Brahmanen.

Auf die durch Gerechtigkeitssinn ausgezeichnete Dynastie der Pishdadier folgte die der Kaianiden (Kai oder Riesenkönig), unter der die Kunst des Bogenschiessens (nach Khondemir) zur höchsten Vollendung kam. Auf den Streitwagen der Aegypter und Assyrier tritt, gleich den Fürsten in der Ilias, nur der König hervor, und in den Sagen des Altai (wie von Ai-Mergan, Puga-Daka u. s. w.) führen die Helden allein den Kampf, während das sonst von ihnen genährte und gekleidete Volk höchstens im Nothfall zum Aufgebote versammelt wird, wenn jene fehlen (s. Radloff). Unter Kai Khosru, der dem Siavesh, Sohn des Kai Kaus (Sohn des Kai Kobad) von Frankis (Tochter des Afrasiab) geboren war, wurde (nachdem er den Thron Persien's bestiegen) nach dem Genz Duazde Rokh (oder dem Zwölfkampf der Iranier und Turanier) der Krieg mit Afrasiab oder Farsiab (dem Eroberer) geführt, der als Bundesgenossen des Letzteren auch den Khakhan von Cathai und Sangal, König von Indien, herbeiführte. Die Erschlagung des Furude (Sohn des Siavosh von der Tochter des Piran Vasseh) durch Thus liess auch in diesem Krieg verwandtes Blut vergiessen, wie in dem zwischen den Kurus und Pandus.

Unter den, die Schamanen als Kam bezeichnenden, Altaiern (von den Mongolen überflutheten Turk-Tataren osmanisch-jakustischen Geblütes der Türken) unterscheiden besonders die Katschinzer am Abakanflusse drei Welten, zunächst die oberhalb des Himmels, wo Altyn-Kan seine Yurte hat, und wohinauf Kudai die auf Erden verfolgte Abakai Kattyr durch den Mond wegnehmen lässt (in Folge eines an Sonne und Mond gesendeten Schreibens). Durch das Rauchloch des Himmels können sich dann die Fürsten als Nebel (oder indem sie in den Sand hinabspringen) auf die Erde des Eisenberges hinablassen, um das Volk und das (oft vom siebenköpfigen Tschalbagan gefressene) Hutvieh durch Jagd zu nähren und zu bekleiden. Feindlich böse ist die Welt des Aina, mit den Schwanfrauen (deren Zöpfe aus Hanf statt aus Haaren geflochten sind und deren Seele nicht tödtbar ist, so dass der Körper an Lärchenbäume, nach dem Besiegen, aufgehängt wird) verbunden, und erst nachdem aus dem mit der Tochter der Schwanfrau vermählten Kan Mergan die Aina-Seele ganz entschwunden ist (indem das erste Pressen Schlangen und Frösche, das zweite schwarzes Blut, das dritte weisses Blut aus dem Munde drückt), darf er wieder in's weisse Haus kommen. Als nach den Sagaiern (am Flusse Se) Puga Daka (Sohn des edelgeborenen Pulai Kan) mit Agra Kara, dessen Yurte unterhalb neun Erdschichten steht, ringt, sinken sie neun Erdschichten in die Tiefe hinab zum schwarzen Hause, wo nicht Sonne, nicht Mond ist, aber weiter nach unten konnten sie nicht sinken, da dann die Erde aus Sand und Gewölbe fest ist, neben einem schwarzen Meere, wo die halbe Sonne scheint. Karyn Darin (der Kahle mit dem Tuchpelze) verachtet die Drohungen Agra Kara's (der, unter der schwarzen Erde wohnend, eine schwarze Seele mit blutgefülltem Innern hat), denn die Leute unter der schwarzen Erde hat der schwarze Aina erschaffen, die Menschen der sonnenvollen Erde hat Gott geschaffen; nicht auf eigene Kraft, sondern auf Gott ist zu vertrauen. „Gott der Herr, hat er nicht jeden Menschen geschaffen? ist etwa ein Anderer der wahre Gott?" (s. Radloff). Schiefner findet in Aina, als Kudai's Widersacher, das altbaktrische aênanh (der Rachsüchtige oder Böse). Bei den Lappen ist Aimo der Seelenaufenthalt in den Bergen der Zwerge (bärtig wie die Ainos). Die Tartaren opfern den Aimak, als Hausgöttern, kleine Thiere. Das Land der seufzenden Menschen (Enada Mina) liegt (nach den Tibetern) nördlich vom Summer Ola und ist von der Natur reich ausgestattet, kann aber jeden Tag von dem Engel besucht werden, der den nach sieben Tagen eintretenden Tod anzeigt. In Aeneas' Sohn erneuerte sich der Name Askanius. Ini ist Auge in den Keilinschriften, Ain (im Arabischen) Auge und Quelle, und im Wasser wohnt der Böse. Bei den Sojonen wohnt Purchan Chau Kurbustu Tangkarakai Kudju Purchan Pakschy oben, unten aber Kara San Attyg Chan, reich an Vieh. Aphrodite, als Landesgöttin der Teukrer, hiess Aineias, und der Name des Aeneas, als Stellvertreter des teukrischen Herrschergeschlechtes (und Stammherr der Aeneaden) hat sich (nach Uschold) überall da erhalten, wo sich Zweige des Volkes niederliessen, denen der Cultus der Aphrodite-Aineias ursprünglich angehörte. Nach Livius nannten die Latiner den Aeneas Jovem indigetem. Die Salaminier feierten das Fest der *Αἰάντια* zu Ehren des Aias und Aias hatte der Minerva, als Aiantis, einen Tempel in Megara gebaut. *Αἶνις*: nomen gentis (Suidas). Im Siamesischen ist Aija der

Fürst oder Erste (Aijaka: Vorfahren) und Ai mit den Ausdrücken für Fische oder andere Wasserthiere verbunden. *Αἰνείας* (Trojani herois nomen) ab *αἰνός* (gravis horrendus) derivatum, ut testatur Homerus (Steph.). *αἰνά* (*αἰνῶς*) graviter, horrende. 'Ἀναῖτις, als persische Göttin, heisst (bei Polybius) *Αἴνη*, und *αἴνη* wird in Beziehungen zum Wasser gebraucht. Aja*) im Sanscrit ist der ungeborene Erste (aus dem Wasser, als Nak oder Na von nascare). In Athen baute man der Anaideia, um Schamlosigkeit abzuwenden, einen Tempel und aij bedeutet im Siamesischen: beschämen, ai-nam: Wasserdunst, ai-hu: Affe u. s. w. Der durch weibliche Prostitution unzüchtige Dienst der in Comana verehrten Anaïtis war (nach Strabo) am Weitesten durch Medien und Armenien verbreitet. Anahid war der (täglich aus dem Meere geborene und in dasselbe hinabsteigende) Ized (weiblicher Form) des Morgen- und Abendsternes. Bei den nordamerikanischen Indianern**) lebt das böse Prinzip im Wasser, aber in den ältesten Traditionen Ostasien's spielen die Wasserdrachen als Stammväter, gleich Inachus. Wie Wieska bei den Chippeway durch den Biber, lässt der als Gans umherfliegende Gott bei den Altaiern durch die menschliche Gans Erde aus der Tiefe des Wassers zur Schöpfung heraufbringen. The Greeks borrowed the goose and the sun with the Egyptian hieroglyphical zigzag (s. Wilkinson). Dem Kud-ai steht der Ai-na (na oder ana als Uebel im Birmanischen) gegenüber, aber ausserdem hat sich die Erinnerung an die dämonische Wesenheit des Asa im Altai noch erhalten. Die Aina stehen versteinert (gleich den Enax-Söhnen) aus den Steppen hervor (wie die Slota Baba, mit welchem Namen auch männliche Bilder bezeichnet werden) und Anactes waren die alten Fürsten der Hellenen, in denen Latham die Alanen versteckt glaubt. Der Anrufung des Zeus wurde Ana (Herrscher oder anax) zugefügt.

Die turkestanische Steppe, die nach Norden in die sibirischen Wälder, längs der Ufer der grossen Flüsse, im Westen in die Wolga-Ebene ausläuft, wird im Süden entweder schon durch die Gebirge der Darvaz (das Land der Durchgänge über den Belur-Tag), oder, wenn das alte Balkh (mit Chunduz und Badakshan) den Nomaden erlag, doch

---

*) Ein (unus) ains (Gothisch), an (anglos.) Ainazen: singulatim. Die Cicade (heime) erscheint in der Heldensage unter dem Namen Heimo (Aimon im Altfranzösischen).

**) Wie die Indianer ihre Manitu haben die Sayaner aus Thierfellen gefertigte Talismane ihrer Aina-Thiere. In jedem Stamm findet sich ein heiliges Thier, das nicht gegessen werden darf, bei den Yakuten oder Sokhalar, die auf den Fürsten Zacha zurückgehen (als Iskander in Zascha, die russische Abkürzung für Alexander). Die Sokha gehören zu den Sayanen.

durch die zweite Barriere des Hindukush von dem durch den Himalaya geschützten Indien abgeschlossen, dessen, bereits schwer zugänglichen, Vorposten Afghanistan bildet, und ebenso umziehen der Bolor im Westen, das aus dem Thianschan verlängerte Bogdo-Ula-Gebirge (oder schon dessen Aussenmauer des Ala-Tau und der Sayan-Berge) im Norden die östlich in die Gobi übergehende Si-yu (kleine Bucharei oder Ostturketsan), die (als Nanlu) keilförmig vorgeschobene Westgrenze des dadurch in seiner Abgeschlossenheit geschützten Culturkreises China's. Innerhalb der turkestanischen Steppe blühen oasenartig kleine Kulturstaaten auf, Kokan im Gebiete des Jaxartes, Khiva bei dem schwankenden Laufe des Oxus auf unsicherem Boden, Bokhara und Samarkand im kanalartig bewässerten Zwischenland beider Flüsse. Das beschränkte Areal hat selten oder nie einen mächtigeren Aufschwung erlaubt, die Cultur ist nur eine Halbkultur geblieben, nur durch unbestimmte Schattirungen über den rohen Nomadenstand der Turkmanen erhoben und, gleich diesen, räuberischen Piratenzügen auf weiter Wüstenfläche ergeben. Das werthvollste Naturprodukt ist der Mensch, nach dem Menschen steht vor Allem der Sinn des auf seine Uebermacht trotzenden Naturvolks. Sklavenjagden*) liegen als Motiv den Stammeswanderungen in Afrika zu Grunde, Sklavenjagden treiben die umherschweifenden Turkmanen zu steter Beunruhigung nachbarlicher Grenzen, wo sesshafte Bevölkerung zahlreiche Beute verspricht. Bedürfniss und Angebot, die Leichtigkeit der Erwerbung wird also die Richtung dieses Menschenhandels reguliren. Die schwachbevölkerten und ausserdem mehr oder weniger nahe verwandten Staaten Transoxiana's (Kokan's und Bucharien's mit Chiwa) werden weniger reizen, als das reichere Persien, das zugleich durch feinere Civilisationsideen bereits veredelt, dem Sklavenhandel eher Hindernisse in den Weg legt, und darnach nur zum Export derselben sich eignet, während gerade Transoxiana die passendsten Märkte des Importes bietet. Der Geschichtsgang ist daraus klar. Die Turkomanen der Flüsse Gurgan und Atrek im caspischen Winkel durchstürmen in Streifpartien die Provinzen von Astrabad, um Menschen zu rauben und in Chiwa zu verkaufen, die in ihren Oba um Meru die Hasret (Majestät) des Chalifen verehrenden Turkmanen halten Khorassan (um die im Nichtsthun ihre Adelsprobe findenden Bewohner Bokhara's, Samarkands und Khokan's mit Arbeitern zu versehen) im Zustande beständiger Angst und Aufregung, wenn Persien nicht stark genug ist, sich durch die Be-

---

*) Früher mit Wagen in der Sahara. Nach dem Khao-kong-ki (Anhang des Tscheou-li) wurde die Fabrikation der Wagen besonders unter der Dynastie Tscheou betrieben (s. Biot). Die Kriegswagen waren mit Leder besetzt.

setzung der festen Punkte Herat und Meru einen Festungswall gegen die offene Wüste aufzuwerfen und dadurch den Andrang zu brechen. Obwohl die Wanderstämme Turkomanien's auch durch ganz Persien ihre ethnologischen Wurzeln verzweigt haben, so sind sie doch auf dieser Grenzscheide durch das Zuströmen andersartiger Cultureinflüsse aus Südarabien, Kleinasien, Syrien rascher modificirt, als in den isolirten Bildungskreisen Transoxiana's, und durch die grössere Schnelligkeit der Umwandlung auch auf eine höhere Stufe der Ausbildung erhoben worden.

In der Heldensage der minussinskischen Tataren (bei Schiefner) vereinigen sich scandinavische Mythen des westlichen Europa und indianische des östlichen Amerika. Das Bellen der Hunde des Jedai Chan, den der (dann ehelos fortlebende) Ala Kartaga bezwingt, wird von den (sieben oder neun) Kudai ebenso gefürchtet, wie das Losreissen des Fenriswolfes von den (durch Einschluss fremder Aufnahmen) zur Zwölfzahl erhobenen Diar im Göttersenate der Asen. Im Kampfe des Knaben Alten-kök (des goldenen Kukuk), den die Kudai trotz des Widerstrebens seiner mit ihm einsam in der Yurte wohnenden Schwester, zum Kampfe gegen den hier noch in Rahu's Form auftretenden Aikun, den Riesen des Mondes (Ai) und der Sonne (Kön) rufen, wiederholt sich die Bezwingung der Sonne durch den Knaben der Chippeway, den seine mit ihm zusammenlebende Schwester vergebens zurückzuhalten sucht. Die an den Wechsel des Mondes (in Jedai-Chan, wie vielfach sonst) angeknüpften Sagen des Fortlebens verbinden sich auch mit dem in jedem Frühling wiederkehrenden Kuckkuck, den die Polen im Tempel des Gottes Zywie, des Jugenderhalter's, verwahrten. Die Verwandlung der Unheil stiftenden Uzut Areg (Tochter des in der Tiefe wohnenden Utjut Chan), in einen schwarzen Fuchs deutet nach Japan, der von einem hölzernen Hammer gelenkte Stier des Katai-Chan (der einem Meerungethüm jährliche Kinderopfer bringt) scheint eine Modification des undeutlich erinnerten Elephanten, auf dem auch im Shahnameh der Herrscher China's reitet. In Katai-Mos, Katai-Alep u. s. w. mag der Name eines als herrschend bekannten Volkes zum Titel geworden sein, wie vielfach nachweisbar. Balamon-kan zaubert mit Trommeln gleich den Schamanen und Noaiden; in Bürü-Chan, Wolfsfürst, erhält sich die Genealogie der Hyperboräer und Koloschen, (Boro-Chan ist der schwarzgraue Fürst). Als der in schlechtem Otak lebende Knabe diesen Wolfsfürst in der (auch von Maui gestellten) Schlinge fängt, strahlen die Haare des weissen Felles im Goldglanz wie das Licht der reinen Sonne, und durch Alten-Bürük, die in eine Katze verwandelte Tochter desselben, wird den Jedai-Khan, der im Einvernehmen mit den sieben Kudai über die sieben Aina (und 70 Khane) herrscht, die Macht genommen, zur Freude der

Kudai (die Hälfte seiner Güter jedoch den einst gebietenden Aina zurückgelassen). Der stumpfschwänzige Wolf giebt sich als Mensch zu erkennen, nachdem Aidoli (wie im ossetischen Märchen) bei der Berührung am Boden haften geblieben. Die vom Helden Dschalaty über das Ende der Dinge (um das Thiere, Menschen, Vögel, Alle mit einander in Trauer weinten, wie bei dem drohenden Tode Baldur's) befragten Raben sitzen auf den in den Himmel hineinragenden Lärchenbäumen, und kennen das Geschehene, wie Odin's Boten. Furchtbar ist der Name Allarik's[*]), so dass vor seinem Aussprechen Kök Katai's Gattin sich den Mund mit Milch ausspült. Er liegt schlafend mit einem Auge zum Himmel, mit dem andern zur Erde blickend und das Kommen des grossen Helden erwartend, in einer an westliche Kaisersagen erinnernden Fassung, die um so interessanter sein würde, wenn sich Mittelglieder zu dem Bezwinger der Invicta Roma Aeterna auffinden liessen. Der Hahn kommt (bei Aristophanes) als Feldzeichen der Perser vor, bei denen der Hahn Hutr Aschmodad gegen den Diw Eschem kämpft, der Hahn Hofr Aschmodad die Erde mit ihren Wesen bewacht, und der Hahn Gullinkambi ruft im Norden die Helden zum Kampf. Der Hahn (Alektryon) dient Ares zur Schildwache bei seinen Liebeshändeln. Der Kiniou oder Kriegsadler der Odjibbeway gleicht einem Hahn in ihrer Bilderschrift. Der gefürchtete Held Kara Chan wird in ebenso verächtlicher Behandlung von Jedai Chan in seinen Köcher gesteckt, wie Thor in den Handschuh des Utgartaloki, ohne dass es seinem Ruhm indessen gross schadet. Als Kanak Kalesh, sein Sohn, später zur Rache auszieht, findet er einen noch mächtigeren in Jedai Chan's Bezwinger Bury Mirgan, Sohn des Boro-Chan, dem er aber (nach Tödtung des Ak-Tas), das Zeichen der Knechtschaft aufdrückt, wie die früher mit dem (in den Burchanen erhaltenen) Gott Buri, Vater des Bör, verknüpften Bauern nachher in den dienenden Stand traten. An der See oder (siamesisch) Thale (Thalesamuth oder Thalassa) wohnt der menschenfressende Thale Chan (der Herr des Meeres), bei dem der (japanische) Schwarzfuchs gesucht wird. Der darüber berichtende Alte, der von Kudai eingesetzt ist, auf der Erde zu wandern und im Schoosse der Erde (wie er auch von dem ihren Freund befreienden Heldenpaare in der Unterwelt angetroffen wird), erspäht in (schamanischer) Zauberkleidung das in der Ferne Vorgehende (als Kögel Chan). Die so häufig in Amazonensagen hervortretende und

---

[*]) Alaricus oder (Hug. chron.) Allaricus ('Ἀλλάριχος) zu ala (omnis) gestellt, bei Förstemann, während Grimm schwankt zwischen omnipotens und der Beziehung von Alareiks (Alaricus) auf ahla (ahd.) oder ahls (goth.), als templum. Elah: Rennthier, valant: Diabolus.

bei nachwirkender Erinnerung des Mutterrechtes in galanter Ritterlichkeit ausgemalte Opposition des schwächeren Geschlechts wird bei den Tartaren in sehr summarischer Weise durch die Heldenpeitsche abgethan, die die stolze und strenggebieterische Chanenjungfrau so lange wund schlägt, bis sie sich in eine nachgiebig unterwürfige Magd des ihr zur Vermählung bestimmten Herren verwandelt und in die Stellung der Gattin eintritt. Weil Ag Ai (aus weissem Stein, in späterer Schwanengestalt, als seiner Mutter, entsprossen) mit seiner, gleich Brunhilde das Ringen liebenden Schwägerin Kumus-Areg sich in einen Wettstreit*) eingelassen, musste er den Zorn der Kudai leiden. Die grause Schwanenfrau, (die, aus der Tiefe hervorsteigend, den Nebel einschluckt und hinten wieder von sich lässt, um vorne heiteres Wetter bei ihrer Verfolgung zu haben), fesselt den dreijährigen Knaben der Kudai an einen Felsen und verfolgt, nachdem sie den (wie Katai-Chan die Harfe spielenden) Helden Kara-Mos erschlagen, das seinen jungen Herren rettende Füllen. Auch die durch das Lebenswasser (der von Alten-Tata bewachten Birke) wiedererweckten Kinder Ak-Chan's werden durch die Schnelligkeit des Füllens dem nachsetzenden Katai-Chan entführt, indem bei den Reitervölkern sich der schützende Genius**) im Pferde verkörpert, das dagegen im alten Egypten in Beziehung zu dem aus Libyen (nach Wikinson) hergeleiteten Bösen stand. Das Lebenswasser wird an Kubaiko durch Kudai geschickt und die Erweckung durch dasselbe kennen die Hinterindier in der Chuk genannten Operation des Spritzen's. Ak-Chan (der zugleich mit Himmel und Erde bei ihrem ersten Anfang***) geschaffen wurde) erhält den jüngsten Sohn des Torantai, der (gleich Thor) einen wunderbaren Widder besitzt, dessen durch Kobirtschi Taidschi abgebrochenes Goldhorn zur Verfertigung eines ammonitischen Medicinhornes dient durch Einstopfen von Federn und Kräutern für Alten-Bölte, der dann auch die durch einen Pfeil an der linken Hand verwundete Göttertochter des Götterboten Kudai's zu heilen vermag. Die in Kraftproben getödteten Helden werden (gleich den Einhörnern) wieder belebt, um nachher am Gelage Theil zu nehmen. Im schwanenbeflügelten Gewande fliegt Kesel-Djibäk, die Tochter des Katai-Chan, zum Himmel hinauf, um mit den sieben Töchtern der sieben Kudai in gleicher Bekleidung im

---

*) Wie die tatarischen prahlten die nordischen Helden, wenn sie sich im Wettstreit herausriefen, durch Aufzählung ihrer Fertigkeiten (i/röttir) oder in Vergleichung mit dem Gegner (mannjafnadr).

**) oft menschlich redend, wie Dulcefal, der Hengst des Hreggoid in Gardariki.

***) Bullwan sind die Götzen der Tungusen und Ostjäken im Gegensatz zu dem unsichtbaren Gott, den die Brath verehren. Tamerlan heisst Timur-ak-sack in der barabinskischen Steppe. Kudai-kus (Gottesvogel) ist die Taube.

Goldsee zu spielen, und wenn diese Jungfrauen in birmanischen oder germanischen Sagen, zur Erde kommend, überrascht werden, findet sich oft (wie bei den auch in Californien bekannten Plejaden) eine Sterbliche unter ihnen. Die Schwester des mit einem Heldenross versehenen Kureldei Mirgan begleitet ihn auf seinen Fahrten, im Adlergewande in der Luft schwebend, ähnlich dem Feruer persischer Helden. So fliegt der Büffelvogel Südafrika's mit dem fliehenden Büffel dahin, der durch ihn auf die Gefahr aufmerksam gemacht ist. Auch das Heldenross nimmt Silberschwingen an, um, als Pegasus, Busalei Mirgan zu den Kudai im Himmel zu tragen, und durch seinen noch spät als abwehrender Talisman gebrauchten Huf schleudert es Schädliches zurück, wie den rückkehrenden Pfeil des Katai-Chan, der damit die Drachenschlange getödtet. Die in eine Fliege verwandelte Schwanenfrau lässt sich in Aschengestalt von Busalei Mirgan trinken, um ihm die Eingeweide zu zerschneiden, und ähnliche Zauberoperationen sind aus Island und Siam bekannt genug. Küreldei reisst den Bauch des Riesenhundes auf, um Kan Mirgän herauszulassen, wie Vidar den Rachen des Fenriswolfes, der Odin verschluckt hat. Die Kudai senden ihre Botschaft an Kan Mirgän auf einem Goldpfeil, dem die Charactere eingedrückt sind, wie die Runen den Stäben, und schmieden einen neunfachen Helden zusammen, als ihrer Einladung nicht gehorcht wird. In den verhältnissmässig wohlwollenden, aber allzu häufig unmächtigen Kudai spiegelt sich das Bild der chinesischen Mandarine, die zwar auf ihrer turkestanischen Berggrenze Helden, als Wächter, aufgestellt haben, aber einen verfolgten Nomadenstamm weder durch diese schützen können, noch durch ihre gleich Alten Kus oder gleich Kubasen Areg's Brüdern Tribut eintreibenden Districtgouverneure, wenn die durch Alten-Aira (das als Schöpfung des grausenvollen Aina gehasste Scheusal) verfolgte Alten-Areg bei ihnen Schutz sucht. Der weibliche Theil der Familie nimmt sie freilich freundlich auf in ihre Wohnungen, wo sie durch den Luxus und die Schönheit der Alten Bürtjük überrascht wird, als sie aber bei Kan Tongos um Vermittlung bei ihrem Feinde nachsucht, stösst sie dieser rauh von sich, da ihn ihre Angelegenheiten nicht kümmerten und leicht selbst in Gefahr bringen könnten. Nur ganz beiläufig wagen die Wirthe ein paar Worte zu ihren Gunsten fallen zu lassen, und vermeiden Alles, ihren Gast zu beleidigen, der für sie selbst ein Gegenstand des Schreckens ist. Die hohen Connexionen der Alten Bürtjük erlauben derselben jedoch, sich selbst an das oberste Tribunal in der Hauptstadt zu wenden, um für ihre Vermählung Rath und Erlaubniss zu erhalten. In buddhistischer Ausmalung muss später Khan Mirgan in der Hölle der Irle Chane brennen, weil er seinem Herren Zins zu zahlen verweigert, wie Kubaiko hörte, deren Bruder Komdei Mirgan den Schwager (Sokai-Alten, den Bogenschützen) des Katai-Chan und Kalangar Taidschi (der Hiongnu) getödtet. In Kudai verbindet sich die Autorität des göttlichen und weltlichen Gebieters und schon im Shachnameh findet sich das persische Choda für Gott. Aidolei verbeugt sich vor dem Gluthmeer, das allein (da die Erde zu hart, der Himmel zu hoch war) vor der Verfolgung der Schwanenfrau zu schützen vermochte und in Kurbystan oder (bei den Sojonen) Kurbustu findet Schiefner den Namen des Ormuzd, der sich bei den Mongolen als Churmusta eingebürgert hat. Von einer Vergötterung des persischen Königs Chosroes erzählt Jacob Virag, indem sich derselbe (nach der Eroberung von Jerusalem), als Gott der Vater habe anbeten lassen (615 p. d.) mit dem Kreuz des Sohnes zur Rechten und einem Hahn, als heiligem Geist, zur Linken, um die Trinität herzustellen (s. Didron). Heraclius habe ihn dann in seiner Zurückgezogenheit angetroffen, während er (nach Mirkhond) durch die persischen Grossen abgesetzt und in dem Gewölbe seiner Schätze verschlossen wurde. Nach Ebn Batrik ging Khosroes Parviz aus Liebe zur byzantinischen Prinzessin zum Christenthum über. Die Dynastie der Sassaniden heisst die der Akassera, als Plural von Kesra (Khosru oder Khosroes) oder der Khosroës (s. Herbelot). Khosru Ben Hormuz (Sohn des Ormizdas) wird von den Sagen oft mit den Thaten seines Grossvaters Khosru oder Nurschirvan belehnt und hatte bei der Flucht an den Hof des Kaisers Mauritius seinem guten Pferde zu vertrauen, obwohl er auch auf dem Wege den Verfolgern Aufenthalt zu bereiten suchte (wie das Ak-Chan's Kinder rettende Füllen). Die Heldenbrüder pflegen nach entgegengesetzten Richtungen, östlich und westlich, auf Thaten auszuziehen, bis sie dorthin kommen, wo sich Himmel und Erde berühren. Unter den Pferden des Khosroes waren besonders das Schebdiz und das Boris genannte bekannt, gefeiert gleich Alexander's Bucephalus. Die Mythen pflegen sich gewöhnlich auf die letzte, oder die zuletzt noch berühmte, Persönlichkeit einer Dynastie zu concentriren, und kurz nach Khosroes brach die islamitische Reaction ein, wodurch unter den begünstigsten der Turkomannen-Stämme der Fortwuchs einheimischer Dichtung verhindert oder doch gehemmt wurde.

Von dem Gipfel des, gleich allen Hügelspitzen*) der Insel Man, mit den verfallenen Steinbauten eines untergegangenen Volkes bedeckten

---

*) Von den Festungen des in der Theilung mit Atlas den Westen erlangenden Saturn (in Italien, Sicilien und Lybien) wurden die Hochplätze Saturnien genannt (nach Dionysius). Die ägyptischen Mannu (man oder gedenken) sind als Gräber die Memnonia der Griechen.

Sneafeld erblickt man die Küsten dreier mächtiger Nationen, erzählt Sacheverell, und gegen diese drei Königreiche knieet das Wappen der Mon mam Gymbro (der Mutter von Wales), dem Triquetrum lykischer*) Städte gleich. Die Manks bewahrten als heiliges Vermächtniss die nur im Gedächtniss**) fortgeerbten „Brust-Gesetze" ihres, mit so vielen Culturheroen glänzenderer Geschichtsvölker gleichnamigen, Manannan***) (the father, founder and legislator of the Island). Die sonst durch Höhlen symbolisirte Herkunft bodenentsprossener Autochthonen, die, wenn nicht von finnischer Erdmutter geboren, aus der Tiefe heraufwachsen, wie Tuiscon und Tages, Jarchas und Heliaden oder berosische Schlammwesen, schliesst sich im Laos an Steine an, und ebenso im celtischen Maen†) (dem sächsischen Mannus††). In scandinavischer Sage wird Buri (der

---

*) in Ausbildung des Mutterrechtes, das durch so manche alte Schichten germanischer Gesetzgebung durchblickt. Verschieden von allen anderen Menschen nannten sich die Lykier (früher Μιλύαις) nach der Mutter, sagt Herodot. Messene, die ihren Gemahl Polycaon zur Eroberung des Landes angeregt, wurde in Messenien verehrt. Gens Pandaca sola Indorum regnata feminis (Plinius). Den Henotiktontes in Indien Mandorum nomen dedit Clitarchus. Nach Herodian ist den Weibern verknechtet, wer sich den Mond weiblich denkt, es herrscht über sie, wer ihn männlich denkt.

**) Neque fas esse existimant ea (Carmina) litteris mandare, sagt Caesar von den brittannischen Druiden.

***) Bis in geschichtliche Zeit hinein (und noch heute in Afrika) erhielt sich dieser Titel im Reiche Edessa, als Maanu (wie bei den Armeniern auch Ananas heisst), der Sohn Abgar's. (Archleh, als Herkules, im letzten Hycsos.)

†) Die (süsstönende oder) aus der Esche redende Nymphe Meliböa gebar dem Lycaon den Maenalos als ältesten der von Zeus erschlagenen Söhne, unter denen Mantineus die arcadische Hauptstadt Mantinea gründete. Mantus, der etruskische Unterweltsgott, gehört zu demselben Wortstamme mit Manes, Mania, Mundus (s. Pauly). Manto war Tochter des Sehers Teiresias. Um Maneros klagte der Aegypter. Die Kurden heissen Kurmanj.

††) Man hat Manu, als allgemeine Bezeichnung von Mensch oder Mann, und Manuya, der von Manu, Sohn des Brahma, (wenn nicht der erste Svâyambhuwas) Geborene (manushya oder Mensch) von man (denken oder meinen) abgeleitet, aber Curtius stellt mânes (gute Geister) und mânus-bonus zur Wurzel με (μέτρον oder Maass). Im Persischen ist man ein Gewicht. Mania pro Cenomania, gall.: Le Maine (Rymer). Odinus Manium fuit dominus, Mercurio comparandus (Bartholinus). Menew stiftete die Mysterien der Bretagner. Manougehr ist der Pehelevam gihan, der Held seines Jahrhunderts, wie Manu seiner Manvantara. Mantinea galt dem Polybius als älteste Stadt Arcadien's. Um in der Bedeutung „messen" die Wurzel mâ (με) mit μην (μήνη oder Mond und mensis oder Monat) zu vereinigen (im Mond, als Zeitmesser), hat man die Grundform mans angenommen. Andere bezweifeln

Zeuger) Vater des Bör (des Erzeugten), durch die Kuh aus salzbereiften Steinen hervorgeleckt und Toland erklärt das herrschende Priestergeschlecht der

dieselbe, sowie die directe Vergleichung von μέγας (magnus) mit mahá, doch richtet sich der Volksgebrauch in der Praxis nicht nach soweit in der Philologie anzunehmenden Regeln, indem die Türken z. B. Magnesia zu Manissa machen und den Namen dann als solchen wieder Nachbarvölkern mittheilen können, oft genug, wie hinlänglich bekannt, in viel weiteren Entstellungen, besonders wenn versuchte Erklärung hinzutritt und aus Van-Diemenland ein Dämonenland bildet, aus via Augusta Augs- oder Ochsenstrasse, aus der Sprache des Geschäftes (business) ein Tauben- (Pidgeon-) Englisch. Die weit reichende Wurzel (man) μέν (maneo) geht vom strebenden Denken „zum erregten Denken", den Zustand der Begeisterung erreichend, woraus sich μάντις (auch muni) erklärt (Μοῦσα von Μόνσα). In den aegyptischen Hieroglyphen liegt in Men (wie im Namen des ersten Königs Minui oder Men-nu) der Begriff der Unterlage oder des Feststehenden. Mannus: equus (b. Jo de Janua). La correlation entre Adam et adamah se reproduit en latin entre homo et humus (Rougemont). Mit λαός oder Volk (λαοί oder Leute) werden die liuti (goth.) oder laudi (lett.) zusammengebracht und die Laten, als auf dem Boden übrig gelassene Hintersassen, würden auf das Bleiben (manere) zurückführen, wenn die Hinterbliebene, in den Abgeschiedenen (Manen) die wohlwollenden Seelen als Geister der Laren (Herren im Etruskischen) verehren. Bei Gedanken-Uebertragungen ist nicht nur die lautliche Verschiebung im äusseren Buchstabengerüste, sondern auch die des innerlichen Sinnes zu beachten. Der Lataka (im Sanscrit) ist ein homo ignavus (wie lokr im Germanischen). Der laṭa (lâ/a durch Alter zerrissen), als Unwissender gehört dem Plebs an, wie der laṭṭa. Las (làsayâmi) bezeichnet die Ausübung eines Handwerkes, lâ/ ist leben. Manentes (inquilini, coloni) sunt, qui in solo alieno manent, in villis, quibus nec liberis suis invito domino licet recedere (Ranfridus). In Maan wie in Teut wiederholt sich der Anschluss an die Erde im Gegensatz zu den Herrschern (des Abhassara-Himmels). Proceres suos non puros homines, sed semideos, i. e. Anses vocavere. Wie bei den Germanen zu Caesar's Zeit vereinigte der Godar geistliche und weltliche Gerichtsbarkeit. Sicut in uno mediatore dei et hominum haec duo, Regnum scilicet et Sacerdotium, divino sunt conflata mysterio; ita sublimes istae duae personae tanta sibimet invicem unanimitate purgentur, ut quodam naturae charitatis glutino et Rex in Romano Pontifice et Romanus Pontifex inveniatur in Rege (Damianus). Die Priester der Karakalpaken (die Choda verehren) heissen Chodscha (Gudja). Menabozho (der die Erde gemacht hat) wird (bei den Indianern) wegen fehlgeschlagener Unternehmungen (neben seinen Heldenthaten) auch verspottet, wie der Kutka der Kamschadalen. Der Gegensatz vom herrschenden Gothen und geknechteten Geten kehrt in der Erklärung der Slaven wieder, als der Berühmten und Glänzenden (unter entsprechender Modification, die dann die Etymologie zum Besten hat), während die Sclaven bezeichnet werden sollten, wie bei Serbe der servus. Im Deutsch-Pennsylvanischen

mit dem Nordwind identificirten Boreaden (bei Diodor) als Boireadhach,

hiessen die deutschen servants (die jeder Friedensrichter zu binden die Gewalt hatte) Serbe (s. Kapp). Buddha zeugte mit Ella (der Erde) die Indu-Rasse. Yule, Huile und Houl bezeichnete in Cornwallis die Sonne (s. Mallet). Jolaus opferte dem Herakles. Minyas, Sohn des Neptun, baute in Orchomenos die erste Schatzkammer. Am Anfang der Dinge gab es (nach den Koranas am Cap) nur den Dios genannten Menschen, der aus der Khaus betitelten Gottheit (in der Gestalt eines Felsen, neben welchem sich der Gott Thu-Kuap und der hinkende Gott Kauna findet, der den Menschen quält) geschaffen war, und sich mit einem flachen Stein als seiner Frau vermählt. Die Kaukonen in Bithynien wollten von Konus stammen (Kaunus, Stadt in Karien). Le terme Qoneh, dont le roi-sacrificateur fait usage, est le nom de Dieu, sous les formes diverses de Koun, Kon, Kewan, Kin, Kijon, Chauncaun chez les Phéniciens et les Carthaginois, chez les Chaldéens et les Arabes. Ce Dieu se nommait Kyon, Chon, Gigon (en Egypte) et si les Grecs ont cru reconnaitre en lui Hercule, c'est qu' Hercule se confondait, sur les bords du Nil, avec Saturne. Kaukon était le plus ancien dieu de la Messénie (s. Rougemont); Chun, als chinesischer Kaiser der Fluth. Die Otomaken (am Orinoco) halten einen aus drei Steinblöcken zusammengesetzten Fels für ihre Urahnin (Barragnan) und einen anderen Fels für ihren Ahnherrn, und stellen die Köpfe der Verstorbenen in die Höhlen des Vorgebirges Barragnan, aus dessen Steinen sie hervorgegangen (Gumilla). Als der mit Gott (Kurbistan oder Chormusda) in Gänsegestalt (hansa oder anser) umherfliegende Mensch in das Wasser gestürzt, setzte ihn Gott auf einen Stein und liess ihn Erde aus der Tiefe holen Dieser Erlik wurde dann von Mandy-Schire oder (nach Schiefer) Mandjusri, der keine Waffen, sondern nur eine rothe Hand (der Indianer) hatte, bekämpft, aber erst als seine Zeit gekommen, besiegt (wie im persischen Dualismus) und aus seinem Himmel in die Unterwelt gestürzt. Die Belehrung der Menschen fiel dem Mai-Tere (Maidari) zu (im Altai). Mediae et Infimae Manus Homines, mediocris et infimae conditionis, qui mediocres et minores personae aliis dicuntur. Radulfus de Diceto ann. 1112: Et plures mediae Manus, quos ex justis et rationabilibus causis Rex pater exhaeredaverat. Idem ann. 1186: Tandem Rex Francorum a latere suo duos Milites mediae Manus homines direxit in Angliam. Ita ann. 1190 et 1192: Inferioris et infimae manus homo. Apud eundem ann. 1138, 1185. Asss. Hierosol. l. cap. 2: Chevaliers ne doivent pas estre ensi menez com bourgés, ne bourgés et gens de bass Main com Chevaliers (Du Cange). The most northern of the megalithic monuments (in the peninsular ef Locmariaker) is the tumulus called (in Breton) Mane Nelud. Die Figuren der Slota baba sind weit durch die Steppen verbreitet und nach Diodor errichteten die Saken für ihre über die Perser siegreiche Königin Zarina eine goldene Statue, wie die Nogaier in der Karbada ihrer Prinzessin ein Monument aufstellten (s. Tokareff). Das zendische Gold ist in Zoroaster (als Orion) gesucht. Zohak heisst Purasi (bei Firdusi).

that is to say, the Great ones, or „powerful and valiant men, from Borr, anciently signifying Grandeur and Majesty", im Apollo-Priester Abaris (Eber) einen Druiden findend. Das mit der auf οὐρανός zurückgeführten Wurzel var (hunnisch bei Jord.) zusammenhängende Varata im Sanscrit entspricht als Stammfremder dem Barbar. In den Barden oder Bardd (Beirdd Plur.) unterscheidet Jones drei Arten, als Privardd, Posvardd und Arwyddvardd, erfahren in der Prophetenkunst und deren Erklärung. Der Berg Baris in der armenischen Minyade diente (nach Damascius) als Zuflucht bei der Fluth. Nach der Edda verfertigen Bor's*) Söhne (Boreades bei Goranson) aus den Gliedern des erschlage-

---

*) In den ossetischen Sagen (bei Schiefner) ist Baratür Herr der Todten (bei den Kabardinern dagegen Batüras oder Bateras einer der Narten) und er entlässt (auf verkehrt beschlagenem Pferde) den von Satana bei den Wassergeistern geborenen Sohn des Narten Urüzmag, der von seiner Mutter beim Abschiede einen Ring erhielt und zu den Todten hinabtrug. Nach Tsorajew haben die Osseten den Glauben, dass es im Reiche der Todten schwer halte, seine Verwandten und Freunde zu erkennen, wenn man nicht eine besonders erkennbare Sache in das Grab gelegt hat. Darum wirft Odin den Goldring Draupnir auf den Scheiterhaufen Baldur's, zu dessen Befreiung Hermode hinabritt. Ein Anklang an scandinavische Vorstellungen liegt auch in der Bitte der Mutter, ihren letzten Sohn nicht dem Tode zu übergeben, sondern seine Haut nur zu ritzen (s. Schiefner). Wenn die Ossetinnen, um ihr Wochenbett abzuhalten, in ihre Heimath geschickt werden (und bei der Geburt eines Knaben mit vielen Geschenken für ihren Gatten, sonst mit leeren Händen zurückkehren), so erinnert das an die Sagen von Sarmaten und Amazonen, die in ihr Land zum Gebären zurückkehrten und dort die Knaben tödteten, die deshalb abzukaufen waren, während später das Geschenk als Angebinde für so günstige Befruchtung gelten mochte. „Die Sauromaten (sagt Herodot) seien von scythischen Nationen und Amazonen entsprossen und die Kinder hätten die Sprache von ihrer Mutter gelernt. Daher weiche sie zwar von der scythischen ab, sei ihr aber ähnlich in dem verdorbenen Dialect. Genauer kann wahrlich eine den Nachbar-Nationen auffallende, unter ihren Augen sich begebende Entstehung eines neuen Volksschlages durch die Kreuzung zweier Rassen nicht bezeichnet werden" (Pfund). Die gelben Sojonen bestehen zur Hälfte aus blonden Leuten (Radloff). Von den schwarzen Sojonen gehören Manche zu den Kirgisen. Die Mansi zerfallen in die Ostjaken am Obi oder As (verschieden von den samojedischen Ostjaken am Tym) und in die Wogulen. Die Baschkiren heissen Ishtaki (bei den Kirgisen). Trukhmen ist die russische Version für die Turkomannen (der Perser) südöstlich von Caspi. Latham leitet die Avaren her aus Barama, dem Land (ma im Finnischen) der Bara oder Avaren (in Barabra). Ausonius kennt sarmatische Colonisten am Hundsrück.

nen (Hymir) Ymir (von der gleichzeitigen Kuh*) Andumbla genährt, wie Kayomorts seine Entstehung dem Stier verdankt) die einzelnen Theile der Welt. Bardi cantores apud Galatas (Hesychius) und Bahrchi, musicien, artiste de profession bei den Turkomanen (nach de Bloqueville). Da etymologisch Hibernia sich (wie hibernus) zu hiems stellt, führt, wenn statt χέω (W χυ) die W χι gewählt wird, χειμών zu Chimmeriern, (Hrimthursen), die sich in Immerethien wiederholen, wie die hispanischen Iberer in georgischer Heimath. Nur Bergelmer entkommt der Fluth unter den Riesen. Asa-Thor wird der Sohn Odin's (als Pantopater) und Frigga's (Tochter des Riesen Fiorgun) genannt, aber erst als die Asen die Namen der Alten annahmen, geschah es (nach Snorro): ut Auko Thor (Oeko-Thor, der Utgardiae Loko besucht) vocaretur Asa Thor. Ukko (der Finnen) waltet mit Rauni in Ungewittern. Unter den neueren Asen erscheinen dann auch Mannus (Modius) und Magnus, die „Miolnarum habebunt". Während die Monheros (mumho: greater bei Keating) tafeln, lebt Odin nur vom Wein allein (nach der Voluspa), als seiner Amrita. Arminius (aer proelium celtice) fortis conflictu (Wachter). Man (parvus, minutus). In Indien ist Mara (Man bei den Siamesen im gewöhnlichen Uebergang des r in n) Herr der Abgeschiedenen, die er (wie Indra, der in den Winden fahrend Marutwan heisst oder Marut sakhas) in seinen Pallast zu sich nimmt, dadurch aber in feindlichen Gegensatz zu dem die sinnlichen Himmel verwerfenden Buddhismus tritt, obwohl die Könige in derselben Beziehung zu ihm stehen, wie in Thracien und Germanien zum Mercur. Zohak hiess Mari von den Schlangen. Das Beit Mars in Ispahan wurde in ein Pyreum verwandelt. Die Marzeban waren die persischen Markgrafen. Bauto (regnator von boda oder bieten) in Maraboduus. Marisiten, der japanische Kriegsgott, reitet auf einem Eber. Im Kriege mit Tiberius führten die Häuptlinge der Dalmater und Illyrier den Titel Baton. Lange's Zusammenstellung von cura mit κοῦρος (çuras oder Held) liesse sich bei der Nebenbedeutung des Besorgens in der Sorge wiederfinden. Curtius zieht vor, merces (merx) zur Wurzel mer in μερίζω (theile) zu stellen, statt zur Wurzel mer in μέριμνα (Sorge). Manentia (richesse) bei Arnaud de Montcuc. Mer (magnus) vox celtica, quae Cambris effertur mawr, Anglosaxonibus maere, Francis merr (Merowinger). Die Merwange wohnten inter Carbouariam

---

*) Zagreus ist der mit Stierhaupt geborene Knabe (von Zeus in Schlangengestalt mit Demeter gezeugt), dem die Titanen (wie sonst die Diw) nachstellen, und aus der angerichteten Verwirrung müssen (gleich dem der Harmoncia vermählten Kadmus) auf Kreta die Kuren oder Ordner die Bewegung herstellen, die Sonnendynastie der Koros wiederholend (oder des Mondes in Indien). Babylon heisst (bei Jeremias) Sesak (König Sisak in Aegypten).

et Ligerim (s. Müller). Mit μορτός (βροτός oder sterblich) wird das sanscritische mar, lat. morior, goth. maurthr, lit. mirti vereinigt, dann mare (muir oder Meer), maru (Wüste), marut (Wind). Düntzer nimmt μέροψ synonym mit βροτός, während es Curtius als Sinnig-blickende erklärt. Kuhn vergleicht ὁρμή mit der indischen Saramâ, deren Sohn Sarameîjas mit dem gr. 'Κρμείας ('Ερμῆς) und stellt für ὁρμή nebst saramâ die Bedeutung Sturm auf, was Curtius philologisch nicht zulässig scheint, was aber, im Sinne, auf den Zusammenhang von Mercur (und Odin) zu Mara zurückführen würde, indem häufig bei Synonymis eine andere Wortform zum Ausdrucke desselben Inhaltes dient. In der späteren Abschwächung durch mythologische Umwandlungen würde sich Mercur neben Heimdallr eher zu οὖρος (πυλα-ωρός) stellen, oder etymologisirend zu Wurzel ορ (ὄρνυμι). Die Bedeutung des, (auch von den indischen Königen sich speciell vindicirten) Kriegsgottes in ῎Αρης wird von L. Meyer mit der Wurzel ar vereinigt, wozu Grotefend ἀρι und ευ fügt. Bopp findet very im irischen ur. In Kartikeya tritt das Jugendliche*) hervor. Snorro nennt Hermode (als er für Baldur's oder Apollo's Seele nach der Unterwelt reitet und dort den von Odin auf den Scheiterhaufen geworfenen Ring Draupnir zurückempfängt) Hermannus, während bei den Epigonen der Asen in Modi und Mannus die ehrende Vorsilbe fehlt. Wodan, quem adjecta litera Godan dixerunt, ipse et qui apud Romanos Mercurius dicitur (P. Diaconus). Inter vocabula, quibus et sono accedit, praecipua sunt: as (deus), atta (pater), otto (excellens) udd (dominus), quod Cambro-Brittannicum (Wachter). Od substantia, bona (οὐσία). Alamanni, si Asinio Quadrato fides praestanda convenae sunt et mixti homines, quod et eorum nomine confertur (Agathias). Allamanie sind die Plünderungszüge der Usbeken. Südlich vom Uigen-Tash, dem Eingangsthore China's im Ili-Lande, erhebt sich das Alaman-Gebirge. Wie das chaldäische Hhurman, bedeutet das syrische Hharmano Schlange (nach Movers), Ahd. findet sich das adject. mann-ask (humanus). Ueber den Berg Hermantschel gelangen die Pandus (ausser Bhima) in's Paradies. Nach der Kristni-Saga wurde der Ausdruck ármaır von Schutzgeistern einzelner Personen oder Geschlechter gebraucht, die man in der Nachbarschaft von Felsen und Steinen wohnhaft glaubte (R. Maurer). Im Litthauischen heissen Mani die Geister und Mannah ist der

---

*) Wie in den tartarischen Heldensagen 3- und 4jährige Knaben als Athleten spielen, so achteten die Hiongnu nur die Jugend, für welche sie, wenn tapfer und kühn, die besten Stücke verwahrten, während die Alten sich mit den Krumen begnügen mussten (Neumann). Auf Böcken reitend, schossen die Knaben Mäuse. Kökö-Mogol ist Ehrentitel der Bede.

arabische Hirnvogel der Seele. Rougemont findet in Ammenon (bei Berosus) das Radical men, man, min (woher manus, minister im Lateinischen). En hébreu Amon a le sens d'architecte. Monenus ist der syrische Name des Mercur (als Thoth oder Seth). Die Manap bilden die Aristocratie der Kirghisen. Die grosse, mittlere und kleinere Horde der Kirghis-Kaisaken (oder Uiisun) bildete die Familie der Kosakken, als unterschieden von den durch die Chinesen mit dem Namen Burut, von den Russen dem Namen Dikokamenni bezeichneten Kirghisen (nach Valikhanof). Remusat giebt den sechs Stämmen, die unter den Han mit blauen Augen und rothen Haaren in Centralasien beschrieben werden, einen indo-gothischen*) Ursprung. Südlich von Turkestan wohnen neben den Kirghisen, der eigentlichen Urbevölkerung von Mittelasien, die Ssarten**), welche einst als Eroberer in das Kirghisenland eingedrungen scheinen (s. Marthe) und in den Städten leben. Auf ähnlichen Verhältnissen mag die vermeintlich jüdische***) Abstammung der Afghanen beruhen. Für lange Zeit war der besonders durch die Handelszüge der Punier repräsentirte Semite der Welthändler, der (nach Strabo) alle Städte Spanien's füllte und sich von seinem Sitze im erythräischen Busen aus auch weit durch Centralasien erstreckt haben mag. Wie unter ihm allmählich das, bei längerer Isolirtheit, die nationalen Traditionen in einer Buchreligion am ausgeprägtesten tragende Judenthum sich besonders hervorhob, ist in der raschen Verbreitung des Christenthum's schon mehrfach nachgewiesen, und wurde das Ueberwiegen desselben in den Ländern des asiatischen Innern noch durch die dahin versetzten Gefangenen-Colonien vermehrt. Als die unter Verfolgungen auftretende Religion Zoroaster's die am alten Glauben festhaltenden Juden gesicherte Zufluchtsplätze aufzusuchen zwang, können sich manche in die

*) Auch in Kaptschak oder Kiptschak der Türken. Ferrier fand Kapchak in Kaleh-Weli. Nach Const. Porph. lag das Land der Alanen jenseits des Caucasus, südlich von Circassien. L'Alania è derivata dai popoli detti Alani, li quali nella lor lingua si chiamano As (s. Barbaro) 1316 p. d.

**) Den Osseten gilt das verschwundene Volk der Nards (auf das der heilige Hain beim Dorfe Lamadon bezogen wird) für jüdisch (s. Haxthausen), wie sonst die Übychen im Kaukasus. Der heilige Georg wird (nach Kohl) als narischer angerufen.

***) Ferrier unterscheidet in den Tajik die Parsi-Zebran oder Parsivan, die persisch reden, und die wandernden Eimak mit den Hazarah, die durch tartarische Physiognomie den Anspruch auf afghanische Herkunft widerlegen. Baber kennt wilde Sarten der Berge. The Kaffirs stated, that they were descendants of the Yoonanee, that Iskander Roomi had left in these countries. Colonia Trajana (bei Castra vetera) wurde zu Troja Sancta (Xanthen Sigfried's) neben Asciburgium (des Ptol.)

schwerzugänglichen Berggegenden der Ghoriden (wie in Abyssinien vor dem Christenthum unter die Falashas) geworfen haben, und mochten dann unter den roheren Bergbewohnern leicht zu dem Rang einer Aristokratie*) aufsteigen, deren mitgebrachte Genealogien und Traditionen bald als die vornehmeren und ehrenvolleren von dem ganzen Volke adoptirt und für späterhin fortbewahrt wurden, während das von der Einwanderung nicht berührte Kaferistan seine eigenen fortbehielt, und der gefeierte Held Sal**) oder (b. Mirkhond) Zaoul den Anschluss an König Saul vermittelte. Auf die unbestimmt umherschweifenden Nomaden konnten die nur zeitweis mit ihnen in Berührung kommenden Ssarten einen solchen Einfluss nicht ausüben, mussten sich sogar eher in einen feindlichen Gegensatz stellen, (während bei den eng in den Bergen zusammenlebenden die gemeinsame Noth und Gefahr die Interessen einten). Die südlichen Karakirgisen haben sich dagegen die kokandische Halbbildung angeeignet und stehen in einer engen Verbindung mit dem Chanat, für welches sie nicht Tributpflichtige, sondern zusammen mit den Kiptschak und den Berg-Ssarten den herrschenden Stamm und den Kern der Militairmacht darstellen (in Kämpfen mit dem zuvor herrschenden türkischen Stamm der Usbeken). Wo der Oxus, durch den Deich von Karalou aufgedämmt, nicht weiter zur Bewässerung dient, den See (Denghiz) bildend, ändert sich mit dem Character des Landes***) der der Bevölkerung und treten Turkomannen an die Stelle der Usbeken. In der Krimm bewohnen die Schafhirten die Hügel, die Ackerbauer die Ebenen

---

*) The Turkoman can liberate his captive, but his offspring by his captive he cannot liberate. The mother may be free, the son unequal to a freeman. The name for these halfblood half cast is Kul and it is a name which a long line of descendants is insufficient to throw off (Latham). Das Wehrgeld eines Kul (als Mischling) bleibt geringer, als das eines Ig oder Vollblut. Im ossetischen Wehrgeld gilt die Frau den halben Preis ihres Gatten.

**) Der Aria palus des Helmund oder Etymander ist der See Zurrah, in dessen Namen Seymour den Namen der alten Hauptstadt Zerenj, sowie der Zarangi (den Arii benachbart) oder Drangae findet (neben den Arrachoti). Von den Agriaspen (Euergetes) bemerkt Arrian, dass sie in civilisirter Weise lebten, den Griechen ähnlich, Gerechtigkeit übend. Die jetzige Bevölkerung Seistan's erklärt Ferrier für eine gemischte Rasse, indem zu den Beluchen die Afghanen, Araber, Türken und Kurden hinzugekommen seien.

***) Les plaines et les montagnes, les pays de passage et les pays à l'écart, les fleuves, les côtes, les divers sols et climats se combinent d'une manière particulière, dans chaque continent, chaque pays, chaque province, et ces divers combinaisons donnent à toutes ces regions physiques leur physionomie individuelle (Rougemont).

(unter den Tataren). Doppelte Mischung mongolischer und türkischer Züge ist vielfach an den Türken von Kazan hervorgehoben.

Neben der Abstammung von den Manen läuft eine andere Ahnenreihe her, die sich gleichfalls auf der einen Seite an die Erde heftet, auf der anderen zu Göttern und Königen aufsteigt, und hier einen noch näheren Anschluss zu dem mexicanischen teotl (sowie dem etymologischen Kreuz in θεός oder θεσός) herstellt, als man in deva und deus finden zu können gemeint hat. Teut (deut) ist die Erde, vox celtica, quae Cambris effertus tud, Armoricis tit, Teut (deut) ist Volk (thiuda). Taauth erfand (nach Philon) die heiligen Buchstaben, von Misor geboren (als Thoth oder Hermes). Teut ist König. Galli se omnes a Dite patre prognatos praedicant (Caesar). Teut (Mercurius) rex Italiae et totius Occidentis e genere Titanum, quos Celtica lingua usos esse (Pezronius). Celtis aeque ac Hebraeis tit significat terram. Tuisco ist der Erdgeborene bei den Germanen, deren Könige sich von Mercur ableiten, und griechisch redende Teutonen*) (Teutones quidam Graece loquentes) kennt Cato in den später etruskischen Ländern Italien's. Als Uranos seine ersten Söhne (unter denen sich auch Cottus befand) in den Tartaros geworfen, erhoben sich gegen ihn die Titaniden und mit dem Titanidengeschlecht des Belus kämpfen die armenischen Könige Haig's. Nach Diodor zog Memnon, Sohn des Tithon, den Trojanern zu Hülfe, nach Mar Apas Catina der von dem assyrischen Könige Teutames geschickte Armenier**) Zarmair, den Indjidji mit Ascanios, König von Ascanien, identificirt. Den Iren bezeichnet das Wort Tiotan (Thetin) die Sonne (Müller). In der von den Armeniern mitgetheilten Genealogie der Chaldäer folgt auf Teutamus erst Teuteus, dann Tineus. Aus der Wurzel τα (τιταίνω) gehen die Vorstellungen des Bogenspannens hervor und so ιάπτω (werfen). Der Titanide Japetus zeugte mit Asia (Tochter des Oceanus) den Atlas***), Prometheus, Epimetheus und Menötius. Mit der Erde oder Titäa zeugte der Himmel der Atlantiden, als Herrin des Chaos, Basileia, deren Sohn Helios von ihren Brüdern, den Titaniden, ertränkt wurde, worauf sich (nach Ermordung des Hyperion) Selene im Regen auf die Erde herabstürzte, von der klagend ihr Spielzeug tragenden Mutter gesucht (nach Dionys.) Windischmann stellt Gott der Armenier zu baktrischen açtvant (dann: Aksta).

Nach Diodor heissen die Titanen von ihrer Mutter Τιταία, die unter

---

*) In die incongruente Verbindung zwischen Griechen und Teutonen (im Tyrrhenien des Thur oder Dor) treten die aus Epirus herabziehenden Dorier mit Apollo, als ihrem Nationalgotte, (nach O. Müller). Die Triboquen am Ell (Ill oder Ellum) wurden Ellsassen genannt von den Allemannen (De Ring). Grosse Flüsse heissen Ulah in der Mandschurei.

**) Josua bekämpft im Westen fünf Könige der Armenier, die er in einer Höhle einschloss und nach dem Siege hängen liess (Tabari). Der Name der Ariui unter den Jeniseiern soll wegen ihrer Rührigkeit von den Wespen genommen sein. Der Stamm der Areygat (in Wadai) will aus Irag (Irak) stammen (Mohamed Ebn Omar). Amosis war Sohn des Asseth (n. Afric.).

***) Nach Donop hat sich die Sprache der Scythen, die Nordafrika und Westeuropa bevölkert, bei den Gaelen am reinsten erhalten.

dem Namen der Erde vergöttert wurde (als Erdensöhne oder γηγενεῖς). Die Tii oder Tiitii sind die ursprünglichen Götter auf Tahiti. Odysseus sah den riesigen Tityus, den Sohn der Erde, der für Leto's Entehrung bestraft*) wurde. Τιτανίδα γῆν: Terram Titaniam, quidam totam terram, alii vero ipsam Atticam accipiunt, a Titanio, uno antiquiorum Titanum, qui Marathonem habitavit et solus bellum diis non intulit (nach Philochorus). Les Grecs donnaient à leur Dieu suprême le nom de Zeus, dont le génitif est Dios, et à Dieu celui de Théos, qu'à Sparte on prononçait Sios. Les Goths disaient Thiuths, les Islandais Dia et les Gallois Dew (s. Rougemont). Im Tih tritt das göttliche Symbol der Pagode hervor. Unter den Kindern der mit Apazon (dem Begehrer) vermählten Tauthe (der Erdmasse) nannten die Chaldäer (neben Aoymis, Dache und Dachos), Kissareh und Assoros, als Einheit und Ordnung, von denen Anos, Ilinos und Aos (Vater des Demiurgen Belus) geboren wurden (nach Damascius). Durch Opfer zeugt Manu aus dem Wasser seine Tochter Ila (Ira oder Ida), von Windischmann mit Iris identificirt (im Satapatha-Brahmana). Athothis (Atet oder Set) oder Tet ist (nach Eratosthenes) der Nachfolger und Sohn des Menes. Wie den jungverstorbenen Bormus (Bremo oder Baram) beklagten die Mariandynier in Bithynien den Mariandynus, den Sohn des Titius. Teutscho (Germani) Staden ducit a thiot (populus), Sperling derivat a thiod (s. Scherzius). Wie die Alanen am Caucasus unterscheiden die Orientalen die turkestanische Provinz Alan mit den Städten Bilcan und Caoubari. In Verbindung mit Alanen (Sueven, Vandalen) nennen die Orientalen die Burgian genannte Nation (der Burgundionen) oder die Burgunder (bei Orosius). Sakal ist Bernstein im Aegyptischen. Bagatar, König der Osseten, fiel im Kriege mit Wachtang-Kurt-Arstlan von Georgien (wie durch die Inschriftvon Muzala bestätigt).

Tot, pron. indef. m. (totus im Lat.) tout (im Romanischen), Plur. suj.: tug, tut, tuit, tuich (s. Raynouard). Omnes interdum positum pro homines, Baluzius in Notis ad Capitularia (Du Cange). La Racine El, Al existe dans la langue basque avec le sens de fort, puissant (Ahal, Al) et dans celle des Turcs avec celui de grand (olu, ulu) Ilus**), als phönizischer Gott und (El, Allah) Elion (s. Rougemont). Ballen oder König im Phrygischen. Elimyn (brit.) Alemanni et usurpatur pro peregrino (Boxhornius). All (omnis, cunctus), oll (Armor.), uile (hibern.), alla (goth.). All (totus universus) et ὅλος (graec.). Belgae ita distinguunt, ut al sit omnis, hel totu Alfödr orkar. Alt (vetus antiquus), ἴωλος (graec.), altus (lat.), oll (Sax. inf.). All (sanus, integer): heil (hel). In lingua longobardica, ild (hild, held) videtur adjective nobilem, substantive genus nobile denotasse (Wachter). Suidas quoque in

---

*) The Medusa, with protruded tongue, as in the Metopes of Selinus, was the counterpart of the Typhonian monstre of Egypt (Wilkinson).

**) Der illyrische Fürst Pleuratus besiegte die Partheni. Παρθένος παρὰ τὸ παρακαταθεῖν τὴν παιδικὴν ἡλικίαν (Et. m.). Juno heisst Parthenia bei Pindar. Παρθένιοι vocantur, qui nati sunt ex virgine, antequam nuberet, ab Atheniensibus vero sic appellabantur filiae Erechthei, sed Gorgiae παρθένος dicitur quivis, qui conjugii expers vivit, und andere parthenische Sagen in Attika. Parthenos hat keine Etymologie bei den Grammatikern.

ὅλος καὶ πᾶς affert haec exempla: Ἦν δὲ ὅλος καὶ πᾶς πρὸς τὸ πολεμεῖν (Steph.). Romulus, als Sohn der Ilia (Rhea Sylvia) ist von der Eiche geboren oder dem Waldbaum (der Sylvia). Le peuplier et le peuple se disent en latin populus (Rougemont). Pannonien oder Παννόνιοι (bei Strabo) hiess Παιονία (bei Plut.). Dion nennt Mösien Μυσία ἡ ἐν τῇ Εὐρώπῃ. Zur Zeit Kasimir's M. verstand man unter Panowie die Barone des Landes (nach Roepell) und setzte ihnen die Ziemieninie (oder Landbewohner) entgegen (während in Indien die Zemindare eine Art feudalen Adel bildeten). Nach Appian wohnten die Pannonier[*]) in Dörfern und Gauen (κώμας), ihren Stammverwandtschaften nach (κατὰ συγγένειαν). A Philosophis τὸ πᾶν vocatur, quam Cicero Latine dicit Universitatem (summam rerum). Die Mangun unterhalb der Goldi am Usuri verehren die Götter Taniah und Paniah (Weisheit im Pali). El oder Ra ist Vater des All (s. Sax).

Mit dem herumschweifenden Pan, als Wald- und Hirtengott, wurde der Allwaltende ausgedrückt, das all to hope oder grote Heer, wie im Jule (uil irländisch als all oder omnis) oder hel (heil oder all), als Helle und daneben Herr, gleich dem Gebrauch von Pan der Pannonier unter den Slaven (Zuppanos oder senes nach Const. Porph.). Entsprechend der Beziehung zwischen omnes und amnis (am oder fluvius im Celtischen) wurde das Wechselnde und Bewegliche, nach Art des Wassers und Flusses (elf im Schwedischen), Gestalten Aendernde als Elfen oder Alben bezeichnet und Alf bedeutet (nach Richter) Schwan, Fluss, Geist. Pankosi ist der japanische

---

[*]) Die auf Vermittelung der Alanen von Justinian angesiedelten Avaren (die zu Nestor's Zeit als verschwunden galten) trafen in Pannonien, neben den Resten von Attila's Hunnen, Gepiden und Longobarden. Sie bekämpften die Sabiren, den hunnischen Stamm der Zali, so wie die Utiguren und Kotiguren (ὁμόφυλοι und ὁμόγλωσσοι). In 1770 p. d. an old man, named Varro, died in the Chunsag districts of Hungary. He was the last man, who spoke the Cumanian Turk of a country so far westwards as Hungary (s. Latham). In Cornwal is two speeches, the one is naughty Englische and the other is Cornyshe speche. And there be many men and women the which cannot speake one worde of Englyshe, but all Cornyshe, sagt Andrew Borde (zur Zeit Heinrich VIII.), aber Dorothy (Dolly) Pentreach (the last person who could converse in the Cornish language) starb 1778 p. d. (aged 102). Der Pass von Dariel ist die Porta Caucasica oder Porta Cumana (des Bab-al-Lan oder Bellad Allan). Nach Petrarca's Glossar (1303) waren die Kumanen (sowie die stammverwandten Petschenegen) Turkmanen. The Turcomans, whose principal occupation consists in making chapaoul (raids) upon the Persians, belong to the tribes of Yamoods, Goklans and Tekies (Ferrier). Turcoman and Uzbek, Uzbek and Turcoman, there will never be any more difference between them, than there is in Europe between the country and the town, that is to say, the peasant ad the citizen. Die olbiopolitanische Inschrift erwähnt der Μιξέλληνες (als Mischung von Hellenen und Barbaren). Die aus Türken, Tscheremissen, Votjäken, Tschuvashen, Mordvinen gemischten Flüchtlinge (bei der russischen Eroberung des Khanat von Kazan) bildeten dort die von den Türken als Teptyar (Türken) bezeichnete Bevölkerung. Die Tartaren der Karatschai gleichen in Zügen und Physiognomie fast den Kaukasiern. Beim tcherkessischen Frauenraub wurden die Männer niedergemetzelt (wie von doppeltsprachigen Caraiben).

Urmensch. Als Hermes seinen Sohn Pan in einem Fell eingewickelt nach dem Olymp trug, freuten sich alle (πάντες) Götter über ihn (Sil. Ital.). Als Hirtengott heisst Pan (bei Pausan.) νόμιος und armenti custos (bei Ovid), als Jäger ἀγρεύς (bei Hesychius). Πᾶν: deus est 'Ἀρκάσιν ἐπιχώριος. Les Siahpoch (habillés du noir) sacrifient des vaches et des chèvres à leurs trois divinités, Chourougah, Lamani et Pandou (Joudichtira). Eustathius ex veterum auctoritate πάππας (pater) ex vocabulo infantum πᾶς factum esse tradit, per reduplicationem nomen πάπας, sicut Μαμμία ex monosyllabo Μᾶ (Steph.). Rougemont identificirt den assyrischen König Babius mit Attis, dem Geliebten der Tochter des Macon in Phrygien, wo der ehelose Marsyas durch die Töne seiner Flöte Ordnung herstellte. Nemetona ist Schutzgöttin der Nemeter.

Unter dem Namen Ugrien (Jugrien oder Jugorien) begreift Lehrberg das Land, das sich zu beiden Seiten der Flüsse Ob und Irtish in deren unterem Laufe bis zu den Grenzen der Samojeden im Norden, der Tataren im Süden, des Urals im Westen und der Flüsse Nadym, Agan und Wach im Osten ausbreitet, und wo die Völkerschaften der Ostjaken (die in Turm ihren höchsten Gott verehren) und Wogulen in den russischen Czarenbüchern als Ugrier oder Jugrier (Jugritschen) zusammengefasst werden, mit den Unoguren (Uguren oder Ungarn), den Saraguren und Urogen im Süden. Obwohl Klaproth die türkisch redenden Uigur*) (Ighur oder Oghor), die aus

---

*) Die von den Chinesen als Kuschi (Kusch oder Kuisi) bezeichneten Uiguren (als Hoei-hou an der Selenga) wurden wegen ihrer hohen Karren Kaotsche genannt, als sie westlich zum Ili und Balkasch zogen. Die Herrschaft der Tukiu über sie brachen 745 p. d. die nomadisirenden Chuiche. In der Genesis umfliesst der Djihun (Oxus) das Land Kus. Neben ihrer barbarischen Schrift bedienten sich die Uiguren (478 p. d.) der chinesischen Charactere und suchten (515 p. d.) in China um einen Gelehrten nach, der sie unterrichten könnte. Die chinesischen Pilger trafen (399 p. d) Buddhismus westlich vom Lop-See; aber im X. Jahrhundert wird auch vom Zoroaster-Cultus, von manichäischen Secten und Nestorianismus unter den Uiguren gesprochen (wie auch das Alphabet auf das syrische zurückgeführt wird). Politisch lässt sich der indische Einfluss bis Khotan verfolgen, wo in den Mythen die indische Colonie mit der chinesischen zusammentrifft. Tibetischer Einfluss müsste von Leh aus dem Korakorum-Pass nach Yarkand (mit der Abzweigung bei Songal nach Iltschi oder Khotan) gefolgt sein, oder die Pilgerstrasse nach dem Khailasa in Ngari (Ari) oder Gnari mit dem heiligen Seegebiet von Gangri, wenn die Beziehungen der Uiguren zu den Horpa in Chor Katschi-Monkun festgehalten werden sollen. Unter dem Bod oder Sifan Chuchunorien's finden sich zinspflichtige Banner der Mongolen. Die Siraigol oder Scharaigol (Sok oder Sokbo) genannten Nomaden der Mongolen heissen Hor bei den Tibetern. Sokha ist ein Stamm der Sayanischen Türken in dem Sayan genannten Quellgebiet des Yenisei am Altai. The Chinese classify the natives of the Amur according to their way of dressing the hair. The Goldi and others, who have assumed the habit of shaving the head are called Twan-moa-tze (people who shave the head), the tribes, who use fish-skins, as one of the chief materials for making their garments, are called Yu-pi-ta-tze, long haired people, the Orochi redhaired people (Elle-iao-tze), the Chinese, who have fled to the wilds of the Usuri, kwang-kung-tze (people without family). Unterhalb der Orochones leben die Manyarg am Amur (s. Ravenstein). Die Hunnen kannten Meth (μέζος) und Kumys (κάμος).

ihren Sitzen nordöstlich von der Gobi (in der Gegend der oberen Selenga und Karakorums) westliche Zweige nach dem Lop-See und Fluss Ili vorschoben, davon getrennt halten will, ist Castrén doch geneigt, eine Verwandtschaft aller dieser Stämme anzunehmen, und würde sich dann auf einer anderen Stationsreihe eine gleiche Kette in der Namenswiederholung zeigen, wie bei Geten, Saken, Tataren u. s. w., indem sich zugleich die Annahme der türkischen Sprache bei einem isolirt im Osten zurückgebliebenen Reste aus den beginnenden Eroberungen der Türken (und in Mischung daraus folgender Anregung zur Cultur-Entwickelung auf begünstigten Gebieten) ergeben würde, während die in unwirthbare Steppen oder äussersten Meereswinkel gezogenen Finnen dort, als längere Zeit hindurch unbelästigt, ihre eigene Sprache bewahrten. Ein für einen neuen Ausgangspunkt gefestigter Knoten schürzte sich in Gross-Pascatir, dem Lande der Baschkiren (die Fischer als Baschart mit den Mandschar identificirt), als unter den Mischungen und Wirren türkischer*) Einfälle die von ihrer Heimath vertriebenen Ungarn**) (zu denen Castrén auch die Meschtscherjäken in den Uralgegenden rechnet)

---

*) Die in Bokhara nomadisirenden Usen (Kusu oder Khus) oder Ghus (Usbeken) zogen mit den Petschenegen nach dem Caspi, verbanden sich aber mit den Chasaren, (die zu ihrem Schutze die Festung Sarkel erbaut hatten) und die geschlagenen Petschenegen vertrieben die Ungarn nach Pannonien, während sie sich selbst zwischen Don und Donau festsetzten (und als Bessi oder Bitseni ihren Namen in Bessarabien liessen). Im XI. Jahrhundert zogen die Cumanen verheerend bis Polen und kämpften als Polowzi mit den Russen in der unglücklichen Schlacht an der Kalka (1223). Die nicht nach Ungarn geflüchteten Cumanen werden mit den Resten der Chasaren, Usen und Petschenegen (unter mongolischer Mischung) als Mankat zusammengefasst, ehe sie ihren Namen von dem Fürsten Nogai annahmen Der Sohn des On oder Onsom (in Kysil-tura), der nach dem Verfall des Reiches in Kiptschak (nach dem während der Schlacht zwischen Itborak-Chan und Oghuz-Chan im hohlen Baum geborenen Knaben genannt) ein sibirisches Reich stiftete, wurde von dem Nogaier Tschingi gestürzt und der fliehende Taibuga gründete Tjumen. Sein Enkel Obdor, dessen Vater Mar Chan von dem Tartarenfürsten Kasan's besiegt war, legte am Irtysch die Festung Kaschlyk (Isker oder Sibir) an. Peter M. verpflanzte den grösseren Theil der Nogaier von dem Lande zwischen Tobol und Yaik nach den Ufern der Kuma und Kuban. Als Tuschi Chan, der Sohn des Tchingiskhans, das neue Reich Kaptschak bildete, welches von türkischen Stämmen bewohnt wurde, erhielten die unterworfenen Völker (nach Klaproth) die Namen ihrer Beherrscher und wurden Tataren genannt (s. Castrén).
**) Der Name Megere (Magyaren) als dritter Horde der Ungarn (aus Ugrien) soll sich in den Meschtscheriak oder Baschkiren erhalten. Die Sychen (bei Arrian) oder Kerketen werden von den Georgiern Dsichen genannt. Nach Cedrenus erhielt Thomas in seinem Aufstand gegen Michael Balbus durch die Agarener Hülfstruppen der Iberer, Zichen und Kabiren. Die Zikken oder Zechen, wie (nach Intenario) die Adighen von Griechen und Römern genannt wurden, wohnten östlich von den Abkhazen oder Abchasen. Nach Constantin Porph. stammten die Cabari, die ersten unter den acht Stämmen der Ungarn, von den Chasaren, die 966 von Sviatoslaw besiegt und 1016 durch Mstislaw schwer bedrängt wurden. Ptolemäos rechnet die Zychi zu den asiatischen Sarmaten und Eustathius stellt sie als Zinchi mit den Sindi zusammen. Die Byzantiner (bei Stritter) nennen aus

zu Eroberungen aufbrachen. Bei der nahen Zusammengrenzung des Jenisei in seinen obersten Quellen mit den Flusssystemen des Ob und Irtysch hält es Castrén für wahrscheinlich, dass die finnischen und samojedischen Stämme sich von dem Jenisei*) westwärts über die Quellen des Ob (As der Ostjäken) und Irtysch ausgebreitet haben, wie sich auch dort noch viele Namen sowohl finnischer als samojedischer Herkunft finden. Nach seiner Ansicht hat sowohl der ugrische Volkszweig, als auch der ganze finnische und samojedische Stamm eine gemeinsame Urheimath mit den Türken an den Quellen des Jenisei gehabt.

Der Ektag-Altai der chinesischen Grenzstation Kobdo mit den die Ob-Quellen an den Katunja-Säulen einschliessenden Salugenskischen Bergen und dem vom Jenisei**) durchbrochenen Sayan-Gebirge auf der einen, mit den Korchum- und Tarbagatai-Bergen nebst Quellen des Irtysch oder Ertschisch, sowie dem Alatau (der in seiner transilensischen Streichung den Issikül im Norden umwellt, wie der Mustag im Süden), auf der anderen Seite bildet einen der ethnologischen Centralkerne, um sich über die Achsenrichtungen der Völkerzüge zu orientiren. Dort endete der alte Nordweg (oder Pelu) der Chinesen, der (wie die Nanlu- oder Südstrasse über Schatscheu nach Khotan) über Hami und Turfan führte, und dann bald von der Station Ulustau aus durch den Berg Chabar oder in dem Gebirgspass Ssaiassu nach Tschugutshak den Tarbagatai kreuzen, bald auf den Spuren der Handelskarawanen von Kuldja und Aksu in das Becken der Seen, an die Ufer des

---

den Jahren 1222—1233 und 1271 die Zichi und Gotthi neben einander. Nach Wernehr (XVI. Jahrhundert) nannten sich die Jazyghen Ungarn's Yaz und sprachen einen von dem Madjarischen verschiedenen Dialect.

*) Am oberen Laufe des Jenisei oder (bei den Tataren) Kem fand Castrén, sowohl auf russischem als auf chinesischem Gebiete, tartarisirte Ueberreste des samojedischen Stammes und dass auch der finnische Volksstamm dort heimisch gewesen, schliesst er aus den Traditionen über die Aboriginer des Landes, den hell- oder weissäugigen Tschuden, so wie den finnischen Ortsnamen. Am Tubaflusse sollen von den Soyoten die Mati ausgestorben sein (1722). Die Ostjaken (am oberen Ob) wollen vom Irtysch ausgegangen sein. Am Uigur-noor stiessen Ostjaken und Uiguren zusammen. Die vermeintliche Herkunft der Wogulen (oder Ostjäken) von den Flüssen Dwina und Iug (bei Schönström) wird von Müller auf die den Ural überschreitende Auswanderung der Permier und Syrjänen bezogen, die durch den Bekehrungseifer des Bischof Stephan vertrieben wurden. Von den Tschuden lässt Sjögren die Wessen bei Bjeloosero wohnen, die Woten in Ingermanland. Castrén rechnet die Wessen oder Tschuden, die Woten oder Watzalaiset, die Ehsten oder Wirolaiset mit Liven zu den Hämäläiset (Tavaster), die Jam, als Zweig des finnischen Stammes neben den Karjalaiset oder Karelen (mit Savolaxen und Quenen oder Kainulaiset). Die Cwenen werden mit den Vandalen (Wanen und Alanen) zusammengestellt. Der Markomanne Catualda, Nachfolger des Maroboduus, gab den Quaden (unter König Vannius) das Gebiet zwischen den Flüssen Marus und Cusus.

**) Zu den Jenissei-Ostjaken rechnet Castrén die Arinen (Arinzen) und Assanen (der sajanischen Steppen) nebst den Ueberresten des Stammes der Kotten im agulschen Uluss unter den Kamassinzen am Agul, Nebenfluss des Kan. Eckstein erklärt Sandan für Schandan (Iskander in Badakshan).

Ili austreten, bald durch den Terek-Pass von Kashgar aus die Jaxartes-Länder erreichen konnte, und so überall in Gegenden gelangte, wo mächtige Ströme die Wege nach Norden oder nach Nordwesten wiesen, ob es nun galt, in Sibirien's öde Steppen hinein den tyrannischen Verfolgern zu entfliehen, oder ob ein stolzer Chan die Drachenfahne wehen liess, um die im fernen Abendlande schimmernden Städte des reichen Tathsin oder Rum mit seinen Reiterwolken zu bedräuen. Häufig allerdings werden die Nomadenstämme, schon von ihrem östlichen Aufbruch in der Gobi aus, den nördlichen Umweg durch Sibirien eingeschlagen haben, wo die Terrainschwierigkeiten in dem die Flüsse überbrückenden Winter auf dichte Wälder reducirt waren, und sie konnten dann entweder, auf der Abdachung des Ural nach Kasan zu, an die Confluenz der Kama*) und Wolga gelangen, oder an die Mündung des letzteren Flusses, wenn sie den Gebirgszug im Norden des caspischen Meeres umgingen. Die Umgegend von Tomsk ist noch mit Heldengräbern**) bedeckt, aus denen (nach Bell) Skelette, Pferdegeschirre, Thierfiguren, Waffen und Schmucksachen vielfacher Art ausgegraben wurden. Schon bei Minussinsk beginnen die Kurgane, die sich, als Wegweiser vergangener Zeiten, über den Kaukasus weg bis weit hinein nach Centraleuropa verfolgen lassen; in Kiachta, dem Anfangspunkt der Reise, finden sich Seitenstücke zu den archaistischen Steinmonumenten, die am westlichen Endpunkt getroffen werden, und die grau bemoosten Häupter der Aurea anus***) haben es unbekümmert über sich ergehen lassen, wenn aus der Fremde hergelaufene Epigonen sie aus einer goldenen Alten in eine scheussliche Jaga baba verkehrten. Die Menhir am Balkasch gleichen den französischen.

*) Wie die Permier (Bjarmalands) nannten sich auch die Syrjänen das Volk an der Kama (Komy-mort), und die auf der Wiesenseite (Lugowaja) der Wolga (neben Muromen bei Murom und Mordvinen) lebenden Tcheremissen (Mara oder Menschen) oder (nach Schtschekatow) die östlichen, waren, wie früher den Bulgaren, so nachher den tatarischen Chanen Kasan's gehorsam. Die Votjaken (mit der Festung Ari oder Arskoi Prigorod am Flusse Kasanka) waren die Ut-murt oder Aussenmenschen in der Aussenwelt, wo Loke's Name wiederkehrt, wie der Wodan's in Wot. Am Nunalfest opfert der Priester (Tona) dem bösen und guten Gott (Tasa Bus und Urom Bus), neben den Hausgöttern (Mobor oder Mütter, statt Patrooi) verehrt, während Juman in der Sonne residirt. Das russische Bog schliesst sich an persisches Baga. Der Skythismus endet (bei Justin) mit Ninus.
**) Im nördlichen Theil der Kirghisensteppe sind die Steingräber (nach Atkinson) mit kleinen Pyramiden bedeckt. Neben den Uba, den Grabmonumenten ihrer eigenen Vorfahren, und den vorzeitlichen der Moly, kennen die Kirghisen noch mancherlei Denkmäler, Steingebäude, Erdwerke u. s. w. Von dem Ac-tas oder weissen Stein wird eine Niobe-Sage erzählt. The older graves are believed by the Kirghiz to have been constructed by a nation, named Myk. In Sarmaten vereinigten sich die Sarten mit den Marden. Die Endung aka oder ak ist (nach Sax) tatarisch.
***) Bei der Bekehrung durch Bischof Stephan bemerkt der Chronist von den (südlich von den Syrjänen) in Bjarmaland handelnden Permiern (zu deren Zweig auch die Wotjäken oder Utmurt gehörten) die Verehrung der Slota Baba.

Obwohl indess frühere Bewohner des Altai in die Ferne*) gezogen sein mögen, obwohl neu aus der Ferne herbeigewanderte dort nur vorübergehend rasteten, so werden doch nicht nur von jenen, sondern auch von diesen versprengte Reste zurückgeblieben sein, und als an der grossen Heerstrasse von Osten nach Westen gelegen, war der Altai vor allen geeignet, in seinen geschützten Bergthälern ethnologische**) Trümmer mannichfacher Völker zu bergen, die damals noch durch lange Räume und Zeiten von derjenigen Bühne getrennt waren, auf der sie einst die Proben ihrer weltgeschichtlichen Rollen abzulegen haben würden. Aus den auf engem Areal zusammengedrängten Mischungen wuchsen neue Schöpfungen hervor, unter derjenigen Gestaltung, zu der sich unter dem Character der geographischen Provinz die Bildungsmasse der ethnologischen Elemente umformen musste, und in dem auf dem Boden entstandenen Volke erwacht dann das Bewusstsein seiner autochthonen Herkunft. War es zur Mannheit herangewachsen, so mochte es frische Kraft gewinnen, um am goldenen Altai einen Herrscherthron zu errichten und in der Heimath wiederum einen Nucleus einsenken, der den im weiteren Umkreis unternommenen Eroberungszügen einen festen Halt gab. Wenn dann die Ueberlieferungen einer patriarchalisch durchlebten Vorzeit vor den glänzenderen Ereignissen der Geschichte verblassten, dann wurde durch die geräuschvollen Thaten der Gegenwart die Dichtung vergangener Romantik in desto volleren Farbentönen hervorgehoben, und aus den anziehendsten Blumen der ihr gebotenen Sagenkränze***) wob bald die halbgeschichtliche Mythe ihre Genealogien zusammen, die das Spätere mit dem Früheren verknüpfen, und das Ganze durch den ersten Anfang abschliessen sollten.

Die Göttergeburten sind von den Mythologen als der Ausdruck tiefsinnigster Symbolik gefasst, indem sich mit dem ans Licht getretenen Himmelskinde die Welt des Schöpfers verjüngte, und die weitere Ausführung der daran geknüpften Ideen wurde eng mit dem ethischen Sittengesetz der

*) Rückwanderungen finden bis in die neueste Zeit Statt, seit der (in Folge von Zwistigkeiten mit Djungaren und Choschoten) an Russland (1630) unterworfene Stamm der Turguten auf Einladung des chinesischen Kaisers (1712) nach Ili (1771) zurückkehrte und 1772 von den Kalmücken und Buräten (an der Wolga) Nachzüge folgten.

**) „Gewiss wird die Zeit kommen, in der die Völker germanischer Abkunft am oberen Oxus und Araxes das Urland ihres Stammes anerkennen werden" (Bremer). Donop findet sie in seinen Kotti-Eri.

***) Das von den Jugern gehörte Toben in den Bergen Lukomorien's, wovon die bei Nestor mitgetheilte Erzählung des Nowgoroder Gurja Togorowitsch spricht, wird auf die Oeffnung des Handelsweges an den Flüssen Soswa und Wogulka bezogen (1096 p. d.). Unter den Nachkommen des durch Turk von Japhet stammenden Oghuz-Chan wurde Il-Chan durch Suintz-Chan besiegt und unter Kajan und Nagos (Sohn und Neffe des getödteten Herrschers) flüchteten die Reste des Volkes ins Gebirge, wo sie auf schmalem Ziegenpfade zu einem steilen Berge kamen und diesen neuen Wohnsitz Irgene-Khan nannten. Als das Thal zu eng geworden, schmolz der Schmidt den Ausgang (nach Abulghasi) für Burtetschino. Als Feuerschmiede liessen die im Euscara an die (den Tolteken zwischengeschobenen) Huastecas erinnernden Escaldunac oder Huescar (der Osca) die Kelten zu den Galliern ziehen, die (nach Marcell.) von der Mutter des Königs jener genannt.

Religionen verknüpft. Der unter der Gesetzlichkeit eines naturgemässen Typus zusammengeordnete Bestand dieser Vorstellungen findet seine rechtfertigende Bestätigung schon in der befriedigenden Antwort, die dadurch manchen Bedürfnissen des fragenden Menschengeistes gewährt wird. Ihr Sein ist mit innerer Berechtigung gegeben und die Untersuchung kann sich nur auf das Entstehen im Werden richten. In unseren Culturverhältnissen, in denen die höheren Geisteserzeugnisse die primitive Seelenthätigkeit in den Schatten gedrängt haben, war es dem Blick der Philosophen meistens unmöglich auf den Kern durchzudringen, und sie nahmen den Ideencomplex als gegebenen an, ohne die Analysirung in letzte Elemente, aus denen er organisch aufgewachsen, für möglich zuzugeben. So mochten aus den begünstigten Zonen nach dem Norden gebrachte Hesperidenäpfel dort als vom Himmel gefallene Früchte betrachtet werden, weil man keinen sie hervorzubringen fähigen Baum kannte, und erst die vergleichende Forschungsmethode lehrte aus den Zellbildungsprocessen bekannter Vegetationen die Analogien für alle übrigen aufzufinden. Wie in jedem Individuum die in der Kindheit noch unklaren und zerstückelten Ideen erst mit der Mannheit zum klaren Verständniss heranwachsen, so sind auch die mythologischen Anschauungen vollendeter Culturkreise aus armen und schwächlichen Gedanken-Associationen hervorgegangen. Dieser relative Anfang wiederholt sich in jedem einzelnen Cyclus, in der Jugend jedes Individuums, in der Jugend jedes Volkes, und die allgemeine Unterlage des Absoluten kommt nur in dem gesetzlichen Wirken zum Ausdruck, indem sich der Saame zur höchsten Vollendung der Blüthe entfaltet, der Gedanke zum harmonischen Gottesbegriff. In allen Gegenständen eines mannichfaltig ausgebildeten Cultus, im Feuer, im Wasser, im Baum, im Thier lassen sich primäre Associationen nachweisen, die als die Elementarstoffe zusammengesetzter Verbindungen gelten können, und die Aufgabe der Psychologie bleibt es, den Windungen der aus ihnen aufsteigenden Spirale zu folgen. Die durch die Bedürfnisse des täglichen Lebens in vorsichtiger Hütung (wie noch jetzt bei Australiern, Damara's u. s w.) geforderte Feuererhaltung schliesst den psychologischen Anlass zu den Tempeln einer mit philosophischen Deductionen gestützten Feuer-Religion ein, und der, zur Anbetung in den Mammisi neben den egyptischen Tempeln führende, Wunsch nach gesegneter Nachkommenschaft rief weitere Gedanken-Combinationen hervor, die in allegorisirenden Dichtungen einen auf Erden geborenen Gott besangen, und dann die Geschicke seines Lebens, als Prototyp des menschlichen, verherrlichten, mit den Klagen um den Tod, den unvermeidlichen und unerbittlichen, schliessend oder schon in erhabener Weltanschauung durch den Hinblick auf ein Jenseits getröstet. Den Kern indischer Religion bildete lange der Kampf zwischen Indra und Vritra (im Rigveda), dessen Gesänge in treuer Naturbeobachtung meteorologische Processe vorführten, wie sie für den Erfolg der Regenbeschwörungen zu beobachten, und solche bilden auch im heissen Afrika das wichtigste Amt der Priester, indem sich dort zugleich in dem Worte Regen (Publa) alle Ideen des Guten, des Reichlichen und Göttlichen concentriren, soweit der Beschuana derselben fähig ist.

Deux seuls cas sont possibles: Le Paradis avec Dieu, ou la forêt avec les brutes; um den Anfang der Menschheit zu erklären, meint Rougemont, es sei entweder die Erhebung der alten Culturheroen aus einem Zustande tiefster Rohheit anzunehmen, oder sonst ein „Peuple Primitif", von göttlicher Offenbarung erleuchtet. Aber der einzig mögliche, weil nach unserer jetzigen Weltanschauung allein denkbare Fall, ist eben der, den Anfang nur als subjective Setzung zu erkennen, und bei objectiver Betrachtungsweise direct in die Entwicklung des Werden's einzutreten, deren Gesetze in unserer klar beleuchteten Gegenwart zu erforschen, um mit den daraus abgeleiteten Schlüssen auch die dunkleren Gebiete der Vorzeit dem Verständniss zugänglich zu machen. Den Anfang, den wir überall in relativen Verhältnissen finden, ist stets nur ein secundärer, ein primärer kann nicht zugelassen werden, wo es sich um unendliche Reihen handelt. In der Pflanze können wir das Wachsthum und seine Vorgänge in jedem Individuum genau verfolgen, von der Wurzel bis zur Blüthe, wir können im immer wiederholten Kreislauf aus dem Saamen die Frucht und aus der Frucht den Saamen entstehen sehen, aber der Botaniker wird nun die Richtigkeit der mikroskopisch, der chemisch, der durch meteorologische, geologische, histologische Beobachtungen geprüften und bewiesenen Processe nicht davon abhängig machen, ob sich auch schliesslich aus ihnen eine haltbare Hypothese aufstellen lasse, um ein erstes Entstehen des Pflanzenreich's im Tellurismus erklären zu können. Sollte ihn weiterhin sein methodischer Forschungsgang (wie in der organischen Chemie auf die Verfertigung des Harnstoffes oder der Buttersäure) auf dahin leitende Wege führen, so würde er neue Entdeckungsreisen unternehmen; so lange ihm indess jede Brücke, selbst jede Compassrichtung fehlt, um dahin zu gelangen, wird er nicht über chimärische Luftfahrten grübeln, die den meisten Speculanten den Hals gebrochen und noch Keinen durch irgend welche Resultate belohnt haben. Das psychologische Studium der Menschenrassen ist eine völlige tabula rasa, ein bis jetzt so gänzlich unbekanntes Gebiet der Wissenschaft, dass wir, kaum an der äussersten Grenze angelangt, uns selbst noch keine Vorstellung darüber bilden können, welcher Art Entdeckungen die durch Naturgesetze geregelten Folgerungen des Menschengeistes dort überhaupt machen werden, aber desto dringender tritt die Forderung heran, sich frisch und rüstig an die Arbeit zu machen, um den Urwald zu lichten, und nicht mit Träumereien über Utopien, die darin verborgen sein könnten, die kostbare Zeit zu vergeuden. Dass vielversprechende Erfolge des kühnen Pionier harren, ist aus einer Fülle unverkennbarer Anzeichen klar, zunächst ist jedoch jede wissenschaftliche Unternehmung, schon im Interesse der Wissenschaft allein, in Angriff zu nehmen. Die psychologische Betrachtung wird die rohsten und einfachsten Grundelemente der Gedanken aufspüren, aus denen sie sich zu höheren Ideen entwickelt haben, und die Furcht der Spiritualisten vor materialistischen Consequenzen hebt sich in der naturwissenschaftlichen Auffassung auf, die Körper und Geist in ihrem gesetzlichen Zusammenhange begreift. Um nicht das Hervorwachsen der Rechtsidee aus der Macht des Stärkeren zuzugeben, dachte man die secundären Stadien des Vertrages oder der Geselligkeitsbedürfnisse der primären Ursache unterzuschieben und verknüpfte ihre Entstehung mit einer dem deutlichen Verständniss unzugänglichen und schon desshalb zur Polemik anreizenden Ursache aus dem Jenseits, während eben die unerschütterlichste Garantie und Sicherheit ihrer Unverletzlichkeit darin liegen würde, wenn sie klar und bestimmt als das Erzeugniss fortgeschrittener Culturstufen und damit als das Eigenthum derselben zu begreifen wäre. Dann gerade würde sie ihrer edlen Reinheit wegen ebenso eifersüchtig gehütet werden, wie jedes Privateigenthum von dem Besitzer, der es mit dem Schweiss seines Angesichts erworben hat, und wer das Recht in seiner Nothwendigkeit zur Erhaltung und Weiterbildung des sittlichen Ganzen erkannte, wird um so weniger von dem Recht des Stärkeren und seiner Herrschaft etwas wissen wollen. Der König der Indios do Matto ist ein Tyrann, der mit Gewalt die Schwächeren knechtet, der Indier aber hat bereits die Wohltaten kräftiger Herrschaft erkannt und strömt von ihrem Lobe über. Ein König muss sein, sagt Manu, denn der Starke würde den Schwachen an den Bratspiess stecken, und ihn am Feuer rösten, wie Fische zum Imbiss, wenn er nicht den König fürchtete, der den Schuldigen straft. Jeder, der sich bei solcher Aussicht unbehaglich fühlt, wird also mit desto grösserer Ehrfurcht und Verehrung auf den König blicken, dessen schützende Hand seinem Leben Ruhe und Frieden verbürgt, und bald folgt dann die erhabene Auffassung der Rechtsidee, die Heiligkeit des Staates, die Unverletzlichkeit der Majestät, wenn der zur Blüthe gereifte Menschengeist sich mit den Sprüchen des Sittengesetzes schmückt.

Wie schwer es für den Geist ist, sich von dem Begriffe eines temporären Anfanges loszureissen, zeigt wieder seit Kurzem das Beispiel der Botanik. Seitdem Agassiz gegen Prichard's Einheitslehre Opposition erhoben, hat man auch in der Botanik die zoologische Lehre der geographischen Provinzen für die Flora angenommen, beginnt indess jetzt schon auf's Neue, innerhalb jeder derselben von einem Centralsitz der Verbreitung zu sprechen, und wirft sich so in Mehrheiten der einzelnen Fälle das früher nur einmal für die ganze Erde störende Problem, in den Weg. Trotzdem finden sich Manche in der Täuschung befangen, dass dadurch grössere Einfachheit angestrebt werde, und auch Monogenisten suchen ihre Argumente damit zu stützen, dass sie das unabweisbare Wunder wenigstens nur einmal zuliessen. Innerhalb relativer Verhältnisse bleibt es allerdings ein Hauptgrundsatz, nie mehr Ursachen zur Erklärung zuzugeben, als sich für zwingend nöthig erweisen, sobald wir aber in das Absolute hinaustreten, fällt solche Rücksicht sogleich und ganz fort. Im Wunder rechnen wir mit einer logisch unverständlichen, mit einer unendlichen Grösse. Wir werden uns so wenig mit demselben zu thun zu machen suchen, als möglich, so lange sich keine Aussicht bietet, den Werth nicht aus den gegenseitigen Gleichungen herstellen zu können. Im Falle indess überhaupt vom Wunder geredet wird, ist es völlig gleichgültig, ob wir Eins aufstellen oder Billionen, denn das Unendliche oder dem Verstand Transcendentale kann weder durch Addition vermehrt, noch durch Substraction vermindert werden.

Wenn Aristoteles den Staat vor den Individuen bestehen lässt, die ihn bilden, wie das Ganze vor den Theilen, worin dasselbe aufgelöst wird, so haben wir, um der Wesenheit des Menschen auch über sein irdisches Bestehen hinaus Rechnung zu tragen, an die Stelle des Staates, als der practischen Verwirklichung des letztern, die Gesellschaft zu setzen, die in ihren Kreisen von der Familie zur Nation aufsteigend, sich schliesslich zu allgemeiner Humanität erweitert. „Nach Aristoteles ist das Nützliche das Maass des Gerechten und wird man durch die Befolgung des Urtheils der Menschen den Mittelweg zwischen den Endpunkten finden, um das Böse von dem Guten zu unterscheiden." In der classischen Anschauung, wie sie von Plato weiter ausgeführt wird, muss die Individualität völlig dem Staate geopfert werden, der das einzige Ziel für die Gesammtthätigkeit seiner Glieder bildet, und Cicero's Sittengesetz fasst sich deshalb in dem Ehrbaren, als dem Guten zusammen, das in Uebereinstimmung mit dem allgemeinen Urtheil zu leben verlangt und jeden Fortschritt über das stabile Verharren im Gegebenen erschwert. Als aber die morschen Formen zusammenfielen, war es unmöglich den Geist einer neuen Zeit darin zu fassen, und Tacitus versuchte umsonst den Römern zurückzurufen, dass die grösste Tugend die Liebe für die gemeinsame Sache, die Frömmigkeit gegen das Vaterland sei (s. C. Schmidt). Das Individuum bildet allerdings einen integrirenden Theil der Gesellschaft, da es nur im sprachlichen Austausch zur Ausbildung eigener Wesenheit gelangen kann, aber die auf dieser nothwendig unterliegenden Basis angeregte Entwickelung überschreitet dann in jedem Einzelwachsthum*) die gleichzeitig auf den Staat gerichteten Zwecke der Gesellschaft, indem die Persönlichkeit mit Erwachen des Selbstbewusstseins in directe Wechselwirkung mit dem allgemeinen Weltgesetz tritt und im Einklang mit diesem seiner Vollendung entgegenreift. Quatrefages begründet die Unterscheidung des Menschen in einem besonderen Naturreich auf die menschliche Seele als moralischer und religiöser Empfindungen fähig. Als Culturwesen befreit sich der Mensch nicht nur immer mehr von den Fesseln, in denen ihn, als sein Geschlecht noch im Kindeszeitalter stand, die Natur gefangen hielt, sondern er gewinnt sogar umgekehrt die Herrschaft über die Naturgewalten und als moralisches Wesen vermag er seiner eigenen sinnlichen und dämonischen Natur Herr zu werden, wenn er sein Wollen und Thun der sicheren Leitung der hell leuchtenden, sittlichen Ideen überlässt (Drobisch). In dem Masse als wir selbst (die arbeitenden Menschengeschlechter) höher steigen, erweitert sich der Horizont, den wir überschauen, und das Einzelne innerhalb desselben zeigt sich uns mit jedem neuen Standpunkt in neuen Perspectiven, in neuen und weitern Beobachtungen; die Weite unseres Horizontes ist ziemlich genau das Maass der von uns erreichten Höhe, und

---

*) Treffend sagt Lazarus: Von dem Einzelnen schlechthin als einem für sich allein stehenden Wesen zu reden, ist nur eine wissenschaftliche Fiction, welche erst durch den Zweck irgend einer Betrachtung gerechtfertigt werden muss. Denn thatsächlich erscheint der Einzelne in jeder Ausbildung und Darstellung seines inneren Lebens durch die Gesammtheit bedingt und von ihr abhängig. „Das Einzelne wird nur relativ Totalität." (Droysen).

in demselben Maasse hat sich der Kreis der Mittel, der Bedingungen, der Aufgaben unseres Daseins erweitert. Die Geschichte giebt uns das Bewusstsein dessen, was wir sind und haben (Droysen).

Die Instincthandlungen*) der Thiere fliessen aus Grundlagen, die mit der Gesammtexistenz des Individuums und den für seine Erhaltung nöthigen Bedingungen von selbst gegeben sind. Eine jede organische Existenz bringt die Mehrzahl ihrer Constituenten nicht actuell und räumlich im constanten Verharren schon verwirklicht mit auf die Welt, sondern nur in potentia, um nacheinander in der Entfaltung des Werdens hervorzutreten. Der Unterschied zwischen den uns gegebenen Keimen während des Wachsthums allmählig entwickelter Gewebe des Körpers, und den je nach den Einflüssen der äusseren Umgebung hervortretenden Instincthandlungen, ist nur ein gradueller, und hauptsächlich durch die Loslösung der Wirkungsweisen dieser von räumlicher Fasslichkeit markirt, in ähnlicher Potenzirung, wie man vergleichungsweise die Schwingungen kleinster Theilchen vom Schalle durch Wärme zum Licht und zur Electricität fortschreiten sieht, fast unter Negirung auch ihres zeitlichen Bestehens, wenn nicht durch die feinsten und vervollkommneten Instrumente neuer Methoden gemessen. Die aus ihrem Cocon geborene Spinne bringt nach embryologischen Vorbereitungsstadien alle diejenigen histologischen Elemente mit auf die Welt, die sich in Wochen und Monaten zu dem vollgewachsenen Körper ausbilden und die dann durch die schwellende Fülle des Secretionsorganes zum Gespinnst anregen. Es liegt soweit ein Plan der Natur vor, den es uns möglich ist in seinem enggefassten Abriss zu überschauen, und den wir deshalb (bei hinlänglicher Kenntniss der Anatomie und Physiologie des Insektenreiches) keine Schwierigkeit finden, in seinen weiteren Entfaltungen zu verstehen. Wenn nun eine Fliege in das Gewebe einfährt, wenn die Spinne auf sie zustürzt und die je nach Umständen modificirten Operationen der Tödtung mit ihr vornimmt, so würden wir nach der bei unserer einseitigen Stellung nothwendig unvollkommenen Kenntniss vom Zusammenhange des Naturganzen, durchaus nicht schon a priori berechtigt sein, läugnen zu dürfen, dass auch nicht vielleicht hier eine praestabilirte Harmonie bestehe, dass wie sich nach physiologisch erkennbaren Gesetzen die Säfte der Fliege zu den Geweben der Spinne, in Ernährung derselben, umwandeln, so auch nicht eben so gut eine Naturnothwendigkeit vorläge, wodurch das diesmalige Gefangenwerden der Fliege auch diesmal und jedesmal die entsprechenden Bewegungen der Spinne anrege, obwohl dann freilich dieser räumlich nicht mehr verfolgbare

---

*) Der Instinct ist jenes dem Menschen in seinem Keimentstehen gesetzte Element, durch welches sich die ewige Weltordnung in ihm manifestirt, in sein Bewusstsein tritt, jener Angelpunkt, in welchem sie ihre in dem ewigen Weltgesetz organisatorischen Kreise zieht und sie ihm offenbart (Zerboni di Sposetto). Das Ursächliche des Zusammenhanges zwischen Aussen und Innen, wie es sich beim Thiere, über das Körperliche hinaus, im Instinct äussert, geht beim Menschen durch die relative Freiheit des Willens hindurch zum Zusammenwirken im Alle fort. Flourens stellt l'instinct zwischen l'intelligence und la raison.

Zusammenhang sich in einer zeitlichen Curve bewegen würde, von der nur bruchstückweise eine abgerissene Section des Umlaufes in unseren Gesichtskreis fiele. Ob es sich bei einem im Naturganzen verknüpften Vorgange um eine Fliege und Spinne handelt, oder um Nebelsterne und schweifende Kometen, macht keinen Unterschied in der objectiven Betrachtung einer Weltanschauung, in der das Grösste seine Bedeutng häufig genug im Kleinsten findet und das Kleinste oft die Wunder des Grössten enthüllt, wenn wir von der subjectiv gefärbten Abschätzung des Grössten und Kleinsten nach menschlichem Massstabe absehen. Im Umlaufe der Planeten um die Sonne ist es unseren astronomischen Gesetzen möglich geworden, den Grundplan eines grossartig unveränderlichen und genau in einander gearbeiteten Gesetzes zu entwerfen. Für die unter abgefallenen Blättern im Waldesdickicht lebende Ameise mag das capriciös unregelmässige Hervorblicken der Sonnenstrahlen ebenso den Charakter reiner Zufälligkeit tragen, wie tausenderlei andere Processe für uns, deren natürlicher Zusammenhang sich vielleicht wieder in den Facettenaugen der Ameise deutlicher abmalt. Die Hypothese einer derartig praestabilirten Harmonie, wie sie ahnend im Geiste deutscher Philosophen aufstieg und auch in manchen Secten orientalischer Philosophen entschiedener, aber auch einseitig haltloser, zum Durchbruch kam, kann nach der Methode der heutigen Naturwissenschaft keine Zulassung beanspruchen, da es zunächst noch, und voraussichtlich für lange Zeit noch, einzig und allein auf genaue und minutiöse Erforschung der thatsächlich gegebenen Verhältnisse in ihren relativen Propositionswerthen ankommt, ehe wir aus ihnen die genügenden Stützen gewonnen haben, um mit irgend einiger Sicherheit uns an die Berechnung des Absoluten wagen zu dürfen. Unsere noch mit Erlernung der Elementaroperationen beschäftigte Psychologie muss sich deshalb die vorläufig gültige Erklärung der Instincthandlungen auf eine andere Weise zurechtlegen, nach derjenigen nämlich, wie sie sich aus den bisherigen Resultaten rechtfertigen lässt, und wie sie bei der ununterbrochen fortschreitenden Erweiterung derselben keine Hindernisse in den Weg legen wird. Wie alle übrigen Gewebe des Körpers liegt auch das des Bauchganglionsystem's bei der Geburt der Spinne schon elementar vorgebildet, und schliesst in nuce alle diejenigen Fähigkeiten ein, nach welchen seine Wirkungen in äusserer Erscheinung hervortreten können und deren Thätigkeitsäusserungen sich physiologisch auf das Gesetz des Reizes und Gegenreizes, der mikrokosmischen Antwort auf die Einflüsse des umgebenden Makrokosmos, reduciren lassen. Die übrigen Gewebe des Körpers schreiten in ununterbrochen beständiger Entwickelung, in allmähliger Verkörperung aller potentiell in ihnen liegenden Kräfte nach einander fort (wenn unter die richtigen Bedingungen der Ernährung gestellt), bis das Individuum seine Acme erreicht hat, und dann dem Verfall erliegt. Als Gleichniss können wir aus der anorganischen Natur das Wachsen des Krystalles in seiner Mutterlauge herbeiziehen, wobei, nach einmal eingeleiter Mischung der verwandten Stoffe, die Zusammenordnung der Atome ununterbrochen weiter geht, schneller bei günstigen Temperaturverhältnissen, aber auch unter ungünstigen ihre erweckte Spannungskraft nie wieder gänzlich verlierend. In der organischen Natur dagegen mag ein Saame, das Product pflanzlicher Entwickelung, Jahrhunderte und Jahrtausende in Mumiengräbern bewahrt werden, ohne jene pflanzliche Entwickelung fortzusetzen, in Bezug auf diese völlig todt und gleichsam nicht vorhanden. Im Augenblicke aber, wo er in die richtigen Bodenverhältnisse eingesenkt wird, den meteorologischen Processen der Atmosphäre in einem richtig gewählten Klima ausgesetzt, — in dem Augenblicke erwachen alle in ihm schlummernden Kräfte, und manifestiren sich auf's Neue in dem Product einer pflanzlichen Entwickelung, die dem Keime nach verborgen lag. Diese im Makrokosmos deutlichen Vorgänge wiederholen sich mikrokosmisch im Nervensystem, das in seinen physiologisch begründeten und physiologisch erklärbaren Gesetzen, die Keime zu einer, je nach der Organisation grösseren oder geringeren Menge von Manifestationen in sich trägt, die, den von Aussen einfallenden Reizen entsprechend, in der Schöpfung der bestimmten That periodisch hervortreten. Innerhalb dieser, aus den Praedispositionen hervortretenden Erscheinungsreihen markiren wir dann diejenigen, die sich an secundär im Vorstellungsvermögen gebildete Wurzelreihen anschliessen, als dem freien Willen angehörig, mit demselben guten Rechte, wie die Chemie den zusammengesetzten Radicalen eine besondere Behandlungsweise reservirt, obwohl sie sich schliesslich alle wieder in die wesentlichen Bestandtheile der vier Grundstoffe auflösen liessen.

Bald hören wir von einem ausserweltlichen Ursprung der Cultur reden, von der Weisheit eines vorgeschichtlichen Volkes, dessen Epigonen in Verkümmerung herabgesunken seien, bald wird uns der mit dem Waldmenschen nahe verwandte Naturmensch beschrieben, der die in einer phrenologischen Dachkammer zusammengeleimten Stufen hinaufgeklettert war, die vom Jägerleben zum Hirten, Ackerbauer u. s. w. führten. Aprioristisch dürfen wir uns weder für das Eine noch für das Andere entscheiden, denn jede aprioristische Aussage bleibt verboten, bis nicht alle Gedankenelemente einer kritischen Sichtung und Prüfung unterzogen und übersichtlich angeordnet sind. Während die Einen, von einem Centralsitze der mit Göttern verkehrenden Stammväter aus, sich die Träger der Civilisation über die Erde verbreiten sehen, halten die Anderen es für durchaus natürlich, dass das allgemein Menschliche überall dasselbe sei. Wenn die das Eingreifen nicht begreiflicher Ursachen in die Maschen des Verstandesnetzes ablehnende Methode die erste der beiden Hypothesen zurückweist, so ist damit die zweite noch nicht angenommen. Ein Laie mag Recht haben mit der Vermuthung, dass sich in allen Theilen der Welt Steine finden, inwiefern überall die Bedingungen ihres Entstehens in den sie zusammensetzenden Grundstoffen gegeben sind. Dem Geologen ist durch ein solch' allgemeines Zugeständniss indess noch nichts genützt. Er will nicht nur wissen, ob sich die Steine finden, sondern wie sie sich finden, und vor allem, wie sie sich wieder von einander unterscheiden. Dafür müssen Proben der Steine aus allen Gegenden zusammengetragen werden, jeder ist sorgsam aufzuheben, zu beleuchten, zu untersuchen, qualitativ und quantitativ zu analysiren. Ehe wir nicht dasselbe mit unseren Gedankenelementen gethan haben, ist an eine wissenschaftliche Psychologie, wenn sie sich auf der Basis der Vergleichungen bewegen will, nicht zu denken, und die Materialien derselben können nur durch die Ethnologie beschafft werden. Es ist wenig Hoffnung, wie Helmholtz sagt, dass zum Ziele gelangt, wer nicht mit dem Anfang anfängt.

Neidisch müsste die Psychologie auf die Resultate der verschwisterten Naturwissenschaft blicken, diente nicht die Kürze der Zeit, seitdem sie erst in die empirische Laufbahn eingetreten ist, zur Entschuldigung, wäre es nicht aus dem Wachsthumsgesetze klar, dass ein kaum dem Knabenalter entwachsener Jüngling noch nicht die Umsicht und Verstandesreife des vollen Mannesalters in seinen Arbeiten niederlegen kann. Sie müsste muthlos die Hände sinken lassen, wenn sie die Willkührlichkeit der in ihr herrschenden Gesetze mit solch' grossartigen Entdeckungen vergliche, wie sie neuerdings wieder in der dynamischen Wärmetheorie zu Tage getreten sind, in der bei allen ihren Wandlungen unzerstörbaren Kraft, in dem mechanischen Aequivalent der Wärme, das im Uebergang zur Bewegung auch den kleinsten Verlust auszurechnen verspricht, ohne hypothetischen Rückstand; die Psychologie müsste angesichts derartiger Erfolge an sich selbst verzagen, jemals einen Platz in der Reihe der Naturwissenschaft erkämpfen zu können, wenn nicht gerade das aus diesen ungeahnten Combinationen hervorbrechende Licht auf ihre eigenen Studien einen fernen Hoffnungsschimmer würfe. Haben wir es doch auch in der Psychologie mit lauter Kräften zu thun, die jede für sich entweder schon hinlänglich definirt sind oder doch voraussichtlich die noch in ihrer Bestimmung mangelnde Schärfe schon bald erhalten werden, einestheils; mit den Kräften des Makrokosmos, mit Licht, mit Wärme, mit Schwere, mit Luftschwingungen und allen jenen übrigen Manifestationen, die, die Umgebung des Mikrokosmos durchwallend, auf die empfängliche Grundlage dieses zurückwirken, anderseits: mit dem physiologischen Gesetze des Organismus der von selbstgewonnenem Mittelpunkte aus gegen einfallende Reize reagirt. Wohl möchte die Zeit noch ferne sein, wo die empiristische Theorie bis auf die letzte Decimalstelle hinaus in den Schwingungen kleinster Theilchen den Uebergang physikalischer Kraft in psychologische wird berechnen können, wer aber, der im Bewusstsein unserer wunderbaren Gegenwart lebt, würde zu läugnen wagen, dass sie niemals eintreten könnte, wer würde nicht hoffnungsvoll das Gesetz von der Erhaltung der Kraft begrüssen, nach welchem alle Erscheinungsweisen des materiellen Universum nur in veränderter Erscheinungsweise der Kraft bestehen. Und sicherlich würden mit Erreichung der Endresultate alle jene unvollkommenen Halbheiten verschwinden, die während der jetzigen Uebergangsstadien manchen der aufrichtigsten Freunde einer exacten Forschungsmethode zu schrecken pflegen und über das Rathsame ihrer Erweiterung bis auf die Psychologie Bedenken erregten. Weit entfernt, in das Materielle auszulaufen, werden wir bei Erreichung des Zieles jenseits jedes Materiellen stehen. Zunächst vermögen (um bei der obigen Vergleichung stehen zu bleiben) die Schwingungen die Cohäsion der Atome nur zu lockern und den flüssigen Zustand der Materie herzustellen, aber bei genügender Wärme steigt, von dem Bande der Schwerkraft gelöst, der gasartige Dampf in die Höhe, frei und ungebunden, bis ihn auf's Neue terrestische oder kosmische Gesetze fesseln. Und sind es nicht dieselben Schwingungen, sind es nicht die bei der Molecularbewegung der Wärme noch an der Materie haftenden Schwingungen, die in der Electricität der Zeit und des Raumes spotten, die im Lichte*) den unendlichen Weltraum durchstrahlen? Wie in der anorganischen Natur sich die Wärme in Schall oder in Licht verwandelt, so werden durch die Nervenschwingungen die Producte von Schall und Licht in das Gedankenreich hinübergeführt und dort sind es kosmische Agentien, unter deren Anziehung sich die potentielle Energie als dynamische manifestirt, durch die wahlverwandtschaftlichen Affinitäten aus latent im Geiste schlummernden Phantasien die Offenbarungen des Ewigen und Unendlichen hervorgelockt werden. Im Studium der Psychologie, in der Wechselwirkung des Innern und Aeussern, in der Verknotung des Objectiven und Subjectiven, haben wir bis jetzt noch auf beiden Seiten eine Anzahl unbekannter Grössen, deren absoluter Werth sich soweit nicht feststellen lässt. Doch ist schon ein Grosses damit gewonnen, sie überhaupt in die Formeln einer Gleichung zu fassen, aus der sich die relativen Werthe werden entwickeln lassen. Und sollte nicht, wenn dieses gelingen würde, der Kern des grossen Lebensräthsels getroffen sein, das, so lange Menschen auf diesem Planeten geboren wurden, ihren Gesichtskreis mit düsteren Geheimnissen umhüllte? Gewiss

---

*) Wie ist es mit den Grenzen des Spectrums, jenen Strahlen, die jenseits des Roth nur von den Nervenenden der Haut als Wärme empfunden werden, den Strahlen jenseits des Violett, die sich in den Gehirnnerven denken, jedenfalls dann denken, wenn wir sie durch die chemische Reaction des schwefelsauren Chinin hervorrufen. Das Auge, in der Mitte zwischen Psychischem und Körperlichem, hat (nach Virgil's Wunsch) rerum cognoscere causas.

dürfen wir vertrauensvoll auf Deutschland zählen, wenn es gilt, diesem bisher so vernachlässigten Forschungsfeld die benöthigte Zahl von Mitarbeitern zu gewinnen. Dank den grossen Denkern, die die deutsche Philosophie in unserer und der letztvergangenen Generation zierten, ist der deutsche Geist metaphysisch geschult und gekräftigt worden, um sich an die schwierigsten Probleme zu wagen, also vor Allen an diejenigen, bei denen die ängstliche Treue der Empirie zwar die erste und unumgängliche Grundlage*) der Construction abgeben muss, aber für sich allein noch nicht befähigt, den architectonischen Riss zu entwerfen, nach welchem der Ausbau weiter zu führen sein würde, sobald die Fundamente gesichert dastehen.

Die Sonnenstrahlen sind die letzte Quelle für fast jede Bewegung, die auf der Oberfläche der Erde herrscht, sagt Herschel, und im Licht und in der Wärme der Sonne liegt der eigentliche Urquell des vegetabilischen Lebens, der mittelbar oder unmittelbar die Quelle alles thierischen Lebens ist, wie die Lappen sich die in der Sonne personificirte Naturkraft als Baiwe, das Innere ihres Rennthieres durch Wärme belebend dachten. Alle Thiere können so, nach Helmholtz' Worten, ihre Abstammung von der Sonne herleiten. Einmal kann die Wirkung (der molekularen Kräfte) die Bildung eines Menschen sein, ein anderes Mal die Bildung einer Heuschrecke (Tyndall), wie sich die Calabaren ihren Idem Efik in ununterbrochenen Wandlungen der Naturgegenstände verkörpert vorstellen. Der Strom der Kraft, der sich (aus der Sonne) über die Erde ergiesst, ist die beständig sich spannende Feder, die das Getriebe irdischer Thätigkeiten im Gange erhält (Mayer) in gegenseitiger Regulirung, wie bei Ellicott's Uhren. Auch der Wille kann zwar von dem Kraftvorrath entnehmen, den die Nahrung giebt, aber schaffen kann er nichts. „Die Thätigkeit des Willens ist zu benutzen und zu leiten, aber nicht zu schaffen." Es gilt als allgemeines Grundgesetz, dass nichts geschaffen wird, und deshalb fehlt den grossartigen Anschauungen, die sich über die Dynamik des Himmels gebildet haben, noch der in den Anfang zurücklaufende Abschluss des mystischen Schlangensymbols, ob

---

*) In allen Zweigen der Wissenschaft wird allmählig das scholastische Denken zu der natürlich gegebenen Basis zurückkehren. „Die neueren Theoretiker, welche im Systeme der harmonischen Musik aufgewachsen waren, haben deshalb geglaubt, den Ursprung der Tonleiter durch die Annahme erklären zu können, dass alle Melodie entstehe, indem man sich eine Harmonie dabei denken und die Tonleiter als die Hauptmelodie der Tonart entstanden sei durch Auflösung der Grundaccorde der Tonart in ihre einzelnen Töne. Aber Tonleitern sind historisch längst vorhanden gewesen, noch ehe irgend welche Erfahrungen über Harmonie vorlagen" (Helmholtz).

man die Unterhaltung der Sonnenwärme (nach Mayer) in dem Auftreffen der Asteroiden denkt oder in der fortdauernden Verdichtung der nebligen Materie. Die Buddhisten*), die trotz ihrer unvollkommenen Hülfsmittel den verwegenen Gedanken fassten, das Ewige und Unendliche durch Ziffern auszuzählen, haben innerhalb ihres Systemes ein Gleichgewicht gegenseitiger Erhaltung hergestellt, indem sie die vom Stein durch Pflanzen und Thiere zum Menschen aufsteigende Schöpferthätigkeit dann im Gedanken zur Quelle der Kraft zurückkehren lassen, und so ihren vollendeten Buddha zur Gottheit verklären, die wieder als Gesetz das Ganze durchdringt. Die nothwendigen Resultate unseres Denkens durchziehen in Traumgebilden die Phantasien eines gläubigen Ahnens, ehe sie im hellen Lichte des Wissens zur Ordnung eines harmonischen Ganzen zusammenkrystallisiren. Wiewohl ein Schaffen aus Nichts dem Denken undenkbar bleibt, so entwickelt es doch aus Vorhandenem neue Erzeugnisse, die für unsere subjective Auffassung den Character des Geschaffenen tragen. Das Gedankenreich in seiner ewig quellenden Fülle ist unendlich und den Blicken entschwindend, Ideen hervortreibend ohne Zahl gleich den zahllosen Blättern des Baumes. Wie aber die Mannichfaltigkeit dieser sich in jedem Typus auf das einfache Saamenkorn reducirt, so wird sich für die psychologischen Grundstoffe ein Ueberblick gewinnen lassen, wenn die Analysis den gesetzlichen Gang des Wachsthums rückschreitend durchwandert.

*) Während in unserem politisch bewegten Westen Systeme kaum gebildet, schon zertrümmert werden, um in ihrem Humus die Unterlage für höhere Productionen zu bieten, die unter den ununterbrochen wirkenden Reizen dann desto gewaltsamer emporschiessen, zeigt sich im Buddhismus eine seit Jahrtausenden in grossartiger Ruhe fortentwickelte Gedankenschöpfung und seine jetzige Verknöcherung gleichsam ist ein anatomisches Präparat des Nerven-Gewebes, das, als noch frisch und lebendig, die psychologischen Schwingungen anregte, so vieler ihrer das Menschengehirn fähig ist. Freilich gereicht es unserer Gegenwart zu keiner besonderen Ehre, wenn sie aus den Lehren des Buddhismus nur eine „Verneinung des Willens zur Welt" zu entnehmen vermag und mit dieser traurigen Satyre beim Publikum sogar Beifall findet. Die Grundgesetze des Denkens, die sich im Buddhismus zwischen den schwankenden Schatten ahnungsvoller Phantasiegestaltungen deutlich hervorheben, die für ein geübtes Auge klar zu Tage liegen, führen in ihrer logischen Entwickelung zu dem, was unsere Zeit naturwissenschaftlicher Forschung anstrebt, zu allseitigster und vollster Entfaltung sämmtlicher im Menschengeiste schlummernder Kräfte, um aus dem Weltgesetz des Makrokosmos das mikrokosmische Selbst im eigenen Bewusstsein zu verstehen.

Bemerkungen zur Karte.

Obwohl im zeitlichen Kreislauf des Werdens jede ethnologische Provinz mit der vis innata begabt gedacht werden muss, nach ihrer geographisch gegebenen Eigenthümlichkeit einen bestimmten Typus in den Menschenrassen zu praedestiniren, so bleibt es doch dabei von der Feinertheilung der Maasstäbe abhängig, in wie vielerlei Gestaltungen man diese Typen als bereits von einander geschieden auffassen will, oder sie, in summarischen Einheiten zusammenbegriffen, grösseren Ganzen gegenüberstellen. Die Schwierigkeit, oder vielmehr Unmöglichkeit scharf begrenzter Trennungen liegt schon in dem Entwickelungsgesetz, das die Menschheit durchzieht und sie in ihrem Gesammtcharakter als Einheit verbindet. Von einer jeden Entwickelungsphase mag ein Totalbild entworfen werden, das dieselbe genau markirt, das aber dennoch nur in fliessender Mittelstufe zwischen früheren Ursachen und späteren Effecten vorüberfluthet, nicht in dem πάντα ῥεῖ des Flusses, sondern in dem Wirbel selbstständiger Existenzen, indem als Gleichniss weniger die Jahresphasen ein und derselben Pflanze dienen dürfen, als vielmehr die innerhalb des ganzen Pflanzenreiches, im Fortschritt vom Niederen zum Höheren, auf Centren eigener Beständigkeit zurückfluthenden Species, an der Peripherie von den concentrischen Kreisen erlaubter Veränderlichkeit, in der Weite ihrer Oscillationsschwingungen umzogen.

In jenen allgemeinen Umrissen, aus denen Classificationen allmählich in immer engeren Cirkeln bis zu mikroskopischen Zertheilungen hinabsteigen, müssen im Umblick über den Globus die Rassentypen zunächst in möglichst geringer Zahl, als die aus weitestem Areal erkannten Resultate, aufgestellt werden, und zwar in derjenigen Form, die sich im Verhältnisse zu den in Complicationen vervollkommneten als die primäre zeigt. Das Corrollarium grösster Ganzen in der Geographie reiht sich aus den fünf Continenten zusammen, und es ergiebt sich daraus für die Ethnologie die Aufgabe eines Versuches, ob sich ihre Eintheilungen denen der Erdbeschreibung werden conform machen lassen. Bis zu einem gewissen Grade ist dieses in der That der Fall, denn wenigstens für drei der Continente können wir ethnologische Normaltypen gewinnen, die unter gewissen Modificationen den geographischen Begrenzungen entsprechen würden. In Afrika ist nach wie vor der Neger festzuhalten; die neuerdings über seine Existenz geäusserten Zweifel waren zwar den abgestorbenen Systemen mechanischer Weltanschauung gegenüber eine wohlberechtigte Reaction, werden indess mit dem Verständniss des genetischen Processes selbst wieder zu Boden fallen und dort die Grundformen unbeirrt lassen. Das Afrika der Neger bleibt freilich nur das Libyen der Alten, jenseits der Sahara und jenseits des Nil, mit seiner durch spätere Entdeckungen bis zu der von zweifelhaften Volksstämmen*) bewohnten Südspitze fortgeführten Erweiterung, doch brauchen die durch asiatischen oder europäischen Einfluss längs des rothen oder mittelländischen Meeres durchdrungenen Culturstreifen um so weniger bei diesem ersten Entwurf in Frage zu kommen, da sie eben schon einen zweit-höheren Entwickelungsgrad ethnologischer Bildungen repräsentiren, die immer die afrikanische Basis zur primären haben mochten, so sehr sie dieselbe später auch veränderten oder gänzlich zersetzten. Die Aehnlichkeit des amerikanischen Typus**) ist schon früh beobachtet und kann in seinen allgemeinen Zügen anerkannt werden, wenn es auch mit Recht von neuen Forschern bestritten wurde, dass sie bis in Einzelnheiten gültig sei. Nicht dazu gehörig bleibt hier ebenfalls die äusserste Südspitze, die einsam in das Weltmeer hineinragt, und der hohe Norden, der in die auch über Asien***) fortgezogene Polar-Provinz

---

*) Abgesehen von den Hottentotten (deren Schnalzlaute auf einige Nachbarstämme zum Theil übergegangen sind) treten die südafrikanischen Zinghen-Völker in der Familie der Bantu-Sprachen (nach Bleek) zusammen,' wohin (ausser Congesen) auch die Mpongwe am Gabun gehören (s. Pott). Il y a beaucoup des rapports entre la langue des Fan et celle des Zoulous, sagt Fleuriot de Langle. Für die Unterschiede der Kaffern und ihrer Verwandten von dem bisher beschriebenen Negertypus dürfen aus Fritseh' bevorstehenden Publicationen schärfere Bestimmungen erwartet werden. Dann werden sich auch die Cautelen für den Gebrauch schwankender Namen genauer formuliren lassen.

**) Während Lund, und ebenso Nott, mit Morton in der Brachycephalie amerikanischer Schädel übereinstimmt, hebt Wilson die Dolichocephalie hervor.

***) Die in Ostsibirien unbestimmbare Grenze ist unbestimmt gelassen. Die für die Namollos den russischen Handel vermittelnden Rennthier-Tschuktschen werden (nach Wrangel) Tennygk genannt (während der Name Müri auf Müt der Eskimo führt). Die Onkilon in der Anadyrbucht gelten für verschieden. Die Schelagyr oder Tschewany sollen durch westliche Auswanderung, die Omoki durch Hungersnoth und Krankheit verschwunden sein.

hineinfällt. Ausserdem sind die, unter äquatorialen Breiten luftdünne
Regionen bewohnenden, Eingeborenen der Cordillere, durch Merkmale
gekennzeichnet, die nur in denjenigen Gegenden der Erde wiederkehren
können, wo klimatische Verhältnisse noch solche Elevationen bewohnbar erhalten.

Die Grundform des australischen Menschen ist eine prägnant markirte und muss auf der breitesten Continentalausdehnung, wie sie,
unter den übrigen Inseln, durch Neuholland, gegeben ist, gesucht werden.
In Melanesien*) blickt er überall am deutlichsten hindurch, während die
Bevölkerung der polynesischen**) Inseln jenem Trugbild einer malayischen
Menschenrasse angehört, das so viel Verwirrung in der Ethnologie angerichtet hat, und in Mikronesien sich schon die Fernewirkung ostasiatischer Culturstaaten fühlbar macht.

Während wir nun, unter Berücksichtigung angedeuteter Einschränkungen, einen homo africanus, americanus und australicus aufstellen
könnten, bleibt es durchaus unthunlich, die ergänzende Analogie eines
homo asiaticus hinzuzufügen. Asien ist der geschichtliche Continent, er
ist es geworden durch seine organische Gliederung nach Flusssystemen
und Bergketten, wie sie in der unbestimmten Verworrenheit Afrika's
(unter erwähnten Ausnahmen) und Australien's fehlt. In der verticalen
Anordnung der amerikanischen Hochländer dagegen wiederholt sich ein
historischer Anklang und kommt in der schon hervorgehobenen Markirung des ethnologischen Cordillerentypus zum Ausdruck. Abgesehen
von isolirten Berginseln, bietet Asien den Gegensatz der Nomadenländer
zu den für Anbau geeigneten Stätten sesshaften Lebens, und auf ihren
Grenzgebieten bewegt sich der Geschichtsgang, der unter periodisch
rückläufigen Schritten von den Steppen zu den Culturstaaten führt, die
sich um schiffbare Flüsse oder an hafenreichen Küsten gruppiren. Da
in den Culturstaaten die Mannigfaltigkeit der geographischen Verhältnisse eine ebenso mannigfaltige Zersplitterung des ethnologischen Typus
in localen Schlägen bedingt und andererseits die dortigen Schöpfungen
überall als höher gezeitigte Productionen secundärer, tertiärer oder
quaternärer Bildungen auftreten, so sind zur Gewinnung eines als Ge-

---

*) Besonders lehrreich ist das Zusammentreffen Melanesiens oder Kelaenonesien's und Polynesien's auf der Grenzscheide in den Fiji- und Tonga-Inseln.

**) Als bärtige Eingeborene stehen die Australier den Polynesiern ebenso
gegenüber, wie den (diesen in ihrer graduirten Kosmologie und ihrem Priesterkönigthume gleichenden) Japanern die Ainos. Die spät entstandenen Sagen
Neuseeland's besitzen bei der Isolirung dieser Insel die Wichtigkeit der
isländischen in unserem Norden. Das Tabu in Heilighaltung des Kopfes und
seine Sühnen wiederholt das Tham-Khuan der Thay.

sammtwerth allgemein gültigen Resultates zunächst die räumlich überwiegenden Steppengebiete in ihrem Niveau einer einförmig ethnologischen Physiognomie in's Auge zu fassen, und dürfen diese Berücksichtigung um so mehr verlangen, da sie durchgehends ihre Ausläufer weit in die sie umgebenden Culturstaaten hineingetrieben haben, um auch in diesen als die archaistische Unterschichtung betrachtet werden zu können. Aus den drei Hauptvertretern der Steppengebiete lassen sich die Prototypen eines homo tataricus, homo beduensis und homo arianus ableiten, deren Wechselwirkungen mit den zugehörigen Culturstaaten in den Analysen der Geschichtschemiker dargelegt werden müssen, indem die erste Klasse sich in China und anderen Reichen Ostasien's ihrer künstlerischen Umbildung nach reflectirt, die zweite in dem semitischen, die dritte in dem indogermanischen Volksgeist, der Asien, nebst seinem geographischen Anhange Europa, mit den glänzendsten Blüthen der Civilisation geschmückt hat. Der Zusammenhang der Polargegend als unabhängiges Areal mit der amerikanischen wurde schon bemerkt und im asiatischen Archipelago spiegeln sich im Anschluss an die polynesischen*) die proteusartigen Wandlungen der Malayen.

Die Entzifferungen der Keilinschriften haben die schon früher aus classischen Andeutungen vermuthete Ausdehnung der turanischen Rasse nach dem Westen im vorzeitlichen Alterthum bestätigt und da zugleich in statistischer Vergleichung, bei einem Product aus Bevölkerung mit occupirtem Areal, sich die turanische Rasse (unter vorläufiger Festhaltung dieses einmal für westwärts vordringende Nomaden adoptirten Namens) als die weit überwiegende in Asien zeigt, so mögen wir, um einen hypothetischen Anfang für unsere Untersuchungen zu gewinnen, uns zunächst die ganze Weite in der nördlichen Mitte dieses Continentes von der turanischen**) Rasse bedeckt

---

*) Neben dem vom Tchuktschen-Lande herüberkommenden Handelsverkehr längs der Nordwestküste Amerika's bis Nutka, kamen Kadjaken und Aleuten in die Bay St. Francisco's, und Beechey fand die Californierinnen am Kinn nach Art der Eskimos tättowirt, sowie gleiche Form des Bogens bei beiden Völkern. Dagegen sah Vancouver die Frauen im Bodega-Hafen in der Tättowirung der Sandwich-Inseln, Wilkes den polynesischen Maro, und Farnham in Ober-Californien den Federkopfputz Hawaii's. Die künstlichen Schnitzereien der Koloschen und ihrer Nachbarn würden eher auf Polynesien, als auf die nächsten Theile Asien's hinweisen.

**) Latham et Norris assurent, que le type caucasien lui-même dérive du mongol et Carpenter n'est pas loin d'adopter cette idée, que paraîtraient confirmer les changements survenus dans l'habitat, dans la manière de vivre, dans les progrès de la civilisation, et par suite dans la conformation physique toute entière. Sous l'influence de causes analogues, les nègres d'Afrique,

denken, natürlich ohne zu vergessen, dass diese in den Gleichungen supponirte Grösse sich erst im Laufe der Operationen ihrem reellen Werthe nach wird fixiren lassen. Das bedeutungsvolle Auftreten der arischen Rasse in der Geschichte findet ziemlich gleichzeitig auf verschiedenen Punkten der mannigfaltig zerbrochenen Westländer statt, und der vermuthete Centralkern ihres Ursitzes, aus dem sie sich nach allen Seiten verbreitet, muss das täuschende Spiegelbild subjectiver Theorien bleiben, wenn man ein Culturvolk als fertig gegeben verlangt, und sich nicht bequemen will, in die Erforschung seiner Genesis hinabzusteigen. Da es für Erleichterung der Rechnungen wünschenswerth bleibt, die Zahl der unbekannten Grössen nicht zu vermehren, ehe es die Noth gebietet, so muss zunächst versucht werden, ob sich mit der schon adoptirten Rasse nicht ausreichen liesse, indem wir andere Stämme als die Modificationen der durch Umgebungsverhältnisse bedingten Producte ansehen würden, die sich in den mit den günstigsten Culturbedingungen*) ausgestatteten Ländern aus der allgemeinen Gleichartigkeit heraufgearbeitet, und durch längere Isolationen hinlänglich prägnante Verschiedenheiten ausgeprägt hätten, um wieder als fremder Reiz in Kreuzungen mit der Mutterrasse zurückzuwirken und so veredelte Mischungen zu zeitigen, (deren mehr oder weniger gemeinsam einigendes Sprachband**) dann später in geschichtlicher Bewegung eine besondere Berücksichtigung erheischt). Wie im Westen hat die turanische Rasse eine besondere Modification im Osten angenommen, durch die im Territorium der Chinesen gegebenen Culturbedingungen, wodurch der Typus derselben von dem charakteristischen der tartarischen Steppen abweicht, und in diesen selbst ist eine weitere Spaltung eingetreten zwischen den als Mongolen mit dem öst-

---

transportés aux États-unis, ont acquis une face moins prognathe, un nez moins épaté, des lèvres moins épaises, une physionomie plus intelligente, se sont rapprochés en un mot, du type américain (Joly). Broca zeigte die Zunahme der Pariser Schädel. Jetzt gilt nur nationale Physiognomie in Europa.

*) Schon die tartarischen Sagen lassen ihre Helden stets ein „Eckenland" bewohnen, am Saume eines Meeres, oder am Fusse eines Berges (s. Schiefner).

**) indem die linguistische Entwickelung mit der auch im physikalischen Habitus changirenden Nationalität parallel läuft. Diese organischen Umwandlungen liegen in den neueren Dialecten Indien's so klar zu Tage, dass sich daraus leicht das benöthigte Licht für dunklere Vorzeiten entnehmen liesse. So wichtig die Untersuchungen Dardistan's zu werden versprechen, besonders in philologischer Hinsicht, so werden sich doch auch dort keine primitiven Incrustationen finden, da im organischen Reiche die Versteinerung tödtet.

lichen Culturvolk in Berührung bleibenden Nomaden und den als Türken nach Westen vorgeschobenen. Durch den Bergwall des Himálaya bleiben die indischen Halbinseln von den gewöhnlichen Fluthungen des centralasiatischen Völkergewoges (das nur in besonders hochgehenden Sturmzeiten durch die engen Bergpässe durchzubrechen pflegt) abgeschlossen, und ragen dagegen mit ihren Spitzen in die Inselwelt des südlichen Meeres hinein. Die auf dieser relativ primäre Menschenrasse mag den bequemen Namen der Papuas erhalten (vorläufig ohne die mindeste Anknüpfung an die Polemik über die Berechtigung und die gegenseitigen Grenzen der Bezeichnungen Papuas, Alfurus, Australneger*), Negritos u. s. w. in specieller Terminologie) und die Züge dieser somit als Papuas eingeführten Schwarzwolligen blicken noch in vielfachen Völkerinseln, als archaistische Reste, hindurch, auf der vorderindischen Halbinsel sowohl, wie auf der hinterindischen. Zunächst scheint sich über sie vom Norden her ein turanischer Strom ergossen zu haben, der in Hinterindien auch jetzt fortfährt, die überwiegend allgemeine Decke zu bilden, während sich in Vorderindien**) später auf dieser noch eine arische Schichtung ablagerte und bis zum Vindhya vorgeschoben wurde, im Süden wel-

---

*) Malgré des indices d'un isolement indéfini, il y a lieu de croire, que à differentes époques, avant la colonisation et à partir des temps les plus reculés, quelques individus appartenant à d'autres races, entraînés par la tempête ou d'autres circonstances, ont vécu parmi les peuplades australiennes et y ont perpetué les traces de leur passage. Ces traces se révèlent dans la couleur des cheveux (la chevelure noire, rude, plate ou ondulée et exceptionellement brune, blonde, soyeuse, crépue ou laineuse) et le type du visage (en variété des types, même le type sémitique et jusqu'au type caucasien). Rien de plus contradictoire, que les portraits tracés du noir d'Australie. Selon les uns, c'est l'être le plus hideux de la création, selon d'autres, il n'est pas rare d'en rencontrer même de très-beau selon nos notions du beau. Die Kenntniss des damals noch werthlosen Australien ging (nach Rennell) wieder verloren, bis zur neuern Auffindung durch Cook, und ebenso konnte die Südküste Afrika's, wenn von Necho's Phöniziern umfahren, doch (über Sofala hinaus) keine Anziehung zur Fortsetzung der Reisen bieten. They are stalwart fellows, of good average height, though they were yesterday thrown into comparative shortness bey their Antagonists, the Surrey gentlemen, who ranged in stature from five feet ten Inches to six feet four, sagen die Daily News (vom 26. May 1868) von den „Australian Black Eleven" (trained by Mr. Hayman), beim Cricket-Match in Kensington Oval. Die schlichthaarige Rasse des australischen Continentes wird in dem, öfteren Mischungen ausgesetzten, Nordstrich von Kraushaarigen durchzogen.

**) Die Ho schliessen sich nicht nur durch ihre Sprache (nach Mason), sondern auch durch ihre vor-buddhistische Mythologie (bei Tickell) an eine

cher Kette das turanische Element mit seinen Papua-Einschlüssen weniger direct von derselben berührt wurde, obwohl es auch dort im politischen Verkehr dem Eindringen einer höheren Cultur, die neue Muttersitze in Ajudhia, Indraprastha, Magadha, gewonnen, nicht widerstehen konnte. Wie auf die indischen Halbinseln ist das Ausströmen des Papua-Charakters, obwohl in geringerem Masse, nach der arabischen hin zu verfolgen, und indem es dort direct (nicht durch das Zwischenglied der turanischen Rasse wie in Indien) mit der arischen Rasse in Berührung kam, scheint es diejenige Varietät hervorgerufen, oder doch zum Theil beeinflusst zu haben, die sich als äthiopisch-himyaritische von der kaukasischen abscheidet, und auch von der semitischen, welche letztere die darin in grösserer oder geringerer Ausdehnung eingegangenen Elemente eines nigritischen Typus direct aus Afrika empfing, und nicht, wie jene, ähnliche aus dem Archipelago. Die in diesem später dominirend auftretende Rasse der Malayen wäre als ein örtliches Erzeugniss anzusehen, das durch marine Lebensverhältnisse*) in ähnlicher Weise eine selbstständige Existenz innerhalb einer allgemeinen Unterlage gefunden hätte, wie die arische durch die verschönernde Umgebung vielfach gestalteter Bergflächen, sanftgeneigter Hügel, fruchtbarer Thäler, schiffbarer Flüsse, eng zusammengedrängter Küsten und des gleichzeitig regen Wechselverkehrs unter zugänglichen Nachbarvölkern.

In Afrika mögen wir den Grundstock der Bevölkerung, als einen negerhaften festhalten, und in dem ägyptischen Culturvolk Aufpfropfung fremder Elemente aus Asien erkennen, wie umgekehrt (in rückwirken-

---

frühere Bevölkerung Hinterindien's an, ehe dort arisch-turanische Elemente Indien's mit chinesischen zusammengetroffen.

*) Von den Carolinen-Insulanern, die in Folge einer Ueberschwemmung ihrer Insel (bei der sie sich anfangs auf Bäume gerettet) nach Agana kamen und in Saypan angesiedelt wurden, erzählt Sanchez y Zayas: „Nach Aufgang und Stellung des Orion bestimmte Arrumiah (der Pilot) die Cardinalpunkte des Ostens und Westens, während der Polarstern den Norden zeigte. Er kannte die Lage aller Inseln der Carolinengruppe und eines Theiles der Marianen (von Guajan bis Saypan) und gab auf einer Tafel mit Rüben ihre gegenseitige Lage und Entfernung an. Wenn der Himmel bedeckt, so hat der Capitain drei Tage zur Orientirung nöthig, indem er in einem mit Wasser gefüllten Gefäss sich die Sterne des Zenith spiegeln lässt und darnach den Curs des Schiffes bestimmt." Im Jahre 543 p. d. schickte der Hof von Petsi dem Mikado ein kostbares Instrument in dem „Rade, das den Süden anzeigt." Die warmen Wasserströme des indischen Meeres, die aus den Strassen Malacca's und Sunda's hervordringen, treffen die Küsten Japan's. Guérin findet neben Namensformen der Tagalen malayische Sprachähnlichkeiten auf Formosa.

der Gegenseitigkeit des Austausches) bei den Mostarabern aegyptisch-afrikanische Elemente im eigenen Grundstock eingewachsen sein würden, und wieder in Nordafrika jenseits des Atlas auch arische Elemente aus Europa dem afrikanischen Grundstock inoculirt wären. Auf Europa*) selbst dagegen, ist schon in frühester Zeit afrikanisches**) Element zurückgeflossen (wie es jetzt wieder, in Uebereinstimmung mit Mela's und anderer Alten Andeutungen, durch die neuesten Entdeckungen der Paläontologie bestätigt wird), und scheint in geschichtlich halbdeutlicher Zeit ungefähr in der Mitte des Continentes mit dem aus Asien hereingeschobenen Stamm der Turanier zusammengetroffen zu sein, über welchen dann später die arischen Mischungen einströmten. In den Umgestaltungen

---

*) Bodichon theilt die „Races primitives de l'Europe" in die eingeborene „Race brune" (l'atlante et l'ibérienne) und die aus Asien gekommene „Race blonde" (la celtique et la germanique). Nach Aristoteles wurde den Ligurern eine Rippe weniger zugeschrieben, als den übrigen Menschen. Nach Belloguet hat sich der gallische Typus in der braunen Rasse Süd-Frankreich's verloren, die sich erst mit den Gälen, dann mit den Kymren mischte. Wilde lässt auf die Fomorier, die von den durch Partholan Herbeigeführten angegriffen wurden, die Firbolgs folgen, die in den Schlachten beim südlichen und nördlichen Moytura der (scandinavischen) Rasse der Tuatha de Dannan erlegen und flohen. But that they did not all go is manifest from the very marked characteristics of the two races, the dark and the fair, still remaining in the West. Den Kelten in Allemanien könnten „finnische, rhätische, ligurische und andere Stämme" vorangegangen oder gleichzeitig gewesen sein. Die Bewohner der Pfahlbauten möchten zu einer „vorkeltischen Rasse" gehört haben. Die „keltischen Commis-Voyageurs, phönizischen Handwerksburschen und etruskischen Hausirer", die in der „europäischen Vorzeit" Geschäfte zu machen suchten, dürften bei dem lüderlichen Lebenswandel „jener Hausbesitzer", der durch verlorenen „Hausschlüssel" und allzu viele „Flaschenboden" oder „Flaschenhälse" bezeugt wird, etwas an Credit verlieren (s. Bacmeister). Dem (nach Marcellinus) Dorienses zur gallischen Küste führenden Herakles theilt Plinius persische Pharusier (als fahrende Ritter der Pharidune oder Pharamunde) zu, am Dara (der Daer) oder Gambia, wo Donop Magura baut. (Faroer von far oder fier).

**) Der in geschichtlichen Zeiten bekannte Weg muss (nach Lyell's Methode, aus bekannten Ursachen zurückzuschliessen), für die Wirkungen in definitionslosen Vorzeiten angenommen werden. Ebenso wenig können weit zerstreute Nameninseln überraschen, wenn wir den historischen Zügen der aus fernem Osten kommenden Alanen mit Hunnen nach Gallien, mit Sueven nach Spanien unter Genserich nach Carthago folgen, oder umgekehrt, die Söhne des glücklichen Arabien in Andalusien finden, selbst vor den Mauern von Tours, so wie die Anwohner China's bald auf den Schlachtfeldern von Liegnitz, bald in Kubilais Flotten nach Java und anderen Inseln des Südens getragen sehen.

der afrikanischen Culturvölker ist bei den südlichen der veredelnde Einfluss des Hauptstammes durch anfangs indischen (später zum Theil auch semitischen Einfluss) deutlich genug, sowie bei den subsaharischen der wohlthätige Reiz jenseitiger Atlas-Küste, aus deren Häfen das Schiff der Wüste civilisirende Beziehungen unterhielt. Die Entstehung variirender Spielarten in den Joloff, in den Fanti und deren Rückwirkung auf erobernde Ashanti, in Ardrah, das durch Verwüstungen dahomischer Wüthriche (wie manche Culturländer Asiens durch die turkomanischer) in den Zustand der Halbbarbarei zurückgeworfen wurde, in den Fulah-Staaten*) und ihren Auswanderungen, in Congo u. s. w., muss für monographische Specialuntersuchungen zurückgestellt bleiben, da bei dem gänzlichen Mangel an Vorarbeiten die allgemeinen Gesichtspunkte, die sich vielleicht geben liessen, der Gefahr unrichtiger Auffassung ausgesetzt wären. Amerika zeigt ein hübsch abgeschlossenes Bild einer (wenigstens in der Namensbezeichnung wiederklingenden) Rassen-Einheit, die sich in den verschiedenen Elevationen der Bergterrassen, im Zusammenspielen der Längs- und Quer-Thäler zu mannigfaltigen Culturgestaltungen**) gliedert, und sich besonders in zwei Hauptgruppen scheidet, die von den Seen Anahuacs im Norden und vom Titicaca im Süden auf dem Isthmus zusammentreffen.

Aus den Detailuntersuchungen des klar und deutlich erkennbaren Geschichtsverkehrs und den daraus resultirenden Veränderungen muss dann wieder auf diese allgemeinen Praemissen zurückgeschlossen werden,

---

*) Nach Poncet soll es den Anschein haben, als ob die Monboutou (am Baboura), westlich von den Nyam-Nyam, zu den Foulbe gehörten.

**) Jetzt entwickelt sich in Amerika überwiegend, unter der specifischen Modification der westlichen Hemisphäre der dorthin verpflanzte Genius europäischer Cultur, das einheimische Element grösstentheils im Keim erstickend und vertilgend, obwohl sich auch ausserhalb der durch ihre sesshafte Bevölkerung existenzfähigen Länder der spanischen Colonien die Mischungen zu selbstständigen Existenzkreisen verwachsen haben. Von den Cherokee, denen Sequoyah 1821 ein Alphabet erfand, bestand schon vor ihrer Versetzung nach Westen (1810) die grössere Hälfte aus Mischlingen, die ebenso bei Choctaws und Chickasaws zahlreich sind. Die Chickasaw bedienen sich des Englischen als Austauschsprache, die Cherokee des Französischen, die Creeks des Spanischen. Nach Morgan fanden sich (1719) in der Provinz Tunis zwölf Dörfer (ausgetriebener Moriscos), in denen das Spanische (in einem auch das Catalanische) gesprochen wurde, und für deren Belehrung der Arragonese Mohammed Rabadan seine spanischen Gedichte (1603) geschrieben hatte (s. Stanley). The Meshtsheriaks are Turk in speech and Mahomedan in creed, though considered to be Ugrian in blood (Latham).

um sie den Thatsachen entsprechend und durch ihre Controlle rectificirt, im Besonderen zu modificiren.

Die beifolgende Karte, von Prof. Kiepert's sicherer Hand entworfen, gab in ihren geographischen Umgrenzungen die anthropologische Basis ab, zur Vertheilung des ethnologischen Colorit's, um einen allgemeinen Ueberblick über die Kreise zu erhalten, in denen sich die Cultur unter den verschiedenen Völkern abschattirt. Da sie, vom gemeinsamen Bande der Menschheit umschlungen, alle mit einander und zu einander in dem Gestaltungsprocesse flüssiger Entwickelung stehen, so wird jede Eintheilung mehr oder weniger willkürlich ausfallen und muss sich vor allem danach modificiren, ob man den Gegensatz mit dem blossen Auge ansieht, vielleicht nur aus teloscopischer Fernschau, oder ob man ihn mit microscopisch geschärften Brillen analysirt. Die nähere Begründung der gezogenen Grenzen ist einem beabsichtigten Specialwerke (Ethnologie der Culturvölker) vorbehalten, und könnten dann auch die Gruppen zusammengefasster Völkernamen die eine oder andere Aenderung in der Nomenclatur erfahren, abweichend von derjenigen, unter welcher sie jetzt auf der Karte niedergelegt sind, um möglichst an das schon Acceptirte und Vertraute anzuschliessen. Die Vertheilung ist der Hauptsache nach für bessere Orientirung so beibehalten worden, wie sie dem bisherigen System entspricht und finden sich deshalb auch Städte und europäische Ansiedlungen angedeutet, die erst neuerer Entstehung sind.

Für das Colorit wurde dagegen das XV. Jahrhundert als Ausgangspunkt gewählt, da wir mit dem Zeitalter der Entdeckungen zuerst einen Gesammtüberblick über den Globus gewinnen und auch die amerikanischen Culturen momentan neben denen der östlichen Hemisphäre erscheinen konnten, um freilich unmittelbar darauf ihren Untergang zu finden, gleich den damals schon verschwundenen unseres eigenen Alterthums, die nur in secundären Bildungen fortleben. In der ausführlichen Behandlung werden die Verbreitungskreise der Culturen in ihrer geschichtlichen Entwicklung auf successiv folgenden Kartenblättern nach einander anzugeben sein und dadurch zugleich die ethnologische Gestaltung des Orbis terrarum in jedem Jahrhundert zeigen.

So lange die rechtfertigende Beigabe der Specialuntersuchungen fehlt, muss in jedem Generalisiren das Meiste halb wahr und halb falsch erscheinen, je nach dem Standpunkt der Beleuchtung und dem Messapparat den man verwendet. Für die Wahl und die Umgrenzung des verschiedenen Colorites gaben zwei Factoren den Ausschlag, einmal der prädominirende Typus der ethnologischen Wurzeln, aus denen das Culturvolk entsprossen war, und dann der Ursprung, sowie die auf fremdem oder eigenem Boden gewonnene Lebensthätigkeit, der seine geschichtliche

Physiognomie bestimmenden Civilisation. War diese aus der Fremde aufgenommen und hinlänglich stark, um den ethnologischen Character mehr oder weniger zu verwischen, so vereinigt sie in der Anthropologie getrennte Völker, wie z. B. Siamesen und Kambodier mit Javanen, oder Burmanen mit Indern, war dagegen der ethnologischen Character hinlänglich selbstständig, um sie durchgreifend zu influenziren, so mag eine Völkerinsel bleiben, wie die magyarische*) in Europa.

In Aethiopien kann das semitische Element, als in den Mischungen aufgegangen, nicht länger markirt werden, das Ehkili zeigt jedoch, trotz semitischen**) Characters, Reste vorsemitischer Unterlagen. Bei den Tungusen***) wurden auch die heidnischen unter das mit dem Aufhören jeder

---

*) Abgesehen von illyrischen Eingeborenen und römischen Colonisten fanden die in Pannonien auf Vermittlung der Alanen durch Justinian angesiedelten Avaren (aus Barabra oder Barama, dem Lande der Bara oder Avaren, wie Latham meint) dort Reste von Attila's Hunnen mit Gepiden und Longobarden, in ihren Kämpfen die Sabiren, die hunnischen Stämme der Utiguren und Kotiguren, der Zali u. s. w. assimilirend, und das später zugefügte Element der Kumanen erhielt sich unter den Magyaren, nach deren Einwanderung. Die Walachen wanderten (n. Roessler) XIII. Jahrh. zurück nach dem Norden der Donau. In albanischen Mirditen bewahrt sich Mard.

**) Das semitische Element in der ältesten chaldäischen Keilschrift (deren Sprache aus der Vermischung der kuschitisch-tatarischen mit der semitischen Sprache der Babylonier entstanden) nähert sich am meisten jenen südarabischen und abyssinischen Dialecten, die gewöhnlich kuschitisch heissen, nämlich dem Himyaritischen und dem Gheez, besonders dem Ehkili von Mahra und der Galla-Sprache, bemerkt Sax (der in vorhistorischen Untersuchungen der Combination grössere Berechtigung eingeräumt wissen will, „gleichwie in analogen Fällen sogar die juridische Gesetzgebung den Beweis durch das Zusammentreffen von Verdachtsgründen zulässt"). Lottner begreift als „Four sister-families of language" the Semitic, Egyptian, Berber and Galla. Auf eine Einwanderung von Malabar nach Yemen schliesst Bohlen, der die Sabäer für Indier hält, und eine gemeinsame Urbevölkerung für Arabien und Indien wird von Weber angenommen. Die Ansichten Caussin de Percevals und Kremer's über Sabäer und Aditen sucht Sax zu vereinigen. Die von Dümichen aufgefundenen Schifffahrten der Aegypter nach Ta-neter, dem heiligen Lande der Punt, zieht die mit medischen Budiern identificirten Put (s. M. v. Niebuhr) herbei. Die alte Verbindung zwischen Indien und Arabien hat sich besonders in den Sagen der Jaina erhalten, noch über das IV. Jahrhundert p. d. (dem Zurücktritt des letzten Perimaul) hinaus, und der altbuddhistische Name der Jin verknüpft orientalische Djinn mit den Shin der von Dschin, dem Sohn des Japhet, abgeleiteten Chinesen.

***) Die neben den Agei oder Buri genannten Geistern, Boa oder Bugi verehrenden Tungusen werden in ihren (von Donki oder Volk, Boje oder

Cultur mehr abgeschwächte Colorit begriffen. Die Jakuten*) stellt, trotz geographischer Isolation, die Sprache zu den übrigen Türken und für die Mannigfaltigkeit der in den Bergschluchten**) des Caucasus aufgebrochenen Völkerstämme gab nur das religiöse Bekenntniss einen, bis auf wenige Ausnahmen, gemeinsamen Einigungspunkt ab. Wie zwischen Lappen und Finnen die Schädeluntersuchungen zu einer Trennung führen zu wollen scheinen, würden bei minutiöser Sonderung auch Samojeden***) (Khasovo Mensch, Lamut oder Meer u. s. w. genannten Stämmen) von den Mandshu als Orotschones (Rennthierbesitzer) zusammengefasst, unterscheiden sich aber in Sibirien (neben den Paljma) in Pferde-, Rennthier-, Hunde- oder auch in Steppen- und Wald-Tungusen. Schon vor der Erhebung der Nyudschi oder Deutscheni (1634) in der jetzigen Dynastie herrschte ein auf tungusischen Stamm gekräftigtes Erobervolk in China, als Jeliui-Amba-Hän (der sich von den übrigen Aimaken getrennt hatte) oder Apaokhi das khitanische Reich (der Liao) in China stiftete (916), sowie als (mit Jan-Ssi's Gefangennehmung) die Kin (1125) dieses stürzten.

*) Unter ihrem Führer Deptsi Tarkhantegin wollen die Jakuten oder Sokhalar von dem Baikal-See ausgezogen sein, als sie sich von den Brath (Buriaten) trennten.

**) Alle Gebirgsstufen waren und sind auch jetzt noch, ganz ähnlich wie die Inseln, natürliche Versuchsstationen zu neuen Rassenbildungen, wenn es den Arten der Ebene gelingt, sich dort, getrennt vom früheren Standpunkt anzusiedeln und fortzukommen (Wagner).

***) Während die Samojeden in ihrem einhändigen (einbeinigen) und einäugigen Greis, der Todte zum Leben ruft, die Figuren Tyr's und Odin's zusammenschmelzen (oder diese sich aus jenem zerspalten haben), erinnern die in der Luft ergriffenen Herzen (die spätere Auffassungsweise dann rein und heilig macht) an die Zauber-Operationen oregonischer Medicinmänner, die die verloren gegangenen Seelen wieder ins Rauchloch der Jurte hineinfegen, um sie ihren Eigenthümern zurückzugeben. In Californien (wie in Serbien) ist das Leben mit dem Herzen verknüpft, das deshalb vom Scheiterhaufen zu entspringen sucht, und wie tatarische und siamesische Künstler (auch Ravana in der hinterindischen Version des Ramayana) ihre Seele aus dem Körper ziehen, um sie vor Verletzungen zu hüten, so übergeben im samojedischen Märchen (bei Castrén) die sieben Brüder der Ostjäken allnächtlich ihre Herzen zur Aufbewahrung und sterben, als man sie findet. Die Tadiben der Samojeden fliegen als Gänse (oder hyperboräisch-altaische Schwäne) einher und auch für Brama dient dieser Vogel zu symbolischer Hülle. In den sieben Mädchen, die vom Himmel kommend, sich im Teiche baden und von denen die ihrer Kleider verlustige dem Samojeden zu Willen sein muss, wiederholen sich bekannte Sagen des Westens und Ostens, die die Krischna-Legende lasciver ausführt. Im Märchen der Samojeden oder (nach russischer Erklärung) der Selbstesser brät die Alte ihre ermordete Mitfrau, um sie bis auf den Kopf, zu verzehren und hält die Mädchen (die

oder Nyenek in Jugorien) und Ostjäken ebenso wenig gleichwerthig neben einander gestellt werden können, indem jene eine ältere Schichtung repräsentiren, die den Hahe-jieru oder Fürsten der Ostjäken untergeordnet bleibt (wie die Noba den Takkalaui der Schilluk*) oder das Volk der Nyam-Nyam den Sandi). Ohnedem müssten sich natürlich bei Anwendung einer schärferen Vergrösserung die Gruppen der südlichen Sojoten markiren und die Ostjäken**) unter den Mansi in ihren Unter-

---

sich später bei der Verfolgung durch Schleifstein, Feuerstein und Kamm oder Fluss, Berg und Wald, eine auch unseren Nachbarvölkern geläufige Auffassung, retten) für spätere Mahlzeiten im Verschluss. Als (b. Torfäus) Sigmund und Toerd (die auf den Faröer ihres Erbtheils beraubten Kinder) auf der Reise durch die norwegischen Alpen (nach dem Hofe des Grafen Hacon) in die abgelegene Wohnung Ulf's (Torkild's) kommen, durchleben sie, in ihrem Versteck (durch die Frauen) und die Fragen des zurückkehrenden Rennthierjägers, die Angst, die den Kindern später nur in den Schreckgeschichten vom Ogre bereitet wird.

*) Während die Nyam-Nyam Köcher und handliche Bogen führen, bewahren die Schilluk noch den mannshohen Bogen, den schon Kambyses' Perser umsonst zu spannen suchten. Das auch jetzt (nach Art des Bumerang) geworfene Tumbaj findet sich auf den Monumenten der Retu in dem von den Galen als Land der Weisheit besuchten Ruad-iat (Rothland).

**) Neben der politischen Eintheilung in Megh oder Stämme beobachten die Ostjäken eine religiöse nach den von den Priestern aufgestellten Idolen. Die Gode-Würde war erblich (in Island) und der Hof (Tempel) bildete den Mittelpunkt der Gemeinde (Hildebrand). Als höchster Gott wird bei Ostjäken Turm (Torom) oder (bei Etruskern) Thurms (Hermes) verehrt, der sich durch Thor (Tora der Tschuwaschen) und Thiermes an Taranis (Taranucnus) anschliesst und ein Echo in den grönländischen Torngak (unter ihrem Torngakseak) findet.. Der japanische Toranga schlägt den achthändigen Riesen nebst seiner Schlange mit der, auch von Parasu-Rama gebrauchten, Axt nieder. Wie in Donar und Tonitrus (Juppiter tonitrualis bei Apulejus) die schreckliche Naturerscheinung, tritt (auf Hayti oder Quisqueja) die gütige hervor in Tona (oder Mond), die mit ihrem Gatten Tonatihks (Tonatiuh in Teotihuacan) aus der Höhle zum Himmel aufstieg, um dort zu leuchten. Thor (dewr. celt.) audax, fortis. Graecis θούριος est epitheton Martis et exponi solet bellicosus, audax, strennus. Θούριος Αἴας (bei Homer) Θούριος Ἄρης (s. Suidas) Thor (stultus). Thoringi als Bergbewohner. Aliis thor et thier sunt cognata (Wachter). Thier: fera, Verelin Ind: diur (lupus, ursus). Turnus (Virgil's) kämpft mit der Vulkanwaffe des Daunusschwertes (bei Homer). Hercules besiegt den Riesen Thorius (s. Pausan). Dis, als infernus tonans. Pro diversitate attributorum Jupiter diversa accipit nomina et dicitur Taranis quando ferit, Tonarus quando tonat. „Merkwürdig ist die bairische Form Darer, ein einzelner Donnerschlag (bei Schmeller), weil sie zu dem keltischen Gott Toran (Taran) mithin auch zu

schieden von denen am Tym und Narym, sowie von den jenisseischen, innerhalb der jetzigen Gleichartigkeit erkennbar sein.

Wenn auch Afrika unter ein Gesammtbild zusammengefasst werden soll, ist eine gewisse Willkührlichkeit bei dem bisherigen Mangel hinlänglich gesicherter Thatsachen kaum zu vermeiden, und werden die dort vorläufig abgezweigten und umgrenzten Kreise bei der Detailbehandlung, gerade ihrer zweifelhaften Definition wegen, die eingehendste Kritik verlangen, während sie in diesem allgemeinen Entwurf sich mit der Gewährung eines interimistischen Plätzchens bescheiden. Die Stellung der Tibbu bleibt noch eine offene Frage, doch hat sie das bis jetzt letzte Wort der Philologie den Kanori angereiht. Die engere oder weitere Zusammengehörigkeit der Somali-, Galla- und Fundj-Völker halten wir,

---

dem nordischen *torr* stimmt (Grimm). Dus (duus oder Gespenst), als böser Geist (bei Celten), als abgeschiedene Seele (bei den Slaven). The As-yakh, Men of the As (Obi), Asicolae or Obicolae call: the Ostjiaks on the Demianka. Long-gal-yakh on the Irtych, Nang-wanda-yakh on other rivers (s. Latham). Die Jiljan sind die, (gleich der bis zu Olaf's Zeit als Haurgabrud oder Tempelbraut) verehrten Thorgerd oder Thorgerdur (Tochter des Holgi), in den Wäldern aufgestellten (oft gepanzerten und mit Schwertern bewaffneten) Stammgötter, während die vertrauteren Penaten als Lung (Lüngk) bei den Ostjäken bezeichnet werden, gleich den Hahe der Samojeden (n. Castrèn). Die reichen Opfergaben an Pelzwerk lockten auch im Bjarmaland zu Raubzügen. Das Flattern eines Bandes durch die vom ostjäkischen Schamanen allein verstandene Rede des Gottes dient zur Manifestation desselben und der Dienstmann des Grafen von Drontheim sah das weibliche Götzenbild die Arme zusammenpressen, als man ihr den Ring entziehen wollte, der erst auf fortgesetzte Gebete dahingegeben wurde (s. Torfäus). Säbel, wie sie nach Castrèns Berichterstatter von den Schamanen im ostjäkischen Zelttempel aufbewahrt werden, um für die aufregenden Ceremonien am periodischen Jahresfest zu dienen, kann man für gleiche Zwecke in einer chinesischen Capelle Kambodia's in der Hut des Beschwörer's sehen. Stirbt ein Häuptling, so verfertigen die Ostjäken ein Bild desselben, dem drei Jahre hindurch täglich eine Mahlzeit und allabendlich ein Lectisternium bereitet wird, wie man Freyr's Körper in Schweden für drei Jahre als heiliges Unterpfand bewahrte. Durch die Verehrung der früher auch bei Permiern und Syrjänen verbreiteten Bärenbilder schliessen sich die obdorkischen Ostjäken an den Osten Sibiriens an. Excelsarum rerum summitates dicimus „pinnen" et singulare numero „pin" (Cluverius). Pfin (pinn): dominus, Gothis: Fan, Sarmatis: pany, Cambro-Britannis: pen. Pfin von Fines. Die Veneti werden erklärt als Fen-gneat-ig oder die aus dem Eheweib (Fen) geborenen Völker, die Alanen als Al-aman-ig (the peoples of the great river). Die Eingeboren hätten Fir-gneat oder die vom Mann (fear) Erzeugten geheissen und sollen damit auch die Phrygier oder Briges zusammengebracht werden.

auf Grund der Untersuchungen Hartmann's*), deren weitere Ausführung baldigst zu erwarten steht, soweit fest. Die von den Aethiopen schon früh ausgeübten Cultureinflüsse sind längs des nubischen Nils angedeutet. Tibet wäre Indien beizurechnen, wenn man nur die heilige Literatur**) und die sanscritischen Bibliotheken in's Auge fasste, aber die schamanistische Umfärbung des dortigen Buddhismus in chubhilghanischen Lamen und Chutukten, ebenso wie die anthropologische Grundlage, die dem Fremden einen zähen Widerstand entgegenstellte, schliessen dies Land enger dem chinesichen Kreise an.

In Süd-Amerika blühten auf den Terrassenländern der hart am Stillen Ocean hinstreichenden Cordillere die Culturgärten des Priesterkönigs von Iraca unter den (zu Finnows Zeit auch auf Tonga das heilige Herrschergeschlecht der Fatafehi durch die Erhebungen der Egi bedrohenden) Rivalitäten seiner Kronfeldherren, des Zaque und Zippa, dort hatten die Scyri auf der Mittagslinie die Säule Quito's errichtet, dort glänzten die goldenen Tempel der sonnenentsprossenen Incas. In den Schluchten der am östlichen Abhange wild zerbrochenen Andes hausen die gefürchteten Chunchos, sehnsüchtig zu den heiteren Regionen der Höhe hinaufblickend, wie die den Meru stürmenden Assuren in indischer Mythologie, wie die an der Stachelblume Abyssiniens emporklimmenden Gallas. Weiterhin, wo die schroffe Steilheit sich mindert, wo die Flüsse nicht länger in Fällen herabstürzen, sondern sich im Laufe winden, wo die Niveauverhältnisse ihre Regulirung gewinnen, bildet sich als dauernde Heimath bewohnbares Land, dort baut der Chiquitos seine Hütte, dort zieht der Moxos einher, je nach der Jahreszeit, zu Wasser oder zu

---

*) Hartmann versteht unter Aethiopen „Verwandte der Amhara, Agau, Somalen, Danakil, Gala, Gonga und anderer Stämme des Innern und der Ostküste des Habesch, andererseits auch verwandt mit Retu und Berabra, im Verein mit den Letzteren Begründer der meroitischen Kultur, einer von der altägyptischen abgeleiteten." Für die auf der Karte angedeuteten Araber, denen die autochthone Grundlage nicht mangeln kann, haben neuere Einflüsse eine temporäre Markirungslinie gezogen.

**) Wenn wir von einer Djagatai-Literatur reden wollten, so trägt sie, wie Latham bemerkt, einen persischen Character, und die Djagataier selbst sind trotz mongolischer Wurzeln in ihrer Heimath zu Halbtürken metamorphosirt, bei Acclimatisation auf einem üppigen Boden dagegen durch indische Schlinggewächse überrankt. Der dem mongolischen und später dem mandschurischen Alphabete gegebene Anstoss ist durch die Uigaren wieder auf syrische Christen zurückgeführt und diese Uiguren selbst lassen sich schwer aus ihrem Zusammenhang mit den tybetischen Horpa (Ighur) und Hor (auch in Chorbad) abtrennen, die Hodgson geradezu zu Türken umstempeln will.

Lande, dort schifft der Omaguas auf Flüssen und Canälen. Wenn dann aber in fortgehender Abdachung jeder Niveauunterschied allmählig verschwindet, wenn der in Baumgenerationen übereinander wegwuchernde Urwald in der ganzen Wildniss seiner Ungebundenheit emporwächst, von tropischer Sonnengluth gezeitigt, von meeresartigen Strömen bewässert, wenn der angehäufte Humus unter der Wucht der Masse einsinkt, dann erlahmt auch jede geistige Thätigkeit, dann stagnirt das Menschenleben, dem Drucke nachgebend, im Vegetiren der brasilischen Indianer, unter denen nur in Folge nördlicher oder südlicher Küsteneinflüsse die Tupis und Guaranis einen etwas höheren Stand anzuzeigen vermögen, (so lange nicht eine schon auf fremden Boden gekräftigte Culturpflanze dahin verpflanzt wird und stark genug sein mag, den Schädlichkeiten der Umgebung zu trotzen).

Ueber die weiten Pampas*) wandert der Tehuelsche, stumm und ernst wie die umgebende Natur, während der in freundlicher Buschwaldung lebende Tschikito (von d'Orbigny) munter und geschwätzig beschrieben wird, und die durch ihr Territorium zum Wechselverkehr des Handels befähigten Omaguas die Begleiter Philipps von Hutten durch die Entfaltung ihrer Civilisation in der vom Quareca beherrschten Stadt Macatoa in Erstaunen setzten. Wenn in ihren begünstigten Zonen die Natur selber dem Menschen den Tisch deckt, so wird dieser, der Sorge um seinen Lebensunterhalt überhoben, bald im Genusse übersättigt sein, und ein freudenarmes, befriedigungsloses Dasein dahin träumen. Tritt die Natur zu hart und streng dem Menschen entgegen, versagt sie ihm auch das Nothdürftigste, erneuert sie ihm Tag für Tag den schweren Kampf um die Existenz, dann geht als Resultat aus diesem Experiment der verkümmerte Polarländer hervor, der zwar mancherlei Künste und Geschicklichkeiten lernen musste, um sein jämmerliches Leben zu fristen, der aber nie einen Augenblick seines Lebens froh wird, um einen Blick auf das zu werfen, was es ausser dem Bedürfniss und seiner unmittel-

---

*) Als die sich in den Pampas vermehrenden Pferde und Rinder die in ihrer araucanischen Heimath immer mehr bedrängten Aucaes anlockten (s. Azara), bildeten sich aus ihnen die Puelches, wie aus den Creolen die Gauchos. Die im ersten Augenblicke überraschende Kenntniss des gestirnten Himmels bei den Patagoniern, die für fast jede Constellation einen Namen, eine erklärende Mythe oder lange Erzählung besitzen, hat im Grunde nichts Auffälliges, da die Beobachtung sich nothwendig dem Himmel zuwenden musste, weil sie auf der thierarmen, baum- und berglosen Erde keine Gegenstände fand, woran sie ihre Phantasieschöpfungen hätte knüpfen können. So lässt die Tradition in den nächtlichen Wachen auf den Weideflächen die chaldäischen Hirtenvölker die Grundlagen der Astronomie legen.

baren Befriedigung sonst noch in der Welt geben möchte. Nur in gemässigten Breiten ist der Cultur die Möglichkeit eines Keimens geboten, nur dort hat sie jemals spontan geblüht, ob dieser temperirte Gürtel sich nun horizontal über den Globus zieht, halbwegs zwischen Pol und Aequator, oder in vertikaler Erhebung die entsprechende Elevationshöhe umschlingt. Einen für solche Localitäten gleichmässig gültigen Index wird uns allmählig die Pflanzengeographie gewähren, und vielleicht wird es bei genügender Durchbildung derselben möglich sein, aus der von einem Lande zurückgebrachten Pflanze die Geschichte seines Volkes zu reconstruiren, wie aus einem fossilen Zahn die Structur des zugehörigen Thieres.

Eine vorläufige Zusammenfassung der Athapasken und Algonquin mit Einschluss der Irokesen ist durch die Gleichartigkeit der culturhistorischen Physiognomie gerechtfertigt. Bei den Traditionen über eine westliche Einwanderung bei den Algonquin könnten die Micmac, Knistino, sowie die Red Indians auf Neufoundland als Reste der damals angetroffenen Eingeborenen gelten. Die Irokesen (die als „Volk des langen Hauses" die Gemeindewohnungen der Chinuk- und anderer Oregonvölker wiederholen) bildeten vielleicht einen auf ihnen wurzelnden Völkerbund, der (gleich dem der Dacota) aus den politischen Verhältnissen entsprungen war, wie es sich so vielfach in Afrika wiederholt bei Zimbas, Jagas*), Nyam-Nyam, Gallas, Zulus u. s. w. und bei der Eroberung Mexico's durch die Chichimeken in jene geschichtliche Ordnung überging, wie sie sich sonst nur in Asien nachweisen lässt. Die geographischer Gliederung entbehrenden Steppen auf den Grenzen Asien's und Europa's bildeten indess auch dort einen Heerd unstäter Völkerbildungen, die von Scythen bis Kosakken in wechselnden, und doch immer in gleichartigen Formen auslaufenden, Gestaltungen sich auf engerer oder weiterer Sphäre umherbewegt haben. Als Gedemin's Eroberung von Kiew (i. J. 1320) die Ukraine zur litauischen Grenzprovinz gegen die Tataren machte, sammelten sich am Dnepr die Flüchtlinge aus Polen und den russischen Nebenländern, um ihren Hetman (Ataman bei den Kirgisen) auf denselben Inseln der Wasserfälle zu erwählen, neben denen die Königsgräber noch heute von einst scythischem Herrschersitze zeugen, und in der viereckigen Wagenburg

---

*) Wie Cavazzi von den Jagas erzählt, pflegen sich die Comanches (am oberen Colorado) bei ihren Streifzügen ein furchtbares Aussehen zu geben, indem sie ihre Augen mit rothen Streifen umziehen, oder sich Augenbrauen und Wimpern ausreissen. Sie sind bärtig, gleich den Mohaves, Yabipais und anderer Yumavölker. Im Indian Territory jenseits des Missisippi wiederholt sich das Gefängniss des Gran Chaco im Süden. Die Brasilier geben ihren Indianern das Gnadenbrod in den Alimientos.

"Tabor" zu wandern (s. v. Plotho), gleich alten Sarmaten. Wie bei den tscherkessischen Völkern, ehe dieselben in die Berge getrieben wurden, findet sich der Name der Kasakken bei den Kirghisen, deren eigener Name Kirghiz häufig als Kerkes (Tscherkess) oder Circassier erklärt ist und so auch von Menander (bei der Gesandtschaft Justinian's) bestätigt wird. In dem Kasachia (IX. Jahrhundert) oder Kabarda genannten Lande der Tscherkessen bildeten die Ordenskischen, Asowschen und Methorischen Stämme in tartarischer Mischung den Zweig der donischen Kosaken (1462), und aus ihm führte Netschai (1584) die Ansiedler nach dem Jaik, die dann den Kern der uralischen Kosakken abgaben. Die Bashkiren, die sich 1555 den 1552 an der Wolga siegreichen Russen unterwarfen, nahmen 1741 eine militairische Organisation an (nach Art der Kosakken) und ersetzten den bisher in Fellen bezahlten Tribut durch Soldatendienste, indem sie gewöhnlich ein Corps zur Vereinigung mit den Kosakken am Yaik ausschickten. Indem dann der Adel in den Volosten durch die Starschin ersetzt wurde (als russische Beamte), so fand dort eine ähnliche Umwandlung statt, wie in Scandinavien, als die Yarl an die Stelle der udal-geborenen Bondi traten. Die vor Iwann Mouraschkin, den der Czar (1577) gegen die Plünderer der Handelskaravanen am caspischen Meer ausgeschickt hatte, flüchtenden Kosakken eroberten unter Jermak Timafew das von ihnen entdeckte Sibirien bis an den Tobol, Irtisch und Ob. Die Kosakken der Orenburgischen Linie (1730) schützten anfangs die Grenze und ebenso die Grebenskischen Kosakken mit den Terskischen (1735) am Terek. Die transkubanischen Kosakken tragen schon ganz die Züge und Physiognomie der Kaukasier und mögen, wie ihre Vorgänger, in Tcherkessen umgewandelt werden. Die Wolgaischen Kosakken erklärten sich 1734 von den donischen unabhängig und die bugischen Kosakken (1769) traten aus der türkischen*) Armee in russische Dienste über. Die dauernde

---

*) In the times immediately preceding the Mongol conquest the Alan country was called the Kiptschak, a Turk area, with Ugrians to the north, Circassians to the south (Latham). Ibn Alathir erzählt, dass die Tataren (des Dschingizkhan) die Kifdjack oder Kaptschak (Uzen oder Comanen) daran erinnert hätten, dass sie eines Stammes seien und deshalb die andersgläubigen Alanen verlassen möchten. Masudi lässt Kerkednedadz, den König der Alanen, in Magass residiren. Unter den Nachkommen des Batu (Enelk des Dschingiz) erhielt Toktamisch (1375) die Hülfe Timur's gegen seinen Nebenbuhler Urus und bestieg den Thron von Serai an der Wolga. Aus dem Khanat von Kiptschak bildete sich das Khanat von Sibirien (Tobolsk), das Khanat von Kazan, das Khanat von Astrachan und das Khanat in der Krimm. Als die 1778 von den Türken zugesicherte Unabhängigkeit an

Beständigkeit des Grundtypus hat sich in diesem Falle ebenfalls aus regelmässig wirkenden Grundursachen hergestellt, obwohl das Bedingende hier vorwaltend in der geographischen Umgebung lag, und weniger in der Aufregung religiöser Gefühlsbewegungen, die den indischen Sikh ihren characteristischen Stempel aufgedrückt haben.

Russland 1784 verloren ging, zog sich der Khan nach Kleinasien zurück und auch die letzte Auswanderung der Tataren aus der Krimm war meist dahin gerichtet. Die Bewohner des verödeten Circassiens sind von der türkischen Regierung nach Gegenden verpflanzt, wo die jüdischen Traditionen der Ubychen, deren Fürsten auf ihr reines Kerketen- oder Tscherkessen-Blut stolz sind, günstigsten Boden für ihre Erneuerung fänden. Am Mäotis kennen schon Theophanes und Anastasius hebräische Anwohner. Die weite Verbreitung jüdischer Legenden auf einem geographisch umzogenen Areal der alten Welt ergiebt sich aus dem inhärirenden Element aegyptischer Mysterien, wodurch sie eine den Gehalt benachbarter Traditionen in Asien überwiegende Schwere erhielten, so dass sie in stattfindenden Mischungen überall durch ihre Affinitäten praedominiren mussten, wie kräftige Säuren in den Wahlverwandtschaften chemischer Stoffe, wenn sie sich in den Krystallisationslösungen zusammenfinden. Oft genug freilich sieht man solche Analogien auf das Oberflächlichste und Leichtfertigste praesumirt, schon aus dem Grunde, weil den meisten Reisenden oder Missionären nur aus der jüdischen Tradition ethnologische Details zu Gebote stehen, um Vergleichungen anzustellen. Je voudrais qu'on ne bornât point nôtre analyse, sagt Leibnitz und Flourens fügt hinzu: L'analyse bornée s'arrête aux analogies superficielles, Une analyse pleine et entière va seule jusqu'au fond des choses. Dies diene unerfahrenen Händen zur Warnung, um sich nicht an den zweischneidigen Waffen der Empirie zu verletzen. So lange das Denken sich in dem nachgiebigen Medium der Speculation bewegt, kann neben der Justitia auch die Aequitas ihren Platz finden. Es giebt Möglichkeiten und Wahrscheinlichkeiten; Idiosynkrasien und subjectiven Stimmungen oder Neigungen mag einige Rechnung getragen werden, und obwohl die aus dem Meinen und Scheinen immer neue Argumente schöpfenden Discussionen bis zum Ende der Welt fortgesetzt werden mögen, ehe sie ihr eigenes Ende fänden, so bildet sich doch immer leicht im gegenseitigen Balanciren eine mehr oder weniger befriedigende Antwort, als temporär genügende heraus. Die Statistik kennt dagegen nur zwei Wege, den richtigen und den unrichtigen, für sie existirt nur das unveränderliche Gesetz. Wie ihre auf die entsprechende Masse der Thatsachen gestützten Aussprüche das Bestehende aufzeigen, ohne einen Widerspruch zuzulassen, ebenso unerbittlich falsch sind auf der andern Seite diejenigen Resultate, die voreilig aus den gelieferten Materialien gezogen werden, und ohne hinreichende Kenntniss der naturwissenschaftlichen Forschungsmethode. Ausser den Klippen der Enumeratio imperfecta, des Argumentum a genere ad genus drohen die bekannten Paralogismen dem der psychologischen Gesetze seines eigenen Geistes Entfremdeten.

Druck von W. Pormetter in Berlin